Egon Döring

Werkstoffkunde der Elektrotechnik

Literatur für das Grundstudium

Mathematik für Ingenieure, Band 1 + 2
von L. Papula

Übungsbuch zur Mathematik für Ingenieure
von L. Papula

Mathematische Formelsammlung
von L. Papula

Physik für Ingenieure
von H. Lindner

Physikalische Aufgaben
von H. Lindner

Elektroaufgaben
von H. Lindner, 3 Bände

Grundlagen und Rechenverfahren der Elektrotechnik
von G. Schnell, K. Hoyer und M. Vömel

Elemente der angewandten Elektronik
von E. Böhmer

Elektrische Meßtechnik
von K. Bergmann

Werkstoffkunde für Elektrotechnik
von E. Döhring

Mechanik und Festigkeitslehre
von A. Böge

Lehr- und Übungsbuch der Technischen Mechanik
von H. H. Gloistehn, 3 Bände

Egon Döring

Werkstoffkunde der Elektrotechnik

Mit 206 Bildern, 48 Tabellen,
56 Beispielen und über 100 Aufgaben und
Wiederholungsfragen mit Lösungen

2., verbesserte Auflage

Springer Fachmedien Wiesbaden GmbH

1. Auflage 1981
2., verbesserte Auflage 1988

Ursprünglich erschienen bei Friedr. Vieweg & Sohn Verlagsgesellschaft mbH, Braunschweig 1988

Umschlaggestaltung: Hanswerner Klein, Leverkusen
Satz: Vieweg, Wiesbaden

ISBN 978-3-528-14177-6 ISBN 978-3-663-13879-2 (eBook)
DOI 10.1007/978-3-663-13879-2

Vorwort

Im Maschinenbau hatte die Werkstoffkunde stets eine fundamentale Bedeutung, da es dem Ingenieur auf diesem Arbeitsgebiet unmöglich war, ein einwandfreies Produkt ohne genaue Materialkenntnisse zu entwickeln. Solange sich die Elektrotechnik bei der konstruktiven Gestaltung weitgehend auf den Maschinenbau abstützen konnte, genügten dem Elektroingenieur die Werkstoffgrundkenntnisse aus dem Maschinenbau. Um dieses Grundwissen kommt er allerdings auch heute noch nicht herum.

Die Entwicklung der modernen Mikroelektronik und ihre Folgen sind aber so eng mit den spezifisch elektrischen Problemen verknüpft, daß die Werkstoffkunde der Elektrotechnik zu einem immer eigenständigeren Gebiet herangewachsen ist. Waren es zunächst die magnetischen Werkstoffe, die ein umfangreiches Sonderwissen verlangten, so haben schließlich die Halbleiter mit ihren in den Festkörper verlegten Funktionsmechanismen auf allen Gebieten zu einer viel intensiveren Beschäftigung mit der Materie geführt. Als Konsequenz daraus sind altbekannte Werkstoffeigenschaften in ungeahntem Maße weiterentwickelt worden. Es sei hier nur an neue Dauermagnetwerkstoffe oder amorphe Metalle erinnert.

Um die in der Zukunft anstehenden Probleme der Elektrotechnik einwandfrei lösen zu können, bedarf der Ingenieur eines immer umfangreicheren Wissens nicht nur auf seinem Spezialgebiet, sondern auch vom einzusetzenden Werkstoff und dessen Möglichkeiten. Dieses Grundlagenwissen muß während des Studiums notwendigerweise bereits zu einem frühen Zeitpunkt vermittelt werden. Das vorliegende Buch wendet sich daher besonders an Studenten der Anfangssemester Elektrotechnik. Dementsprechend wurde der mathematische Aufwand möglichst niedrig gehalten und von der höheren Mathematik nur sparsam Gebrauch gemacht. So sind z.B. vektorielle Darstellungen auf ein Minimum beschränkt worden. Unbedingt vorausgesetzt werden allerdings solide Kenntnisse in der Chemie, sowie des magnetischen und elektrischen Feldes.

Mit der Struktur der Materie beginnend wird der Leser über die Legierungsbildung zu den speziellen elektrotechnischen Eigenschaften von elektrischen, magnetischen und dielektrischen Werkstoffen geführt. Bei den Halbleiterwerkstoffen ist auch noch den für die Technologie wichtigen Zusammenhängen breiter Raum gewidmet worden. Sowohl die Erläuterungen der Grundzusammenhänge, als auch die Beschreibungen der technisch ausgeführten Werkstoffe werden immer wieder durch ausführlich gerechnete Beispiele ergänzt. Dazu kommen dann noch Aufgaben zur Bearbeitung durch den Leser.

Ein besonderer Dank gilt an dieser Stelle meiner Frau für die Reinschrift und allgemeine Durchsicht des Manuskriptes.

Der Autor wünscht sich, daß dieses Buch mit dazu beitragen möge, dem Ingenieur durch die Wahl des richtigen Werkstoffes zu funktionstüchtigen und zuverlässigen Geräten zu verhelfen.

Garbsen, im Februar 1981 *E. Döring*

Inhaltsverzeichnis

1 Aufbau der festen Körper 1

1.1 Werkstoffe 1
1.2 Metalle 3
1.3 Kristalle 4
1.3.1 Elementarzelle 5
1.3.2 Millersche Indizes 11
1.3.3 Gitterfehler 17
1.3.3.1 Fehlordnungen bei reinen Stoffen 17
1.3.3.2 Fehlordnungen bei zusammengesetzten Stoffen 24
1.4 Wiederholungsfragen 27

2 Legierungen 28

2.1 Entstehung von Zustandsdiagrammen 28
2.2 Arten von Zustandsdiagrammen 31
2.2.1 Flüssig und fest beliebig löslich 31
2.2.2 Flüssig beliebig, fest gar nicht löslich 34
2.2.3 Flüssig beliebig, fest begrenzt löslich mit Mischungslücke (allgemeiner Fall) 37
2.2.4 Intermetallische Verbindungen 40
2.2.4.1 Beständige intermetallische Verbindungen 40
2.2.4.2 Unbeständige intermetallische Verbindungen 41
2.3 Reale Zustandsdiagramme 41
2.3.1 Blei-Zinn-Diagramm 41
2.3.2 Eisen-Kohlenstoff-Diagramm 42
2.4 Werkstoffkennzeichnung 45
2.4.1 Werkstoffkurzzeichen 45
2.4.2 Werkstoffnummern 46
2.5 Mikrostruktur 48
2.5.1 Röntgenuntersuchung 48
2.5.2 Schliffbilder 50
2.5.2.1 Schleifen und Polieren 50
2.5.2.2 Ätzen 51
2.6 Wiederholungsfragen 54

3 Elektrische Leitfähigkeit 55
3.1 Stromleitung 55
3.2 Supraleitung 60
3.2.1 BCS-Theorie 62
3.2.2 Stabilisierung 65
3.3 Halleffekt 67
3.3.1 Hallgenerator 70
3.3.2 Feldplatte 72
3.4 Wiederholungsfragen 75

4 Elektrische Leiter 76
4.1 Normalleiter 76
4.2 Supraleiter 80
4.3 Wiederholungsfragen 81

5 Magnetische Leitfähigkeit 82
5.1 Modellvorstellung zum Magnetismus 84
5.2 Verhalten von Materie im Magnetfeld 86
5.2.1 Diamagnetismus 86
5.2.2 Paramagnetismus 87
5.2.3 Ferromagnetismus 87
5.2.4 Antiferromagnetismus 89
5.2.5 Ferrimagnetismus 89
5.3 Magnetisierung 91
5.4 Magnetisierungskurve 95
5.4.1 Verluste 98
5.4.2 Hystereseschleifen 103
5.4.2.1 Normale Hystereseschleife 103
5.4.2.2 Rechteckschleife 103
5.4.2.3 Perminvarschleife 104
5.4.2.4 Isopermschleife 104
5.4.2.5 Arbeitsbereiche der Hystereseschleife 105
5.4.3 Permeabilität 106
5.4.3.1 Anfangspermeabilität 106
5.4.3.2 Wechselfeldpermeabilität 106
5.4.3.3 Effektive Permeabilität 107
5.4.3.4 Reversible Permeabilität 109
5.4.3.5 Impulspermeabilität 110
5.4.3.6 Komplexe Permeabilität 111

5.4.4 Verzerrungen durch die Hystereseschleife . . . 114
5.4.4.1 Rayleighschleife . . . 114
5.4.4.2 Stromverzerrungen . . . 117
5.5 Larmorfrequenz . . . 119
5.6 Wiederholungsfragen . . . 121

6 Magnetika . . . 122

6.1 Metalloxide (Ferrite) . . . 122
6.2 Weichmagnetika . . . 123
6.2.1 Metalle . . . 123
6.2.2 Legierungen . . . 124
6.2.2.1 Amorphe Metalle . . . 131
6.2.2.2 Magnetische Abschirmung . . . 133
6.2.2.3 Kernbleche . . . 136
6.2.3 Weichmagnetische Ferrite . . . 140
6.2.3.1 Arten weichmagnetischer Ferrite . . . 142
6.2.3.2 Kernformen . . . 142
6.3 Hartmagnetika (Dauermagnete) . . . 148
6.3.1 Entmagnetisierungskennlinie . . . 148
6.3.2 Hartmangetische Legierungen . . . 152
6.3.3 Hartmagnetische Metalloxide (Ferrite) . . . 155
6.3.4 Dauermagnetberechnung . . . 156
6.4 Impulsbetrieb . . . 161
6.4.1 Impulsübertrager . . . 163
6.4.2 Impulsspeicherung . . . 169
6.5 Wiederholungsfragen . . . 174

7 Halbleiter . . . 175

7.1 Halbleiter-Mechanismus . . . 175
7.1.1 Leiterdefinition . . . 180
7.1.2 Dotierung . . . 185
7.1.3 Umdotierung . . . 189
7.2 Einkristalle . . . 190
7.2.1 Reinheitsanforderungen . . . 190
7.2.2 Reindarstellung von Halbleitermaterialien . . . 191
7.2.3 Zonenschmelzen . . . 192
7.2.4 Kristallziehen . . . 197
7.2.5 Verarbeitung der Einkristalle . . . 200
7.3 p-n-Übergang . . . 200
7.3.1 Legierungstechnologie . . . 201
7.3.2 Planartechnologie . . . 202

7.3.3 Epitaxie 208
7.3.4 Ionenimplantation 210
7.4 Stoffe mit Halbleitereigenschaften 210
7.4.1 Elementhalbleiter 211
7.4.2 Verbindungshalbleiter 213
7.5 Leitungstyp 218
7.5.1 Halleffekt bei Dotierung 218
7.5.2 Halleffekt bei gemischter Dotierung 220
7.5.3 Thermokraft 222
7.6 Wiederholungsfragen 224

8 Dielektrische Eigenschaften 225

8.1 Modellvorstellung zur dielektrischen Polarisation 225
8.1.1 Elektronenpolarisation 226
8.1.2 Ionenpolarisation 227
8.1.3 Ordnungspolarisation 228
8.1.4 Grenzflächenpolarisation 229
8.2 Dielektrische Materialeinteilung 231
8.2.1 Ferroelektrika 231
8.2.2 Piezoelektrika 232
8.2.3 Pyroelektrika 233
8.3 Elektrische Materialeinteilung 234
8.3.1 Isolatoren 234
8.3.2 Kondensatoren 237
8.4 Wiederholungsfragen 244

9 Dielektrika 245

9.1 Natürliche anorganische Dielektrika 245
9.1.1 Glimmer 245
9.1.2 Quarz 246
9.1.3 Gase 248
9.2 Natürliche organische Dielektrika 249
9.2.1 Papiere 249
9.2.2 Textilstoffe 250
9.2.3 Öle 250
9.3 Künstliche anorganische Dielektrika 250
9.3.1 Porzellan 251
9.3.2 Steatit 251
9.3.3 Titanate 251

9.4 Künstliche organische Dielektrika 252
9.4.1 Zellulosekunststoffe 252
9.4.2 Polykondensationsprodukte 252
9.4.3 Polymerisationsprodukte 253
9.4.4 Silikone 255

Lösungen zu den Aufgaben 257

Antworten zu den Wiederholungsfragen 272

Literaturhinweise 279

Sachwortverzeichnis 281

1 Aufbau der festen Körper

1.1 Werkstoffe

Chemie und Physik sind die ursprünglichen Quellen der Gebiete, die heutzutage unter dem Begriff *Werkstoffkunde* zusammengefaßt sind. Der *Stoffbegriff* ist dabei vollständig aus der Chemie übernommen, erfährt jedoch eine Einschränkung aus der Praxis. Wir definieren danach:

> *Werkstoffe* sind Materialien zur Herstellung technischer (Gebrauchs-)Güter.

Diese Festlegung schränkt das Angebot der Chemie sehr stark ein, da nur eine geringe Anzahl von Stoffen „technisch nutzbar" ist. Dies gilt besonders, wenn der durch die Klammer angedeutete Fall der Gebrauchsgüter, d.h. Massenproduktion betrachtet werden soll. Die Verbindung zur Chemie tritt in den Hintergrund, wenn es sich um die Eigenschaften der Werkstoffe bei den verschiedenen Anwendungsfällen handelt, dann werden physikalisches und elektrotechnisches Wissen erforderlich, um die anstehenden Probleme zu verstehen.

Zunächst wollen wir uns jedoch einmal ganz allgemein dem Werkstoff zuwenden. Gemäß Definition soll damit etwas hergestellt, d.h. gestaltet werden, wobei sich dieses Gestalten nach den Erfordernissen der Anwendung zu richten hat. Dieser Zusammenhang führt uns in eine gewisse Schwierigkeit, denn gefordert wird „elektrisch", gestaltet werden muß aber „mechanisch". Hier tritt die Wechselwirkung zwischen dem jeweiligen Anwendungsbereich und der Beanspruchung eines Werkstoffes hervor. Eine Tabelle (Tab. 1.1) soll das deutlich machen. Beginnen wir mit dem Anwendungsbereich Mechanik, so ist eindeutig, daß Kräfte die primären Beanspruchungen sind. Sekundär mögen dann vielleicht noch thermische o.a. Wirkungen hinzukommen. In der Elektrik haben wir primär die Wirkung von Feldern, die dann allerdings im Regelfall zu einer Beanspruchung des Werkstoffes durch Kräfte führen, d.h. wieder zur Mechanik zurückleiten. Hierin liegt eine sehr wesentliche Problematik für den Ingenieur in der Elektrotechnik, denn seine „elektrischen

Tabelle 1.1 Anwendungsbereiche und Beanspruchungen von Werkstoffen

Bereich	Beanspruchungen	
	1	2
Mechanik	*Kräfte*, z.B. Zug, Druck, Biegung usw.	Sonstige Beanspruchungen, je nach Anwendung z.B. Temperatur, Abrieb usw.
Elektrik	*Felder*, elektrische und magnetische	*Kräfte* ähnlich Mechanik

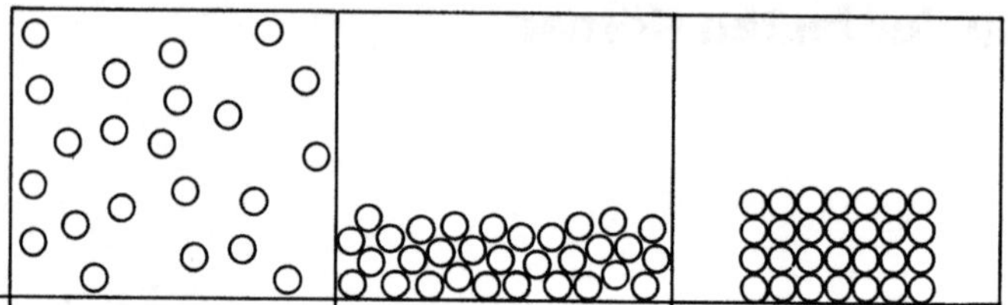

Zustand	gasförmig	flüssig	fest
Form	nein	nein	ja
Volumen	nein	ja	ja

Bild 1.1 Aggregatzustände

Ideen" sind nur über die „mechanische Konstruktion" zu realisieren. Dazu bedarf es aber wiederum des Werkstoffes, der entscheidend die konstruktive, d.h. mechanische Gestaltung beeinflußt.

Wir müssen uns also, ehe wir die elektrischen Eigenschaften der Werkstoffe näher betrachten, einigen ihrer grundlegenden mechanischen Probleme zuwenden. Wichtigster Punkt ist hierbei zunächst einmal die Tatsache, daß wir es in der überwiegenden Mehrzahl der Fälle mit *festen Stoffen* zu tun haben. Fest ist hierbei im Sinne des Aggregatzustandes zu verstehen. Wie in Bild 1.1 dargestellt, sind die Aggregatzustände an verschiedene Ordnungsstufen gebunden. Im (idealen) Gas bewegen sich die Teilchen mit großem Abstand voneinander völlig regellos durcheinander. Sie sind volumenlos, d.h. sie passen sich jedem vorhandenen Raum an. Bei einer Flüssigkeit haben sich die Teilchen so weit genähert, daß die Gesamtheit zwar bereits ein bestimmtes Volumen aufweist, aber die Verschieblichkeit der Teilchen gegeneinander ist immer noch sehr hoch. Der Energieinhalt des Systems hat, im Vergleich zum Gas, abgenommen. Eine weitere Energieabnahme läßt die Bindungskräfte soweit wirksam werden, daß wir einen geordneten Zustand der Teilchen, ein *Gitter*, erhalten. Je nach Art der Teilchen unterscheiden wir Atom-, Ionen- oder Molekülgitter.

Die Bindungskräfte gehen auf die von der Chemie her bekannten 4 *Bindungsarten* zurück (Bild 1.2).

Ionenbindung, auch heteropolare Bindung genannt (Bild 1.2a). Die verschiedenen Atome tauschen Ladungen (Elektronen) aus und werden zu Ionen (Edelgaskonfiguration). Daraus folgen starke Anziehungskräfte und stabile Kristalle.

Typischer Fall: anorganische Verbindungen.

Charakteristische Eigenschaften: geringe elektrische Leitfähigkeit, Wasserlöslichkeit und elektrolytische Dissoziation, hoher Schmelzpunkt.

Atombindung, auch homöopolare oder kovalente Bindung (Bild 1.2b). Benachbarte Atome haben gemeinsame Elektronen(paare).

Typischer Fall: nichtmetallische Elemente, organische Verbindungen.

Charakteristische Eigenschaften: geringe elektrische Leitfähigkeit, oft durchsichtig und hohe Lichtbrechung.

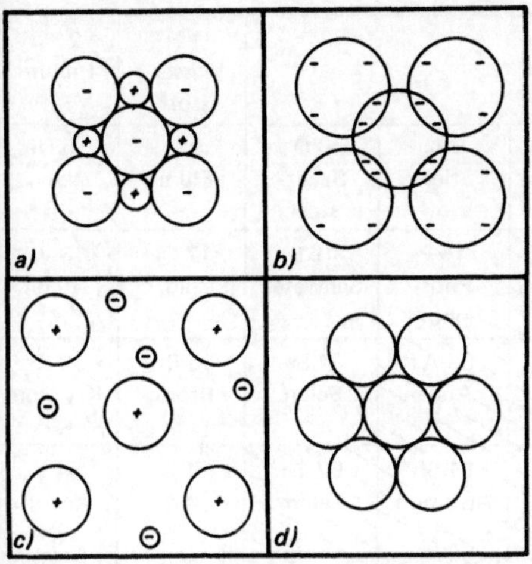

Bild 1.2 Bindungsarten
a) Ionenbindung oder heteropolare Bindung, z. B. Na^+Cl^-
b) Atombindung, auch homöopolare oder kovalente Bindung, z. B. Ge
c) metallische Bindung, z. B. Cu
d) Van der Waals- oder Molekülbindung, z. B. Ar (kristallisiert)

Metallische Bindung (Bild 1.2c). Die Atome haben (wie in Bild 1.2a) ein Elektron abgegeben, d.h. sie liegen als positiv geladene Ionen vor, die abgegebenen Elektronen sind aber als bewegliche Leitungselektronen (Elektronengas) allen Atomrümpfen gemeinsam zugeordnet. Diese Bindungsart ist die Grundlage der elektrischen Leitfähigkeit.
Typischer Fall: metallische Elemente.
Charakteristische Eigenschaften: gute elektrische Leitfähigkeit, gute Wärmeleiter, Metallglanz, undurchsichtig.

Van der Waals oder zwischenmolekulare Bindung (Bild 1.2d). Jedes Teilchen (Atom oder Molekül) erhält durch den Nachbarn ein Dipolmoment und erzeugt wiederum ein solches im Nachbarn. Dadurch ergeben sich – schwache – anziehende Kräfte. Diese Bindungsart ist nicht besonders stabil.
Typischer Fall: Edelgase bei tiefen Temperaturen, organische Kristalle.
Charakteristische Eigenschaften: niedriger Schmelzpunkt, als Kristall geringe Stabilität.
Allgemein ist zu sagen, daß in der Regel zwar die eine oder andere Bindungsart überwiegt, in der Praxis aber immer mit Kombinationen der vier Bindungsarten zu rechnen ist.

1.2 Metalle

Für die weiteren Betrachtungen ist nun die Sonderstellung der Metalle wichtig. Einmal wegen ihrer *elektrischen Leitfähigkeit*, die mit der metallischen Bindung verkoppelt ist, und zum anderen wegen der stabilen *Kristallstruktur*, als Grundlage der guten mechanischen Eigenschaften. Darüber hinaus sind von den z.Zt. bekannten 104 Elementen die meisten Metalle. Nur ca. 15 zählen zu den *Nichtmetallen* und ca. 8 fallen unter die – in der modernen Elektrotechnik besonders interessanten – *Halbmetalle*. Die Stellung der Halbmetalle oder Übergangselemente ist aus der in Bild 1.3 gezeigten Kurzform (nur Hauptgruppen) des Periodensystems am besten zu erkennen. Dabei wird auch das „ca." vor den obigen Angaben deutlich, da die Grenzziehung zwischen den Elementen nicht eindeutig ist (s. auch 7 Halbleiter).

I							1 H Wasserstoff	2 He Helium
II	3 Li Lithium	4 Be Beryllium	5 B Bor	6 C Kohlenstoff	7 N Stickstoff	8 O Sauerstoff	9 F Fluor	10 Ne Neon
III	11 Na Natrium	12 Mg Magnesium	13 Al Aluminium	14 Si Silizium	15 P Phosphor	16 S Schwefel	17 Cl Chlor	18 Ar Argon
IV	19 K Kalium	20 Ca Calcium	31 Ga Gallium	32 Ge Germanium	33 As Arsen	34 Se Selen	35 Br Brom	36 Kr Krypton
V	37 Rb Rubidium	38 Sr Strontium	49 In Indium	50 Sn Zinn	51 Sb Antimon	52 Te Tellur	53 J Jod	54 X Xenon
VI	55 Cs Caesium	56 Ba Barium	81 Tl Thallium	82 Pb Blei	83 Bi Wismut	84 Po Polonium	85 At Astatin	86 Rn Radon

Bild 1.3 Hauptgruppen des Periodensystem der Elemente (Kurzform des Periodensystems)

Metalle — Übergangselemente
Nichtmetalle — Edelgase

1.3 Kristalle

Gemeinsam ist allen Elementen die bereits verschiedentlich erwähnte *Gitter-* oder *Kristallstruktur*. Wir halten hierzu fest:

> Ein *Kristall* ist die regelmäßige, räumlich periodische Anordnung kleinster Teilchen (Atome, Ionen oder Moleküle) zu einem festen Körper.

Stoffe, die nicht regelmäßig, also nicht kristallin aufgebaut sind, bezeichnet man als *amorph*, d.h. gestaltlos.

Zunächst einmal sei die periodische Anordnung der Teilchen in allen drei Raumkoordinaten gleichmäßig und ohne Störungen, dann erhalten wir den sog. Idealkristall. In der Praxis müssen wir immer mit Irregularitäten rechnen, damit gelangen wir zum Realkristall. Von den Abmessungen her gesehen, kann der Kristall sehr klein – z.B. nur mikroskopisch erkennbar – sein, wir nennen ihn dann *Kristallit* oder *Korn*. Erst die Zusammenlagerung vieler Kristallite liefert dann ein größeres Gebilde, den sog. *Polykristall*. Hat der Kristallit die Möglichkeit, beliebig weiter in den makroskopischen Bereich hineinzuwachsen, so erhalten wir einen Einkristall.

Ein typisches Beispiel aus dem Alltag ist hierzu der Zucker. Zunächst einmal handelt es sich bei Zucker um organische Kristalle, die üblicherweise einige zehntel Millimeter groß

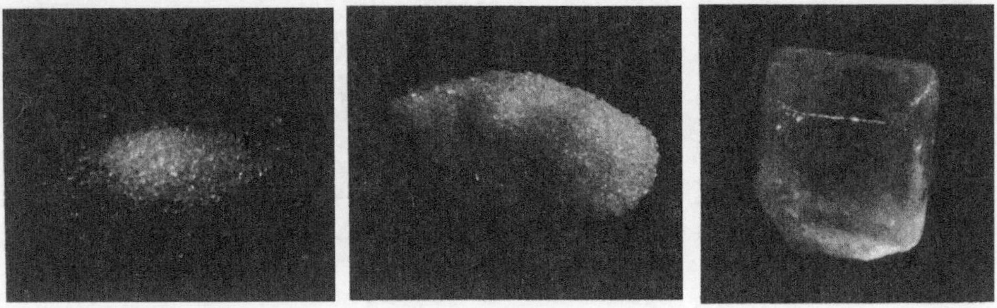

a) b) c)

Bild 1.4 Zucker als Beispiel für Kristalle
a) Kristallite, b) Polykristall, c) Einkristall

sind, d.h. also Kristallite darstellen (Bild 1.4a). Ballen sie sich zu einem größeren „Klumpen" zusammen, so ist das ein Polykristall (Bild 1.4b). Wohingegen Kandiszucker (Bild 1.4c) Einkristalle repräsentiert.

1.3.1 Elementarzelle

Zerkleinern wir einen Kristalliten immer weiter, so bleibt die Kristallstruktur bis zur sog. *Elementarzelle* erhalten. Wir definieren damit:

> Eine *Elementarzelle* ist die kleinste – periodisch im Kristall wiederkehrende – Einheit, die bereits die Kristallstruktur aufweist.

Eine größere Anzahl dieser regelmäßig angeordneten Elementarzellen führt zum sog. *Raumgitter* oder *Kristallgitter*. Bei hinreichender Ausdehnung entsteht daraus letztendlich der Kristallit. Damit müßten die Begrenzungsflächen der Kristallite im Grunde stets regelmäßig sein, aber Wachstumsstörungen, besonders in Polykristallen, verhindern dieses.

Die Ordnung in einem Kristall sorgt dafür, daß manche Eigenschaften des Materials richtungsabhängig oder *anisotrop* sind. So ist z.B. Glimmer nur in ganz bestimmten Richtungen spaltbar. Im Gegensatz dazu weisen amorphe Stoffe im allgemeinen keine Richtungsabhängigkeit ihrer Eigenschaften auf; sie sind richtungsunabhängig oder *isotrop*.

> *isotrop:* eine (vektorielle) Eigenschaft ist richtungsunabhängig.
> *anisotrop:* eine (vektorielle) Eigenschaft ist richtungsabhängig.

Betrachtet man die Atome in erster Näherung als Kugeln, so wird der Aufbau der Kristallgitter aus Elementarzellen eine Frage der Anordnung von Kugeln im Raum.

Zur einfacheren Darstellung der auftretenden Probleme beginnen wir zunächst einmal in der Ebene (Bild 1.5). Statt der Kugeln können wir Kreise zeichnen, für die sich die zwei

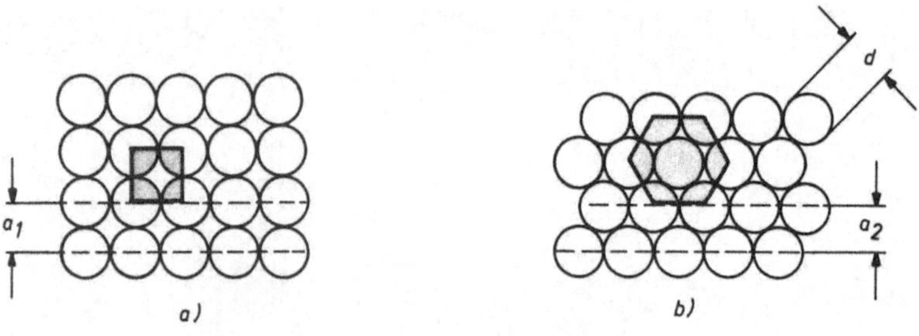

Bild 1.5 Kugelpackungen in ebener Darstellung mit Kreisen als Projektionen von Kugeln auf die Ebene a) primitive (quadratische) Packung, b) dichteste Packung

möglichen Anordnungen a und b in Bild 1.5 ergeben. Die Bezeichnung *dichteste Kugelpackung* für die Anordnung nach Bild 1.5b wird sofort ersichtlich, denn obwohl in beiden Fällen vier „Lagen" dargestellt sind, erreicht der rechte Stapel (b) nicht die Höhe des linken (a).
Der Zusammenhang ergibt sich auch sehr schnell rechnerisch.

▶ **Beispiel 1.1: Kugelpackung**
Nennen wir den Kreis(Kugel)durchmesser d und die Lagenhöhen a_1 (Bild 1.5a) bzw. a_2 (Bild 1.5b), so ist:

$$a_1 = d \qquad a_2 = \sqrt{3/4}\, d = 0{,}866\, d \tag{1.1a u. b}$$

Für die Packungsdichte ermitteln wir den Anteil der Kreisfläche pro (umschlossener) Grundfläche. Das heißt für die quadratische Grundfläche (in Bild 1.5a verstärkt gezeichnet) in der 4/4 = 1 ganzer Kreis vorhanden ist:

$$\frac{\pi d^2}{4 a_1^2} = \frac{\pi}{4} = 78{,}5\,\% \tag{1.2}$$

Bei der sechseckigen Grundfläche (stark umrandet in Bild 1.5b) werden 6/3 + 1 = 3 ganze Kreisflächen umschlossen, woraus folgt:

$$\frac{3\pi d^2}{4} \cdot \frac{1}{2\sqrt{3}\, a_2^2} = \frac{\pi}{2\sqrt{3}} = 90{,}7\,\% \tag{1.3}$$

Während also die quadratische Anordnung nur 78,5 % der Grundfläche bedeckt, nutzt die dichteste Packung immerhin fast 91 % aus.

Nach dieser Einführung in einer ebenen Darstellung nun zu den räumlichen Anordnungen. Von der primitiven quadratischen Grundstruktur gelangen wir durch die räumliche Erweiterung zum Würfel (Bild 1.6), der sog. *kubisch-primitiven (kp) Elementarzelle* (engl.: simple cubic sc). Wie das Bild 1.6a zeigt, berühren die Kugeln entlang der Kanten eines (gedachten) Würfels. Den Abstand der Kugelmittelpunkte längs einer Würfelkante bezeichnen wir als Gitterkonstante (a). Diese Verhältnisse sind aus der konstruierten Darstellung (Bild 1.6b) wesentlich besser zu erkennen als aus dem Kugelmodell. Für eine praktische und übersichtliche Zeichnung gehen wir noch einen Schritt weiter und ersetzen die Kugeln durch dicke Gitterpunkte, womit gleichzeitig die Stellen im Gitter als besetzt gelten sollen. Diese allgemein übliche Art der Darstellung finden wir in Bild 1.7a. Für alle weite-

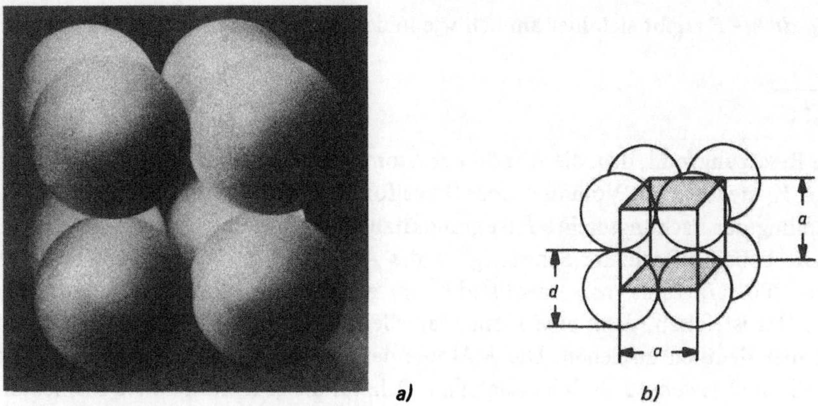

Bild 1.6 Kubisch primitive Elementarzelle
a) Kugelmodell
b) Kugelmodell mit Elementarzellenwürfel, *a* Gitterkonstante, *d* Kugeldurchmesser

ren Fälle wollen wir uns dieser einfachen Konstruktion bedienen. Durch Einbringen weiterer Atome ergeben sich Abwandlungen zum kubisch primitiven Gitter. Ein zusätzliches Atom in der Raummitte (Bild 1.7b) führt zum *kubisch-raumzentrierten (krz) Gitter* (engl.: body centred cubic bcc). Wird auf jeder Flächenmitte ein Atom eingefügt, so gelangen wir zum *kubisch-flächenzentrierten (kfz) Gitter* (Bild 1.7c) (engl.: face centred cubic fcc). Die beiden letztgenannten sind übrigens die häufigsten metallografischen Gittertypen.

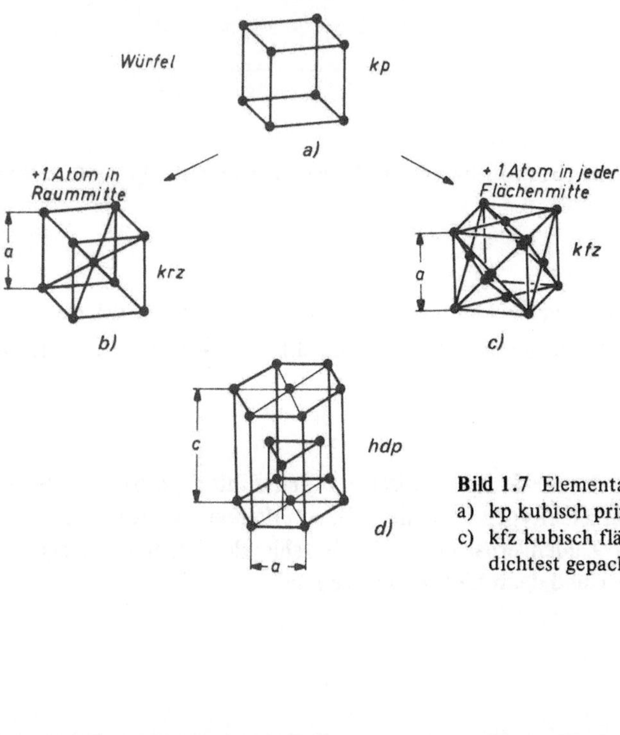

Bild 1.7 Elementarzellen
a) kp kubisch primitiv, b) krz kubisch raumzentriert
c) kfz kubisch flächenzentriert, d) hdp hexagonal dichtest gepackt, *a, b, c* Gitterkonstanten

Die *Packungsdichte P* ergibt sich hier ähnlich wie in der Ebene zu:

$$P = \frac{n V_A}{V_E} \tag{1.4}$$

wobei n die Besetzungszahl, d.h. die Anzahl der Atome pro Elementarzelle, und V_E deren Volumen ist. V_A steht für das Volumen eines (kugelförmigen) Atoms im Gitter.
Zur Bestimmung der Packungsdichte P ist grundsätzlich zunächst die Besetzungszahl n zu ermitteln. Die dabei auftretende Schwierigkeit des Abzählens soll mit Bild 1.8 behoben werden. Aus Bild 1.7a zählt man unwillkürlich im ersten Augenblick 8 Atome pro Elementarzelle. Das ist falsch, denn eine Elementarzelle ist nur Teil eines Gesamtgitters. In Bild 1.8 ist dies deutlich zu sehen. Die 8 Atome der dick herausgezeichneten zentralen Elementarzelle sind jeweils an 8 Zellen beteiligt. D.h. für die gekennzeichnete Elementarzelle liefert jedes Atom nur 1/8 seines Volumens! Da dieses wiederum 8-mal geschieht, bleibt letztlich beim kp-Gitter 1 Atom pro Elementarzelle übrig. Damit ist sofort ersichtlich, daß die Besetzungszahl beim krz-Gitter 2 und beim kfz-Gitter 4 beträgt.

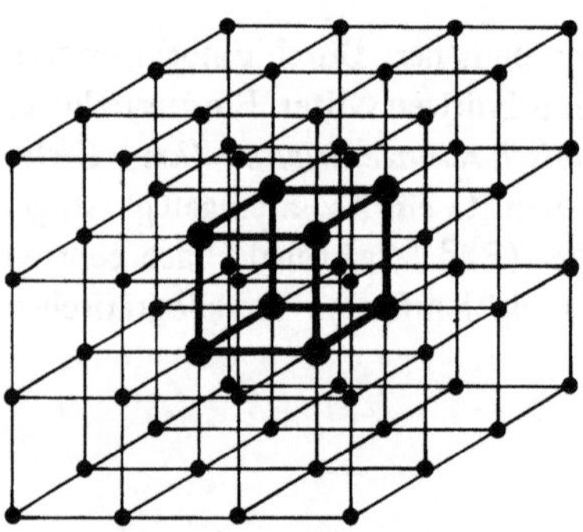

Bild 1.8
Atome einer Elementarzelle zur Bestimmung der Besetzungszahl, Erläuterung im Text

▶ **Beispiel 1.2: Packungsdichte**
Die Packungsdichte soll jetzt einmal für die kp-Elementarzelle bestimmt werden. Mit der Gitterkonstanten a gilt:

$$P_{kp} = \frac{\pi d^3}{6 a^3} \tag{1.5}$$

Der Zusammenhang zwischen d und a ergibt sich über eine Linie im Gitter, längs der sich die Atome berühren. Im Falle kp ist dies eine Kante der Elementarzelle, d.h. $a = 2\frac{d}{2} = d$! Damit wird die Packungsdichte

$$P_{kp} = \frac{\pi}{6} = 0{,}52 = 52\,\% \tag{1.6}$$

Wir haben in Beispiel 1.2 den Zusammenhang zwischen a und d mit $a = d$ benutzt. Sehen wir uns die anderen Elementarzellentypen an (Bild 1.7), so erkennen wir sehr schnell die in Tabelle 1.2 niedergelegten Zahlenverhältnisse. (Noch fehlende Zahlenwerte ergeben sich aus späteren Aufgaben und sind dann hier zu ergänzen!)

Tabelle 1.2 Gitterkonstanten und Packungsdichten von Elementarzellen (noch fehlende Eintragungen sind nach Berechnung zu ergänzen)

Elementarzelle	kp	kfz	krz	hex	dia
Gitterkonstante $a =$	$\frac{2d}{2} = d$	$\frac{2d}{\sqrt{2}} = 1{,}41\,d$	$\frac{2d}{\sqrt{3}} = 1{,}15\,d$	d	
$c =$					
Packungsdichte	0,52				0,34

Ein Zahlenvergleich läßt unmittelbar erkennen, daß offensichtlich das kfz-Gitter – bei gleichen Atomdurchmessern – am „weitesten" ist. „Weit" könnte aber auch eine geringe Packungsdichte bedeuten. Um hier Klarheit zu schaffen, sind die Zahlenwerte der kfz- und krz-Packungsdichten zu ermitteln.

Aufgabe 1.1: Packungsdichten
Bestimmen Sie die Packungsdichten für krz- und kfz-Elementarzellen und tragen die gefundenen Zahlenwerte in die Tabelle 1.2 ein.

Wie die ergänzte Tabelle 1.2 zeigt, erweist sich die kfz-Elementarzelle bislang als die dichtest gepackte. Es kann schon jetzt gesagt werden, daß dieser Wert von keinem anderen Gitter überschritten und nur noch gleichfalls erreicht wird.
In der Metallkunde ist allerdings noch eine weitere Elementarzelle bedeutsam, die sich aus der dichtesten Kugelpackung in der Ebene ergibt, die *Elementarzelle* mit der hexagonal dichtesten Packung *(hdp)* (Bild 1.7d) (engl.: hexagonal close packed hcp). Die Folgelagen liegen – wie das Bild 1.9 gut zeigt – in den Vertiefungen der vorhergehenden Ebenen, so daß eine hohe Packungsdichte wahrscheinlich ist. Zur Erhärtung diene wieder eine Aufgabe.

Bild 1.9
Elementarzelle mit hexagonal dichtester Packung

- **Aufgabe 1.2: hdp-Elementarzelle**
Bestimmen Sie das Verhältnis der Gitterkonstanten c/a (Bild 1.7d) und die Packungsdichte der Elementarzelle mit der hexagonal dichtesten Packung. (*Anmerkung:* Man untersuche zunächst einen Tetraeder aus vier Atomen der Grundebene!) Die Ergebnisse sind in die Tabelle 1.2 zu übernehmen.

Ein spezieller Gittertyp ist gerade für die Elektrotechnik noch besonders wichtig, da die Halbleiterwerkstoffe Ge und Si darin kristallisieren, nämlich das *Diamantgitter* (dia) (engl.: diamond dia). Es läßt sich vom kfz-Gitter dadurch ableiten, daß man zwei um eine viertel Raumdiagonale versetzte (weite) kfz-Gitter ineinanderstellt (Bild 1.10). Betrachtet man die vordere linke Ecke, so wird die Besonderheit dieses Gitters deutlich. Das „schwarze" Atom ist tetraedrisch von vier „weißen" Atomen umgeben. Umgekehrt gilt das gleiche. Die Elementarzelle des Diamantgitters ist also kubisch-flächenzentriert mit einer tetraedrischen Unterstruktur.

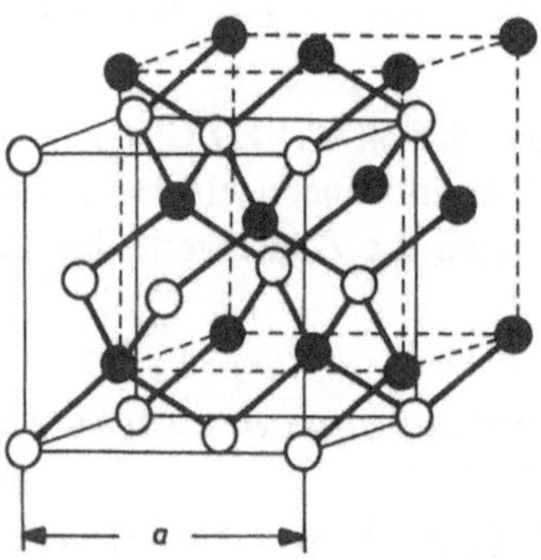

Bild 1.10 Diamantgitter
Entstehung des Diamantgitters aus zwei ineinander gestellten kfz-Gittern. Der Versatz der kfz-Gitter beträgt 1/4 Raumdiagonale.

Sieht man von oben in eine solche Zelle hinein, so bietet sich die in Bild 1.11 gezeichnete Projektion dar. Die Zahlen geben dabei die Höhe der Gitterpunkte über der Grundebene in Bruchteilen einer Gitterkonstanten an. Die Doppelzahlen beziehen sich auf die Gitterpunkte, welche die Grundfläche (0) und die Deckfläche (1) ergeben. Vergleichen wir mit der normalen kfz-Struktur, so wird die Steigerung der Anzahl der Atome pro Elementarzelle auf 8 ersichtlich. Die Gitterkonstante a hängt jetzt etwas komplizierter mit dem Atomdurchmesser d zusammen.

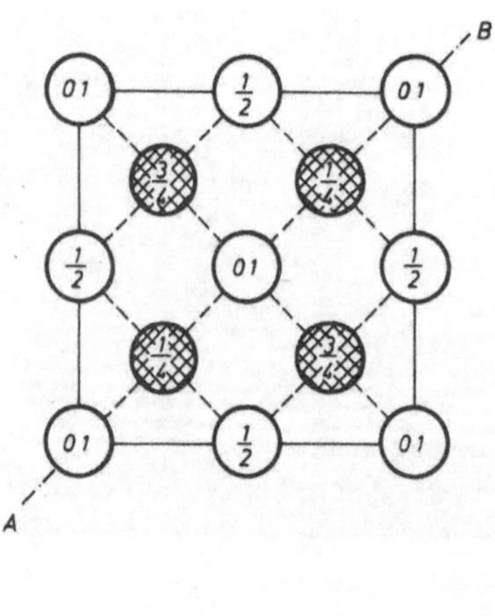

Bild 1.11 Diamantstruktur
Projektion einer Elementarzelle des Diamantgitters auf die Grundfläche. Die Zahlen geben die Höhe der Gitterpunkte über der Grundfläche in Bruchteilen der Gitterkonstante a an. Bei zwei Zahlen gehört der Gitterpunkt sowohl zur Grund- als auch zur Deckfläche.
(Die Schraffur stimmt mit der Schwarzweißkennzeichnung von Bild 1.10 überein.)

Beispiel 1.3: Diamantgitter
Zur Untersuchung der Gitterkonstanten des Diamantgitters zeichnen wir uns den Diagonalschnitt A-B aus Bild 1.11 auf (Bild 1.12). Der Höhenabstand der Gitterpunkte beträgt gemäß Voraussetzung $1/4\,a$. Auf der Raumdiagonalen D ($=\sqrt{3}a$) beträgt der Abstand $1/4\,D$. Andererseits berühren sich hier die Atome, dementsprechend ist $0{,}25 \cdot \sqrt{3}\,a = d$. Damit folgt:

$$a = \frac{4\,d}{\sqrt{3}} = 2{,}31\,d \qquad (1.7)$$

Diesen Wert tragen wir in die Tabelle 1.2 ein.

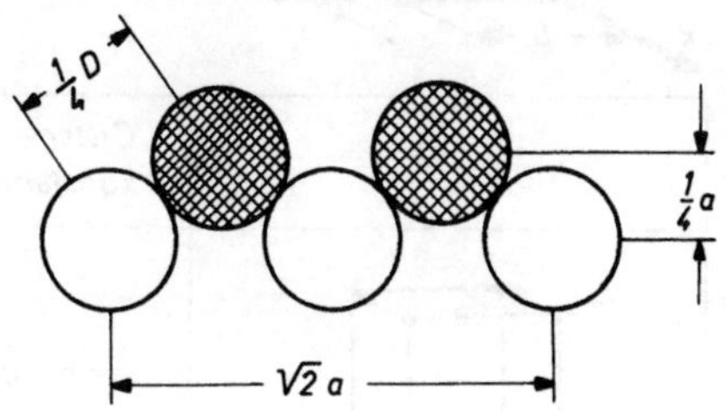

Bild 1.12
Diagonalschnitt A–B aus Bild 1.11 zur Bestimmung der Maße einer Elementarzelle des Diamantgitters

Mit dem Diamantgitter ergeben sich die für die Metallkunde wichtigen 4 Gitterarten, nämlich krz, kfz, hex und dia. Das kubisch-primitive Gitter (kpr) diente nur zur Herleitung, es kommt bei den Metallen nicht vor.
Abschließend zum Thema Kristallgitter seien noch die 7 *Grundgitter nach Bravais* aufgeführt, die sich dadurch ergeben, daß – vom kubischen System ausgehend – die Kantenlängen ungleich werden und die Achsenwinkel andere Werte als 90° einnehmen (Bild 1.13). Die sich daraus ableitenden Varianten sind für allgemeine kristallografische Überlegungen wichtig und interessant. Wir begnügen uns – wie bereits gesagt – mit einem Bruchteil davon.

1.3.2 Millersche Indizes

Die Kennzeichnung von Ebenen oder Richtungen im Kristall war uns bislang nur umschreibend möglich mit Angaben wie „Grundfläche“ oder „Raumdiagonale“. Mit den *Millerschen Indizes* sind derartige Angaben exakt zu machen.
Wir benötigen dazu ein räumliches Rechts-Koordinatensystem xyz, wobei die Abstände Einheiten der entsprechenden Gitterkonstanten darstellen.
Damit ergibt sich dann auch die Zuordnung zu den Achsen: $x \mathrel{\hat{=}} a$, $y \mathrel{\hat{=}} b$ und $z \mathrel{\hat{=}} c$ (s. auch Bild 1.13). Zunächst die Definition:

> Die *Millerschen Indizes* (MI) einer Ebene sind die – in runde Klammern gesetzten – normierten Kehrwerte der Achsabschnitte der gekennzeichneten Ebene.

Zur Bestimmung der Millerschen Indizes sind also, nachdem die fragliche Ebene im Koordinatensystem gekennzeichnet ist, folgende 3 Schritte zu vollziehen (Definition rückwärts gelesen):

> 1. Achsabschnitte bestimmen
> 2. Kehrwerte bilden
> 3. ganzzahlig machen (normieren)

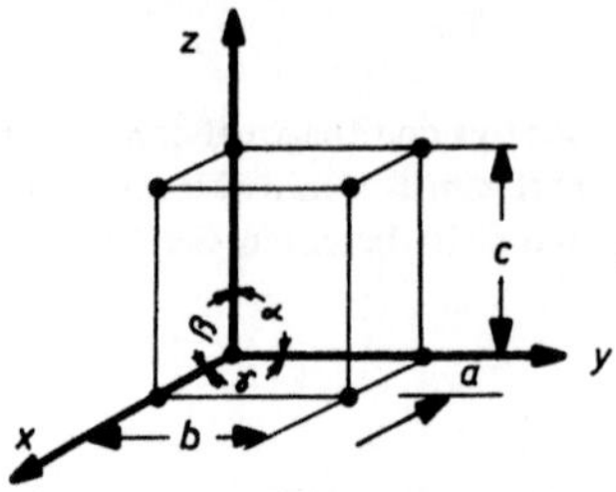

Grundbeziehungen

	Gitter-konstanten	*Winkel*	*Namen*
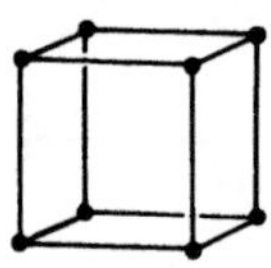	$a = b = c$	$\alpha = \beta = \gamma = 90°$	*kubisch*
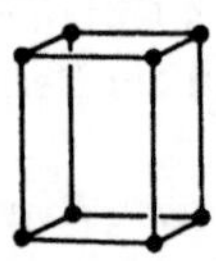	$a = b \neq c$	$\alpha = \beta = \gamma = 90°$	*tetragonal*
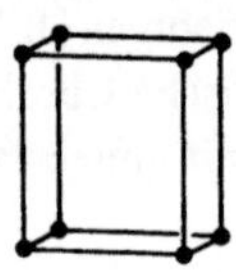	$a \neq b \neq c$	$\alpha = \beta = \gamma = 90°$	*orthorhombisch*
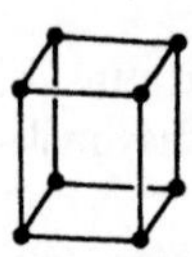	$a \neq b \neq c$	$\alpha = \beta = 90° \neq \gamma$	*monoklin*
	$a \neq b \neq c$	$\alpha \neq \beta \neq \gamma \neq 90°$	*triklin*
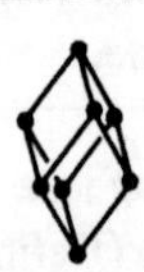	$a = b = c$	$\alpha = \beta = \gamma \neq 90°$	*rhomboedrisch*
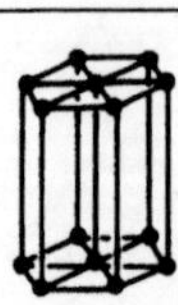	$a_1 = a_2 = a_3 \neq c$	$a/a = 120°$ $a/c = 90°$	hexagonal

Bild 1.13 Die 7 Grundgittersysteme nach Bravais

Beispiel 1.4: Millersche Indizes
Für die in Bild 1.14 gekennzeichnete Ebene bestimmen wir die MI mit einer Tabelle 1.3 folgendermaßen:
Wir lesen als die Durchtrittskoordinaten der Ebene im Koordinatensystem mit $x = 3$ (Einheiten), $y = \infty$ (kein Schnittpunkt) und $z = 2$ ab. Jetzt setzt die Rechenroutine ein. Die Kehrwerte liefern 1/3, 0 und 1/2. Das kleinste ganzzahlige Vielfache erzielen wir über die Multiplikation mit 6 zu 203. Eine runde Klammer liefert (203), die MI der untersuchten Ebene.

Tabelle 1.3 Bestimmung der Millerschen Indizes

Koordinaten	x	y	z
Achsabschnitte	3	∞	2
Kehrwerte	1/3	0	1/2
ganzzahlig	2	0	3
Millersche Indizes	(2	0	3)

Zur indizierten Ebene ist noch zu bemerken, daß sie im Grunde unendlich groß sein müßte. Für die *y*-Richtung ist dies in Bild 1.14 angedeutet, wohingegen die *x*- und *z*-Komponenten willkürlich bei den Durchtrittsstellen im Koordinatensystem abgebrochen worden sind. Das Ganze dient lediglich einer anschaulicheren Darstellung.

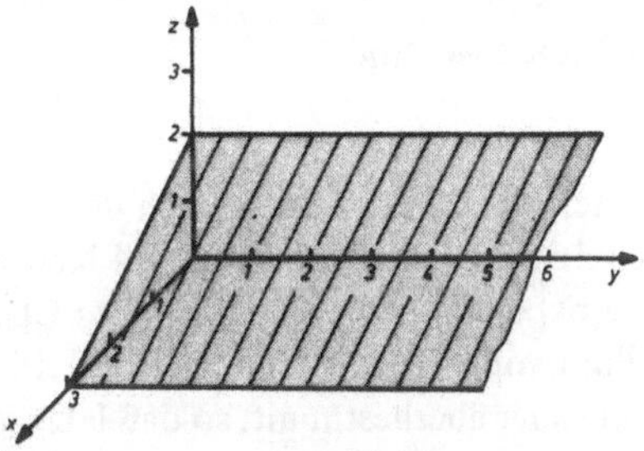

Bild 1.14
Millersche Indizes (MI)

Die wichtigsten Ebenen im kubischen System sind in Bild 1.15 in Einheitswürfeln eingetragen. Zur besseren Übersichtlichkeit sind die Ebenen nur im Bereich der Würfel eingezeichnet.
Auf eines ist noch hinzuweisen, zu indizierende Ebenen dürfen nicht durch den Koordinatenursprung gehen! Sollte dieser Fall eintreten, wird die Ebene zu sich selber parallel verschoben. So haben z.B. in Bild 1.15a-c die jeweils gegenüberliegenden Würfelflächen – von denen eine durch den Nullpunkt geht – die gleichen Millerschen Indizes wie die gekennzeichnete Ebene.
In Bild 1.15h ist der Fall eines negativen Achsabschnittes berücksichtigt. *y* hat hier den Wert −1 statt +1 wie in Bild 1.15g. Das negative Vorzeichen erscheint dann über dem jeweiligen Index als Querstrich.
Das mit *xyz* bezeichnete Achsenkreuz wird in der Kristallografie durch die Buchstabenkombination *hkl* gekennzeichnet. Es wird dabei besser ersichtlich, daß nicht das Achsensystem selber, sondern eine Kennzeichnung darin erfolgt ist. So ist z.B. die allgemeine Angabe (*hkl*) sofort als MI zu identifizieren, (*xyz*) könnte auch eine allgemeine Raumkoordinate sein (Mathematik).

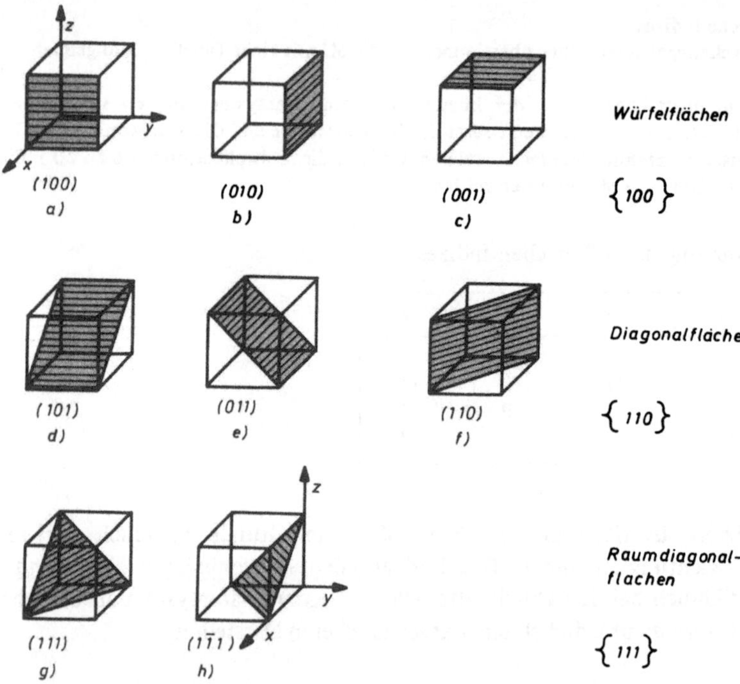

Bild 1.15 Die Millerschen Indizes der wichtigsten Ebenen im kubischen Gitter

Neben dem kubischen System wird gelegentlich in der Metallkunde auch noch das hexagonale System zur Indizierung herangezogen (Bild 1.16). Es hat offensichtlich 4 Koordinatenachsen, nämlich x_1, x_2, x_3 und z, woraus die Kristallografie $hkil$ macht. (Der Übergang zum kubischen System ist durch die Hilfsdarstellung von y_1 – gestrichelt in Bild 1.16 – gegeben.) Mit vier Indizes ist ein räumliches Gebilde aber überbestimmt, so daß letztlich gilt: $i = -(h + k)$. Ein Beispiel soll das deutlich machen und die Indizierung im hexagonalen System erläutern.

▶ **Beispiel 1.5: Hexagonales System**

Im hexagonalen System nach Bild 1.16 sind die Millerschen Indizes der eingezeichneten Fläche zu bestimmen. Unsere Tabelle 1.4 sieht jetzt zunächst in der Kopfzeile etwas anders aus.

Tabelle 1.4 Millersche Indizes im hexagonalen System

Koordinaten kristallografisch	x_1 h	x_2 k	x_3 i	z l
Achsabschnitte	∞	1	∞	∞
Kehrwerte	0	1	0	0
i = – (h + k)			–1	
Millersche Indizes	(0	1	$\bar{1}$	0)

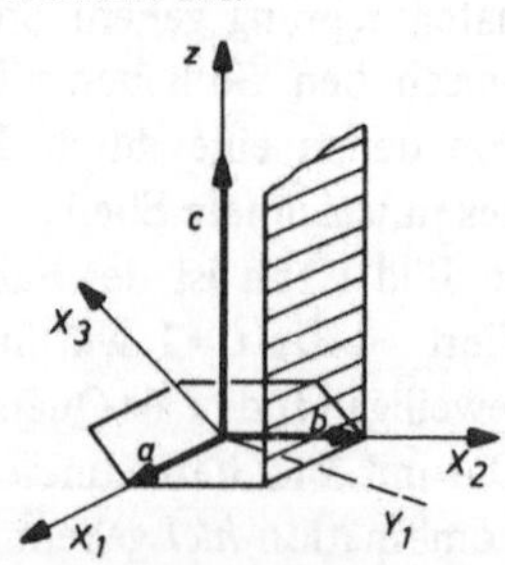

Bild 1.16 Indizierung im hexagonalen System

Unsere Ebene kann nämlich die 3 x-Achsen und die z-Achse schneiden. Wir bleiben aber zunächst bei der üblichen Untersuchung. Die Ebenen schneidet x_1 im Unendlichen, x_2 bei +1 und z wieder im Unendlichen. Daraus werden die Kehrwerte 0, 1 und 0. i ergibt sich nunmehr als −1. Wenn wir jetzt wieder in Bild 1.16 hineinsehen, so erkennen wir, daß es sich bei i um den Abschnitt auf der Achse x_3 handelt, die ja nach vorn negativ zählt!

Die Indizierung im hexagonalen System erscheint etwas komplizierter, führt aber letztlich zu sinngemäß gleichen Ergebnissen wie im kubischen System.
Für die weiteren Betrachtungen können wir uns im übrigen auf das kubische System beschränken. Bei der Beschäftigung mit Kristallstrukturen geht es in der Elektroindustrie meist um die Ermittlung einer durch Millersche Indizes gekennzeichneten Ebene, d.h. wir müssen das Gegenteil zu dem tun, was soeben beschrieben wurde. Zur Erklärung wählen wir hierzu die Umkehrung von Beispiel 1.4.

Beispiel 1.6: Lage der Ebene (203)
Wir bilden auch jetzt wieder eine Tabelle, jedoch entgegengesetzt zu der aus Beispiel 1.4.
Bei dieser Arbeit fällt auf, daß die Zeile „ganzzahlig" entfallen muß, da nicht bekannt ist, welcher Multiplikator bei der Bildung der Millerschen Indizes benutzt wurde. Wir haben demnach praktisch bereits mit der Kehrwertbildung die Lösung! Bild 1.17 Fläche A_1 stellt ein Ergebnis dar. Es nimmt sich recht winzig aus. Um dem zu entgehen, können wir die gefundenen Werte beliebig erweitern, z.B. mit 6, dann entsteht die Fläche A_2 (Bild 1.17).

Tabelle 1.5
Bestimmung einer Ebene aus Millerschen Indizes

Koordinaten kristallografisch	x h	y k	z l
Millersche Indizes	(2	0	3)
Kehrwerte	1/2	∞	1/3
Achsabschnitte, z.B.	1,5	∞	1

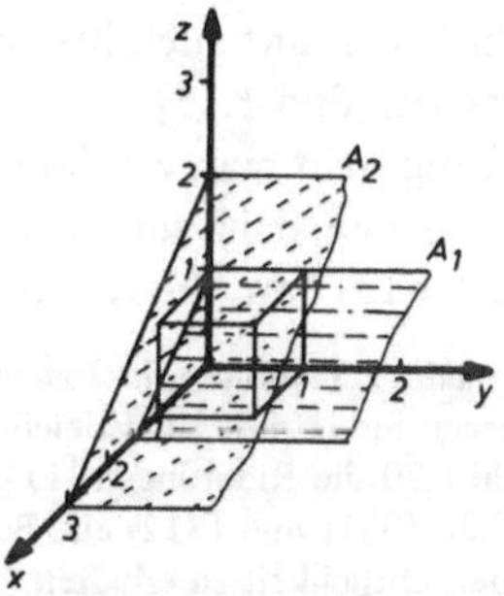

Bild 1.17 Bestimmung einer Ebene aus Millerschen Indizes, $A_1 = A_2 = (203)$

Vergleichen wir die Ebenen untereinander und mit der Anfangsebene aus Beispiel 1.4 (Bild 1.14), so finden wir die bereits früher festgestellte Tatsache bestätigt, daß parallele Ebenen gleiche Millersche Indizes aufweisen.
Bislang dienten die Millerschen Indizes zur Beschreibung von Ebenen im Raum. Mit den gleichen Zahlen können wir aber auch die auf diesen Ebenen senkrechten Richtungen kennzeichnen. Zur Unterscheidung setzen wir eckige Klammern, z.B. [111], statt der runden.

Millersche Indizes in *eckigen Klammern* sind die *xyz*-Komponenten einer Richtung im Kristall.

► **Beispiel 1.7: Bestimmung einer Richtung**

Nach dem eben Gesagten muß die Angabe [203] eine auf der Ebene (203) senkrechte Richtung beschreiben. Wie Bild 1.18 zeigt, führen die Komponenten $x = 2, y = 0$ und $z = 3$ zu einem Punkt, der – mit dem Ursprung des Koordinatensystems verbunden – in eine Richtung weist, die senkrecht auf der anfangs indizierten Ebene steht. Die Darstellung nur der *xz*-Ebene (Bild 1.18b) macht den rechten Winkel besonders deutlich.

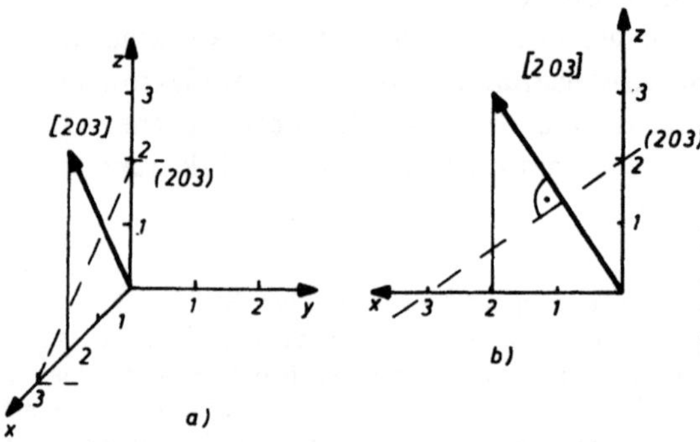

Bild 1.18 Millersche Indizes einer Richtung
a) die Richtung [203] im *xyz*-Koordinatensystem
b) in der *xz*-Ebene wird die Rechtwinkligkeit zwischen der Richtung [203] und der (gestrichelten) Ebene (203) deutlich

Die wichtigsten Richtungen im kubischen System sind in Bild 1.19 zusammengestellt. Wir haben uns auch hier weitgehend auf positive Indizes beschränkt, ähnlich wie bei den Ebenen (Bild 1.15).

Häufig steht man vor dem Problem, eine Würfelfläche allgemein oder eine Flächennormale anzugeben, dann setzt man die Flächenindizes in eine *geschweifte Klammer* {100} (s. auch Bild 1.15) bzw. die Richtungsindizes in eine *spitze Klammer* ⟨100⟩ (s. auch Bild 1.19).

● **Aufgabe 1.3: Millersche Indizes**

Tragen Sie in die (zur Erleichterung bereits mit Einheitswürfeln versehenen) Koordinatensysteme von Bild 1.20 die Richtungen [111], [123], [031] und [312] sowie die Ebenen (100), (110), (111), (201), (122), (031) und (312) ein. Benutzen Sie das jeweils zweckmäßigste Koordinatensystem, um eine gute Übersichtlichkeit zu erhalten.

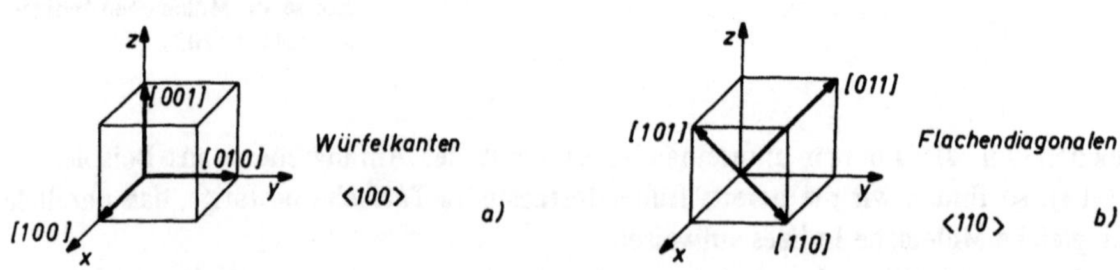

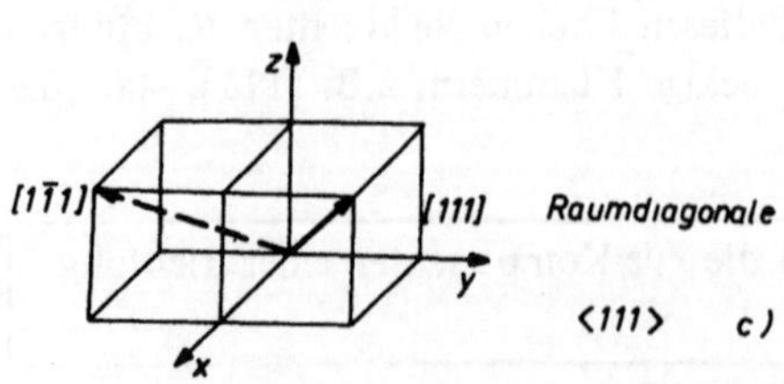

Bild 1.19
Die Millerschen Indizes der wichtigsten Richtungen im kubischen System

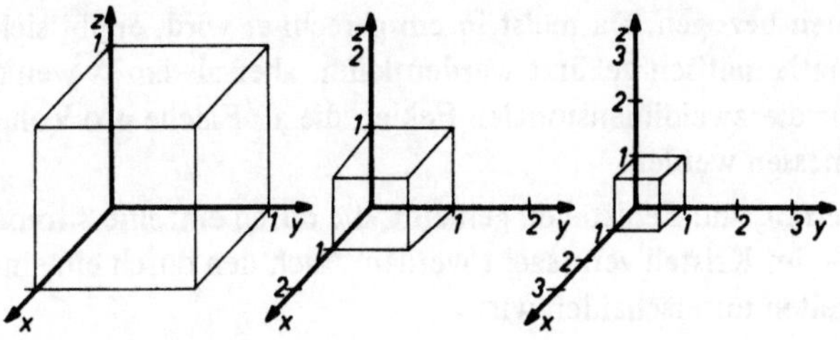

Bild 1.20
Koordinatensystem für Aufgabe 1.3

1.3.3 Gitterfehler

Nachdem wir nunmehr in der Lage sind, uns in einem Kristallsystem zu orientieren, wenden wir uns wieder dem Gitter zu. In der bisher angenommenen idealen Form kommen die Kristallgitter praktisch nicht vor. Der Realkristall weist durch Fehlstellen, Gitterbaufehler und Fremdatome mehr oder minder große Fehlordnungen, d.h. Abweichungen vom Ideal auf. Wir müssen dabei die durch die eigenen Atome in einem (ideal) reinen Stoff verursachten Fehler von denen, die durch Fremdatome hervorgerufen wurden, unterscheiden.

1.3.3.1 Fehlordnungen bei reinen Stoffen

Die bei reinen Stoffen möglichen Fehlordnungen sind in der Tabelle 1.6 zusammengestellt. Die Benennungen der Fehler entsprechen ihren Ausdehnungen innerhalb des Gitters. Die ***nulldimensionalen Fehler*** – von einzelnen Atomen herrührend – werden auch *Punktdefekte* genannt. Ihre Maßzahl kann daher nur eine Konzentrationsangabe und damit dimensionslos sein, oder es wird die Anzahl der Fehlstellen in der Volumeneinheit angegeben. Anders sieht es bei den eindimensionalen Fehlern aus; hier liegen Fehlordnungen vor, die eine Längenausdehnung haben. Um zu einer Maßangabe zu gelangen, wird

Tabelle 1.6 Fehlordnungen bei reinen Stoffen

Ausdehnung (atomar)	Nulldimensional	Ein-dimensional	Zwei-dimensional
Bezeichnung	1. Leerstelle 2. Zwischengitteratom (Schottky-Fehlordnung) 3. Frenkel-Fehlordnung (Kombination von 1 und 2)	Versetzungen	Korngrenzen
Konzentration (in Metallen)	Leerstellenkonzentration = f (Temp.) $\approx 10^{-7} \ldots 10^{-11}$	Versetzungsdichte = f (Verformung, Wärmebehandlung) $\approx 10^6 \ldots$ $\ldots 10^{12} \frac{\text{cm}}{\text{cm}^3}$	Korngrenzenflächen = f (Korngröße) $\approx 10^2$ cm²/cm³

die „Fehlerlänge" auf das Volumen bezogen. Da meist in cm gerechnet wird, ergibt sich als Einheit cm/cm³, was zwar mathematisch gekürzt werden kann, aber als cm^{-2} wenig verständlich ist. Ähnliches gilt für die zweidimensionalen Fehler, die als Fläche pro Volumeneinheit, d.h. als cm^2/cm^3 gemessen werden.

Nulldimensionale Fehlstellen. Hiermit sind Fehlstellen gemeint, die durch einzelne Atome – an einer Vielzahl von Stellen – im Kristall verursacht werden. Nach den durch ein einzelnes Atom gegebenen Möglichkeiten unterscheiden wir:

> *Nulldimensionale Fehler* durch
> fehlendes Atom = *Leerstelle*
> falsch eingebautes Atom = *Zwischengitteratom*

Derartige Fehler können zunächst einmal bei der Bildung des Gitters während des Erstarrens entstehen. Da die Energieverteilung innerhalb eines Festkörpers statistischen Gesetzen unterliegt, ist die Zahl der Leerstellen und der Zwischengitteratome von der Temperatur abhängig, gemäß der Beziehung

$$n = n_0 \, e^{-\left(\frac{W_0}{kT}\right)} \tag{1.8}$$

n_0 Anzahl der Atome pro Volumeneinheit (meist cm³), womit n die Anzahl der Fehlstellen pro Volumeneinheit wird. Bezieht man n auf n_0, ergibt sich die Konzentrationsangabe. $k \cdot T$, das Produkt aus Boltzmannkonstante und absoluter Temperatur, bedeutet die verfügbare thermische Energie, meist in Ws angegeben. W_0 ist die zur Bildung eines Fehlers erforderliche Energie. Sie beträgt für Leerstellen etwa 1 eV und liegt für Zwischengitteratome in der Größenordnung von ca. 5 eV (Tabelle 1.7). Die an der Bildung der Fehlstellen beteiligten Atome kann man zunächst einmal (Bild 1.21) „am Rande des Kristalls", also z.B. an der Oberfläche, angesiedelt denken. Mit sich ändernder Temperatur ändert sich die Teilchenenergie, was einen Atomtransport zur Folge hat. Wobei wegen der niedrigeren Bildungsenergie vorzugsweise Leerstellen auftreten, die dann, durch Verschieben der Atome, im Kristall wandern können. Diese Leerstellen spielen bei der später zu behandelnden Diffusion noch eine wichtige Rolle für den Transport anderer Atome im Gitterverband.

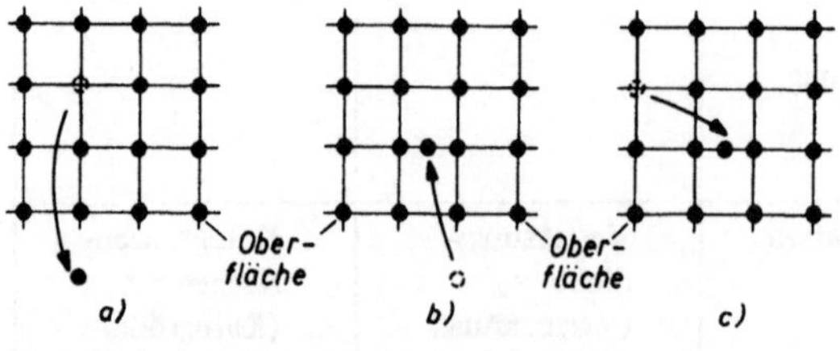

Bild 1.21 Nulldimensionale Fehlstellen
a) Leerstelle
b) Zwischengitteratom (Atom falsch eingebaut)
c) Frenkel-Defekt, Atom wandert im Gitter und erzeugt zwei Fehlstellen

Tabelle 1.7
Bildungsenergie für Leerstellen (W_0)

Element	Bildungsenergie $\frac{W_0}{eV}$
Al	0,75
Au	1,00
Ag	1,05
Cu	1,20
Pt	1,30

Bei der Bildung einer Leerstelle kann ein wanderndes Atom aber auch im Gitter auf einem Zwischengitterplatz „stecken bleiben", es hat dann zwei Fehler gleichzeitig verursacht. Diese Fehlerart nennt man *Frenkel-Defekt*.
Für den praktischen Gebrauch formen wir die Gl. (1.8) um, indem wir durch die Gesamtzahl der Teilchen n_0 dividieren und so die Konzentration c_F erhalten.

$$c_F = \frac{n}{n_0} = e^{-\left(\frac{W_0}{kT}\right)} \tag{1.9}$$

Welche Konzentrationen dabei zu erwarten sind, soll ein Beispiel aufzeigen.

Beispiel 1.8: Leerstellenkonzentration
Bei Al beträgt die Bildungsenergie für Leerstellen $W_0 = 0{,}75$ eV. Mit einer Raumtemperatur von $T = 300$ K und der Boltzmannkonstanten $k = 1{,}38 \cdot 10^{-23}$ Ws/K folgt für

$$c_F = e^{\left(-\frac{0{,}75\,\text{eV} \cdot 1{,}6 \cdot 10^{-19}\,\text{As}}{1{,}38 \cdot 10^{-23}\,\text{Ws/K} \cdot 300\,\text{K}}\right)} = e^{-29} = 2{,}6 \cdot 10^{-13}$$

d.h. rund 10^{-11} %!

Bei Raumtemperatur ist demnach etwa jedes 10-billionste Atom nicht an seinem Platz! Berücksichtigt man, daß ein cm^3 Al ca. 10^{22} Atome enthält, so resultieren bei obiger Leerstellenkonzentration daraus rund 1 Milliarde „Löcher" im cm^3.

Aufgabe 1.4: Leerstellenkonzentration
a) Die Bildungsenergie für Leerstellen beträgt im Mittel etwa 1 eV. Wie groß ist dann die Leerstellenkonzentration bei 1200 K (etwa 900°C, Temperatur im Bereich der Halbleiterverarbeitung)?
b) Um wieviel Kelvin muß bei dem oben untersuchten Aluminium die Temperatur erhöht werden, damit die Leerstellenkonzentration um 100 % ansteigt?

Eindimensionale Fehler

> *Eindimensionale (Gitter-) Fehler*, auch *Versetzungen* genannt, sind Gitterfehler, bei denen die Fehlerstellen linienförmige Ausdehnung haben.

Versetzungen können bei der Entstehung der Kristalle durch Verunreinigungen oder Wachstumsfehler auftreten oder eine Folge der Deformation von Kristallen sein. Wenn wir hierzu als Beispiel Bild 1.22a betrachten, so kann man sich – an der Oberkante des Bildes beginnend – recht gut vorstellen, daß in der Mitte hintereinanderliegende Leerstellen auftreten. Unterhalb dieser „Fehlerreihe" geht es dann nach einem kleinen „Fehlerausgleich" wieder normal weiter. Beginnt man die Betrachtung von unten, so ist am Beginn der Versetzung, die man durch die *Versetzungslinie* kennzeichnet, zunächst eine Reihe und in Weiterverfolgung dieser Reihe nach oben eine ganze Ebene von Atomen „zuviel" vorhanden.

Die auftretenden Verhältnisse lassen sich mit einem Päckchen Skatkarten o.ä. sehr schön verdeutlichen. Zieht man aus dem geordneten Stapel ein Blatt etwa halb heraus, so kann man von der Seite her die „Versetzung" recht gut erkennen. In geringer Entfernung von dieser Stelle ist aber von der „Störung" bereits nichts mehr zu sehen.

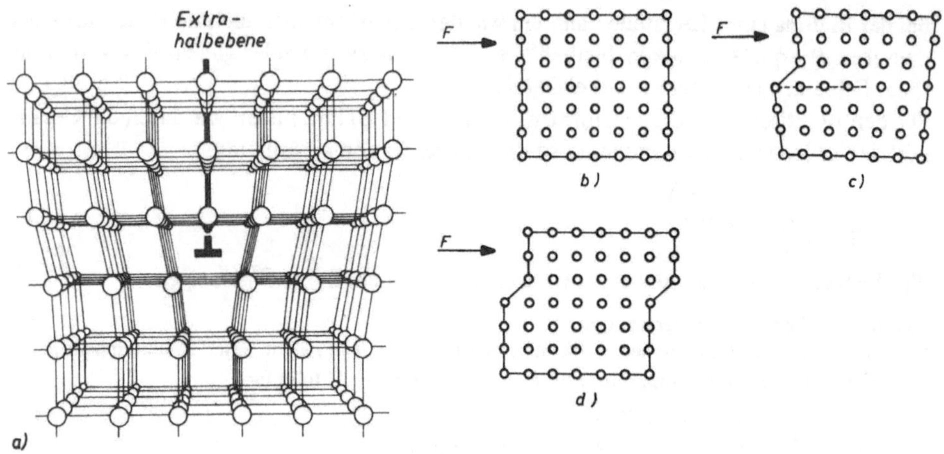

Bild 1.22 Stufenversetzung (Kurzzeichen ⊥)
a) Stufenversetzung durch eine zusätzliche Halbebene
b) ungestörter Kristall unter Schubeinwirkung durch die Kraft *F*
c) Auftreten einer Stufenversetzung durch die Kraft *F*
d) Versetzung eines Kristallbereiches um eine Elementarzelle

Diese Fehlerart heißt *Stufenversetzung*. Sie ist besonders wichtig im Zusammenhang mit Betrachtungen zum Verformungsverhalten der Werkstoffe. In Bild 1.22b-d sind diese Zusammenhänge skizziert. Unter der Einwirkung einer Schubkraft *F* gleiten zunächst einige Atome auf dem unteren Teil des Kristalles ab (Bild 1.22c). Es entsteht eine Versetzung (Bild 1.22d), die jetzt relativ leicht von „Atom zu Atom springend" durch den Kristall wandern kann. Der Erfolg ist dann die Verschiebung eines ganzen Kristallbereiches. Die Gleitbewegung von Kristallbereichen geht also auf die Wanderung von Versetzungen zurück. Die Versetzungslinie verläuft dabei stets senkrecht zur Gleitrichtung. Versetzungen in großer Zahl können einen Kristall sehr plastisch machen.

Das Analogiebeispiel zum Gleiten durch Wandern von Versetzungen ist das Verschieben eines Teppichs mittels einer Falte. Während sich ein ganzer Teppich nur mühsam verschieben läßt, ist eine – einmal erzeugte – Falte leicht durch den Teppich zu bewegen. Am Teppichende angekommen, hat die Falte dann die gleiche Verschiebung mit geringerem Aufwand als bei direktem Verschieben des ganzen Teppichs bewirkt.

Der zweite einfache Versetzungstyp ist die *Schraubenversetzung*. Sie ist bereits in ihrer bildlichen Darstellung (Bild 1.23) sehr leicht als „unter einer Abscherkraft" entstanden vorstellbar. In diesem Falle ist ein vorderer Teilbereich (Bild 1.23) gegenüber dem hinteren Bereich abgeglitten. Die Versetzungslinie erscheint jetzt an der Stelle, die keine geglittenen Atome aufweist. Versetzungslinie und Gleitrichtung sind gleich orientiert. Bewegen wir uns einmal um die Versetzungslinie herum, so sind wir, ähnlich wie bei einer Wendeltreppe, „eine Stufe weiter" gekommen. Von diesem schraubenartigen Verlauf rührt der Name Schraubenversetzung her.

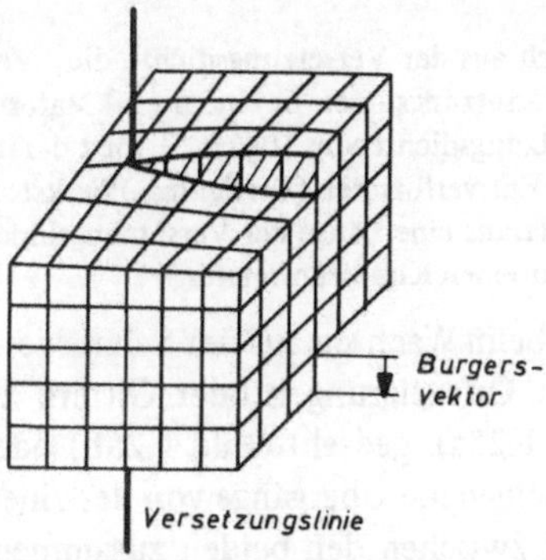

Bild 1.23 Schraubenversetzung (Kurzzeichen ⊙) mit Burgersvektor

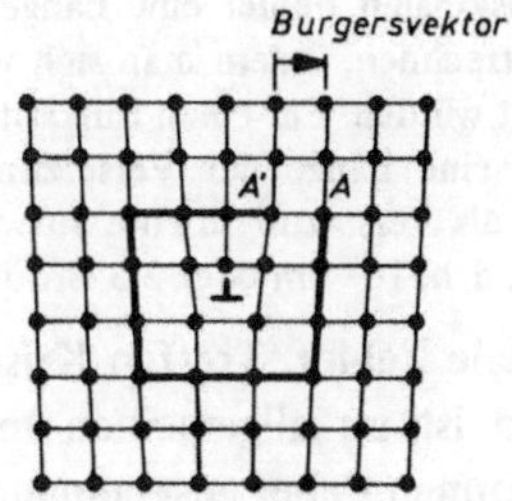

Bild 1.24 Ermittlung des Burgersvektors durch einen Rechtsumlauf um die Fehlstelle (Erläuterungen im Text)

Die Stufen- und die Schraubenversetzung sind idealisierte Grundtypen von Versetzungen. In der Praxis ist stets eine beliebige räumliche Kombination der beiden zu erwarten. Zur besseren Beschreibung einer Versetzung nach Größe und Richtung bedient man sich des *Burgersvektors* (s. Bild 1.23). Seine Ermittlung können wir folgendermaßen erklären (Bild 1.24): Wir beginnen im Punkt A einen Rechtsumlauf um die Versetzungslinie (bzw. deren Durchtrittspunkt). Dann gelangen wir nach jeweils gleich langen Schritten (z.B. 3 Gitterkonstanten) in Richtung „Süden", „Westen", „Norden" und „Osten" an den Punkt A'. Hätte ein solcher Umlauf in einer fehlerfreien Zone stattgefunden, wäre der Endpunkt des Umlaufes wieder A gewesen. Um den Umlauf trotz des umschlossenen Fehlers zu vollenden, ist noch die Länge einer Gitterkonstanten (Größe des Burgersvektors) in der Richtung von A' nach A (Richtung des Burgersvektors) in Bild 1.24 zu ergänzen.

Der *Burgersvektor* stellt die bei einem geschlossenen Rechtsumlauf in einem fehlerbehafteten System auftretende Wegdifferenz nach Größe und Richtung gegenüber dem Umlauf im fehlerfreien System dar.

Das Maß der Versetzungsdichte muß gemäß Definition der eindimensionalen Versetzungen eine Länge pro Volumeneinheit, z.B. cm/cm^3, sein. Die formale Schreibweise verleitet sofort zur Kürzung auf $1/cm^2$. Diese Angabe wird auch physikalisch wieder sinnvoll, wenn wir bedenken, daß beim Schnitt durch einen Kristall (2.5.2 Schliffbilder) die Versetzungslinien lediglich als „Durchstoßpunkte" in der Fläche, d.h. Anzahl pro Flächeneinheit auftreten. Da sich bei geeigneter Ätzung einer (Schliff-)Fläche die Durchstoßpunkte der Versetzungslinien sichtbar machen lassen, kann man die Versetzungsdichte relativ leicht ermitteln.
Bei normalen Fertigungswerkstoffen liegen die Zahlenwerte hierfür im Bereich von $10^6 \ldots 10^{12}$ cm^{-2}, wohingegen Halbleitereinkristalle Werte unter 10^2 cm^{-2} erreichen.

▶ **Beispiel 1.9: Versetzungslänge**
Da die eindimensionalen Fehler eine Länge darstellen, läßt sich aus der Versetzungsdichte die „Versetzungslänge" errechnen, indem man sich vorstellt, daß die Versetzungslinien in einem cm^3 Material aneinandergereiht würden. Für einen Einkristall mit einer Versetzungsdichte von $10^2\ cm^{-2}$ folgt daraus mit $10^2\ cm/cm^3$ eine Länge der Versetzungslinien von 1 m. Ein verformter (Fertigungs-)Werkstoff möge $10^{10}\ cm^{-2}$ als Versetzungsdichte aufweisen, dann folgt daraus eine Länge der Versetzungslinien von $10^{10}\ cm/cm^3$, d.h. 10^5 km oder 2,5 Erdumfänge! (Jeweils für einen Kubikzentimeter.)

Zweidimensionale Fehler. Treffen Kristallgitter – z.B. beim Wachsen aus der Schmelze – aufeinander, so ist im allgemeinen mit verschiedenen Orientierungen oder Gittern zu rechnen. Sie können dabei gegeneinandergekippt (Bild 1.25a), gedreht (Bild 1.25b) oder beides zusammen sein. Als Folge davon müssen sich verschiedene Übergänge von der einen zur anderen Orientierung ergeben. Ist der Unterschied zwischen den beiden zusammentreffenden Orientierungen groß, so wird der etwa 2...5 Atomabstände „dicke" Übergang sehr abrupt sein. Es entsteht eine sog. *Korngrenze*, und die beiden Kristallgitter bilden *Korngrenzflächen* gegeneinander aus. Je feinkörniger ein Werkstoff ist, desto mehr Grenzflächen wird er aufweisen, und die Korngrenzfläche pro Volumeneinheit nimmt zu.

Zweidimensionale Gitterfehler entstehen bei der Bildung von Korngrenzflächen.

Sind die Orientierungen der aufeinandertreffenden Kristallgitter nur wenig voneinander verschieden, so können – unter fortlaufender Bildung von Versetzungen – kontinuierliche statt der abrupten Übergänge ausgebildet werden. In Bild 1.26 ist ein solcher Fall schematisch dargestellt. Zwei zunächst ungestört gewachsene Gitter (Bild 1.26a) stoßen zusammen. An verschiedenen Stoßstellen bilden sich dabei Stufenversetzungen (⊥ in Bild 1.26b) aus. Die Verbindungslinie der Stufenversetzungen stellt dann die Korngrenze dar.
Betrachtet man den Winkel zwischen den beiden Gitterorientierungen in Bild 1.26b, so ist er nur klein, da beide Gitter fast parallel liegen. In einem solchen Falle spricht man von *Kleinwinkelkorngrenzen*. Im Gegensatz dazu treten mit den abrupten Übergängen die

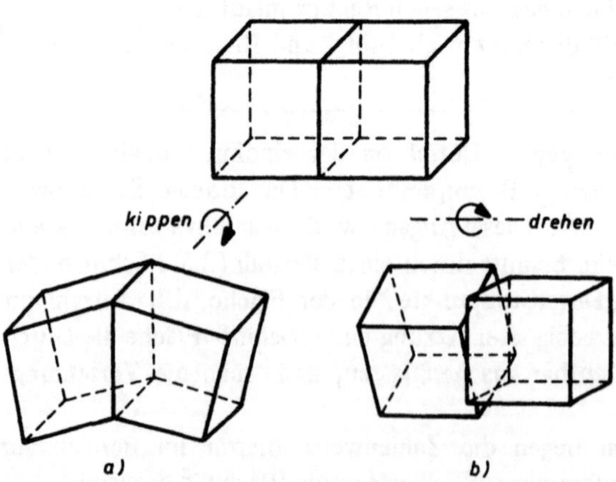

Bild 1.25 Zweidimensionale Fehler
a) Kippung, b) Drehung

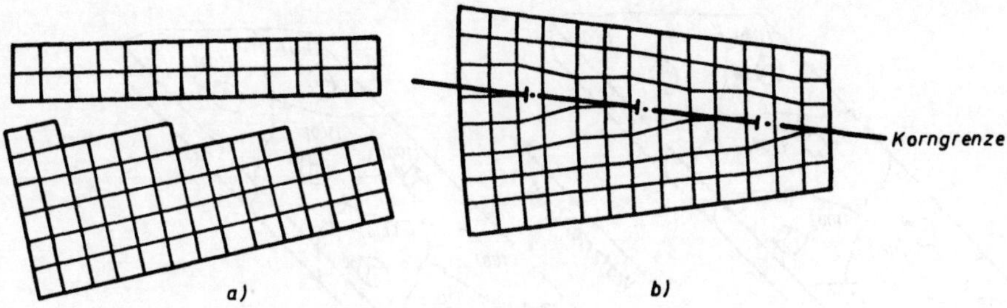

Bild 1.26 Entstehung von Kleinwinkelkorngrenzen (schematisch)
a) zwei ungestört unter verschiedenen Richtungen gewachsene Kristallgitter
b) beim Zusammenwachsen über die Ausbildung von Stufenversetzungen entstandene Korngrenze

Großwinkelkorngrenzen auf. Ein Maß für die Feinkörnigkeit ist die Angabe über die Korngrenzfläche pro Volumeneinheit, d.h. cm^2/cm^3 oder gekürzt cm^{-1} ! Die dabei auftretenden Größenordnungen wollen wir in einem Rechenbeispiel ermitteln.

Beispiel 1.10: Korngrenzflächen

Zur Vereinfachung nehmen wir an, daß ein 1 cm^3-Würfel aus lauter kubischen Körnern der Kantenlänge a aufgebaut sei (Bild 1.27). Die Anzahl der Körner längs einer Würfelkante sei $n = \frac{1\text{ cm}}{a}$, d.h. Länge der Würfelkante (1 cm) durch Kantenlänge a (cm) der Körner.
Die gesamte Körneroberfläche A ist dann

$$A = 6a^2n^3$$

und das Volumen V aller Körner

$$V = n^3a^3 = 1\text{ cm}^3$$

und somit die Korngrenzfläche pro Volumeneinheit A_K

$$A_K = \frac{A}{V} = \frac{6}{a}\text{ cm}^{-1}.$$

Nehmen wir zunächst einmal recht grobe Körner mit einer Kantenlänge von 1 mm = 0,1 cm an, so wird

$$A_K = 60\text{ cm}^2 \text{ pro cm}^3$$

unter Benutzung der grundlegenden Einheitendefinition.

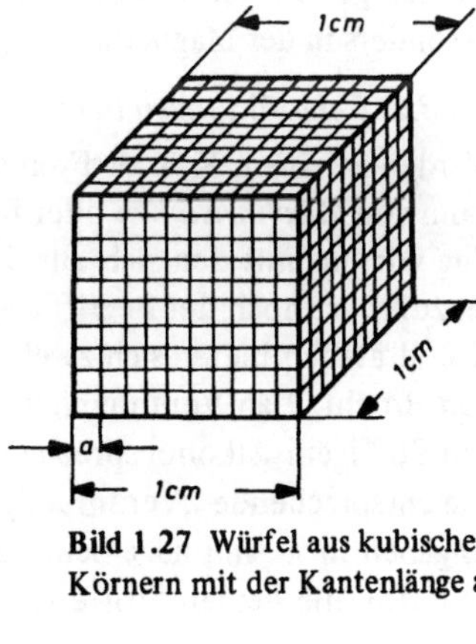

Bild 1.27 Würfel aus kubischen Körnern mit der Kantenlänge a

Ein extrem feinkörniges Material, das Körner von 10 μm = 0,001 cm (≈ 20 Lichtwellenlängen) aufweisen möge, bringt es auf

$$A_K = 6000\text{ cm}^{-1}.$$

Mit den Zahlen aus Beispiel 1.9 haben wir in etwa die Grenzen abgesteckt, die auftreten können. Mit realen, selbstverständlich nicht würfelförmigen Körnern werden im Normalfall Flächen in der Größenordnung von einigen hundert cm^2 pro cm^3 erreicht. Im allgemeinen Fall des aus vielen Körnern zusammengesetzten Polykristalls ist die kristallografische Orientierung der Körner zueinander regellos und völlig willkürlich (Bild 1.28a).

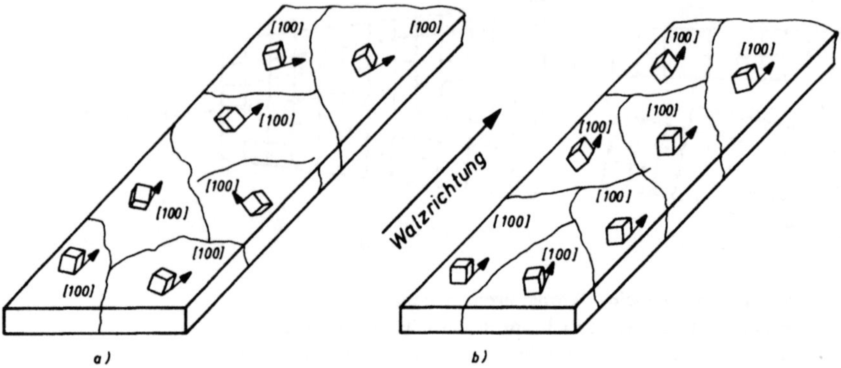

Bild 1.28 Textur (schematisch)
a) regellose Orientierung der Elementarzellen in den Körnern
b) Textur, die Kanten der Elementarzellen in den Körnern weisen (ungefähr) in die gleiche Richtung

Eine mechanische Beanspruchung kann aber dazu führen, daß eine gewisse Ordnung in die Orientierungen hineinkommt. Man spricht dann von *Vorzugsrichtungen* oder *Texturen*. So liegen z.B. nach dem Walzen von Blechen die Kanten der Elementarzellen mehr oder minder gut in der Walzrichtung (Bild 1.28b). Derartige vorzugsgerichtete Bleche spielen besonders in der Magnetik eine große Rolle.

1.3.3.2 Fehlordnungen bei zusammengesetzten Stoffen

Werden in einem Kristall Fremdatome eingelagert, so ist er nicht mehr rein, man spricht dann von *Mischkristallen* oder festen Lösungen.
Ehe wir uns mit den sich aus den Verunreinigungen ergebenden Konsequenzen befassen, sei zunächst noch der Begriff der *Reinheit* zahlenmäßig untermauert.
Grundsätzlich bieten sich zwei Möglichkeiten für eine Zahlenangabe an, nämlich entweder den Bruchteil an Verunreinigungen oder den Grad der Reinheit anzugeben. Wenn wir z.B. von 96%igem Alkohol sprechen, so ist sofort klar, daß hier „fast reiner" Alkohol vorliegt. Die entsprechende „Verunreinigungsangabe" wäre dann 4% (Fremdsubstanz im Alkohol). Angaben in % sind allgemein dann zweckmäßig, wenn die Zahlen im Prozentbereich bleiben, d.h. die beiden Stoffe sich in ihren Mengen wie etwa 1 : 1 bis ungefähr 1 : 100 verhalten.
In vielen Gebieten der Technik werden aber heute Reinheitsgrade benötigt, die außerordentlich hoch sind. So werden z.B. für die Halbleiterfertigung Ausgangsmaterialien erforderlich, bei denen das Verhältnis Verunreinigung zu Stoff = 1 zu 10^6 beträgt. Die Fremdsubstanz liegt dann bei 10^{-6} (= 10^{-4}%) oder 1 ppm, d.h. 1 part per million (ein Teil pro Million) der Gesamtsubstanz.

1 ppm = 1 part per million, d.h. auf 1 Million Teilchen kommt 1 Fremdteilchen (10^{-6}).

Der reine Stoff umfaßt dann den Rest bis 1, d.h. 0,999999, was man auch mit dem Begriff *6-Neuner-Qualität* beschreibt und damit wieder die Reinheit kennzeichnet. Inzwischen ist der so charakterisierte Reinheitsgrad bereits soweit Stand der Technik, daß man direkt von *„Halbleiterqualität"* oder *„semiconductor-quality"* spricht.
Die nächste Verunreinigungsstufe mit einem speziellen Namen ist noch *1 ppb = 1 part per billion* = 10^{-9} (amerikanische Zählweise! Im deutschen und auch europäischen Sprachgebrauch kommt nach Million erst Milliarde.)

> *1 ppb = 1 part per billion*, d.h. auf 1 Milliarde Teilchen kommt 1 Fremdteilchen (10^{-9}).

Ansonsten geht es im allgemeinen einfach um Zehnerpotenzen in der Zählung weiter. Etwa bis 10^{-13} für Intrinsic-Silizium oder 10^{-15} für speziell hochreines Aluminium.
Nach diesem kleinen Zahlenexkurs zurück zum Mischkristall. Für die hier zu untersuchenden Fälle sollen die Fremdatome in „wesentlichen Mengen" vorliegen. Damit müssen in das normale Gitter Störungen von fremden Atomen kommen, die grundsätzlich in zwei verschiedenen Arten von Mischkristallen (Mkr) auftreten können (Tabelle 1.8).
Substitutions-Mischkristall. Die Fremdatome befinden sich hierbei auf Gitterplätzen, d.h. die Fremdatome ersetzen (substituieren) die eigentlichen Wirtsatome.

> Im *Substitutions-Mischkristall* sind die Fremdatome auf Gitterplätzen.

Dies setzt voraus, daß die Atomdurchmesser annähernd gleich groß sind. Leerstellen im Kristall erleichtern, speziell bei geringen Verunreinigungen, den Einbau der Fremdatome. Die Gitterverzerrungen bleiben bei Substitutions-Mischkristallen durchweg klein. Mischkristallbildung ist trotzdem nur begrenzt möglich. Die auftretenden Verhältnisse sind in der Tabelle 1.8 für ein „ebenes kubisch-primitives Gitter" schematisch skizziert. Auf den

Tabelle 1.8 Mischkristalle in ebener Darstellung (schematisch)

Ort des Fremdatoms	Gitterplatz	Zwischengitterplatz
Art des Mischkristalls	Substitutions-Mischkristall (substitutioneller Mkr.)	Einlagerungs-Mischkristall (interstitieller Mkr.)
Durchmesser	Fremdatom ≈ Wirtsatom	Fremdatom < Wirtsatom
Mischkristallbildung	begrenzt möglich	begrenzt möglich
Mischkristallbildung bei ebenem Gitter (schematisch) ○ Wirtsatome ● Fremdatome	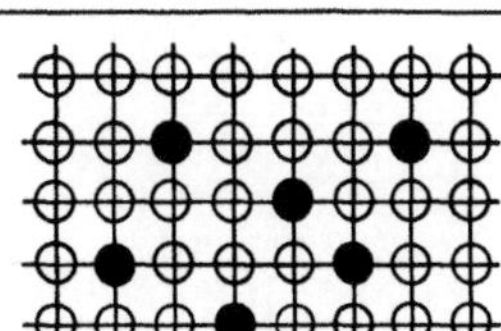	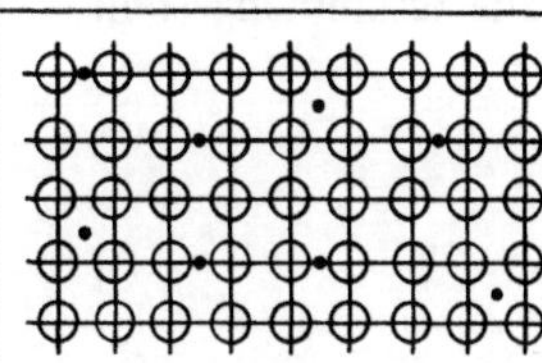

Kreuzungspunkten, d.h. den Gitterplätzen, befinden sich sowohl Wirts- (leere Kreise) als auch Fremdatome (volle Kreise). Werden die Durchmesserunterschiede zwischen den Atomen zu groß, so ist nur eine begrenzte Aufnahme von Fremdatomen möglich, es entstehen

Einlagerungs-Mischkristalle oder auch *interstitielle Mischkristalle* genannt. Die Fremdatome sind hierbei auf *Zwischengitterplätzen* eingelagert, was zwangsweise stärkere Gitterverzerrungen zur Folge hat als die Substitution.

Im *Einlagerungs-Mischkristall* sind die Fremdatome auf Zwischengitterplätzen.

Gegenüber den Wirtsatomen kleinere Fremdatome führen dabei verständlicherweise zu geringeren Störungen als größere Fremdatome. In Tabelle 1.8 ist auch zum Einlagerungs-Mischkristall eine Schemaskizze vorhanden. Alle Orte, die nicht Kreuzungspunkte sind, stellen jetzt die Plätze für Fremdatome. Das Bild 1.29 zeigt die beiden Mischkristalltypen einmal in perspektivischer Darstellung. In Bild 1.29a ist dabei Zn substitutionell in Cu eingebaut (α-Messing). Das gegenüber Kupfer etwas größere Zink-Atom führt hierbei bereits zu einer geringfügigen Vergrößerung der Gitterkonstanten von 0,361 nm (Cu) auf 0,369 nm (α-Messing).

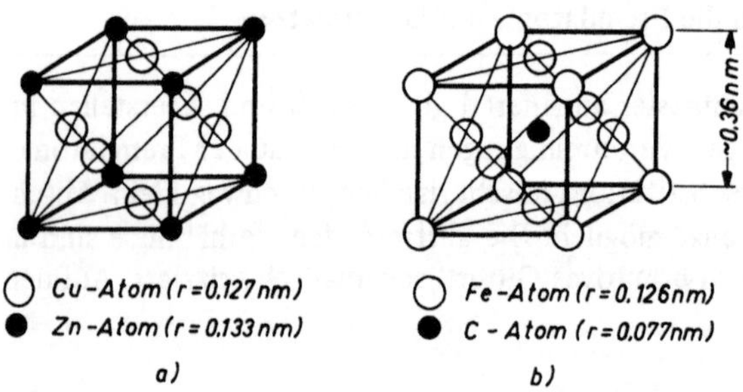

Bild 1.29 Mischkristalle
a) kfz-Elementarzelle von Kupfer mit substitutionellen Zink-Atomen (α-Messing)
b) kfz-Elementarzelle von Eisen mit interstitiellem Kohlenstoff-Atom

Die interstitielle Einbringung des C-Atoms in γ-Fe (Bild 1.29b) ist technisch bedeutsam, weil die kfz-Konfiguration des Eisens nur oberhalb von 911 °C beständig ist. Unterhalb dieser Temperatur ist das Eisen raumzentriert, und der „günstige Innenplatz" des kfz-Gitters wird durch ein Fe-Atom besetzt. Die dazu notwendige Gitterumwandlung führt, zusammen mit der Abnahme der Löslichkeit für Kohlenstoff, zur Stahlhärtung. In Tabelle 1.9 sind abschließend zu diesem Kapitel die Gitterkonstanten einiger wichtiger Metalle zusammengestellt.

Tabelle 1.9 Gitterkonstanten einiger Elementarzellen. (Beim hexagonalen Kristall kennzeichnet a die kurze und c die lange Kante der Elementarzelle, s. auch Bild 1.7)

krz	Element	Fe_α	K	Na	Cs	Ba	Nb
	a/nm	0,286	0,534	0,428	0,606	0,502	0,330
kfz	Element	Cu	Al	Pb	Fe_γ	Sr	Ag
	a/nm	0,361	0,405	0,495	0,356	0,609	0,408
hex	Element	Mg	Zn	Be	Cd	Os	Co_α
	a/nm	0,321	0,266	0,228	0,298	0,273	0,250
	c/nm	0,521	0,494	0,358	0,562	0,432	0,407
dia	Element	C	Sn_α	Ge	Si		
	a/nm	0,356	0,646	0,5658	0,5428		

1.4 Wiederholungsfragen

1.4.1 Was bedeuten krz und kfz?

1.4.2 Welches sind die Richtungen dichtester Kugelpackungen in einem krz und kfz Kristall?

1.4.3 Welche Kristallgitter weisen die (räumlich) dichteste Kugelpackung auf?

1.4.4 Was versteht man unter einer Elementarzelle, und was ist dann ein Raumgitter?

1.4.5 Ein kfz Kristall habe eine Gitterkonstante von $a = 0{,}36$ nm. Welche Gitterkonstante ergibt sich nach Umwandlung in einen krz Kristall? (Der Atomdurchmesser d bleibt dabei konstant.)

1.4.6 Beschreiben Sie die grundlegenden Arten von Versetzungen.

1.4.7 Was ist eine Frenkel-Fehlordnung?

1.4.8 Zeichnen Sie in ein rechtwinkliges, perspektivisch dargestelltes räumliches Koordinatensystem eine Ebene, die durch folgende Koordinaten geht: 001, 101, 020 und 120. Bestimmen Sie die Millerschen Indizes dieser Ebene.

1.4.9 Zeichnen Sie die [111]-Richtung in ein räumliches, perspektivisch dargestelltes Koordinatensystem.

1.4.10 Zeichnen Sie die Kugelpackung in der (111)-Ebene für einen kfz Kristall. Folgerung?

1.4.11 Eine krz Elementarzelle bestehe aus Atomen des Stoffes A. Zeichnen Sie eine mögliche Form für die Elementarzelle eines Mischkristalles, wenn ein Fremdatom B einmal substitutionell (a) und einmal interstitiell (b) eingebaut werden soll. Welche Bedingungen muß das Fremdatom bei (a) und welche bei (b) erfüllen?

2 Legierungen

2.1 Entstehung von Zustandsdiagrammen

Bei den Mischkristallen war der Begriff der *Löslichkeit* aufgetaucht. Im allgemeinen Sprachgebrauch versteht man darunter die (gleichmäßige) Verteilung eines festen Stoffes in einer Flüssigkeit. Das Ergebnis dieses Vorganges ist eine Lösung.

Bei homogener Verteilung einer Fremdsubstanz in einer Grundsubstanz liegt eine *Lösung* vor.

Wird es des festen Stoffes zuviel, entsteht ein Bodensatz, d.h. ein Überschuß, der nicht in Lösung geht. Die Lösung selbst ist dann *gesättigt*. Eine Temperaturerhöhung läßt in der Regel mehr festen Anteil in Lösung gehen. Diesen Sachverhalt übertragen wir sinngemäß auf Metalle allgemein. Verteilt sich ein Zusatz (Fremdatome) gleichmäßig in der Grundsubstanz, so entspricht das der homogenen Lösung. Wird der Zusatz „zuviel", entsteht ein nicht gelöster Überschuß, der allerdings nicht als Bodensatz auftritt, sondern „irgendwie verteilt". Dieser Überschuß ließe sich – wenn auch erschwert – vom gesättigten Anteil trennen. Es liegen damit auch bei festen Stoffen, ähnlich wie bei den gesättigten Lösungen mit Bodensatz, zwei *Phasen* vor. Wobei wir unter Phasen mechanisch trennbare, gleichartige und einheitliche Bestandteile eines Systems verstehen wollen.

Phasen sind mechanisch trennbare, gleichartige und einheitliche Bestandteile eines Systems.

Es erhebt sich nun die Frage, wie stellt man bei Mischungen von Metallatomen im festen Zustand. d.h. bei Legierungen, die Existenz verschiedener Phasen bzw. Mischkristalle fest? Wir benötigen hierzu ein *Zustandsdiagramm*. Wie es entsteht, sei zunächst an einem Kochsalz (NaCl)-Wasser (H_2O)-Gemisch erläutert.

Geht ein reiner Stoff aus einem Aggregatzustand in den anderen über, so findet dabei ein Energieumsatz ohne Temperaturänderung statt. Geht also z.B. eine Flüssigkeit in den festen, kristallinen Zustand über, so wird bei dieser Erstarrungstemperatur das ganze System solange eine konstante Temperatur aufweisen, bis die gesamte flüssige Phase in die feste übergegangen ist. Meßtechnisch beobachtet man einen sog. *Haltepunkt* (z.B. Eiswasser mit 0 °C). Umgekehrt kann man dann aber auch folgern, daß die Beobachtung eines Haltepunktes beim Abkühlen auf einen, wie auch immer gearteten, Kristallisierungsprozeß zurückgehen muß.

Untersuchen wir jetzt die Abkühlung von Kochsalzlösungen mit verschiedenen Konzentrationen (Bild 2.1) auf Haltepunkte, so ergibt sich folgender Zusammenhang: Reines Wasser, d.h. 0 % NaCl, zeigt nur einen Haltepunkt bei 0 °C, darunter liegt Eis vor. Eine

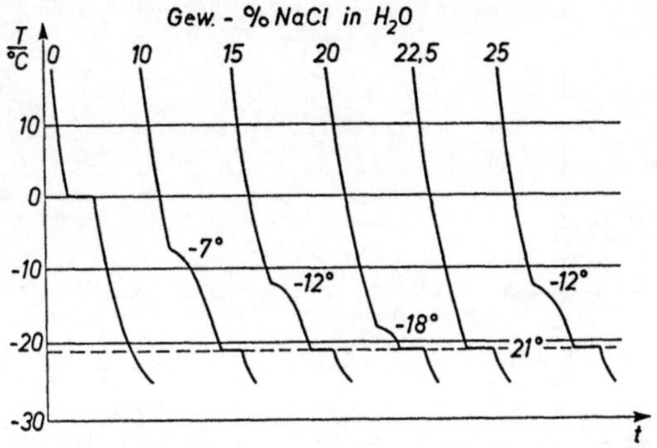

Bild 2.1
Abkühlungskurven von Kochsalzlösungen

10%ige NaCl-Lösung bleibt zunächst bis − 7 °C völlig flüssig. Unterhalb dieser Temperatur treten jetzt Kristalle auf, wie es ja nach dem Auftreten eines Haltepunktes zu erwarten war. Kühlen wir weiter ab, so nimmt die Menge der Kristalle immer mehr zu und die der Flüssigkeit weiter ab, bis bei einem weiteren Haltepunkt (− 21 °C, Bild 2.1) alles fest wird. Entnehmen wir einige der zwischen − 7 °C und − 21 °C entstandenen Kristalle, so erweisen sie sich als reines Eis, d.h. Wasserkristalle. Bei höheren NaCl-Konzentrationen bleibt, bis auf einen niedrigeren ersten Haltepunkt, prinzipiell alles gleich. Bei einer Konzentration von 22,5 % NaCl ergibt sich allerdings nur ein Haltepunkt, der genau dem bisher beobachteten zweiten Haltepunkt entspricht. Steigern wir die Konzentration weiter, so treten wieder höherliegende erste Haltepunkte auf. Darunter werden jetzt allerdings NaCl-Kristalle ausgeschieden.

Die so erhaltene Kurvenschar der Abkühlungsgeschwindigkeiten ist recht unübersichtlich und mit anderen Ergebnissen schlecht vergleichbar, da der Zeitmaßstab völlig willkürlich ist und damit die – exponentielle – Steigung der Kurven keine Aussage für uns hat. Wichtig sind lediglich die Haltepunkte und ihre Temperaturen, die wir aus diesen Kurven entnehmen und in ein neues Diagramm eintragen, das als Abszisse die Konzentration führt (Bild 2.2). Die eingetragenen Haltepunkte verbinden wir durch Kurvenzüge, die nunmehr zu allgemeinen Aussagen über das System führen. Der Kurvenzug durch die oberen Haltepunkte führt den Namen *Liquiduslinie* oder *l-Linie*. Unten finden wir dementsprechend die *Soliduslinie* oder *s-Linie*.

> *Liquiduslinie* ist die Grenzlinie zwischen Flüssigem und Flüssig-Festem.
> *Soliduslinie* ist die Grenzlinie zwischen Flüssig-Festem und Festem.

Aus der Untersuchung wissen wir, daß oberhalb der Liquiduslinie alles flüssig war, daher auch der Name. Es liegt demnach nur eine Phase vor. In diesem Gebiet (I in Bild 2.2a) sind NaCl und H_2O beliebig (innerhalb der dargestellten Grenzen) mischbar. Unterhalb der Liquiduslinie lagen bekanntlich flüssig und fest nebeneinander vor. Es treten die *2-Phasen-Gebiete* (II) und (III) in Bild 2.2a auf. Allerdings mit dem wesentlichen Unterschied, daß in (II) der feste Anteil eine völlig andere Zusammensetzung hat als in (III) (Bild 2.2b). Das 2-Phasen-Gebiet (II) wird von der Anfangskonzentration 100 % H_2O und 0 % NaCl begrenzt, womit der feste Anteil hier eindeutig als Eis, d.h. Wasserkristalle,

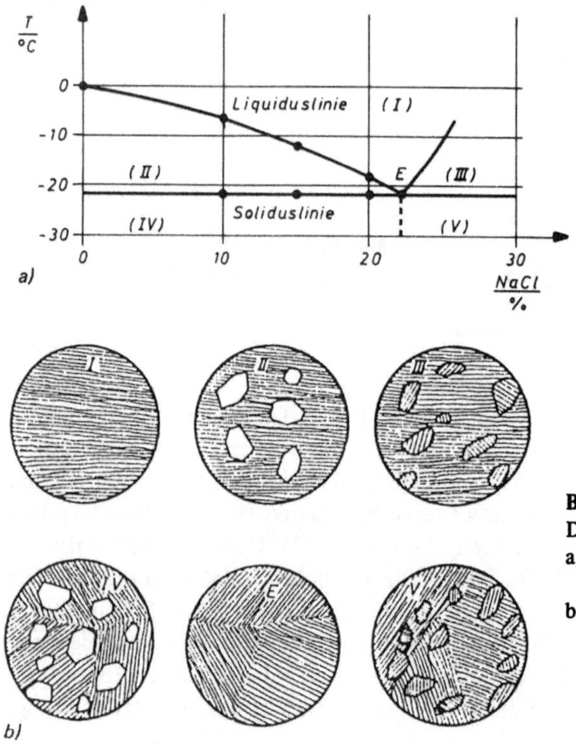

Bild 2.2
Das Wasser-Kochsalz-System
a) Zustandsdiagramm des Wasser-Kochsalz-Systems
b) Zusammensetzungen in den verschiedenen Gebieten des Zustandsdiagramms
flüssig fest
Eiskristalle Kochsalzkristalle

gekennzeichnet ist. Entsprechend ist ganz rechts (im Bild 2.2a nicht mehr dargestellt) 100% NaCl und 0% Wasser einzuordnen, womit im 2-Phasen-Gebiet (III) die Salzkristalle begründet sind.

Besonders wichtig ist nun der Punkt, in dem die beiden Gebiete an der Soliduslinie zusammenstoßen. Wie aus Bild 2.2a ersichtlich, tritt dabei nur ein Haltepunkt auf, und es gibt damit kein 2-Phasen-Gebiet. Wir haben hier das sog. *Eutektikum* vor uns. (Genau genommen treffen an dieser Stelle 3 Phasen zusammen!)

Eutektikum ist ein feines, tiefstschmelzendes kristallines Gemisch von (Legierungs-) Bestandteilen.

Die zugehörige Temperatur heißt dementsprechend *eutektische Temperatur* und die Horizontale dadurch (im Bild 2.2a identisch mit der Soliduslinie) *Eutektikale.*

Wenn wir nunmehr unter dem Aspekt „tiefstschmelzend" für das Eutektikum das Zustandsdiagramm betrachten, so werden die Gebiete rechts und links davon sofort klar. Denn jede andere als eutektisch zusammengesetzte Schmelze wird solange die Überschußkomponente ausscheiden, bis die niedrigstschmelzende, d.h. eutektische Zusammensetzung erreicht ist. Damit haben wir aber auch sofort Aussagen über die 2-Phasen-Gebiete (IV) und (V) (Bild 2.2a und b). Da sich im 2-Phasen-Gebiet (II) ständig Wasserkristalle

(Eis) ausgeschieden haben, bis der Rest als Eutektikum erstarrte, besteht unterhalb der Soliduslinie das System aus Wasserkristallen, die von eutektischen Kristallen umschlossen sind. War die Anfangszusammensetzung „weit links“ in Bild 2.2 (wenig NaCl), so mußte viel Eis abgeschieden werden, bis ein Eutektikum entstand. Im Endeffekt wird ein solches System in festem Zustand dann aus viel Eis und wenig Eutektikum bestehen. Nahe der eutektischen Zusammensetzung ist es genau umgekehrt, viel Eutektikum und wenig Eis. Im Gebiet (V) gilt das Entsprechende für die Kochsalzkristalle in Eutektikum. Die am System $NaCl-H_2O$ gewonnenen Erkenntnisse übertragen wir jetzt auf Metalle als Ausgangskomponenten. Wir beschränken uns dabei auf die Mischung von 2 Stoffen, sog. *binäre Systeme*, und setzen voraus, daß beide Metalle – wir nennen sie allgemein A und B – flüssig beliebig mischbar sind. Im Gebiet (I) tritt dann an die Stelle einer Lösung eine Schmelze. Die Ausbildung der übrigen Gebiete hängt von den Löslichkeitsverhältnissen der beteiligten Komponenten ab.

2.2 Arten von Zustandsdiagrammen

Der unterschiedliche Kristallaufbau der Metalle führt zu verschiedenen Typen von Zustandsdiagrammen. Das Mischungsverhalten von Metallen, die eine Legierung bilden, ist nicht berechenbar. Zustandsdiagramme müssen daher für jede Legierung gesondert ermittelt werden.

Folgende 3 Grundtypen von Zustandsdiagrammen sollen genauer beschrieben werden:

1. Flüssig und fest beliebig löslich.
2. Flüssig beliebig, fest gar nicht löslich.
3. Flüssig beliebig, fest begrenzt löslich mit Mischungslücke.

2.2.1 Flüssig und fest beliebig löslich

Dieser einfache Fall wird durch ein Diagramm gemäß Bild 2.3 beschrieben. Der Schmelzpunkt der einen Komponente (B) wird von der anderen Komponente (A) durch Hinzumischen bis zu deren Schmelzpunkt erniedrigt. Es bildet sich kein Eutektikum aus! Für die Liquidus- und Soliduslinie erhalten wir einfache Kurvenzüge, die eine etwa linsenförmige Fläche für das flüssig-feste 2-Phasen-Gebiet einschließt.

Für Untersuchungen im Zustandsdiagramm setzen wir folgende Bedingungen voraus:

1. Die pauschale Zusamensetzung ist bekannt.
2. Die Abkühlung erfolgt sehr (theoretisch unendlich) langsam.

Gesucht werden dann jeweils bei einer bestimmten Temperatur

1. Die Zusammensetzungen der Phasen (bzw. Mischkristalle).
2. Die Mengenanteile der Phasen (bzw. Mischkristalle).

Bestimmung der Zusammensetzungen. Vom Arbeitspunkt, der durch pauschale Zusammensetzung und Temperatur gegeben ist, ziehe man eine Waagerechte bis zu den Grenzlinien des geltenden Gebietes. Die Lote von den Schnittpunkten dieser Waagerechten (auch Konode genannt) mit den Grenzlinien des zugehörigen Gebietes zeigen auf der %-Skala die gesuchten Zusammensetzungen an.

▶ **Beispiel 2.1: Bestimmung von Zusammensetzungen bei einer Legierung mit 30% A und 70% B (Bild 2.3)**

Temperatur T_1: (Punkt K). Es liegt eine Schmelze aus 30% A und 70% B vor, da wir uns im 1-Phasen-Gebiet „flüssig" befinden. Der Schmelzpunkt der Mischung liegt niedriger als der von reinem B (T_1 = Smp B), aber höher als von reinem A.

Temperatur T_2: (Punkt L). Aus der Schmelze scheiden sich die ersten Erstarrungsprodukte als Mischkristalle von A und B aus. (Übergang zum 2-Phasen-Gebiet). Die Waagerechte durch L liefert mit der Soliduslinie den Schnittpunkt a, der die Zusammensetzung der Mischkristalle mit 1% A und 99% B ausweist.

Eine weitere Abkühlung des Systems führt auf die

Temperatur T_3: (Punkt M). Hier bestehen (2-Phasen-Gebiet!) Schmelze und Mischkristalle nebeneinander. An der Liquiduslinie (b) weist die Schmelze 65% A und 35% B auf. Die Mischkristalle setzen sich gemäß Schnittpunkt mit der Soliduslinie (c) aus 6% A und 94% B zusammen.

Temperatur T_4: (Punkt N). Der Punkt liegt auf der Soliduslinie. Es sind (nach Ablauf der Diffusion) Mischkristalle entstanden mit der Zusammensetzung 30% A und 70% B (d), d.h. entsprechend der pauschalen Zusammensetzung. Die Schmelze, die zuletzt eine Zusammensetzung von 91% A und 9% B hatte, verschwindet (e).

Unterhalb der Solidus- und oberhalb der Liquiduslinie liegt bei einer Legierung mit vollkommener Löslichkeit im festen und flüssigen Zustand eine Phase entsprechend der pauschalen Zusammensetzung vor.

Die Zusammensetzung im 2-Phasen-Gebiet ist für Festes und Flüssiges aber stark temperaturabhängig! Die Mischkristalle bei T_2 in Bild 2.3 haben eine andere Zusammensetzung als bei T_4. Entsprechendes gilt für die Schmelze.

Wenn sich bei T_2 aus der Schmelze ein Mischkristall mit einem Anteil von nur 1% A abscheidet, bedeutet dieses doch, daß die Schmelze B – ärmer und damit niedriger schmelzend wird! Sinkt die Temperatur weiter ab, vermag aber der Mischkristall seinerseits wieder vermehrt A zu lösen (oder B abzugeben). Eine Konzentrations-

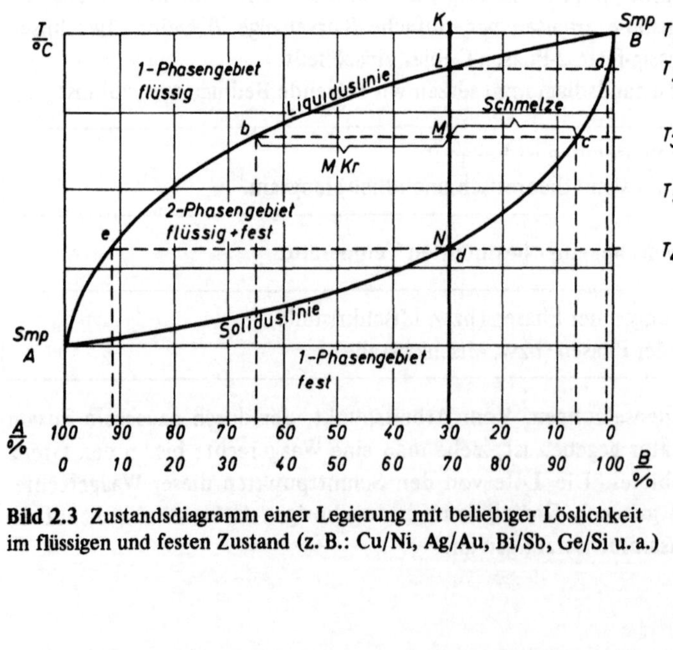

Bild 2.3 Zustandsdiagramm einer Legierung mit beliebiger Löslichkeit im flüssigen und festen Zustand (z. B.: Cu/Ni, Ag/Au, Bi/Sb, Ge/Si u. a.)

änderung der Schmelze durch B (oder A)-Abgabe ist wegen des flüssigen Zustandes nicht weiter problematisch. Anders sieht es bei den Mischkristallen aus. So muß z.B. der bei T_2 (Bild 2.3) entstandene Mischkristall aus 1% A und 99% B bei T_3 aus 6% A und 94% B zusammengesetzt sein. Diese Umwandlung ist nur durch *Diffusion* möglich.

Diffusion ist ein ohne äußere Einwirkungen stattfindender Ausgleich bei unterschiedlichen Teilchenkonzentrationen.

Es müssen demnach während der Abkühlung Atome der einen Sorte (A) vermehrt aus der Schmelze in die zuerst entstandenen Mischkristalle hineindiffundieren. Wegen der auch bei höherer Temperatur im Festkörper nur geringen *Diffusionsgeschwindigkeit* wird die Änderung der Zusammensetzung der Mischkristalle nur dann vollständig erreicht, wenn die Abkühlung sehr (unendlich) langsam erfolgt!
Umgekehrt ist bei sehr rascher Abkühlung (Abschrecken) einer Schmelze damit zu rechnen, daß das Erstarrungsprodukt von außen nach innen Mischkristalle mit sinkender Schmelztemperatur aufweist. Nach Bild 2.4 würde die B-reiche Außenwand eines abgeschreckten „Gußstückes" beispielsweise (nach Bild 2.3) aus 1% A und 99% B bestehen, und im Inneren einen sehr A-reichen Kern bilden (Bild 2.4b). Wird ein derartiger heterogener Block wieder auf eine Temperatur erwärmt, die nur wenig niedriger als die Soliduslinie, d.h. in unserem Falle (nach Bild 2.3) etwas unterhalb von T_4 liegt, so beginnen die A-reichen Mischkristalle im Inneren des Blockes zu schmelzen. Andererseits wird durch die erhöhte Temperatur die Diffusion von B aus dem Mantelbereich in den Kern begünstigt (Bild 2.4c). Damit wird der Kernbereich aber höherschmelzend und schließlich fest, bis nach unendlich langer Zeit der ganze Block homogen aus 30% A und 70% B bestünde (Bild 2.4d), wie dies auch bei sehr langsamer Abkühlung der als Beispiel gewählten Schmelze der Fall gewesen wäre. Dieses sog. *Homogenisierungsglühen*, das bei großen Werkstücken u.U. Wochen und Monate dauern kann (und trotzdem unvollständig bleibt), spielt in der Technik eine wichtige Rolle.

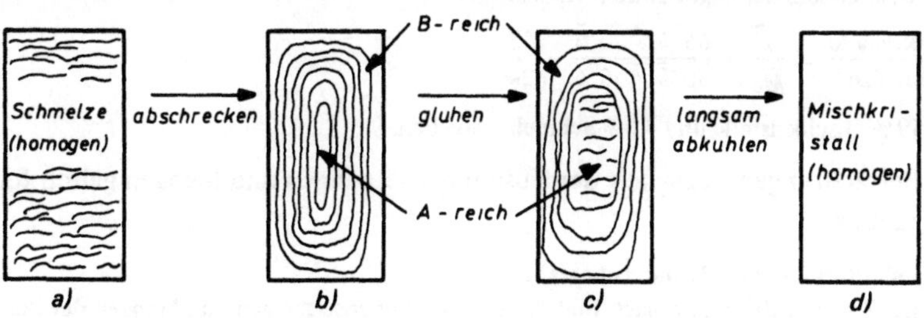

Bild 2.4 Homogenisierungsglühen (schematisch für eine Legierung nach Bild 2.3 mit 30% A und 70% B)

a) homogene Schmelze
b) unterschiedliche Zusammensetzung nach dem Abschrecken
c) Glühen mit einer Temperatur zwischen T_4 und Smp A nach Bild 2.3 (dabei teilweise geschmolzener Kern)
d) homogener Mischkristall nach unendlich langsamem Abkühlen

Bestimmungen der Mengen (Hebelgesetz). Für die Temperatur T_3 (Bild 2.3) müssen die Schmelze und die Mischkristalle die Atomsorten A und B so aufteilen, daß insgesamt 30% A und 70% B vorhanden sind. Bezeichnen wir die Menge der Schmelze mit s und die Menge der Mischkristalle mit m, so können wir schreiben

Menge Schmelze	$= s$	$s \cdot 65\,\%$ A	$s \cdot 35\,\%$ B
Menge Mischkristalle	$= m$	$m \cdot 6\,\%$ A	$m \cdot 94\,\%$ B
Gesamtmenge	$= s + m = 1$	$30\,\%$ A	$70\,\%$ B

daraus folgt

$$30\,\%\,\mathrm{A} = s \cdot 65\,\%\,\mathrm{A} + (1 - s) \cdot 6\,\%\,\mathrm{A} \tag{2.1}$$

eine einfache Umrechnung liefert dann

$$s = \frac{24\,\%}{59\,\%} = 0{,}41 \text{ oder } 41\,\% \text{ bzw. } m = \frac{35\,\%}{59\,\%} = 0{,}59 \text{ oder } 59\,\%.$$

Vergleichen wir die Zähler der Brüche für s und m mit den Strecken $\overline{Mc}$ und $\overline{Mb}$ in Bild 2.3, so finden wir, daß – auf der %-Skala abgelesen – $\overline{Mc} = 24\,\%$ und $\overline{Md} = 35\,\%$ sind. Im Nenner steht dann als Summe die gesamte Strecke – wieder in % gemessen – $cd = 59\,\%$.

Betrachten wir die von M ausgehenden Strecken als Arme eines zweiseitigen Hebels, so steht die in Richtung Mischkristalle (!) weisende Strecke für die Menge der Schmelze. Umgekehrt repräsentiert die Strecke in Richtung der Schmelze die Menge der Mischkristalle. Allgemein können wir kurz formulieren:

> Die Mengen der Phasen verhalten sich wie deren *abgewandte Hebelarme* (Gesetz der abgewandten Hebelarme).

Das oben gefundene Ergebnis wollen wir jetzt durch einfache Anwendung der Merkregel bestätigen.

▶ **Beispiel 2.2: Mengenbestimmung im Zustandsdiagramm**

Wir erhalten gemäß dem Gesetz der angewandten Hebelarme

$$\frac{\text{Menge Mischkristalle}}{\text{Menge Schmelze}} = \frac{\overline{Mb}}{\overline{Mc}} = \frac{\overline{65\,\% - 30\,\%}}{\overline{30\,\% - \ 6\,\%}} = \frac{35}{24}$$

Woraus sich sofort 59 % Mischkristalle und 41 % Schmelze ergeben.

Die angestellten Betrachtungen bezüglich der Zusammensetzungen und Mengen gelten für alle Zustandsdiagramme.

● **Aufgabe 2.1: Mengenbestimmung im Zustandsdiagramm**

Bestimmen Sie für das Zustandsdiagramm nach Bild 2.3 die Zusammensetzungen und Mengen der Phasen bei T_5 für Legierungen mit pauschal a) 30 % A und 70 % B bzw. b) 70 % A und 30 % B.

2.2.2 Flüssig beliebig, fest gar nicht löslich

Der Schmelzpunkt der einen Legierungskomponente wird jeweils durch die andere Komponente bis zur Ausbildung eines Eutektikums erniedrigt (Bild 2.5). Es ist dies das vollständige Diagramm eines Systems, wie wir es zu Anfang für die Mischung $NaCl - H_2O$ untersucht haben. Die bei der Abkühlung auftretenden Verhältnisse lassen sich am besten wieder in Form eines Beispiels für eine ausgewählte Legierung verfolgen. Wir nehmen hierzu (dicke senkrechte Linie in Bild 2.5) pauschal 25 % A und 75 % B an.

Beispiel 2.3: Abkühlung einer Legierung mit 25 % A und 75 % B (Diagramm Bild 2.5)
Temperatur T_1 (Smp B): alles flüssig.

Temperatur T_2: Der B-reiche Ast der Liquiduslinie wird erreicht. Die Zusammensetzung der Mischkristalle ergibt sich zu 0 % A und 100 % B, d.h. es wird reines B ausgeschieden!
Wir erkennen hierbei, daß sich die Soliduslinie im Diagramm links und rechts senkrecht bis zu den Schmelzpunkten von A und B hochzieht!

Temperatur T_3: Durch B-Ausscheidung hat die Schmelze jetzt die Zusammensetzung 44 % A und 56 % B erreicht. Aus dem Hebelverhältnis

$$\frac{\text{Mischkristalle } (= \text{B})}{\text{Schmelze}} = \frac{19}{25}$$

folgt für die „Mischkristalle" reines B ein Anteil von 43 % und für die Schmelze von 57 %.

Temperatur T_4 (eutektische Temperatur): Aus der übersättigten Schmelze ist soviel reines B ausgeschieden, daß die eutektische Zusammensetzung 60 % A und 40 % B erreicht ist. Unmittelbar vor dem Erstarren des Eutektikums ergibt sich ein Mengenverhältnis B : E = 35 : 25, d.h. 58 % B-Kristall und 42 % Eutektikum. Da das Eutektikum ohne weitere Veränderung fein kristallin erstarrt und sich beim Abkühlen nicht weiter verändert, gelten die für die eutektische Temperatur ermittelten Mengen und Zusammensetzungen auch für alle niedrigeren Temperaturen.

Aus dem im Beispiel 2.3 Dargelegten folgt zunächst einmal, daß in den 2-Phasen-Gebieten (IV) und (V) Eutektikum feinkristallin A (IV) oder B (V) Kristalle in statistischer Verteilung umschließt. Die jeweiligen Mengen von Eutektikum und A oder B lassen sich über die abgewandten Hebelarme bei eutektischer Temperatur ermitteln.
Im Diagramm gemäß Bild 2.5 ist die Wirkung der Entmischung oder Auskristallisation besonders gut zu erklären. Würden wir die oben untersuchte Legierung als mit 25 % A

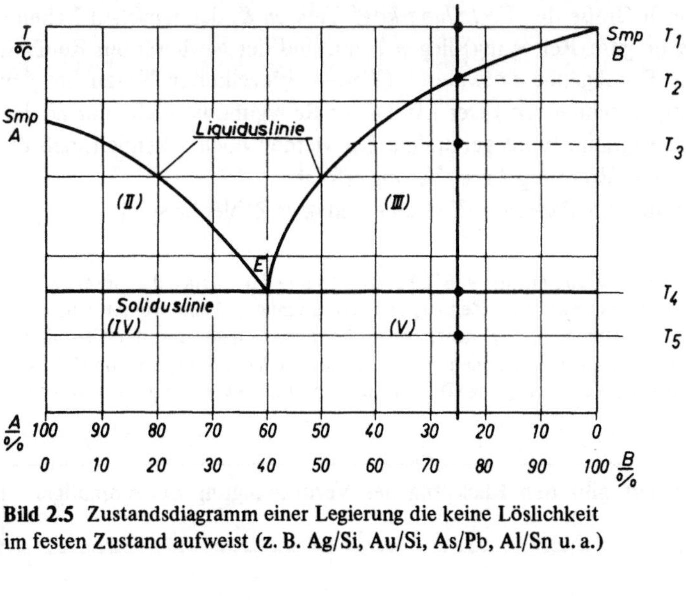

Bild 2.5 Zustandsdiagramm einer Legierung die keine Löslichkeit im festen Zustand aufweist (z. B. Ag/Si, Au/Si, As/Pb, Al/Sn u. a.)

verunreinigtes B betrachten, so könnten wir z.B. durch Anhalten bei der Temperatur T_3 (Bild 2.5) 43 % der Legierung als reines B in Form fester Kristalle entnehmen! Da wir dabei befürchten müssen, etwas A (vielleicht ein paar %) mit entnommen zu haben, wiederholen wir den Vorgang mit dem inzwischen reineren B noch einmal und erzielen ein weiter verbessertes Ergebnis.

> Beim *Auskristallisieren* nimmt die Konzentration der bereits überwiegenden Komnente durchweg zu.

Dieser Prozeß des Reinigens durch Auskristallisieren, bei dem die bereits angereicherte Komponente noch konzentrierter wird, findet großtechnisch beim sog. *Zonenschmelzverfahren* (s. auch 7.2.3 Zonenschmelzen) zur Herstellung hochreiner Halbleiterwerkstoffe Anwendung.

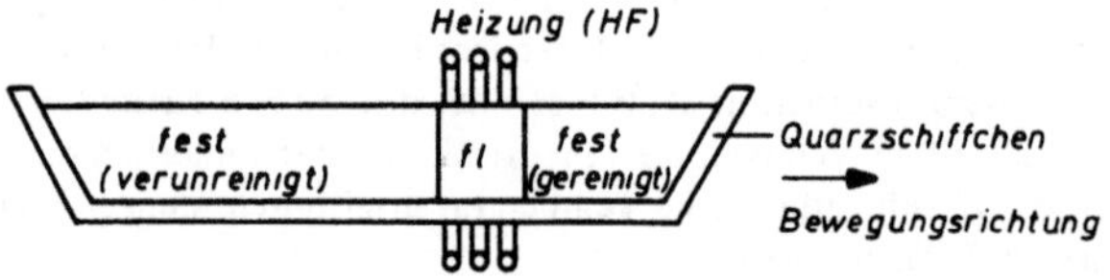

Bild 2.6
Zonenschmelzverfahren (Prinzip)

Das Arbeitsprinzip ist in Bild 2.6 dargestellt. Das bereits weitgehend reine Material (6-Neuner-Qualität, Ge oder Si) wird an einem Ende im Bereich einer schmalen Zone zum Schmelzen gebracht. Diese Schmelzzone wird dann langsam durch den ganzen Kristall geführt. Nach dem eben erläuterten Zustandsdiagramm des Zweistoffsystems ist dabei die Schmelze immer stärker mit der „Verunreinigung" angereichert als das auskristallisierte Material. Die Verunreinigungen werden gewissermaßen von der Schmelze mitgenommen und an das andere Ende transportiert. Das Verfahren kann mehrfach wiederholt werden. Je nach Größe des *Verteilungskoeffizienten K*, der zwischen 1 (keine Reinigung) und 10^{-5} (sehr gute Reinigung) liegen kann, und der gewünschten Reinheit sind einer oder mehrere Durchgänge notwendig. (Weitere Einzelheiten hierzu bei den Halbleitern unter 7.2.3 Zonenschmelzen.) Der Effekt der Reinigung ist nicht nur an den in Bild 2.5 dargestellten Diagrammtypus gebunden. Wir werden noch erkennen, daß die Auskristallisation durchweg in Richtung Anreicherung erfolgt.
Zur Bedeutung des Verteilungskoeffizienten K noch ein kleines Zahlenbeispiel.

► **Beispiel 2.4: Zonenschmelzen**
Germanium vermag z.B. bei Schmelztemperatur (936 °C) etwa 1 ppm (= 10^{-6}) Nickel zu lösen. 200 °C darunter ist die Löslichkeit bereits etwa zwei Zehnerpotenzen gesunken. Wenn wir jetzt in erster Näherung annehmen, davon eine Zehnerpotenz ausnutzen zu können, so heißt das, der Verteilungskoeffizient $K = 10^{-1}$. Nach 3 Durchgängen im Zonenschmelzen wäre die Verunreinigung um $(10^{-1})^3 = 10^{-3}$mal schwächer als die Anfangsverunreinigung. Die Ni-Konzentration wäre damit dann von 10^{-6} auf 10^{-9} (= 1 ppb) gesunken.

> Der *Verteilungskoeffizient* gibt den Rückgang der Verunreinigung bei einmaliger Kristallisation an.

2.2.3 Flüssig beliebig, fest begrenzt löslich mit Mischungslücke (allgemeiner Fall)

Die beiden bislang behandelten Diagramme sind zwar recht übersichtlich, jedoch im Grunde Ausnahmen. Die in Bild 2.7 vorliegende Darstellung ist der eigentliche Regelfall bei Zustandsdiagrammen. Wobei wir allerdings noch den Zusatz machen müssen, daß u.U. die nunmehr zu behandelnde Diagrammkonfiguration in einem Schaubild mehrfach wiederkehrt.

Wenn wir das Diagramm in Bild 2.7 links von der Konzentration C_2 und rechts von C_3 abdecken, stimmt es offensichtlich mit dem Bild 2.5 überein. Wir können den genannten Konzentrationen zunächst einmal eine ähnliche Bedeutung wie den Stoffen A und B bei fehlender Löslichkeit im festen Zustand zusprechen. Die Liquiduslinie ist gegenüber Bild 2.5 prinzipiell unverändert. Die Soliduslinie setzt sich aus einem horizontalen Anteil bei eutektischer Temperatur – der Eutektikalen – und zwei nach oben weisenden Ästen zusammen, die an Bild 2.3 (fest und flüssig beliebig löslich) erinnern. Völlig neu sind die *Segregat-* oder *Löslichkeitslinien* unterhalb der Soliduslinie. Da diese Linien auf Haltepunkte (oder andere Kristalluntersuchungen) des bereits erstarrten Systems zurückgehen, bedeutet dies nichts anderes, als daß im bereits festen Zustand noch eine wesentliche Änderung bei den Kristallen erfolgen muß.

> *Löslichkeitslinien* beschreiben das Lösungsverhalten der Legierungskomponenten im festen Zustand.

Neu sind auch noch die Bezeichnungen α- bzw. β-Mischkristalle (kurz α- bzw. β-Mkr) für A- bzw. B-reiche Mischkristalle mit begrenzter Löslichkeit für die jeweils andere Atomsorte.

Zunächst wollen wir wieder in Form eines Beispieles die sich aus dem neuen Diagramm ergebenden Konsequenzen für die Mengen und Zusammensetzungen der bei Raumtemperatur (T_R) vorliegenden Mischkristalle feststellen. Wir wählen dazu eine Legierung mit pauschal 70 % A und 30 % B (① in Bild 2.7).

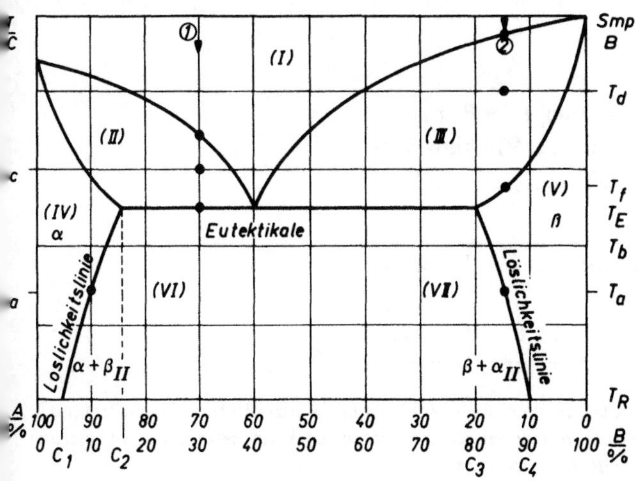

Bild 2.7
Zustandsdiagramm einer Legierung die fest eine begrenzte Löslichkeit unter Bildung einer Mischungslücke aufweist (z. B. Pb/Sn, Pb/Sb, Ag/Cu, Al/Ge, Ga/In, Ge/Sb u. a.)

▶ **Beispiel 2.5: Zusammensetzungen und Mengen von Mischkristallen bei einem Zustandsdiagramm mit Mischungslücke**

Zu Beginn der Erstarrung werden α-Mischkristalle mit 95 % A und 5 % B – in verschwindender Menge – ausgeschieden. Dies entspricht, genau wie der nächste Abkühlungsschritt, einem Verhalten gemäß Bild 2.3. Bei der Temperatur T_c liegen die in Tabelle 2.1 zusammengestellten Werte vor:

Tabelle 2.1 Zusammensetzung und Menge der Phasen einer Legierung ① von Bild 2.7 bei der Temperatur T_c

Phase	Zusammensetzung		Menge
α-Mkr	91 % A	9 % B	22 %
Schmelze	64 % A	36 % B	78 %

Die α-Mischkristalle haben im Vergleich zum Anfang der Erstarrung durch Aufnahme von B weniger A Anteil. Die Schmelze nähert sich der eutektischen Zusammensetzung.

Temperatur T_E: Die Schmelze hat die eutektische Zusammensetzung erreicht und geht ohne Temperaturänderung in den festen Zustand über. Damit ist die Erstarrung beendet. Die Zusammensetzung der Legierung weist die Tabelle 2.2 aus:

Tabelle 2.2 Zusammensetzung und Menge der Phasen einer Legierung ① von Bild 2.7 bei der Temperatur T_E

Phase	Zusammensetzung		Menge
α-$\text{Mkr}_{(max)}$	84 % A	16 % B	42 %
Eutektikum	60 % A	40 % B	58 %

Unterhalb von T_E ändert sich das Eutektikum nicht mehr, wohl aber die α-Mischkristalle. Wie die nach außen laufende Löslichkeitslinie ausweist, muß die Löslichkeit für B in A abnehmen! Die α-Mischkristalle müssen B ausscheiden; diese vermögen aber ihrerseits noch (begrenzt) A zu lösen, womit letztlich ein β-Mischkristall oder β_{II} als sog. ***sekundärer β-Mischkristall*** ausgeschieden wird. Bei Raumtemperatur (T_R) ist der aus der Konzentration C_2 – entsprechend einem α-Mischkristall mit dem höchstmöglichen B-Anteil – herrührende α-Mischkristall entmischt wie in Tabelle 2.3 zusammengestellt. Hierbei gilt für das Hebelgesetz

$$\alpha : \beta_{II} = \overline{C_2 C_4} : \overline{C_1 C_2}$$

Tabelle 2.3 Zusammensetzung und Menge der Phasen eines auf Raumtemperatur abgekühlten α-Mischkristalles mit dem höchstmöglichen β-Anteil (α_{max} gemäß Konzentration C_2 in Bild 2.7)

Phase	Zusammensetzung		Menge
α-Mkr	95 % A	5 % B	87 %
β_{II}-Mkr	10 % A	90 % B	13 %

Da in der gesamten Menge nur 42 % der mit dem höchsten B-Anteil (Konzentration C_2) auftretenden α-Mischkristalle vorhanden sind und auch nur dieser Anteil entmischen kann, setzt sich die Legierung bei Raumtemperatur (T_R) gemäß Tabelle 2.4 zusammen.

Tabelle 2.4 Vollständige Zusammenstellung der Zusammensetzung und Mengen der Phasen einer Legierung ① von Bild 2.7 bei Raumtemperatur

Phase	Zusammensetzung		Menge	
Eutektikum	60 % A	40 % B	58 %	
α-Mkr	95 % A	5 % B	37 %	42 %
β_{II}-Mkr	10 % A	90 % B	5 %	

Betrachten wir die in Beispiel 2.4 ermittelten Ergebnisse insgesamt, so ergibt sich folgendes Bild: Es entsteht in bekannter Weise ein Eutektikum. Der α-Mischkristall hat während des Erstarrens seine Zusammensetzung laufend geändert, bis er bei der eutektischen Temperatur die höchste Sättigung mit B (Konzentration C_2) erreicht. (Entsprechend ist bei C_3 und der Temperatur T_E B höchstmöglich mit A gesättigt.) Bis T_E hat also die Löslichkeit für B zugenommen, darunter nimmt sie aber im Festkörper wieder ab! Die erste Folgerung hieraus ist auch im Diagramm ersichtlich, die α-Mischkristalle scheiden über Diffusion Mischkristalle aus, deren Zusammensetzungen gleich denen der β-Mischkristalle sind. Da sie erst über den Umweg fester α-Mischkristalle entstehen, spricht man von sekundären β-Mischkristallen oder β_{II}-Mischkristallen.

> Bei der Ausscheidung nichtlöslicher Komponenten im festen Zustand entstehen *sekundäre Mischkristalle*.

Bei genügend langsamer Abkühlung können sich die β_{II}-Mischkristalle durch Diffusion an den (Korn-)Grenzen der α-Mischkristalle ausbilden. Dies ist schematisch in Bild 2.8b dargestellt. Bei einer gegenüber der Diffusionsgeschwindigkeit schnellen Abkühlung muß sich der sekundäre β-Mischkristall in irgendeiner Form im α-Mischkristall abscheiden, was zu sehr unterschiedlichen, häufig nadelförmigen Strukturen führen kann (Bild 2.8c).
Eine weitere Folgerung ist aus den notwendigen Wanderungen von Atomen im Gitter abzuleiten, denn diese gehen meist nicht ohne Spannungen im Gitteraufbau ab. In der Regel resultiert daraus eine Härtezunahme für die Legierung. Wegen der durch die Ausscheidung von Mischkristallen im festen Zustand bedingten Härtesteigerung spricht man auch von Ausscheidungshärtung (wichtig z.B. bei Dauermagneten!).

> Bei *Ausscheidungslegierungen* treten noch nach dem Erstarren wesentliche Änderungen der ursprünglichen Eigenschaften der Legierung auf.

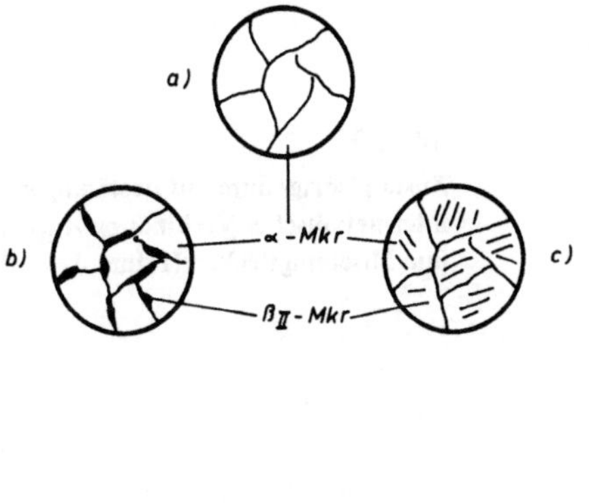

Bild 2.8 Bildung sekundärer Mischkristalle
a) gesättigter (α-) Mischkristalle (Primärkristall)
b) sekundärer Mischkristall (β_{II}) im Korngrenzbereich
c) sekundärer Mischkristall (β_{II}) innerhalb des primären Mischkristalles ausgeschieden

Die gesteigerte Härte und auch meist höhere Festigkeit tritt nicht immer unmittelbar nach Erreichen der entsprechenden Temperatur auf, sondern häufig erst sehr viel später. Das bekannteste Beispiel dafür ist „Duraluminium" (Al-Cu-Mg-Legierung, 1913 von *A. Wilm* entdeckt, heute auch noch verschiedene andere kaltaushärtende Al-Legierungen), das nach dem Abschrecken bis weit unter die Löslichkeitstemperatur zunächst sehr weich ist und je nach Umgebungstemperatur innerhalb von Stunden oder Tagen aushärtet.

Durch die Ausscheidungsvorgänge können aber auch elektrische und magnetische Eigenschaften beeinflußt werden. So erreichen praktisch alle hochwertigen Dauermagnetlegierungen über Ausscheidungsvorgänge ihre hohen Koerzitivfeldstärken und Remanenzinduktionen.

- **Aufgabe 2.2: Erstarrungsverlauf im Zustandsdiagramm**
  Gegeben sei eine Legierung mit pauschal 15 % A und 85 % B ② in Bild 2.7. Beschreiben Sie durch die Angabe von Zusammensetzungen und Mengen der Phasen für die Temperaturen Smp (auf der Liquiduslinie), T_d, T_f, T_a und T_R den Erstarrungsverlauf des Systems.

2.2.4 Intermetallische Verbindungen

Metalle bilden untereinander beim Auftreten von stöchiometrischen Verhältnissen scheinbar auch chemische Verbindungen, z.B. Al_2Cu, Al_2Mn, Cu_2Mg oder allgemein A_mB_n mit (positiven) ganzzahligen Werten für m und n. Derartige *intermetallische Verbindungen* oder *Metallide* treten in einem Zustandsdiagramm ähnlich wie ein reines Metall auf. Da reine Metalle durch Zusatz eines anderen Metalles meist ihren Schmelzpunkt erniedrigen, müssen Metallide durch ein Maximum im Zustandsdiagramm gekennzeichnet sein. Zu beachten ist allerdings, daß derartige Verbindungen nicht immer bis zu beliebig hohen Temperaturen beständig sind.

2.2.4.1 Beständige intermetallische Verbindungen

Das Zustandsdiagramm von zwei Metallen, die eine beständige intermetallische Verbindung bilden, kann man sich aus zwei „normalen" Zustandsdiagrammen zusammengesetzt vorstellen. Die intermetallische Verbindung bildet dabei für das eine Diagramm die „linke" und für das andere Diagramm die „rechte" Komponente. Das Bild 2.9 zeigt ein Zustandsdiagramm mit beständiger intermetallischer Verbindung in seiner prinzipiellen Form.

- **Aufgabe 2.3: Kurvenzüge im Zustandsdiagramm**
  Kennzeichnen Sie in Bild 2.9 die Liquidus-, Solidus- und Löslichkeitslinien.

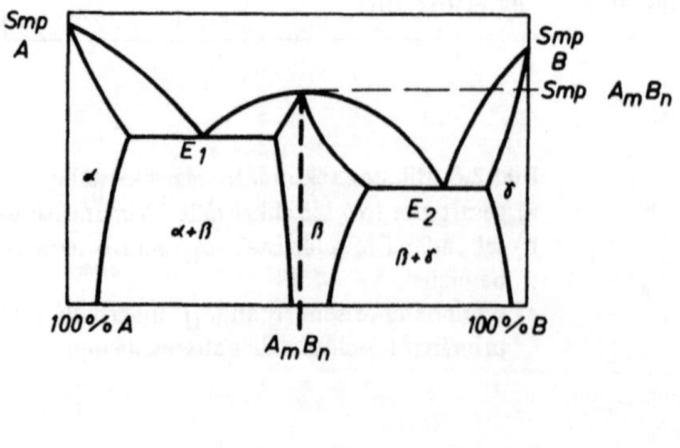

Bild 2.9
Zustandsdiagramm mit beständiger intermetallischer Verbindung A_mB_n und Mischungslücken (Prinzip)

2.2.4.2 Unbeständige intermetallische Verbindung

Ist die intermetallische Verbindung bei höheren Temperaturen nicht beständig, so wird das Maximum mit dem Schmelzpunkt dieser neuen Verbindung nicht erreicht und das Zustandsdiagramm entwickelt sich weiter wie bei einem normalen Zweistoffsystem. In Bild 2.10 ist ein derartiges System im Prinzip dargestellt.

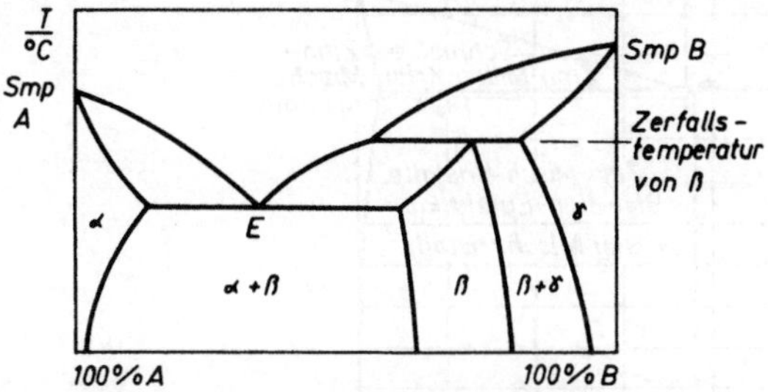

Bild 2.10
Zustandsdiagramm einer unbeständigen intermetallischen Verbindung, $\beta \hat{=}$ Verbindung $A_m B_n$ (Prinzip)

2.3 Reale Zustandsdiagramme

Wir haben bislang für die Zustandsdiagramme allgemeine Stoffe A und B angenommen. Lediglich in den Bildunterschriften waren Hinweise auf Zweistoffsysteme, die nach den dargestellten Kurvenverläufen erstarrten. Wir wollen uns nunmehr einmal zwei reale Zustandsdiagramme etwas genauer ansehen, und zwar das in der Elektrotechnik wichtige Blei-Zinn-Diagramm und das für den Maschinenbau unentbehrliche Eisen-Kohlenstoff-Diagramm.

2.3.1 Blei-Zinn-Diagramm

Das Bild 2.11 zeigt das Zustandsdiagramm für das Zweistoffsystem Blei-Zinn mit Eintragungen für eine Reihe technisch wichtiger Weichlote (wegen der Bezeichnungen s. 2.4.1 Werkstoffkurzzeichen). Den niedrigsten Schmelzpunkt mit 183 °C weist eine Legierung mit 38,1 % Pb und 61,9 % Sn auf. Daraus ergeben sich beste Erstarrungseigenschaften und ein sehr feines Gefüge, wegen des hohen Zinngehaltes ist das Lot jedoch teuer. Lote mit höherem Bleigehalt sind zwar billiger, wegen des großen Erstarrungsintervalles jedoch oftmals nachteilig. Z.B. 60 % Pb und 40 % Sn, Beginn des Erstarrens bei 238 °C und Ende bei 183 °C. Während dieses Erstarrungsintervalles, d.h. im 2-Phasen-Gebiet, ist das System breiig-flüssig mit zunehmender Verfestigung. Durch die länger andauernde breiig-flüssige Konsistenz der Lötstelle ist die Gefahr einer schlechten Lötung durch Bewegen der Teile sehr leicht gegeben.

Betrachten wir eine Legierung mit 90 % Pb und 10 % Sn bei 150 °C, so liegen nur α-Mischkristalle vor. Das gesamte Sn ist noch im Pb gelöst (maximal 19 % Sn bei 183 °C). Mit sinkender Temperatur tritt Ausscheidung und dabei Aushärtung auf. Bei 100 °C sind nur noch 4,5 % Sn löslich. Die ausgeschiedenen β_{II}-Mischkristalle sind praktisch reines Sn, da, wie die rechte Seite von Bild 2.11 zeigt, die Löslichkeit für Pb in Sn unterhalb 100 °C praktisch null ist. Die Härtesteigerung von Blei durch einen geringen Legierungszusatz ist mit Antimon noch stärker als bei Zinn. Es ergibt sich dann das sog. Hartblei. Blei löst bei

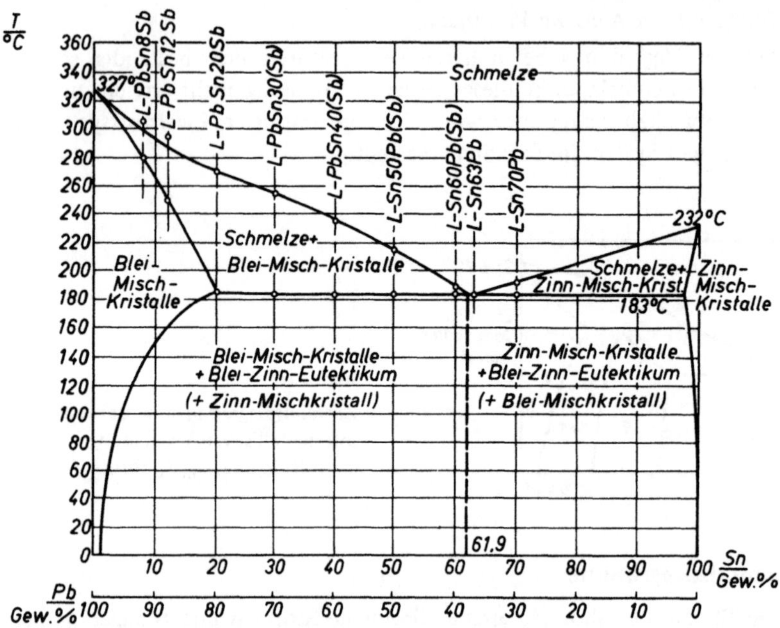

Bild 2.11 Blei-Zinn Zustandsdiagramm mit Eintragungen für einige wichtige Weichlote (nach DKI)

eutektischer Temperatur (252 °C) maximal 3 % Antimon, bei Raumtemperatur jedoch weniger als 0,25 %. (*Achtung*: Das beim Löten einer derartigen Legierung verdampfende oxydierte Antimon ist giftig!)

2.3.2 Eisen-Kohlenstoff-Diagramm

Es ist dieses das am intensivsten untersuchte Zustandsdiagramm überhaupt, da es für die Eisenverarbeitung große Bedeutung hat. Fe bildet mit C die chemische Verbindung Fe_3C = *Eisenkarbid* oder *Zementit*, die bei höheren Temperaturen nicht beständig ist. Sie zerfällt oberhalb von 1500 °C. „Legierungen" mit einem höheren C-Gehalt, als der Verbindung Fe_3C entspricht, verlieren den metallischen Charakter und sind außerdem technisch nicht verwertbar. Das praktisch genutzte Diagramm ist daher eigentlich kein Eisen-Kohlenstoff-Diagramm (Fe-C), sondern ein Eisen-Eisenkarbid-Diagramm (Fe-Fe_3C)! 100 % Fe_3C entspricht aber nur einem tatsächlichen Kohlenstoffgehalt von 6,67 % (1 g-Mol Fe_3C = $3 \cdot 55{,}8$ g Fe + 12 g C = 179,4 g, davon C-Anteil: 12 g ≙ 6,67 %).
Neben diesem Diagramm für das System Eisen-Eisenkarbid, das auch als *metastabiles System* bezeichnet wird (Bild 2.12), besteht noch ein solches für das stabile System Eisen-Graphit. Die sonst nur mit Sammelbezeichnungen versehenen speziellen Mischkristalle usw. werden beim Eisen-Kohlenstoff-Diagramm durchweg mit Eigennamen belegt. Zum Teil erinnern diese Namen an Metallurgen, die sich besonders um die Erforschung dieser Strukturen bemüht haben.

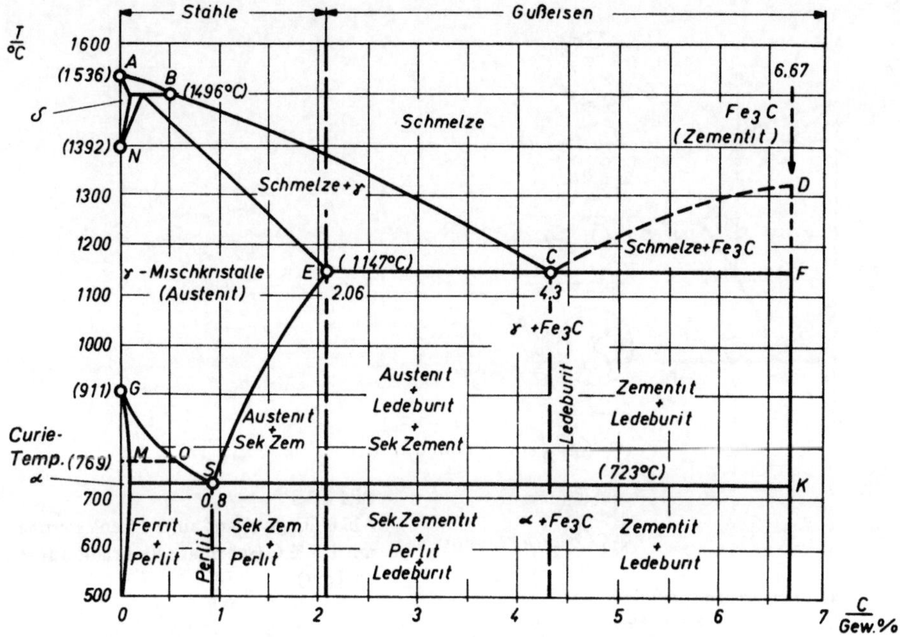

Bild 2.12 Eisen-Eisenkarbid-Zustandsdiagramm, meist Eisen-Kohlenstoff-Diagramm genannt (metastabiles System)

Achtung: Der immer noch gebräuchliche Ausdruck Ferrit für α-Eisen (Bild 2.12) ist nicht identisch mit den Ferriten der Chemie bzw. Elektrotechnik (allgemeiner Typus $M''O \cdot Fe_2O_3$ mit M'' = zweiwertiges Metall, s. auch 6.2 Metalloxide). Die Curie-Temperatur entspricht einem Umwandlungspunkt, bei dem Eisen seine Magnetisierbarkeit verliert. Oberhalb dieser Temperatur von 769 °C ist Eisen wie die meisten anderen Stoffe paramagnetisch. Um die speziellen Benennungen im Eisen-Kohlenstoff-Diagramm einmal im Zusammenhang darzustellen, soll als Beispiel die Erstarrung einer Schmelze mit 1,5 % C verfolgt werden.

▶ **Beispiel 2.6: Erstarren einer Eisen-Kohlenstoff-Schmelze mit 1,5 % Kohlenstoff** (Bild 2.13)
Bei 1600 °C ist alles flüssig. Eine mikroskopische Betrachtung würde nichts Auffälliges zeigen (homogene Flüssigkeit), Bild 2.13a. Bei 1300 °C besteht die Legierung aus 13 % Schmelze (mit 2,9 % C) und 87 % Austenit genannten γ-Mischkristallen (mit 1,3 % C). Das Mikrobild 2.13b zeigt γ-(Eisen)Mischkristalle (= Austenit) in der Schmelze. Bei 1147 °C – der eutektischen Temperatur des Systems – ist bereits alles fest. Es besteht vollständige Löslichkeit im festen Zustand (c in Bild 2.13). Die γ-Mischkristalle (Austenit) haben jetzt einen Kohlenstoffgehalt von 1.5 %. Das Mikrobild 2.13c zeigt eine einheitliche Kristallstruktur. Bei 900 °C befindet sich die Legierung in einem Ausscheidungsgebiet (d in Bild 2.13). 3,5 % Sekundärzementit (= Eisenkarbid mit 6,67 % C) hat sich gebildet. Die restlichen 96,5 % Austenit haben 1,3 % C, es wurde also Kohlenstoff abgegeben. Der bei der Ausscheidung gebildete Sekundärzementit lagert sich an den Korngrenzen des Austenits ab (Bild 2.13d). Dieser Vorgang geht solange weiter, bis der Austenit 0,83 % C enthält. An diesem sog. *eutektoiden Punkt* ist die Temperatur bis auf 723 °C abgesunken. Hier ändert sich das Gleichgewicht (Rest) Austenit-Zementit

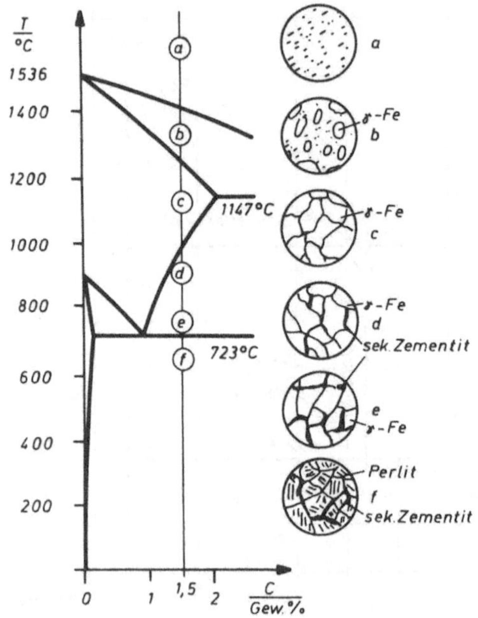

Bild 2.13
Abkühlungsverlauf einer Eisenlegierung mit 1,5 % C (schematisch, Erläuterungen im Text)

in ein Gleichgewicht Ferrit-Zementit. Unmittelbar über 723 °C besteht die Legierung aus 89 % Austenit (mit 0,83 % C) und 11 % Zementit (e in Bild 2.13). Direkt unterhalb von 723 °C besteht sie aus 78 % Ferrit (α-Mkr mit 0,02 % C) und 22 % Zementit, wovon die Hälfte bei der Gleichgewichtsumwandlung neu entstanden ist. Der Austenit ist in den α-Mischkristall übergegangen und hat den restlichen Kohlenstoff fast völlig abgegeben. Er liegt gebunden als – neu gebildeter – Zementit vor. Die Umwandlung geht so schnell vor sich, daß der Kohlenstoff – trotz der für die kleineren C-Atome leichteren Diffusion – nicht mehr an die Korngrenzen gelangen kann, sondern in feiner Verteilung als Zementit im α-Mischkristall in feiner lamellarer Verteilung eingelagert wird (Bild 2.13f). Diese feine Verteilung von Zementit in α-Eisen (≈ α-Mischkristall) nennt man als Ganzes Perlit (wegen des perlmuttartig schimmernden Schliffbildes). Somit können wir auch sagen, die Legierung besteht unterhalb von 723 °C zu 89 % aus Perlit (mit 0,83 % C) und zu 11 % aus (Sekundär-)Zementit (mit 6,67 % C).

Das Eutektikum des Eisen-Kohlenstoff-Systems trat bei dem obigen Beispiel nicht mehr auf. Es führt auch einen eigenen Namen und heißt *Ledeburit*.

Im Gegensatz zu den früheren allgemein dargestellten Diagrammen weisen die Bilder 2.12 und 2.11 reale Zustandsdiagramme auf. Wegen des Praxisbezuges ist die Prozentskala der Mengenangaben hierbei nicht mehr in Atom-%, sondern in Massen- oder Gewichts-% geeicht. Für die Umrechnungen Atom-% in Gewichts-% und umgekehrt gelten folgende Gleichungen:

$$\text{Gew\%}_A = \frac{\text{Atom\%}_A \cdot A_A}{\text{Atom\%}_A \cdot A_A + \text{Atom\%}_B \cdot A_B} \cdot 100 \qquad (2.2)$$

$Gew\%_A$: Gewichts-% von A, $Atom\%_A$: Atom-% von A, $Atom\%_B$: Atom-% von B, A_A: Atommassenzahl von A und A_B: Atommassenzahl von B.

Zur Bestimmung der Gewichtsprozente von B sind im Zähler von Gl. (2.2) die entsprechenden Werte für B einzusetzen.

Die Atom-%-Angaben erhält man aus den Gewichts-%-Angaben gemäß

$$Atom\%_A = \frac{Gew\%_A \cdot A_B}{Gew\%_A \cdot A_B + Gew\%_B \cdot A_A} \cdot 100 \tag{2.3}$$

2.4 Werkstoffkennzeichnung

Für den praktischen Gebrauch ist es wichtig, Metalle oder Legierungen einwandfrei bezeichnen zu können, damit keine Mißverständnisse aufkommen. Neben ungenauen Trivialnamen wie Stahl, Messing o.ä. besteht schon seit langem das auf den chemischen Symbolen beruhende System der *Werkstoffkurzzeichen*. Im Zeitalter der Datenverarbeitung gelangen jedoch reine – für den Menschen allerdings weniger einprägsame – Ziffernkombinationen in den Vordergrund. Dies sind die sog. *Werkstoffnummern*.

2.4.1 Werkstoffkurzzeichen

Die Werkstoffkurzzeichen stellen eine Dreierkombination dar, in deren Mittelpunkt die chemischen Kurzzeichen stehen. Davor finden sich Hinweise auf die Herstellung o.ä., und nachgeschaltet werden Angaben über besondere Eigenschaften.

> *Werkstoffkurzzeichen* beschreiben Legierungen durch die chemischen Symbole der Bestandteile.

Weitere Einzelheiten hierzu sind in der Tabelle 2.5 zusammengestellt. Zusätzlich sind gegebenenfalls noch Angaben über Lieferformen, Abmessungen usw. zu machen.

Tabelle 2.5 Werkstoffkurzzeichen (nach DIN 1700)

1.	Kennbuchstaben für Herstellung bzw. Verwendung, z.B.: G Guß, GD Druckguß, SD sauerstofffrei Sorte D usw. Knetlegierungen ohne besonderen Kennbuchstaben.
2.	Kennzeichen für die chemische Zusammensetzung. Reihenfolge: a) chem. Kurzzeichen für Hauptbestandteil (evtl. %) b) chem. Kurzzeichen der Legierungsbestandteile, nach sinkenden Anteilen geordnet (evtl. %-Angaben).
3.	Kurzzeichen für besondere Eigenschaften. F Mindestzugfestigkeit w weich h hart $\sigma_B \approx 1{,}4$ von w halbhart $\sigma_B \approx 1{,}2$ von w federhart $\sigma_B \approx 1{,}8$ von w pl plattiert p gepreßt wh walzhart (gewalzt) zh ziehhart (gezogen) ka kaltausgehärtet wa warmausgehärtet (vergütet)

▶ **Beispiel 2.5: Werkstoffkurzzeichen**

a) reines Kupferblech

SD	Cu	F 25
sauerstofffrei Sorte D	Kupfer	Mindestzugfestigkeit ⩾ 245 N/mm²

(Angabe in 9,81 N/mm² $\approx \frac{kN}{cm^2}$)

Dazu könnte noch folgende weitere Bestellangabe vorangesetzt werden:

Blech	2	×	1000	×	2000	DIN 1751
	Dicke (mm)		Breite (mm)		(Liefer-) Länge (mm)	Maßnorm

b) Kupferlegierung (Messing)

Cu	Zn 20	F 33
Kupfer	20 % Zink	Mindestzugfestigkeit > 324 N/mm² ≈ 33 kN/cm²

(Alte Kurzbezeichnung auch Ms 80, früher Tombak, da Kupferanteil über 66 %).

● **Aufgabe 2.4: Werkstoffkurzzeichen**

Was besagt die folgende Bezeichnung:

Band 1,5 x 750 DIN 1784 AlMg 1 F 13

Was sollen wohl folgende Angaben bedeuten?

AlMg 4,5 Mn   L - PbSn 40 (Sb) (s. auch Pb-Sn-Diagramm)

2.4.2 Werkstoffnummern

Für die Erfassung mit Datenverarbeitungsanlagen ist eine reine Zahlendarstellung geeigneter. Hierzu dienen die Werkstoffnummern nach DIN 17007. Eine Werkstoffnummer ist eine siebenstellige Zahl mit zwei Unterteilungen durch Punkte:

0	. 0000 .	00
Werkstoff-Hauptgruppe	Sorten-nummer	Behandlungs-zustand

> *Werkstoffnummern* beschreiben Werkstoffe durch einstellige Hauptgruppen- und vierstellige Sortennummern.

Wie die ausführlichere Tabelle 2.6 zeigt, sind die Werkstoffhauptgruppen mit den Ziffern 0 bis 3 leicht zu merken. Auch die mit der Anhängezahl festgelegten Behandlungszustände sind in den Dekanden noch einigermaßen einprägsam, aber die Feineinteilung durch die letzte Stelle (genaue Angaben hierzu in DIN 17007) ist eigentlich recht wenig „merkfähig". Dazu kommt noch, daß diese Zahlen für Eisen andere Bedeutungen haben als für Nichteisen(NE)-Metalle und in der Luftfahrt wieder andere als in der sonstigen Metallverarbeitung. Bei den Sortennummern helfen dann tatsächlich nur noch Tabellen oder Rechner (mit ihren Speichern) weiter. Aus den 4 Zahlen ist nur die grobe Zuordnung zu entnehmen (Tabelle 2.6), nicht jedoch irgend eine Angabe über den Werkstoff und seine Zusammensetzung.

Tabelle 2.6 Werkstoffnummern, Auszug für NE-Metalle, weitere Angaben in DIN 17007

Werkstoff-Hauptgruppe	Sortennummer	Behandlungszustand (für NE-Metalle)
0 Roheisen und Ferrolegierungen		
1 Stahl		
2 Schwermetalle ohne Eisen	.0000…1799 Cu	.0. unbehandelt
	.1800…1999 Reserve	.1. weich
	.2000…2499 Zn, Cd	.2. kaltverfestigt (Zwischenhärten)
	.2500…2999 Reserve	
	.3000…3499 Pb	
	.3500…3999 Sn	.3. kaltverfestigt („hart" und darüber)
	.4000…4999 Ni, Co	
	.5000…5999 Edelmetalle	.4. lösungsgeglüht, ohne mech. Nacharbeit
	.6000…6999 Hochschm. Metalle	
	.7000…9999 Reserve	.5. lösungsgeglüht, kaltnachbearbeitet
3 Leichtmetalle	.0000…4999 Al	
	.5000…5999 Mg	.6. warmausgehärtet, ohne mech. Nacharbeit
	.6000…6999 Reserve	
	.7000…7999 Ti	
	.8000…9999 Reserve	.7. warmausgehärtet, kaltnachbearbeitet
4 Pulvermetallurgische Werkstoffe		.8. entspannt, ohne vorherige Kaltverfestigung
5 ⋮ 8 Nichtmetallische Werkstoffe		.9. Sonderbehandlungen
9 frei für interne Benutzung		Zweite Ziffern nach DIN 17007 für NE-Metalle

Beispiel 2.6: Werkstoffnummern

Das in Beispiel 2.5 zitierte Kupferblech hat die folgende Werkstoffnummer:

2	.	0 1 1 0	.	2 6
Schwermetall		Kupfer, rein, sauerstofffrei, Sorte D		halbhart (keine Angabe über σ_B!)

Die „Kennung Cu" geht aus der Vierergruppe hervor, da die Sortennummer 0000 < 0110 < 1799 (s. auch Tabelle 2.6). Abmessungsangaben bleiben wie oben.

Die Aluminium-Bestellung würde jetzt lauten:

Band 1,5 x 750 DIN 1784 –	3	.	3 3 1 9	.	2 1
	Leichtmetall		99 % Al 1 % Mg		gewalzt und entspannt

2.5 Mikrostruktur

Wir haben unsere Werkstoffbetrachtung mit den Gitterstrukturen begonnen und sind dann über Gitterbaufehler zu Korngrenzen und Mischkristallen gelangt. Offengeblieben ist dabei bislang, ob und wie es gelingt, diese Dinge zu beweisen bzw. sichtbar zu machen. Hierbei sind zwei Bereiche zu unterscheiden, einmal der atomare für Elementarzelle und Kristallgitter und zum anderen der (licht-)mikroskopische der Körner bzw. Kristalle. Für Einblicke in den atomaren Bereich bedienen wir uns der Röntgenstrahlen, wohingegen Körnung und teilweise auch Kristallbaufehler im Schliffbild mikroskopisch untersucht werden können.

2.5.1 Röntgenuntersuchung

Die zunächst nur theoretisch begründete Gitterstruktur der Metalle läßt sich mittels Röntgenstrahlen direkt beweisen (und damit auch die Wellennatur der Röntgenstrahlen). Steht eine sog. *charakteristische*, d.h. *monochromatische Röntgenstrahlung*, deren Wellenlänge bekannt ist, zur Verfügung, so kann nach Bragg durch Interferenz der Abstand von gleichmäßig mit Atomen besetzten sog. Netzebenen im Gitter bestimmt werden. Im Prinzip beruht die Methode auf der Totalreflexion an mehreren Netzebenen (Bild 2.14). Der Einfallswinkel muß gleich dem Ausfallswinkel und außerdem die Interferenzbedingung erfüllt sein, d.h. der Gangunterschied $2 \cdot \Delta l = 2d \cdot \sin\alpha$ muß ein ganzzahliges Vielfaches der Wellenlänge λ betragen. Dann ergibt sich für die *Braggsche Interferenz*

$$(n) \cdot \lambda = 2d \cdot \sin\alpha \tag{2.4}$$

Da λ bekannt ist und α gemessen werden kann, läßt sich der Abstand d der Ebenen bestimmen. Für andere (steilere) Einfallswinkel wird der Gangunterschied größer, so daß er mehrere (n) Wellenlängen betragen kann.

Je nach Lage des Kristalls können verschiedene Abstände d für Netzebenen auftreten. Für Ebenen vom Typus (xyz) gilt im kubischen Kristallsystem die Beziehung

$$d^2 = \frac{a^2}{x^2 + y^2 + z^2} \tag{2.5}$$

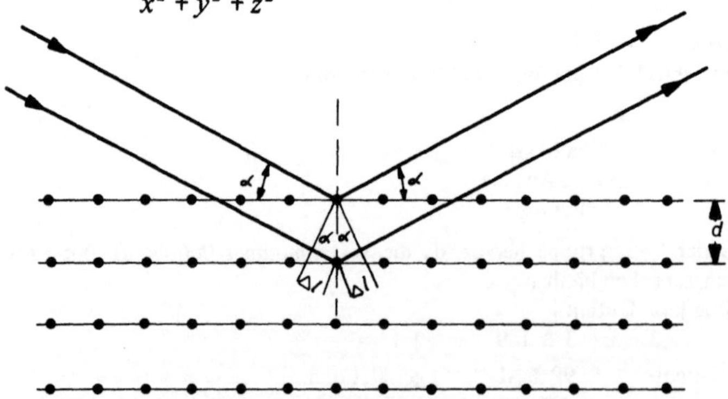

Bild 2.14 Braggsche Interferenz (Prinzip).
d Abstand der Netzebene (im allgemeinen nicht mit einer Gitterkonstanten identisch!), Δl Wegdifferenz zwischen 1. und 2. Strahl bis zur Reflektion, α Einstrahlungswinkel.

In Gl. (2.4) eingesetzt, ergibt sich mit *a* Gitterkonstante

$$\sin\alpha = \frac{\lambda}{2a}\sqrt{(x^2 + y^2 + z^2)} \tag{2.6}$$

Beim *Laue-Verfahren* wird ein Einkristall nicht mehr mit nur einer einzigen Wellenlänge beaufschlagt, sondern mit einem ganzen (möglichst breiten) Röntgenspektrum durchstrahlt (Bild 2.15a). Im Kristall werden dann lediglich die Wellenlängen gebeugt, für die Netzebenen vorhanden sind, die die Braggsche Interferenzbedingung (Gl. (2.4)) erfüllen. Interessant ist dabei, daß sowohl gebeugte Strahlen in Durchlaß-(vorwärts) als auch in Reflexionsrichtung (rückwärts) beobachtet und ausgewertet werden können. Das Beugungsbild eines *Lauediagrammes* erscheint als Punktmuster (Bild 2.15b). Steht das Material nur polykristallin oder pulverig zur Verfügung, kann – jetzt wieder mit charakteristischer Röntgenstrahlung – nach dem *Debye-Scherrer-Verfahren* gearbeitet werden (Bild 2.16a). Gebeugte Strahlen gehen nur von den Kristalliten aus, die zufällig so orientiert sind, daß einige ihrer Netzebenen mit der einfallenden Strahlung den Winkel α für die Braggsche Interferenzbedingung (Gl. (2.4)) aufweisen. Die gebeugten Strahlen liegen, auch wieder vorwärts und rückwärts, auf konzentrischen Kegelmänteln um den durchgehenden (Primär-)Strahl. Diese Kegelmäntel treten unter Winkeln 2α aus. Auf einem die Probe kreisförmig umgebenden Film bilden sich dann Abschnitte von konzentrischen Kreisen ab (Bild 2.16b).

> Untersuchungen im Elementarzellenbereich benötigen Röntgen- (oder ähnliche) Strahlungen.

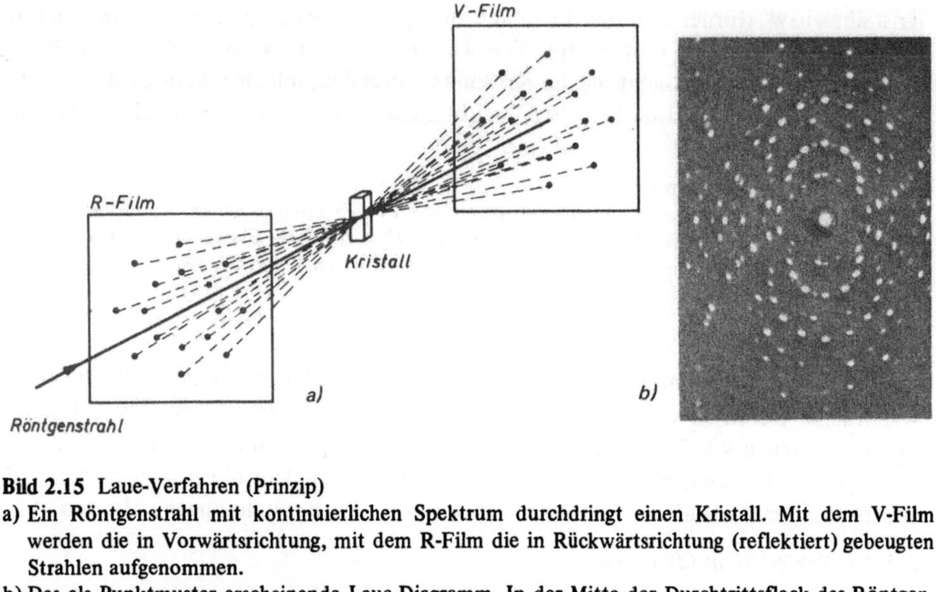

Bild 2.15 Laue-Verfahren (Prinzip)

a) Ein Röntgenstrahl mit kontinuierlichen Spektrum durchdringt einen Kristall. Mit dem V-Film werden die in Vorwärtsrichtung, mit dem R-Film die in Rückwärtsrichtung (reflektiert) gebeugten Strahlen aufgenommen.

b) Das als Punktmuster erscheinende Laue-Diagramm. In der Mitte der Durchtrittsfleck des Röntgenstrahles. Beispiel: Quarz (Werkfoto: C. H. F. Müller AG)

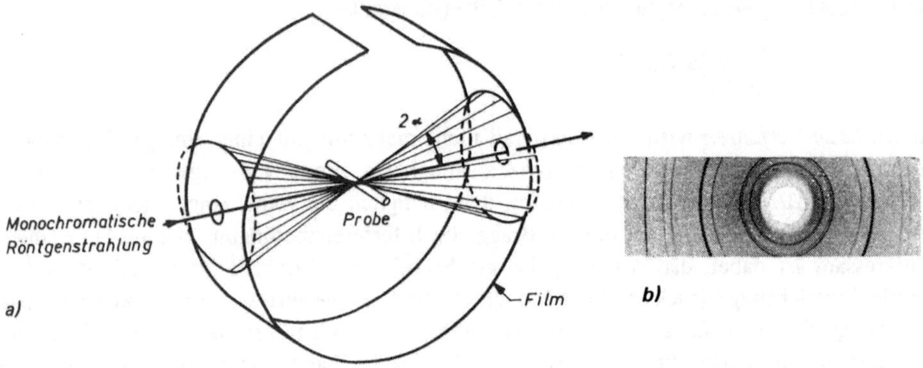

Bild 2.16 Debye-Scherrer-Verfahren (Prinzip)

a) eine monochromatische Röntgenstrahlung wird an einer polykristallinen Probe vorwärts und rückwärts – mehrfach – gebeugt

b) eine Debye-Scherrer-Aufnahme erscheint als Ausschnitt aus konzentrischen Ringen um den Durchtrittspunkt des Röntgenstrahles. Beispiel: Wolfram (Werkfoto: C. H. F. Müller AG)

Vergleicht man die beiden letzteren Untersuchungsmethoden miteinander, so ist das Laue-Verfahren besonders für die Bestimmung von Kristallorientierungen und -symmetrien geeignet, während das Pulververfahren nach Debye-Scherrer Vorteile bei der Analyse von Kristallstrukturen und auch bei der Aufnahme von Zustandsdiagrammen (Ausscheidungsbereich) bietet.

Mit Röntgenstrahlen, deren Wellenlängen im zehntel nm-Bereich liegen, ist ein Einblick in die Welt der Elementarzellen und Kristallstrukturen möglich. Die daraus aufgebauten Kristallite bzw. Körner sind den Lichtwellenlängen zugänglich und müssen demnach um etliche Zehnerpotenzen größer sein. Ehe wir uns der Technik der Schliffbilder für eine lichtmikroskopische Betrachtung der Kristallite zuwenden, soll eine Aufgabe die zwischen Elementarzellen und Kristalliten bzw. Lichtwellenlängen bestehenden Größenunterschiede aufzeigen.

- **Aufgabe 2.5: Gitterkonstante**

a) Wie groß ist die Gitterkonstante a bei Kupfer (kfz), wenn bei Braggscher Interferenzuntersuchung eine Röntgenstrahlung von $\lambda = 0{,}1658$ nm unter 13,27° in der (010) Ebene reflektiert wurde?

b) Wieviele Elementarzellen würden dann (rund) einer mittleren Lichtwellenlänge von 500 nm entsprechen?

2.5.2 Schliffbilder

Die mikroskopische Untersuchung kristalliner Stoffe gestattet bereits Rückschlüsse auf wesentliche technisch wichtige Eigenschaften des Materials (Festigkeit, Magnetisierung, Sperrschichten u.ä.). Zur Untersuchung wird der Stoff geschliffen, poliert und anschließend geätzt. Dadurch wird der kristalline Aufbau unter dem Mikroskop sichtbar. Die Bearbeitung muß natürlich so erfolgen, daß keine Strukturveränderungen auftreten.

2.5.2.1 Schleifen und Polieren

Die Oberfläche einer zu untersuchenden Probe muß poliert vorliegen. Um die zu untersuchende Struktur nicht während der Bearbeitung zu zerstören, wird zunächst mit immer feinerem Korn geschliffen, evtl. geläppt und dann poliert.

Das Schleifen endet in der Regel mit der Stufe „600" (s. Tabelle 2.7). Danach wird poliert, wobei keine nennenswerte Materialabtragung mehr erfolgt. Die vom Schleifen stammenden Riefen werden „verschmiert".
Poliermittel sind vorwiegend Poliertonerde (Aluminiumoxid Al_2O_3) und Magnesia usta (Magnesiumoxid MgO) als wässerige Suspensionen. Die Feinheitsgrade werden nach Absetzzeiten der Suspensionen angegeben (s. Tabelle 2.7).
Bei allen Schleif- und Polierarbeiten ist eine harte und ebene Unterlage wichtig, da der „Schliff" sonst nicht ausreichend plan ist (erschwerte Auswertung, u.U. starke mikroskopische Vergrößerung unmöglich). Nach dem Polieren sollten auch unter dem Mikroskop keine Riefen mehr zu erkennen sein.

2.5.2.2 Ätzen

Für die Auswertung unter dem Mikroskop muß ein Schliff erst „entwickelt", d.h. die gewünschten Strukturen sichtbar gemacht werden. Dies geschieht durch *Ätzen* oder *Beizen*. Hierbei wird die unterschiedliche Resistenz der Kristallite gegen Chemikalien ausgenutzt. Die vom Polieren plane Oberfläche erhält eine „Reliefstruktur", die den Kristalliten bzw. dem Kristallaufbau entspricht (Bild 2.17). Je nach Ätzmittel werden unterschiedliche Strukturen sichtbar. Die benutzten chemischen Reaktionen sind Wechselwirkungen mit Säuren, Basen oder Salzen. Bevorzugte Reaktion ist die Oxidation, die Ätzmittel müssen Elektronen aufnehmen können (Redox-Vorgang). Je elektropositiver ein Stoff ist, desto stärker muß das Oxidationsmittel sein. So kommen z.B. als Ätzmittel für Halbleitermaterialien fast nur Salpetersäure (HNO_3) und Flußsäure (HF) in Betracht. Die Ätzmittel wirken nicht nur auf verschiedene Materialien unterschiedlich, also ***materialselektiv***, sondern je nach Zusammensetzung auch noch ***richtungsselektiv***. Die letztere Eigenschaft ist besonders in der Halbleitertechnik wichtig, da sie es relativ einfach gestattet, Gitterbaufehler (Versetzungen) zu erkennen. Die Ursache für die gerichtete Ätzung im mikroskopischen Bereich ist in der Anisotropie der meisten Kristalle bzw. deren Gitterstruktur zu suchen. So ist es z.B. möglich, bei einem in [111]-Richtung geätzten Ge- oder Si-Einkristall die „Würfelecken" des Kristallgitters sichtbar zu machen (Bild 2.18).

Tabelle 2.7 Korngröße von Schleif- und Poliermitteln

Bezeichnung	Korngröße ca. µm	Bemerkungen	
Schleifmittel			
Nr.			
100	150...125	Siebung	
200	65... 75		
400	30... 40	– – – – –	
600	20... 10	Schlämmung	
800	10... 5		
Poliermittel		Farbe	Absetzzeit h
Tonerde 1	1	blau	3
Tonerde 2	0,5	weiß	12
Tonerde 3	0,3	rot	24

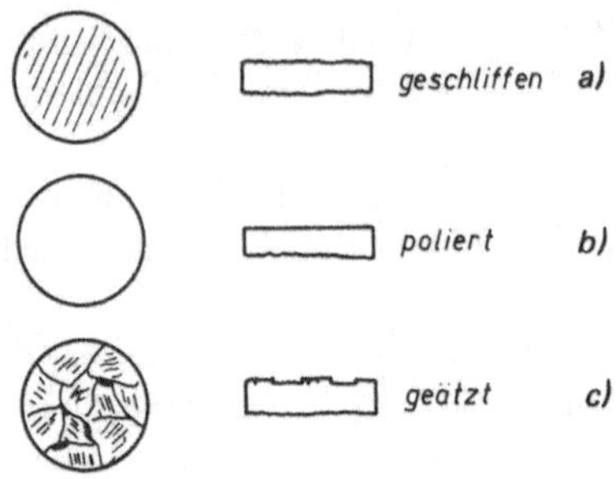

Bild 2.17 Entstehung eines Metallschliffs (schematisch)
a) geschliffen: Oberfläche zeigt Riefen
b) poliert: Oberfläche ohne erkennbare Merkmale
c) geätzt: Kristallite werden sichtbar

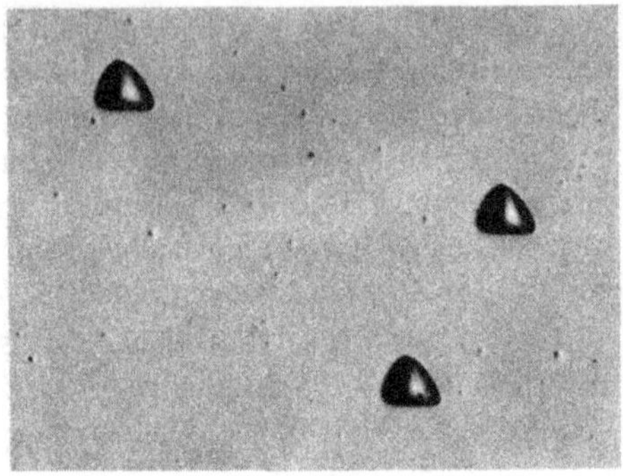

Bild 2.18 Ätzgruben auf einer (111) Ge-Oberfläche nach richtungsselektiver Ätzung. Die Ausgangsstellen der Ätzgruben sind die Durchstoßpunkte von Versetzungen. (Werkfoto: AEG-TELEFUNKEN)

Je nachdem, ob Ätzmittel nur in „gerader Front" die Oberflächen angreifen oder bevorzugt an (Korn-)Grenzlinien bzw. Versetzungen wirksam werden, unterscheidet man Politur- oder Strukturbeizen (Ätzmittel) (Bild 2.19).
Beim elektrolytischen Ätzen oder Polieren wird die chemische Ätzwirkung durch Stromfluß verstärkt. Die zu behandelnde Fläche wird als Anode geschaltet und steht einer großflächigen Kathode aus gleichem oder edlerem Material gegenüber. Je nach Stromdichte wird geätzt oder poliert (Bild 2.20). Die Ätz- und Polierzeiten sind meist sehr kurz. Der Elektrolyt enthält in der Regel Perchlorsäure ($HClO_4$), wodurch die üblichen Mischungen feuergefährlich sind!
Das beim Ätzen entstandene Schliffbild läßt unter dem Mikroskop den Aufbau des Gefüges erkennen. Beim Eisen z.B. werden die entsprechend dem Eisen-Kohlenstoff-Diagramm auftretenden Bestandteile sichtbar. Ferner sind Größe und Orientierung der Kristallite, Einschlüsse, Fremdbestandteile u.ä. erkennbar. Kristallografische Atlanten ermöglichen die Bestimmung von Einzelheiten.

> Die Metallschlifftechnik ermöglicht durch Ätzen lichtmikroskopische Einblicke in den Bereich der Kristallite (Körner). Besondere Ätztechniken geben Rückschlüsse auf Gitterbaufehler.

Bei reinen Metallen, z.B. Kupfer (Bild 2.21), zeigt das Schliffbild keinen Gefügeaufbau, sondern die aus der Schmelze erstarrten Kristallite. Nachfolgende Bearbeitungen, wie Walzen oder Pressen (kalt oder warm), verformen die ursprünglichen Kristallite, z.B. Längsstrukturen durch Walzen. Das Material wird „faserig", es entsteht eine Textur, was besagen soll, daß die kristallografischen Achsrichtungen in gewisser Weise geordnet sind. Führt die Nachbehandlung (z.B. Glühen) eines kaltverformten kristallinen Stoffes zu einer im mikroskopischen Schliffbild feststellbaren Änderung des Gefüges, so spricht man von einer Rekristallisation (Bild 2.21b).

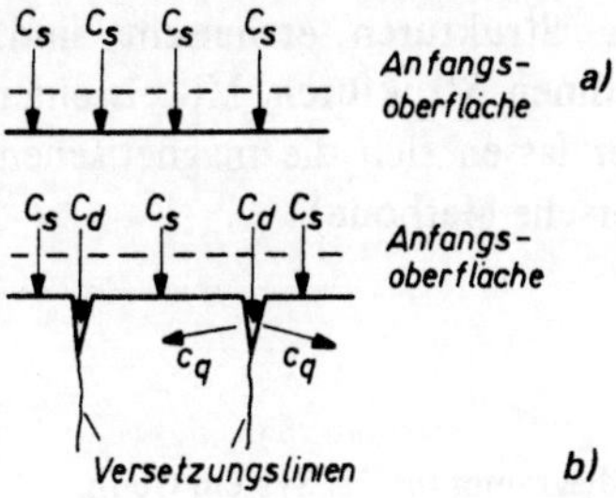

Bild 2.19 Ätzwirkung
a) Ätzen ohne Richtungsselektion
c_s senkrechte Ätzgeschwindigkeit
b) Ätzen mit Richtungsselektion
c_s, c_d und c_q Ätzgeschwindigkeiten, $c_d > c_s$

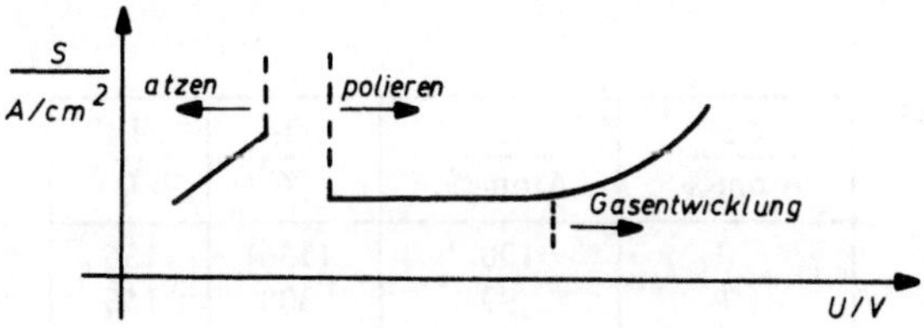

Bild 2.20 Elektrolytisches Ätzen und Polieren
S Stromdichte in der Elektrolysezelle
U Spannung an der Elektrolysezelle

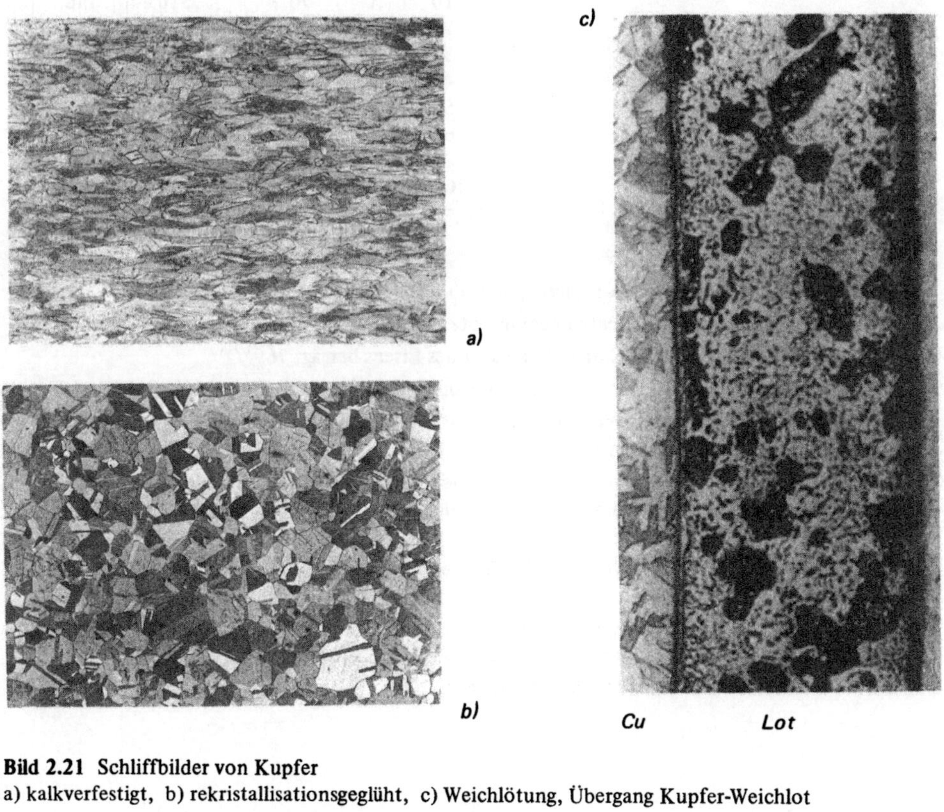

Bild 2.21 Schliffbilder von Kupfer
a) kalkverfestigt, b) rekristallisationsgeglüht, c) Weichlötung, Übergang Kupfer-Weichlot

Während für mechanische Anwendungen feinkristalline Strukturen erwünscht sind, überwiegen bei magnetischen Legierungen die grobkristallinen Strukturen. Mittels einer Aufschwemmung von sehr feinem (Karbonyl-)Eisenpulver lassen sich die magnetischen Orientierungen (Weisssche Bezirke) sichtbar machen (Bittersche Methode).

2.6 Wiederholungsfragen

2.6.1 Zeichnen Sie mit den Angaben der Tabelle 2.8 das Zustandsdiagramm für das System Ge-In. Wie groß ist die Löslichkeit des Germaniums in Indium bei Raumtemperatur? Welche Zusammensetzungen und Mengen haben Kristalle und Schmelze einer Legierung mit 14 Gew.-% Ge bei den Temperaturen 600 °C, 400 °C, 200 °C und Raumtemperatur?

Tabelle 2.8 Haltepunkt für das System Germanium-Indium

Ge / Atom-%	In / Atom-%	T_1 / °C	T_2 / °C
0	100	(156)	156
1	99	300	156
2	98	350	156
4	96	440	156
10	90	510	156
20	80	595	156
30	70	640	156
40	60	700	156
50	50	750	156
60	40	790	156
80	20	890	156
100	0	936	(156)

2.6.2 Was geschieht bei einer Pb-Sn-Legierung mit 90 % Pb und 10 % Sn unterhalb 150 °C?

2.6.3 Warum bevorzugt die Nachrichtentechnik Lote mit hohem Sn-Gehalt (ca. 60 %)?

2.6.4 Was besagt die Angabe: Die Curie-Temperatur des Eisens beträgt 769 °C?

2.6.5 Was bedeutet der Begriff „Ferrit" im Maschinenbau und was in der Elektrotechnik (Chemie)?

2.6.6 Was bedeuten stabiles und metastabiles System beim Eisen-Kohlenstoff-Diagramm, und welches ist das gebräuchlichere System?

2.6.7 Der Braggsche Interferenzversuch werde mit der gleichen Röntgenstrahlung wie in Aufgabe 2.5 an Kupfer in der (111)-Ebene durchgeführt. Welcher (1.) Reflexionswinkel ist dann zu erwarten?

2.6.8 Wie werden Kornstrukturen von Metallen für die mikroskopische Betrachtung sichtbar gemacht?

2.6.9 Mit welcher Ätztechnik gelingt es bei Halbleiter-Einkristallen mit ihrer extrem hohen Reinheit, mikroskopisch etwas sichtbar zu machen, und was kann dann beobachtet werden?

2.6.10 Was versteht man unter „Bitterscher Methode"?

3 Elektrische Leitfähigkeit

Für die Elektrotechnik ist das Verhalten von Werkstoffen im elektrischen bzw. magnetischen Feld von besonderer Bedeutung. An erster Stelle steht dabei die Eigenschaft der Metalle, als elektrische Leiter zu wirken. Sie finden ihren Einsatz als Kabel, Leitungen oder Wicklungsdrähte. Metalle und ihre Legierungen, die einen hohen spezifischen Widerstand haben, werden bevorzugt als Heizleiterwerkstoffe und für Präzisions- und Lastwiderstände eingesetzt.

3.1 Stromleitung

Die Leitfähigkeit der Metalle für den elektrischen Strom ist an die Existenz *freier Elektronen* im Gitterverband gebunden. Wir wollen uns hier zunächst mit der einfachen Theorie des *Elektronengases* begnügen. Im Zusammenhang mit den Halbleitern werden wir dann später zu ausführlicheren Deutungen mit Hilfe des Bändermodells kommen.

Betrachten wir zunächst einmal die Leitungselektronen als Teilchen, die sich frei zwischen den Atomrümpfen des Kristallgitters bewegen, aber den Gesamtverband nicht verlassen können, so ähnelt das System einem abgeschlossenen Gasvolumen. In beiden Fällen liegen Bewegungen vor, die laufend zu elastischen Zusammenstößen führen. Bei Leitern finden die Stöße allerdings hauptsächlich zwischen den Elektronen und den – dazu vergleichsweise ruhenden – Atomrümpfen statt, während bei einem Gas die Atome die bewegten Teilchen sind. Um diesen Unterschied zu kennzeichnen, benutzt man den Begriff Elektronengas.

Unter einem *Elektronengas* versteht man die in einem Leiter innerhalb des Atomgitters frei beweglichen Elektronen.

Für die Herkunft der Teilchen nehmen wir zunächst einmal an, daß im Leiter jedes Atom ein Elektron für das Elektronengas beisteuern kann. Mit dieser Bedingung können wir die pro Volumeneinheit verfügbare Ladungsträgerzahl abschätzen.

Die Loschmidtzahl N_L gibt die Anzahl der Teilchen pro Mol an. Das *molare Volumen* V_{At} – bei den einatomigen Metallen auch Atomvolumen genannt – ergibt sich aus der Atommassenzahl A durch Division mit der Dichte ρ. Damit wird die Anzahl n der Teilchen pro Volumeneinheit

$$n = \frac{N_L \rho}{A} = \frac{N_L}{V_{At}} \tag{3.1}$$

Beispiel 3.1: Teilchenzahl in 1 cm³ Kupfer

Für Kupfer gilt die Atommassenzahl $A = 63{,}54$ und die Dichte $\rho = 8{,}96\ \text{g/cm}^3$. Damit wird das molare Volumen

$$V_{At} = \frac{63{,}54\ \text{cm}^3}{8{,}96\ \text{g}} = 7{,}09\ \text{cm}^3/\text{mol}$$

Die Teilchenzahl wird

$$n = \frac{6{,}023 \cdot 10^{23}\ (\text{mol})^{-1}}{7{,}09\ \text{cm}^3\ (\text{mol})^{-1}} = 8{,}5 \cdot 10^{22}\ \text{cm}^{-3}$$

Kupfer weist also eine Atomanzahl von fast 10^{23} pro cm^3 auf. Nach der obigen Voraussetzung müssen dazu dann auch $10^{22} \ldots 10^{23}$ Elektronen im Kubikzentimeter gehören. Ganz allgemein können wir uns merken:

> Bei Metallen beträgt die *Teilchenkonzentration* ca. 10^{22} cm^{-3} und das *molare Volumen* (Atomvolumen) ca. 10 cm^3.

Einige einfache Kontrollrechnungen sollen diese Verallgemeinerung bestätigen.

● **Aufgabe 3.1 Teilchenkonzentration**
Zeigen Sie für Au, Al, Ge und Si, daß die Teilchenzahl bei 10^{22} cm^{-3} und das molare Volumen bei ca. 10 cm^3 liegen.

Der elektrische Stromfluß besteht jetzt im Transport der Ladungsträger, d.h. der Elektronen durch den Leiter. Zunächst verfügen die Teilchen durch ihre thermische Energie bereits über irgendwelche statistisch verteilte Geschwindigkeiten, mit denen sie aneinander und an die Grenzen des Leiters stoßen. Durch die Regellosigkeit dieser Bewegungen ist keine Geschwindigkeitsrichtung bevorzugt. Wir sagen, die *Driftgeschwindigkeit* der Elektronen im Metall ist gleich Null.

> *Driftgeschwindigkeit* ist eine der allgemeinen Teilchenbewegung überlagerte, in eine bestimmte Richtung weisende Geschwindigkeit.

Nach Anlegen eines elektrischen Feldes E wird die Driftgeschwindigkeit größer Null. Die sich ergebende Geschwindigkeit v_m muß, wegen der Statistik, eine mittlere Geschwindigkeit sein. Bei gleicher Feldstärke fällt sie umso größer aus, je höher die *Beweglichkeit* μ_n der Elektronen im Material ist.

> *Beweglichkeit* (μ) der Ladungsträger ist die Driftgeschwindigkeit pro Einheit der elektrischen Feldstärke (E meist in V/cm).

Betrachtet man ein Leiterstück von der Länge l und dem Querschnitt A (Bild 3.1), so wird der darin transportierte Strom I über die in der Zeit t transportierte Ladung Q zu

$$I = \frac{Q}{t} = n_n e_0 A \frac{l}{t} \tag{3.2}$$

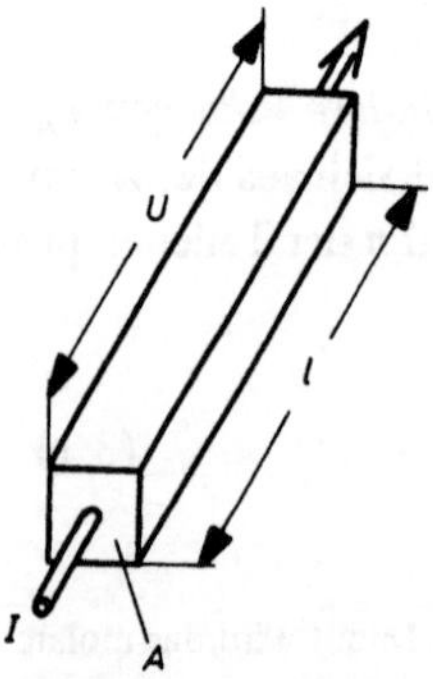

Bild 3.1 Strom durch einen Leiterabschnitt (Erläuterungen im Text)

Die Ladung Q ergibt sich aus der Ladungsträgerkonzentration n_n ($\approx 10^{22}$ cm^{-3})mal der Elementarladung e_0 (= $1{,}6 \cdot 10^{-19}$ As) und dem Volumen aus Fläche A mal Länge l des Leiters. Setzen wir $l/t = v_m$, d.h. gleich der mittleren Geschwindigkeit, so muß diese der Feldstärke über die Beweglichkeit μ_n proportional sein.

$$v_m = \mu_n E = \mu_n \frac{U}{l} \tag{3.3}$$

Hieraus folgt als Einheit für μ_n (Vs/cm²) gemäß

$$\mu_n = \frac{v_m \text{ (cm/s)}}{E \text{ (V/cm)}} \tag{3.4}$$

Nach Einführen von μ_n und E mit nachfolgender Division durch U ergibt jetzt die Gl. (3.2) den Leitwert G

$$G = n_n \mu_n e_0 \frac{A}{l} \tag{3.5}$$

Mit dem spezifischen Leitwert σ

$$\sigma = \frac{G l}{A} \tag{3.6}$$

folgt schließlich die spezifische Leitfähigkeit allgemein zu

$$\boxed{\sigma = n_n \mu_n e_0} \tag{3.7}$$

Andererseits läßt sich daraus auch wieder die Beweglichkeit bestimmen zu

$$\mu_n = \frac{\sigma}{n_n e_0} \tag{3.8}$$

Die Gleichung (3.7) ist für uns von fundamentaler Bedeutung!

Die spezifische Leitfähigkeit ist gleich dem Produkt aus Teilchenkonzentration, deren Beweglichkeit und der Elementarladung.

Sollen also die Leiteigenschaften eines Werkstoffes geändert werden, so ist auf die Anzahl und/oder die Beweglichkeit der Ladungsträger Einfluß zu nehmen. Dies kann durch Verunreinigungen (Legierungen) und Temperaturänderungen geschehen.
Die Anzahl der Zusammenstöße zwischen Atomen und Elektronen wirkt als „Reibungsbremse" dem Stromfluß entgegen. Da mit steigender Temperatur die thermische Bewegung der Teilchen zunimmt, wächst auch die Anzahl der Zusammenstöße, womit die Beweglichkeit und demzufolge auch die Leitfähigkeit der metallischen Leiter mit der Temperatur abnimmt. Auf die Anzahl der Ladungsträger hat die Temperatur dabei in den normalen Bereichen keinen Einfluß.
Die Beweglichkeit ist laut Definition Geschwindigkeit pro (Einheit der) Feldstärke. Welche Werte dabei erreicht werden, sei am Beispiel von Kupfer ermittelt.

Beispiel 3.2: Ladungsträgerbeweglichkeit
Die Konzentration der Ladungsträger für Kupfer war $n_n = 8{,}5 \cdot 10^{22}$ cm^{-3}. Mit $\sigma = 5{,}8 \cdot 10^5$ S/cm und $e_0 = 1{,}6 \cdot 10^{-19}$ As wird

$$\mu_n = \frac{\sigma}{n_n e_0} = \frac{5{,}8 \cdot 10^5 \text{ S/cm}}{1{,}6 \cdot 10^{-19} \text{ As} \cdot 8{,}5 \cdot 10^{22} \text{ cm}^{-3}} = 42{,}6 \, \frac{\text{cm}^2}{\text{Vs}}$$

Dies bedeutet, daß bei einem Spannungsabfall von 1 V an 1 cm Kupferdraht die Elektronen lediglich eine mittlere (Drift-)Geschwindigkeit von rund 43 cm/s erreichen!

● **Aufgabe 3.2: Driftgeschwindigkeit in einem Leiter**
Auf einer 100 m langen Zuleitung zu einem Verbraucher soll ein Spannungsabfall von 5 V zugelassen werden ($\mu_n = 43\ \text{cm}^2/\text{Vs}$, $\sigma = 5{,}8 \cdot 10^5\ \text{S/cm}$).
a) Wie groß ist die Driftgeschwindigkeit v_m der Elektronen?
b) Wie hoch ist die Stromdichte S im Leiter?

Achtung: Die Driftgeschwindigkeit der Elektronen darf selbstverständlich nicht mit der Ausbreitungsgeschwindigkeit elektrischer Erscheinungen auf Leitungen verwechselt werden, die praktisch mit der des Lichtes identisch ist.
Allerdings tritt die Frage auf, ob der Widerstand bei hohen Frequenzen nicht dadurch frequenzabhängig wird, daß die Elektronen während ihrer freien Bewegung zwischen den Atomen durch das elektrische Wechselfeld unterschiedliche Beschleunigung erfahren. Um diesen Effekt abzuschätzen, ist die Laufzeit τ für die mittlere freie Fluglänge l_m zu bestimmen. Mit der Driftgeschwindigkeit v_m gilt

$$\tau = \frac{l_m}{v_m} \tag{3.9}$$

Die Feldstärke E wirkt auf die Elektronen mit der Kraft $E e_0$. Über die Elektronenmasse m_e folgt daraus eine Beschleunigung von $E \cdot e_0/m_e$, woraus eine mittlere Geschwindigkeit mit

$$v_m = \frac{e_0\, \tau E}{2\, m_e} \tag{3.10}$$

resultiert. Mit Gl. (3.3) ergibt sich daraus

$$\mu_n = \frac{e_0}{2 m_e} \cdot \tau \tag{3.11}$$

bzw.

$$\tau = \frac{2 m_e\, \mu_n}{e_0} \tag{3.12}$$

Die Antwort auf die gestellte Frage nach ausreichend kurzer Laufzeit muß ein Rechenbeispiel liefern.

▶ **Beispiel 3.3: Elektronenlaufzeit**
Als Naturkonstante ergibt sich der Zahlenwert von $e_0/2 m_e = 8{,}8 \cdot 10^{14}\ \text{cm}^2/\text{Vs}^2$ (s. auch Larmorfrequenz, gyromagnetisches Verhältnis). Für μ_n setzen wir den Tabellenwert von $43\ \text{cm}^2/\text{Vs}$ ein. Damit wird

$$\tau = \frac{43\ \text{cm}^2/\text{Vs}}{8{,}8 \cdot 10^{14}\ \text{cm/Vs}^2} \approx 5 \cdot 10^{-14}\ \text{s}$$

Nehmen wir an, daß τ der Halbperiode einer Schwingung entsprechen darf – denn danach kehrt sich die Polarität der Feldstärke um –, so wird die zugehörige Frequenz

$$f = \frac{1}{2\tau} = 10^{13}\ \text{Hz} = 10\ \text{THz}$$

Licht hat vergleichsweise Frequenzen um 500 THz!

Wie das Beispiel 3.3 zeigt, spielt also die Laufzeit der Elektronen bei den in elektrischen Leitern genutzten Frequenzen keine Rolle. Die in der Hochfrequenz wichtige Stromverdrängung (Skineffekt) soll hier nicht behandelt werden, sie bewirkt aber bereits bei sehr viel niedrigeren Frequenzen einen Widerstandsanstieg (s. auch 5.4.1 Verluste und Bild 5.13).

In der Tabelle 3.1 sind einmal für 3 Leiterwerkstoffe und 3 Halbleitermaterialien die Leitfähigkeiten mit den zugehörigen Ladungsträgerkonzentrationen und Beweglichkeiten zusammengestellt. Vergleichen wir die Leiter miteinander, so ist sofort der geringe Unterschied der Werte untereinander auffällig. Die Leitfähigkeit unterscheidet sich in etwa um den Faktor 2 (über alle Metalle gesehen etwa um 10). Die Ladungsträgerkonzentrationen sind – wie erwartet – in den Exponenten gleich, während sich die Faktoren hierzu und auch die Beweglichkeiten nur wenig voneinander unterscheiden.

Ganz anders ist das Bild bei den Halbleitermaterialien (s. auch 7 Halbleiter). Die Leitfähigkeiten, Ladungsträgerkonzentrationen und Beweglichkeiten (hier nur für n = negativ, d.h. Elektronen angegeben) unterscheiden sich um Zehnerpotenzen. Besonders ausgefallen ist Indium-Antimonid (InSb) mit seiner sehr großen Ladungsträgerbeweglichkeit von 78000 cm^2/Vs!

Verunreinigungen (Legierungen) setzen durchweg die Leitfähigkeit der Metalle herab. Ähnlich verhält es sich bei der Kaltverformung der Leitermaterialien. Die damit verbundene starke Deformation der Gitterstruktur hat häufig eine Erhöhung des spezifischen Widerstandes zur Folge. Dies ist, genau wie die bei der Kaltverformung auftretende Härtesteigerung, in der Elektrotechnik meist unerwünscht.

Tabelle 3.1 Spezifische Leitfähigkeit σ, Elektronenkonzentration n_n und Elektronenbeweglichkeit μ_n einiger Werkstoffe bei Raumtemperatur.

Material	$\frac{\sigma}{S/cm}$	$\frac{n_n}{cm^{-3}}$	$\frac{\mu_n}{cm^2/Vs}$
Cu	$58 \cdot 10^4$	$8{,}45 \cdot 10^{22}$	43
Al	$34{,}5 \cdot 10^4$	$6{,}0 \cdot 10^{22}$	36
Ag	$61{,}4 \cdot 10^4$	$5{,}87 \cdot 10^{22}$	65
Ge	$2{,}3 \cdot 10^{-2}$	$2{,}4 \cdot 10^{13}$	3600
Si	$4{,}35 \cdot 10^{-6}$	$1{,}5 \cdot 10^{10}$	1400
InSb	$3{,}5 \cdot 10^{2}$	$2{,}8 \cdot 10^{16}$	78000

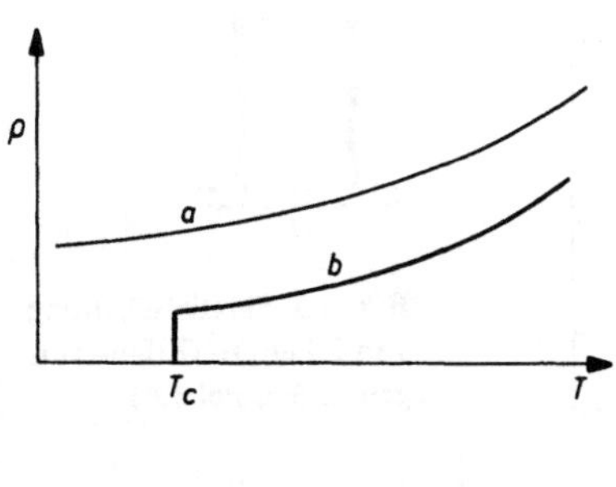

Bild 3.2
Spezifischer Widerstand bei tiefen Temperaturen (schematisch)
a) Normalleiter: der spezifische Widerstand strebt gegen einen Grenzwert
b) Supraleiter: der spezifische Widerstand verschwindet bei der Sprungtemperatur T_c

3.2 Supraleitung

Eine große Zahl von Metallen und Legierungen zeigt bei sehr tiefen Temperaturen kein allmähliches Absinken des elektrischen Widerstandes mit schwindender Temperatur, sondern verliert den Widerstand schlagartig in der Nähe des absoluten Nullpunktes. Der Effekt heißt *Supraleitung*, und er tritt bei der sog. *Sprungtemperatur* T_c (Bild 3.2) ein.

> *Supraleitung* bedeutet das Verschwinden des elektrischen Widerstandes von Leitern bei sehr tiefen Temperaturen.

Entdeckt wurden diese Zusammenhänge 1911 von dem Niederländer *Kamerlingh Onnes*. Der Widerstand sinkt dabei auf Werte von weniger als $10^{-21}\ \Omega \cdot \text{cm}$ ab. Vieles spricht sogar dafür, daß er exakt gegen Null geht. Für einen in einem Supraleiter aus $Nb_{0,75}Zr_{0,25}$ einmalig induzierten Strom wurde – nach 2 Jahren Betrieb – eine Abklingzeit von 100000 Jahren (!) errechnet.

In der Tabelle 3.2 sind einmal die Leitfähigkeiten von Isolatoren, Normal- und Supraleitern gegenübergestellt. Dabei zeigt es sich, daß der Sprung Isolator–Leiter ähnlich groß ist wie der Sprung Leiter–Supraleiter.

Die Bedeutung dieser Aussage möge eine Rechnung unterstreichen.

▶ **Beispiel 3.4: Widerstand bei Supraleitung**

Die Klemmen einer beliebig belastbaren Spannungsquelle (Bild 3.3) sollen bei a und b mit zwei mechanisch gleichen Leitungen verbunden werden. Diese Leitungen sollen bestehen

1. Normaltemperatur
   a Isolator mit $\sigma_I = 10^{-12}$ S/cm
   b Kupfer mit $\sigma_{Cu} = 10^5$ S/cm
2. Supraleitungstemperatur
   a Kupfer mit $\sigma_{Cu} = 10^9$ S/cm
   b Supraleiter mit $\sigma_{SL} = 10^{25}$ S/cm

Wie verhalten sich in den beiden Fällen die Stromdichten in b zu denen in a? Da die Spannung U konstant bleibt und die Längen der Leiter gleich sind, gilt für die Stromdichten S

$$\frac{S_b}{S_a} = \frac{\sigma_b}{\sigma_a} \qquad 1.\ \frac{S_{Cu}}{S_I} = 10^{17} \quad \text{bzw.} \quad 2.\ \frac{S_{SL}}{S_{Cu}} = 10^{14}$$

Deuten wir diese Zahlen technisch, so besagen sie folgendes:

1. Durch den Kupferleiter in b wurde der Isolator in a kurzgeschlossen. Der Stromtransport erfolgte nur noch über b.

Tabelle 3.2 Vergleich von Leitfähigkeiten

Material	$\frac{\rho}{\Omega \cdot \text{cm}}$	$\frac{\sigma}{\text{S/cm}}$
Isolator	$10^{16} \ldots 10^{18}$	$10^{-18} \ldots 10^{-16}$
Leiter (Cu) ≈ 20 °C ≈ 0 K	10^{-5} 10^{-9}	10^{5} 10^{9}
Supraleiter	$<10^{-21}$	$>10^{21}$

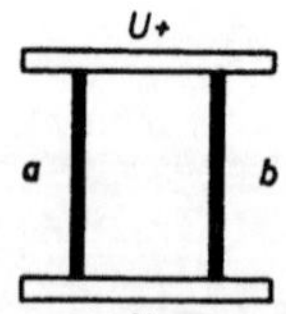

Bild 3.3 Parallelschaltung von 2 Leitern (Erläuterungen in Beispiel 3.4)

2. Da die Zahlenverhältnisse denen von 1. ähneln, wird jetzt der Kupferleiter vom Supraleiter kurzgeschlossen (!). Kupfer kommt in der Relation zum Supraleiter einem Isolator gleich!

Die Höhe der Sprungtemperatur ist zunächst vom Werkstoff abhängig und liegt für reine Metalle durchweg niedriger als 10 K, während Legierungen inzwischen bereits die 20-K-Grenze überschritten haben (Tabelle 3.3). Damit gelangen sie bereits in den Bereich der Kühlung mit flüssigem Wasserstoff (19,4 K) statt flüssigem Helium (4,2 K).

Die Sprungtemperatur ist allerdings durch Magnetfelder stark beeinflußbar (Bild 3.4). Bei der Sprungtemperatur T_c genügen bereits geringe magnetische Felder, um wieder einen normalleitenden Zustand herzustellen. Mit sinkender Temperatur wird das zulässige Feld stärker, um gegen den absoluten Nullpunkt einem Grenzwert H_0 zuzustreben.

Magnetische Felder heben die Supraleitung auf.

Für den Zusammenhang zwischen der zulässigen Feldstärke H_c und der jeweiligen Temperatur gilt näherungsweise

$$\frac{H_c}{H_0} \approx 1 - \left(\frac{T}{T_c}\right)^2 \tag{3.13}$$

Das magnetische Feld braucht nicht aus einer Fremdeinwirkung zu stammen, sondern kann auch aus einem den Leiter durchfließenden Strom herrühren. Dies hat zur Folge, daß der Übertragungseigenschaft für elektrische Energie bei Supraleitern durch den fließenden Strom selbst eine Grenze gesetzt wird. Die dabei zulässigen *kritischen magnetischen Feldstärken* H_c bzw. *kritischen Stromdichten* S_c teilen die Supraleiter in zwei große Gruppen auf. Einmal in die gegen eine Auslöschung der extrem hohen Leitfähigkeit weitgehend immunen *harten Supraleiter* oder *Supraleiter 2. Art* und zum anderen in die empfindlicheren *weichen Supraleiter* oder *Supraleiter 1. Art*. Die letzteren vertragen Magnetfelder bis zu 100 kA/m, während die harten Supraleiter noch bei Magnetfeldern bis zu etwa 10 MA/m supraleitend sind. So ist z.B. für Nb_3Sn die kritische Feldstärke H_c = 16 MA/m. Anschaulicher als die Feldstärken sind die kritischen Stromdichten. Sie liegen bei $10^5 \ldots 10^6$ A/cm^2! Vergleichsweise sind für Kupferdrähte normalerweise Werte von $10^2 \ldots 10^3$ A/cm^2 zulässig.

Weiche Supraleiter (Supraleiter 1. Art) werden durch „schwache" magnetische Felder wieder normalleitend, *harte Supraleiter* (Supraleiter 2. Art) erst durch sehr starke magnetische Felder.

Tabelle 3.3 Sprungtemperaturen einiger Metalle und Legierungen

Material	Ga	Al	Sn	Pb	Nb	NbTi	Nb_3Sn	Nb_3Ga	Nb-Al-Ge
$\frac{T_c}{K}$	1,1	1,1	3,7	7,3	9,2	10	18	20,3	21

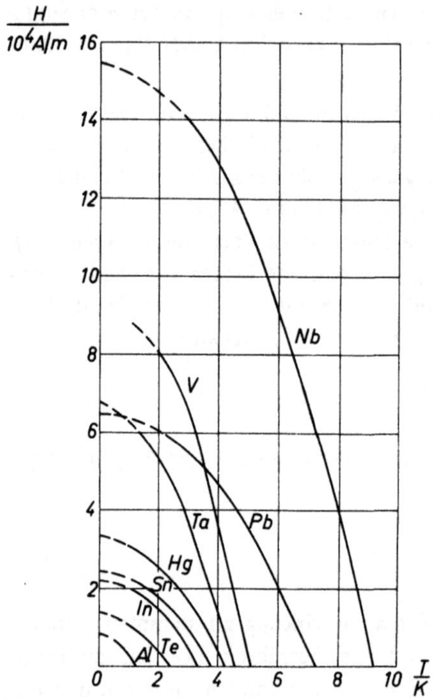

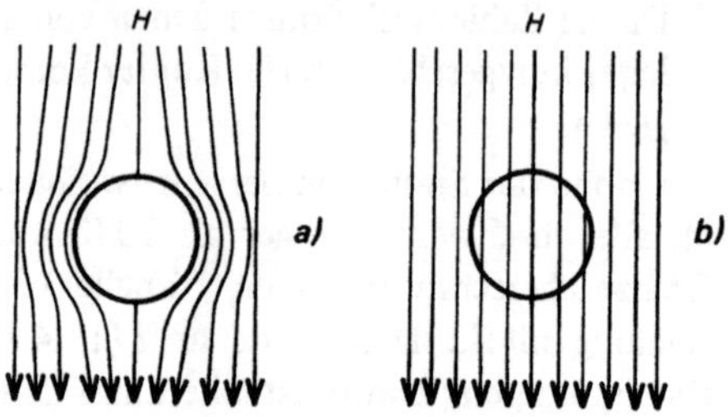

Bild 3.5 Supraleiter im Magnetfeld
a) $T < T_C$, d. h. Supraleitung, das Leiterinnere ist magnetfeldfrei, $\mu_r = 0$
b) $T > T_C$, d. h. Normalleitung, das Leiterinnere ist vom gleichen Magnetfeld wie die Umgebung durchsetzt, $\mu_r \approx 1$

Bild 3.4
Sprungtemperaturen einiger Metalle in Abhängigkeit von der umgebenden magnetischen Feldstärke

Zu beachten ist, daß die Grenzen durch verschiedene Effekte bedingt sind. Im Normalleiter bestimmt die Erwärmung den zulässigen Strom. Im Supraleiter gibt es vom Stromfluß her keine Erwärmung (!), lediglich das eigene Magnetfeld des Stromes begrenzt den zulässigen Energietransport.
Von besonderer Bedeutung ist auch noch die Tatsache, daß ein Supraleiter ideal diamagnetisch ist ($\mu_r = 0$), d.h. einen magnetischen Isolator darstellt. Erreicht wird dieser Zustand durch Oberflächenströme im Supraleiter, die ein Kompensationsfeld aufbauen und damit das Leiterinnere feldfrei halten (Bild 3.5). Da diese Abschirmung nicht unbegrenzt möglich ist, muß sie früher oder später zusammenbrechen, wodurch das Leiterinnere felderfüllt wird, was wiederum einen normalleitenden Zustand bedingt. Die Aufhebung des magnetischen Schirmes erfolgt unterschiedlich für weiche oder harte Supraleiter.

3.2.1 BCS-Theorie

Zunächst jedoch noch eine Erläuterung zur heutigen theoretischen Deutung der Supraleitung. Im normalen Leiter bewegen sich die Elektronen unter dem Einfluß eines elektrischen Feldes unabhängig voneinander (Elektronengas) und werden dabei an den um ihre Ruhelage oszillierenden Atomen (Rümpfen) gestreut. Der Energieumsatz erwärmt dabei den Leiter (Bild 3.6a).
Die von *J. Bardeen*, *L. N. Cooper* und *J. R. Schrieffer* 1957 aufgestellte und nach ihren drei Begründern benannte BCS-Theorie folgert aus experimentellen Untersuchungen, daß

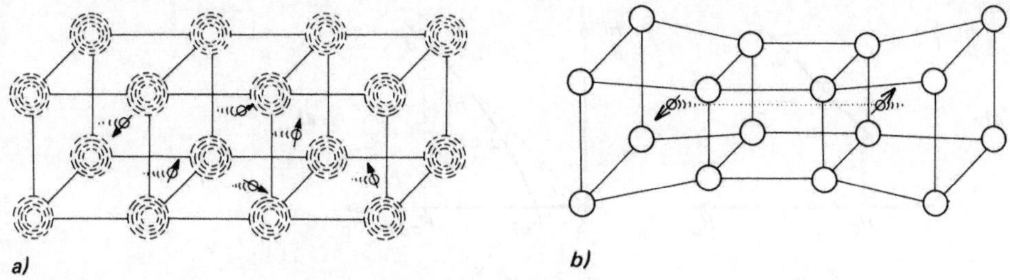

Bild 3.6 Supraleitung nach der BCS-Theorie (schematisch)
a) Normalleitung: Elektronengas im wärmebewegten Atomgitter
b) Supraleitung: Cooper-Paare im durch Wechselwirkung deformierten Atomgitter

die Supraleitung ein Effekt ist, an dem neben den Elektronenhüllen auch das Atomgitter beteiligt ist.

Ein Elektron erzeugt in seiner Umgebung eine – geringe – Gitterverzerrung (Bild 3.6b), die ihrerseits wieder auf andere Elektronen anziehend (!) wirkt. Neben der Coulombschen Abstoßung zwischen den Elektronen besteht also – mittelbar – über das Gitter eine schwache Anziehung zwischen den Elektronen. Wegen der Bewegung der Elektronen treten die Gitterverzerrungen in Form von Gitterschwingungen (Phononen) auf. Da die anziehenden Kräfte sehr gering sind, kommen sie erst bei sehr tiefen Temperaturen zur Geltung, wenn nämlich die thermische Energie genügend klein ist. Es bilden sich dann aus je zwei Elektronen mit entgegengesetztem Spin sog. *Cooper-Paare* mit dem resultierenden Spin Null und Abständen bis zu einigen tausend Atomdurchmessern.

Cooper-Paare sind paarweise spinkompensierte Elektronen, die nicht mehr dem Pauli-Prinzip gehorchen.

Teilchen mit dem Spin Null gehorchen aber nicht dem Pauli-Prinzip. Sie können alle denselben Quantenzustand besetzen. Dieser sog. kondensierte Zustand der Elektronen in einem Supraleiter hat eine kleinere Energie als der der ungepaarten Elektronen. Reicht die Wechselwirkung mit dem Atomgitter für die Paartrennung nicht aus, so können sich die Cooper-Paare ungestört durch das Atomgitter des Metalls bewegen.

Diese Cooper-Paare sind es, die einerseits mit ihrer Beweglichkeit ($\mu_n \to \infty$) die hohe Leitfähigkeit bewirken und andererseits durch Ringströme an der Leitoberfläche die Kompensationsfelder für das Leiterinnere aufbauen. Daraus folgt zwangsläufig, daß das äußere Feld in diesen „Kompensationsraum" des Leiters eindringen muß, d.h. eine gewisse Oberflächenschicht ist felderfüllt. Diese Schichtdicke hat *H. London* bereits 1934 zu etwa 0,1 μm errechnet.

Das Verhalten der beiden Supraleiterarten sei anhand der Bilder 3.7 und 3.8 erläutert. Für geringe Feldstärken ist das Leiterinnere bei beiden Supraleiterarten zunächst feldfrei (Bild 3.7b und Bild 3.8b bzw. Bereiche b in Bild 3.7a und Bild 3.8a). Für Supraleiter

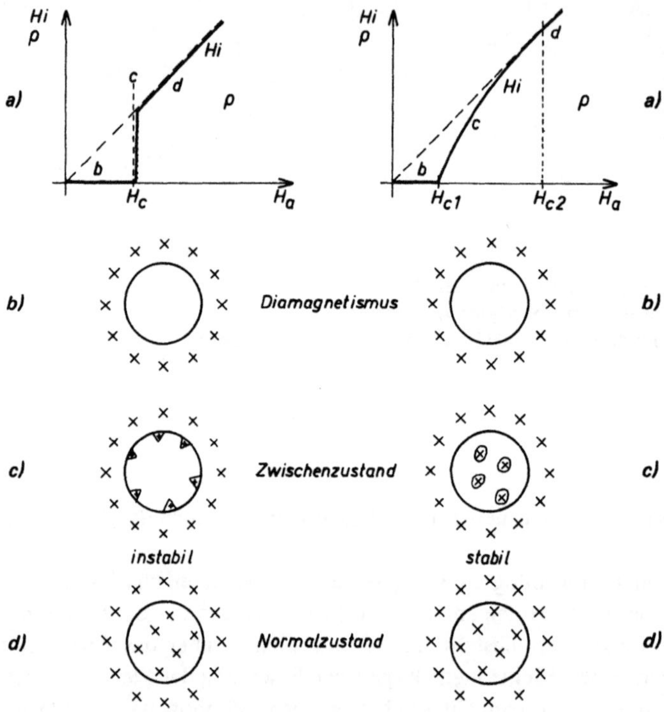

Bild 3.7 Supraleiter 1. Art **Bild 3.8** Supraleiter 2. Art

a) Feld- und Widerstandsverlauf, H_a Außenfeld, H_i Innenfeld, ρ spezifischer Widerstand, H_c kritische Feldstärke

b) nur Außenfeld, $H_i = 0$, Diamagnetismus, $\mu_r = 0$

c) das Außenfeld dringt in den Supraleiter ein

Eindringen nur in der Randzone, instabiler Zwischenzustand. Eindringen von abgeschirmten normalleitenden Flußbereichen in das Leiterinnere, stabiler Zwischenzustand.

d) normalleitender Zustand, Außen- und Innenfeld sind gleich, $\mu_r \approx 1$
xxxx von magnetischen Feldlinien erfüllter Raum

1. Art dringen bereits bei relativ niedrigen Feldstärken Feldlinien im Bereich der Oberfläche in das Leiterinnere vor. Damit wird das Kompensationsfeld der Cooper-Paar-Ströme gestört (Bild 3.7c), und der instabile Zwischenzustand kippt schlagartig um, wonach der ganze Innenraum (Bild 3.7d) felderfüllt ist und Normalleitung herrscht. Für Supraleiter 2. Art (harte Supraleiter) dringen – nach zunächst gleichem Verhalten im Bereich b – ab einer gewissen Feldstärke H_{c1} winzige – quantisierte – Flußlinien, sog. *Flußschläuche*, in die Probe ein. Diese Flußlinien bestehen aus einem normalleitenden „Kern“, der von Cooper-Paaren umkreist wird. Mit wachsender Flußdichte vermehrt sich die Anzahl dieser Linien. Das restliche Material bleibt aber supraleitend. Der Zwischenzustand ist als *Mischzustand* stabil. Normal- und Supraleitung bestehen nebeneinander!

Bild 3.9 zeigt einen solchen magneto-optisch beobachteten Zwischenzustand an einer Bleischicht. Mit wachsender Feldstärke wird der Bereich der Normalleitung immer größer, bis bei H_{c2} (Bild 3.8d) der gesamte Innenraum des Leiters felderfüllt ist und die letzten supraleitenden Bereiche verschwunden sind. Der spezifische Widerstand springt dann wiederum schlagartig auf einen Wert der Normalleitung.

> Harte Supraleiter weisen im Betrieb normal- und supraleitende Bereiche nebeneinander auf.

Bei den Supraleitern 2. Art ist das magnetische Verhalten durch den Mischzustand geprägt. Die hohen kritischen Feldstärken im Bereich bis zu 10 MA/m werden bei H_{c2} erreicht.

3.2.2 Stabilisierung

Für die praktische Anwendung von Supraleitern sind aber noch weitere Probleme zu überwinden. Durch einen Transportstrom in einem Supraleiter 2. Art entstehen Kräfte auf die im Innern des Leiters existierenden Flußschläuche, die zu instabilen Betriebszuständen durch Lageänderungen der Flußschläuche und die in ihnen gebildete Wärme führen. Andererseits gibt es jedoch eine Anzahl von Supraleitern, bei denen die Bewegung der Flußschläuche durch Inhomogenitäten im Gitter des Supraleiters (Versetzungen usw.), sog. „*Pinning-Zentren*", wieder stabilisiert wird. Durch mechanische Nachbehandlung – Kaltverformung u. dgl. – kann man die Anzahl der Pinning-Zentren erhöhen und damit eine ausreichend hohe Transportstromdichte sicherstellen. Derartige Systeme führen auch die Bezeichnung Supraleiter 3. Art oder *Hochfeldsupraleiter*.

> *Supraleiter 3. Art* sind durch eine Zusatzbehandlung für hohe Ströme stabilisierte Supraleiter 2. Art.

Die Fixierung der Flußlinien – das Pinning – hat aber noch weitere Folgen. Wirkt nämlich ein Wechselfeld auf den Supraleiter ein, so müssen notwendigerweise beim Ummagnetisieren die Pinningkräfte überwunden werden, was sich in Hystereseschleifen äußert. Das

Bild 3.9 Zwischenzustand bei Blei
Zwischenzustand aufgenommen an polykristallinem Blei bei absinkendem Magnetfeld.
Helle Bereiche: Normalleitung, dunkle Bereiche: Supraleitung.
(Werkfoto: Siemens AG)

bedeutet einerseits Wechselstromverluste im Supraleiter, obwohl ein Gleichstrom verlustfrei fließt, andererseits werden damit auch supraleitende Dauermagnete möglich.
Wegen des geringfügigen Eindringens der Felder in die Oberfläche der Supraleiter zeigt die Theorie und auch die Praxis, daß sehr dünne Supraleiter höhere kritische Feldstärken aufweisen als dickere Ausführungen. Dies führt dazu, daß technische Hochfeldsupraleiter durchweg als sog. *Filament-Supraleiter* aufgebaut werden. Bild 3.10 zeigt eine derartige Anordnung im Schliffbild. Das Zwischenmaterial, Substrat oder nach der Verarbeitungsart Matrix genannt, ist im Regelfall Kupfer und erfüllt als guter elektrischer und thermischer Leiter eine weitere wichtige Stabilisierungsaufgabe. Trotz Pinning können durch äußere Einflüsse, z.B. Magnetfelder oder u.U. sogar nur Erschütterungen, ganze Flußbündel von ihren „Verankerungen" losgerissen werden und sprunghaft durch das Material wandern. Derartige Flußsprünge setzen Energie in Form von Wärme frei, die einen dünnen Supraleiter kurzzeitig normalleitend werden lassen kann. Der jetzt plötzlich „hochohmige" Supraleiter vermag dann u.U. das ganze System soweit aufzuheizen, daß es zum Schmelzen kommt. Das Problem läuft also auf die Beherrschung thermischer Vorgänge

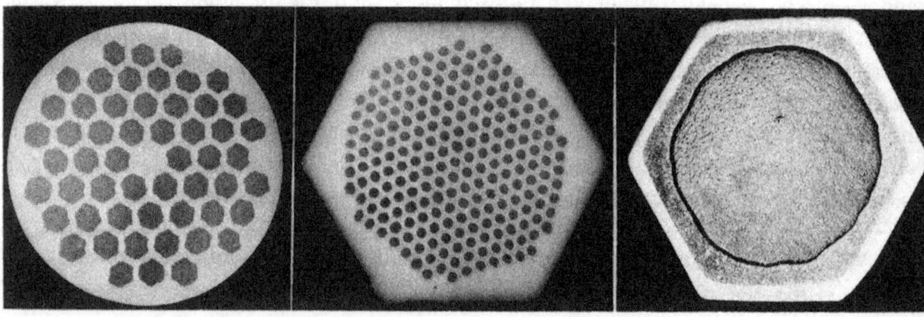

a) b) c)

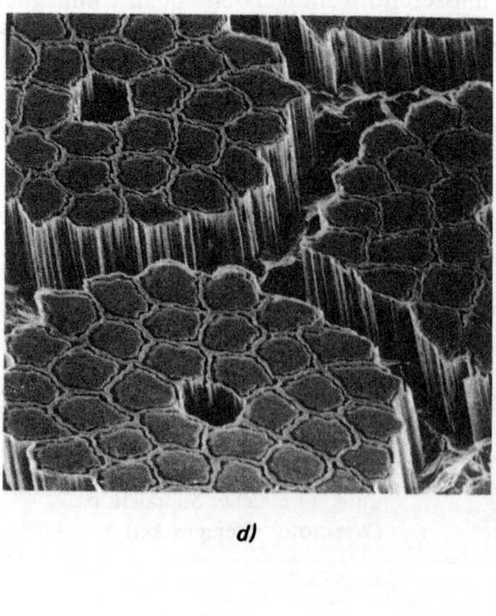

d)

Bild 3.10
Querschliffe von Filamentsupraleitern der VACUUM-SCHMELZE GMBH (Werkfotos)

a) Filamentsupraleiter F 54 × 211 mit 54 × 211 = 11 394 NbTi Filamenten in Cu-CuNi, Gesamtquerschnitt vor der Verarbeitung (≈ 0,6 × natürliche Größe). Abmessungen im Endzustand: 5,6 × 2,5 mm².
b) Einzelbündel von a) mit 211 Filamenten.
c) Einzeldraht (Filament) von b). Durchmesser des NbTi Kernes im Endzustand 20 μm.
d) Rasterelektronenmikroskop-Aufnahme eines tiefengeätzten Querschliffes von NbTi Filamenten in einer Cu-CuNi Matrix. Bündel mit 36 Filamenten aus einer Anordnung 85 × 36. Durchmesser der NbTi Kerne ca. 15 μm.

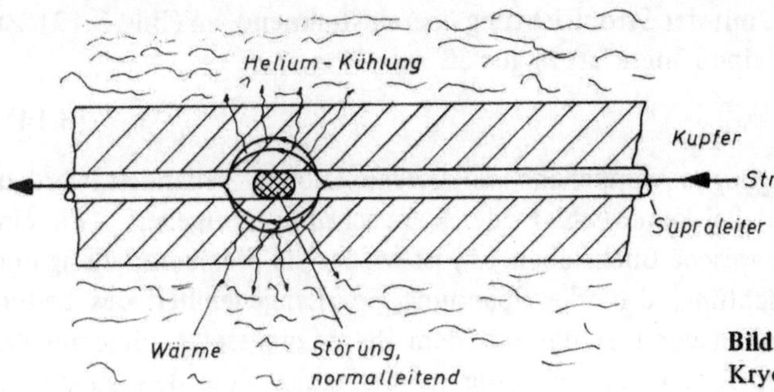

Bild 3.11
Kryostatische Stabilisierung (Prinzip)

hinaus. Man kann dabei „heilend" operieren, d.h. eine eingetretene Erwärmung wieder rückgängig machen, was als kryostatische Stabilisierung bezeichnet wird, oder „vorbeugend" wirken, indem man adiabatisch oder dynamisch stabilisiert.

Die *kryostatische Stabilisierung* (Bild 3.11) umgibt den dünnen Supraleiter mit soviel gut wärmeleitendem Kupfer (Substrat), daß einerseits das Kupfer den Strom in der Umgebung einer normalleitenden gestörten Stelle des Supraleiters aufnehmen kann, andererseits aber die schnelle Wärmeabfuhr für eine Widerherstellung des supraleitenden Zustandes sorgt. Die genaue Theorie ermöglicht es, den notwendigen Kupferquerschnitt zu ermitteln, um zu einem sog. *vollstabilen (Supra-)Leiter* zu gelangen.

Bei der *adiabatischen Stabilisierung* wird die durch die Ortsverlagerung bei den Flußsprüngen auftretende Wärmemenge so klein gehalten, daß sie durch die Wärmekapazität des Supraleiters aufgefangen werden kann. Auch diese Bedingung führt wieder zu sehr dünnen Drähten ($\approx 5\,\mu m$), die dann vom Prinzip her ohne Kupferumhüllung auskämen.

Die *dynamische Stabilisierung* nutzt die Dämpfungswirkung guter, verlustbehafteter Leiter (Cu) auf schnelle magnetische Vorgänge aus. Die raschen Bewegungen der Flußschläuche können dadurch soweit gedämpft werden, daß die Wärmeabfuhr an das kühlende Medium (z.B. Helium) mit der Wärmeerzeugung Schritt halten kann. In den beiden letzten Fällen liegt nur eine Teilstabilisierung vor.

In der Praxis wirken selbstverständlich alle Stabilisierungen zusammen, und es kommt im Endeffekt zu den heute üblichen, bereits im Bild 3.10 dargestellten Filament-Leitern. Wird nun ein derartiges System durch ein quer zur Drahtachse verlaufendes, sich änderndes Magnetfeld beaufschlagt, so treten Wirbelströme auf, die durch den widerstandslosen Supraleiter über lange Zeit fließen können und die feinen Adern (zusätzlich) asymmetrisch belasten. Durch einen technischen Kunstgriff setzt man die resultierende Zeitkonstante herab. Dazu werden die einzelnen Fäden getwistet und noch weiter bündelweise verdrallt.

3.3 Halleffekt

Die Leitfähigkeit hatten wir als an Ladungsträgeranzahl (n_n) und Ladungsträgerbeweglichkeit (μ_n) gebunden erkannt. Wirkt im Leiter eine Feldstärke, so führt sie bekanntlich zu einer Driftgeschwindigkeit v_m. Für den Stromtransport nehmen wir diese Geschwindigkeit als in Längsrichtung, d.h. mit der Stromrichtung übereinstimmend, an (Bild 3.12). Zu dieser Bewegung gehört dann eine Längskraft F_l gemäß

$$F_l = e_0 E_l \tag{3.14}$$

(Obgleich bei diesen Überlegungen weitgehend vektorielle Größen behandelt werden, benutzen wir – sofern sich dabei keine Fehler oder Verwechslungen ergeben – die einfache Beschreibung durch lateinische Buchstaben.) e_0 ist wieder die Elementarladung und E_l die Feldstärke in Längsrichtung, d.h. die Spannung pro Längeneinheit des Leiters U_l/l. Die Elementarladung haben wir hier nur mit dem Betrag eingesetzt, ohne auf das Vorzeichen zu achten. Dies entspricht für die weiteren Überlegungen der Bewegung positiver Ladungen. Die Ergebnisse stimmen dann mit den üblichen Definitionen der Stromflußrichtung usw. überein. Geraten die bewegten Ladungsträger unter den Einfluß eines Magnetfeldes B, so verursacht die Lorentzkraft F_q eine Querauslenkung, die, jetzt unter Berücksichtigung des vektoriellen Charakters der Komponenten, lautet:

$$\vec{F}_q = e_0 (\vec{v}_m \times \vec{B}) \tag{3.15}$$

Im für uns wichtigen Fall eines senkrecht auf die Bewegungsrichtung einwirkenden Magnetfeldes können wir dafür vereinfachend schreiben

$$F_q = e_0 v_m B \tag{3.15a}$$

Wie aus Bild 3.12 ersichtlich, bewirkt diese Kraft eine Anreicherung von Ladungsträgern an der hinteren Kante und eine Verarmung an der Vorderseite. Es entsteht eine Potentialdifferenz in Form der sog. *Hallspannung* U_H. Die daraus resultierende (Quer-)Feldstärke E_H

$$E_H = \frac{U_H}{b} \tag{3.16}$$

wirkt der Lorentzkraft bis zum Gleichgewichtszustand entgegen. Womit dann gilt

$$e_0 v_m B = F_q = e_0 E_H \tag{3.17}$$

Daraus folgt

$$U_H = v_m b B \tag{3.18}$$

Mit der Stromdichte $S = \sigma E$, d.h. Leitfähigkeit mal (Längs-)Feldstärke und andererseits $S = I/b\,d$ wird

$$U_H = \frac{B I \mu_n}{d \sigma} = R_H \frac{B}{d} I \tag{3.19}$$

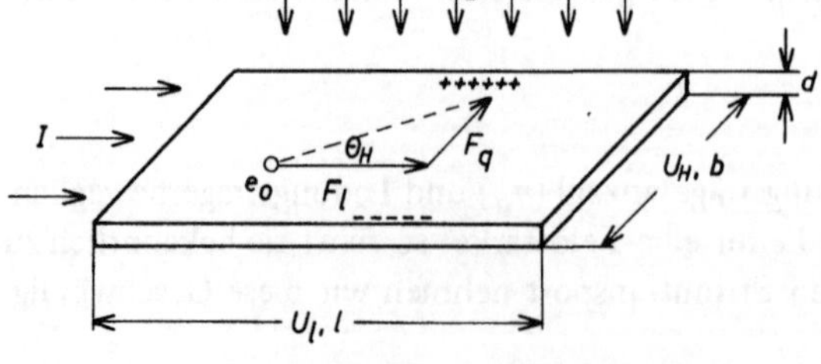

Bild 3.12 Halleffekt (Prinzip) Stromdurchflossener Leiter im Magnetfeld, I Strom, B Magnetfeld, F_l, F_q Längs- bzw. Querkraft, U_l, U_H Längs- bzw. Hallspannung, θ_H Hallwinkel

I Strom im Leiter, *b* Breite und *d* Dicke des Leiters. $b \cdot d$ ist dann die Querschnittsfläche (A) des Leiters.

$$R_H = \frac{\mu_n}{\sigma} = \frac{1}{e_0\, n_n} \tag{3.20}$$

ist die sog. *Hallkonstante*. (In dieser einfachen Form ist sie korrekt beschrieben, solange nur eine Art von Ladungsträgern vorhanden ist.)

Die *Hallkonstante* ist der Ladungsträgerbeweglichkeit direkt und der spezifischen Leitfähigkeit umgekehrt proportional.

Wir erkennen, daß R_H positiv oder negativ sein kann, je nachdem, welches Vorzeichen e_0 aufweist. Für Elektronenleitung, wie sie bei Metallen vorliegt, ist R_H demnach negativ. Über die Messung von R_H läßt sich jetzt einerseits n_n bestimmen und bei bekannter Leitfähigkeit auch die Beweglichkeit μ_n. Mit den n_n-Werten aus Tabelle 3.1, die in eine neue Tabelle 3.4 übernommen wurden, können wir jetzt einige Hallkonstanten berechnen.

Tabelle 3.4 Hallkonstanten

	$\frac{n_n}{10^{22}\ cm^{-3}}$	$\frac{R_{Ho}}{10^{-5}\ cm^3/As}$	$\frac{R_H}{10^{-5}\ cm^3/As}$	$\frac{n'_n}{10^{22}\ cm^{-3}}$
Cu	8,5		−5,5	
Al	6,0		−3,6	
Ag	5,9		−9,0	

n_n Teilchenkonzentration nach Tabelle 3.1
R_{Ho} errechnete Hallkonstanten gemäß Aufgabe 3.4a
R_H gemessene Hallkonstanten
n'_n errechnete Teilchenkonzentrationen gemäß Aufgabe 3.4b

● **Aufgabe 3.3: Hallkonstanten**

a) Bestimmen Sie mit den in Tabelle 3.4 angegebenen Teilchenkonzentrationen n_n die – theoretischen – Hallkonstanten R_{H_0} für Cu, Al und Ag.

b) Welche Teilchenkonzentrationen n'_n ergeben sich mit den gemessenen Hallkonstanten aus Tabelle 3.4?
Tragen Sie die gefundenen Werte in die Tabelle 3.4 ein.

Vergleicht man die theoretischen und gemessenen Werte, so stimmen sie in den betrachteten Fällen ausreichend überein. Um eine große Hallkonstante zu erzielen, muß der Werkstoff entweder eine geringe Ladungsträgerkonzentration aufweisen oder eine hohe Ladungsträgerbeweglichkeit bei geringer Leitfähigkeit zeigen. Für die Praxis ist die zweite Aussage sinnvoller, denn die, wegen n_n gegen Null gehende, große Hallkonstante eines Isolators hat keinen realen Wert.

Wie die Gl. (3.19) zeigt, kann der Halleffekt durch Messen der Hallspannung zur leichten Untersuchung magnetischer Felder angewandt werden. Obwohl bereits im Jahre 1879 durch den Physiker *Edwin Herbert Hall* entdeckt, konnte eine wirkliche Nutzung des

Effektes erst mit geeigneten Werkstoffen, nämlich den Halbleitern, erreicht werden. Wegen der höheren Ladungsträgerbeweglichkeit werden häufig Verbindungshalbleiter, z.B. InSb, gegenüber den einfachen Halbleitern Ge und Si bevorzugt. Wie ein einfaches Zahlenbeispiel zeigt, ist nämlich die unter üblichen Betriebsbedingungen an gewöhnlichen Leitern auftretende Hallspannung verschwindend klein.

▶ **Beispiel 3.5: Hallspannung**

Da eine große Hallspannung u.a. einen möglichst dünnen Leiter erfordert, ermitteln wir diese Spannung einmal für eine 35 μm Cu-Folie, wie sie in Gedruckten Schaltungen anzutreffen ist. Die Leiterbahn möge einen Strom von 1 A führen und senkrecht von einem Magnetfeld der Stärke 1 T durchsetzt werden. R_H sei – nach der Tabelle 3.4 – $5{,}5 \cdot 10^{-5}\ \mathrm{cm^3/As}$.

$$U_H = R_H \frac{B}{d} I = \frac{5{,}5 \cdot 10^{-5}\ \mathrm{cm^3/As} \cdot 10^{-4}\ \mathrm{Vs/cm^2} \cdot 1\ \mathrm{A}}{35 \cdot 10^{-4}\ \mathrm{cm}} = 1{,}6\ \mu\mathrm{V}$$

In Halbleiterstrukturen mit ihren höheren Hallkonstanten und geringeren Schichtdicken können Hallspannungen allerdings bereits merkliche Werte annehmen.

Aus Bild 3.12 entnehmen wir für den *Hallwinkel* Θ_H, d.h. die Auslenkung der Ladungsträger aus ihrer Längsbahn

$$\tan \Theta_H = \frac{F_q}{F_l} = \frac{E_q}{E_l} = \frac{U_H/b}{S/\sigma} \tag{3.21}$$

Formales Einsetzen der Hallspannung und der Stromdichte liefert dann

$$\tan \Theta_H = \mu_n B \tag{3.22}$$

Der Hallwinkel ist nur von der Beweglichkeit der Ladungsträger und der einwirkenden magnetischen Flußdichte abhängig. Randbedingung ist dabei allerdings, daß sich dieser Winkel ungestört einstellen kann, was z.B. in einer unendlich großen stromdurchflossenen Fläche der Fall ist.

3.3.1 Hallgenerator

Durch den Hallwinkel ändert sich in einem – unendlich ausgedehnten – Leiter die Richtung der Strombahnen und damit auch die Lage der dazu senkrecht verlaufenden Äquipotentiallinien. Das Bild 3.13 zeigt, sozusagen als Ausschnitt aus einer unendlichen Fläche, den Verlauf der Strombahnen und Äquipotentiallinien, in a) ohne und in b) mit Magnetfeld. In Bild 3.13b sind die Strombahnen um den Hallwinkel Θ_H verdreht. Vergleicht man jetzt die Potentiale der Punkte A und B in Bild 3.13a und 3.13b, so ist sofort zu erkennen, daß im letzteren Falle die Punkte auf verschiedenen Potentiallinien liegen. Die daraus resultierende Potentialdifferenz ist die Hallspannung U_H.

Im realen Fall sehen die Verhältnisse allerdings etwas anders aus, nämlich wie in Bild 3.13c dargestelt. Die Stromkontaktflächen – links und rechts in Bild 3.13c – müssen notwendigerweise Äquipotentiallinien entsprechen. Die Strombahnen treten daraus senkrecht aus und können lediglich im Mittelfeld ungefähr den ungestörten Verlauf einnehmen. Oben und unten wirken die Ränder des Werkstoffes begrenzend. Die Punkte A und B sind in diesem Falle die tatsächlichen Abgriffe für die Hallspannung.

Beim *Hallgenerator* wird quer zum fließenden (Ruhe-)Strom und senkrecht zum einwirkenden Magnetfeld die Hallspannung abgegriffen.

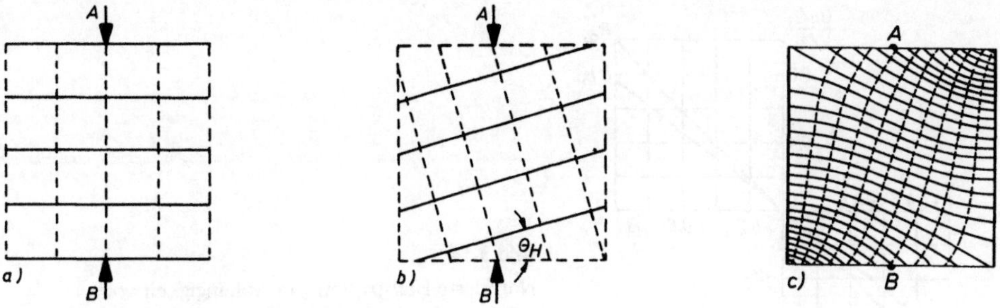

Bild 3.13 Feldlinienverlauf beim Hallgenerator
a) Ohne Magnetfeld und
b) mit Magnetfeld senkrecht zur Zeichenebene. Idealisierte Darstellung als Ausschnitt aus einer unendlich großen stromdurchflossenen Platte.
c) Realer Hallgenerator mit Stromkontakten links und rechts sowie Hallspannungskontakten oben und unten (nach R. F. Wick I Appl. Physics 25/1954).
—— Strombahnen, - - - -Äquipotentiallinien, θ_H Hallwinkel

Aus den Darstellungen von Bild 3.13 ist auch noch ein anderes praktisches Problem ersichtlich. Ohne Magnetfeld gilt der in Bild 3.13a dargestellte Verlauf der Äquipotentiallinien auch für den realen Fall hinreichend genau. Stehen jetzt bei der Herstellung der Hallspannungskontakte die Anschlüsse nicht genau auf einer Äquipotentiallinie gegenüber, so wird bereits ohne Magnetfeld eine 0-Punktspannung abgegeben, die sog. *ohmsche Nullspannung*. Für genaue Messungen muß diese kompensiert werden.
Wie bereits erwähnt, kommt dem Hallgenerator eine besondere Bedeutung bei der Messung und Erfassung magnetischer Felder aller Art zu. Wegen der geringen Abmessungen – sie liegen im mm-Bereich (Bild 3.15e) – kann auch in sehr engen Luftspalten gemessen werden.
Bild 3.14 zeigt die normierte Ausgangsspannung eines Hallgenerators über der magnetischen Flußdichte bei leerlaufendem (R_∞) und belastetem Generator. Die Kennlinien sind in der Praxis nur annähernd linear und weisen Abweichungen von einer mittleren Steigung auf. Für einen bestimmten, in den Datenblättern angegebenen Abschlußwiderstand für lineare Anpassung (R_{lin} in Bild 3.14), ergibt sich die beste Annäherung an einen linearen Kennlinienverlauf.

Für weitgehend lineare Kennlinien müssen Hallgeneratoren mit einem typenabhängigen Widerstand abgeschlossen werden.

Die Ruheströme, auf die in Bild 3.14 die Hallspannung normiert ist, bewegen sich zwischen einigen und einigen hundert Milliampère und sind durch die Kühlverhältnisse der meist sehr kleinen Hallgeneratoren bestimmt. Bei Flußdichten von 1 T erreichen Hallspannungen im Leerlauf Werte von etwa 100 mV bis 1000 mV. Zur einfacheren Berechnung wird meist die sog. *Leerlaufempfindlichkeit* K_0 in V/AT bei Nennstrom und (meist) $B = 1$ T angegeben. K_0 ist dabei definiert als

$$K_0 = \frac{U_{H_0}}{I_N B} \left[\frac{V}{AT}\right] \tag{3.23}$$

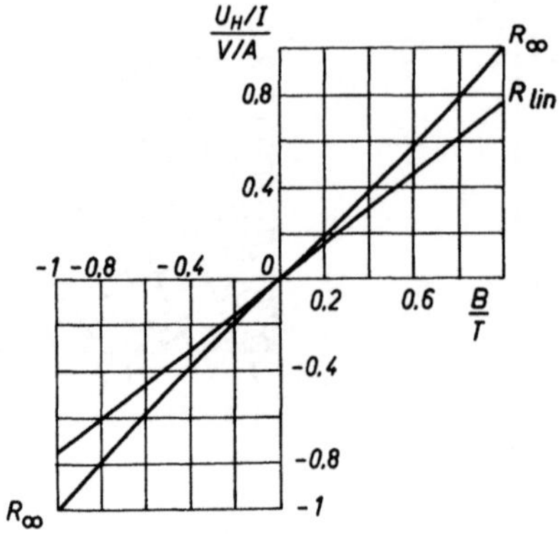

Bild 3.14
Normierte Hallspannung in Abhängigkeit vom anliegenden Magnetfeld im Leerlauf (R_∞) und mit Abschluß durch R_{lin} für eine optimal lineare Kennlinie

U_{H_0} Leerlaufhallspannung, I_N Nennbetriebsstrom des Hallgenerators. Die Flußdichte B wird meist mit 1 T angesetzt.

▶ **Beispiel 3.6: Leerlaufempfindlichkeit**
Für einen Hallgenerator (Hallfeldsonde FA 24 der Fa. Siemens) finden sich folgende Angaben in den Datenblättern: $K_0 \geqq 0{,}75$ V/AT bei $B = 1$ T und $I_N = 400$ mA. Bei $I = I_N$ wird in einem Feld von 0,2 T die Hallspannung (im Leerlauf)

$$U_H = K_0 I_N B = 0{,}75 \frac{\text{V}}{\text{A T}} \cdot 0{,}4\,\text{A} \cdot 0{,}2\,\text{T} = 0{,}06\,\text{V}$$

Würde der Strom auf 1 A und die Flußdichte auf 1 T ansteigen, ergäbe sich $U_H = 0{,}75$ V!

Die Leerlaufempfindlichkeit gibt sozusagen die Hallspannung unter den „Normalbedingungen" $I = 1$ A und $B = 1$ T an.
Wird das Magnetfeld gemäß $B = \mu H = \text{const} \cdot I_2$ (μ jetzt Permeabilität!) einem beliebigen Strom I_2 und der Betriebsstrom $I = I_1$ einem anderen Ereignis proportional gemacht, so wird die Hallspannung

$$U_H \sim I_1 \cdot I_2 \tag{3.24}$$

womit der Hallgenerator zum Multiplikator wird. Sofern eine gute Linearität zwischen den Ereignissen und B bzw. I möglich ist, erfolgt die Multiplikation innerhalb der Kennliniengenauigkeit linear.

3.3.2 Feldplatte

Einen praktischen Nachteil weist der Vierpol-Hallgenerator allerdings durch seine vier Anschlüsse auf (wenn die Anschlüsse des Magnetfeldes mit berücksichtigt werden (Multiplikator), sogar sechs, d.h. Sechspol!). Eine Verminderung auf zwei Zuleitungen ist bei den minimalen Abmessungen des Systems im Betrieb sicher angenehm.
Betrachten wir im Bild 3.13b eine Strombahn, so ist zu erkennen, daß sie im Vergleich zu Bild 3.13a länger geworden ist. Auch im Bild 3.13c sind bei sonst gleichen Verhältnissen und trotz kurzgeschlossener Hallspannungen an den Stromkontakten die Strombahnen länger als im nicht abgelenkten Zustand. Damit muß aber der Widerstand des Systems zugenommen haben. Eine erste Folgerung ist hieraus, daß Hallgeneratoren mit Konstant-

strom zu betreiben sind. Eine zweite Folgerung muß aber sein, daß eine Widerstandsänderung mit zwei Zuleitungen ermittelt werden kann! Diesen Effekt nutzt man in der *Feldplatte* aus. Im Prinzip wechselt dazu ein Material mit großer Hallkonstante (meist Verbindungshalbleiter, z.B. InSb oder InAs) mit einem guten Leiter (d.h. Material mit verschwindender Hallkonstante) ab (Bild 3.15). Die Pfeile in Bild 3.15a und b charakterisieren die Strombahnen. Unter dem Einfluß eines magnetischen Feldes werden sie abge-

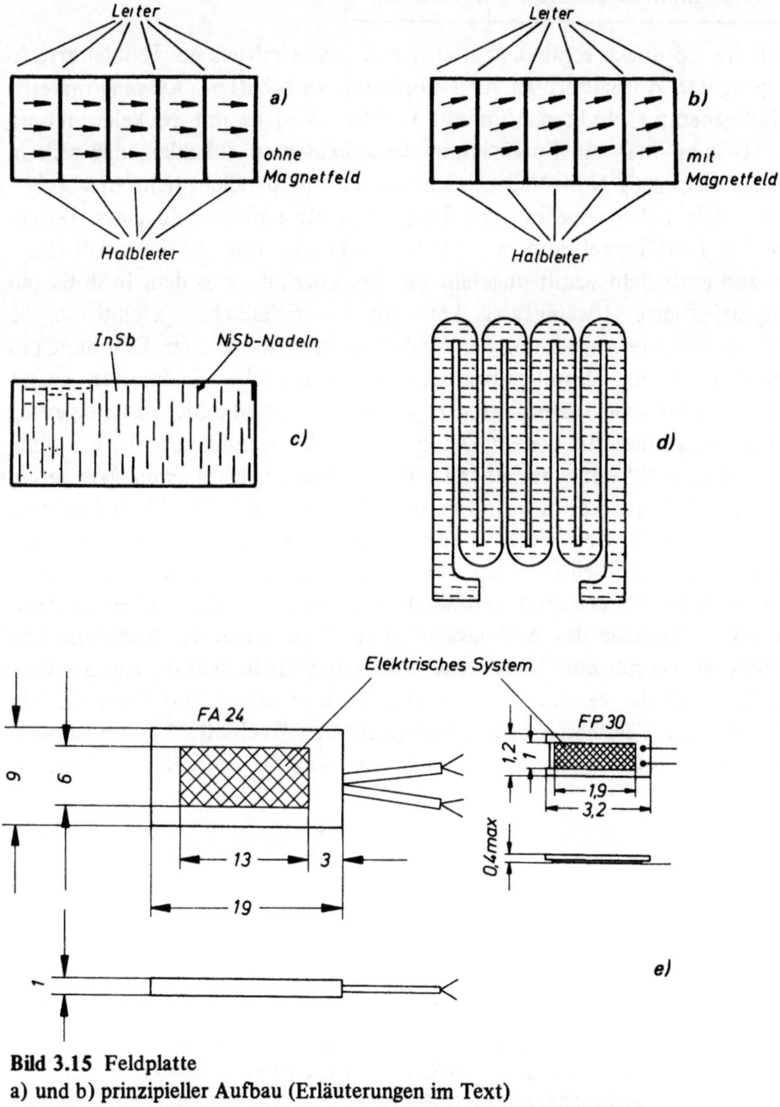

Bild 3.15 Feldplatte
a) und b) prinzipieller Aufbau (Erläuterungen im Text)
c) Prinzip einer Feldplatte aus InSb mit eingelagerten NiSb-(Leitern) Nadeln
– – – – – – nicht abgelenkte ·········· abgelenkte Strombahnen
d) Mäanderstruktur von Feldplatten für die praktische Ausführung
e) Hallgenerator (Typ FA 24) und Feldplatte (Typ FP 30) im Vergleich (nach SIEMENS AG) (Maße in mm)

lenkt (Bild 3.15b) und weisen einen verlängerten Weg auf. Die entstehenden Hallspannungen werden durch die querliegenden – Äquipotentialflächen erzwingenden – Leiter kurzgeschlossen, so daß an den Enden ein erhöhter Widerstand resultiert. Damit liegt ein *magnetfeldabhängiger Widerstand* vor. Aus dem Vierpol ist ein Zweipol geworden (bzw. aus dem Sechspol ein Vierpol).

Feldplatten sind magnetfeldabhängige Widerstände.

Praktisch verwertbare Lösungen ergaben sich aber erst, als es mittels der Halbleitertechnologie gelang, geeignete Aufbauformen für Feldplatten zu schaffen. Ausgangsmaterial ist, wie beim Hallgenerator, Indiumantimonid (InSb). Wird es mit Nickelantimonid (NiSb) versetzt, so kann man ein Eutektikum dieser beiden so abkühlen, daß sich in einem Barren dieser Legierung NiSb-Nadeln in Längsrichtung parallel orientiert abscheiden. Diese NiSb-Nadeln haben eine mittlere Länge von etwa 50 μm und einen Durchmesser um 1 μm. Die Leitfähigkeit von ca. $7 \cdot 10^4$ S/cm beträgt rund 12 % der Leitfähigkeit von Kupfer und entspricht damit ungefähr der des Lötzinns. Aus dem InSb-Barren werden dann längsorientierte – weniger als 1 mm dicke – Scheibchen geschnitten, die eine in Bild 3.15c dargestellte Anordnung der NiSb-Nadeln aufweisen. Zur Erhöhung des Widerstandes werden daraus Mäanderstrukturen als eigentliche Feldplatten geätzt (Bild 3.15d) und auf keramische Trägerplättchen geklebt. Zur Empfindlichkeitssteigerung kann auch Ferrit als Trägermaterial dienen. Die komplette Anordnung mißt dann – ohne Anschlußdrähte – etwa $3 \times 5\,\text{mm}^2$ bei einer Dicke von weniger als 0,5 mm. Wie gering die Abmessungen von Hallgenerator und Feldplatte sind, zeigt Bild 3.15e. Für Schaltungsanwendungen ist die Größe der Widerstandsänderungen wichtig. In Bild 3.16 sind normierte Kennlinien für InSb-NiSb-Feldplatten dargestellt. Je nach der durch eine Dotierung des Grundmaterials erzielten Leitfähigkeit steigt der Widerstand einer Feldplatte auf etwa das 5–20-fache des Anfangswiderstandes an, wenn das beeinflussende Magnetfeld 1 T stark ist. Da nur eine Widerstandsänderung eintritt, geht die Aussage über die Polarität des Magnetfeldes verloren. Andererseits kann prinzipiell mit einem Gleichstromohmmeter und einer Feldplatte auch ein magnetisches Wechselfeld gemessen werden. Feldplatten werden mit Anfangswiderständen von etwa 50...500 Ω angeboten, so

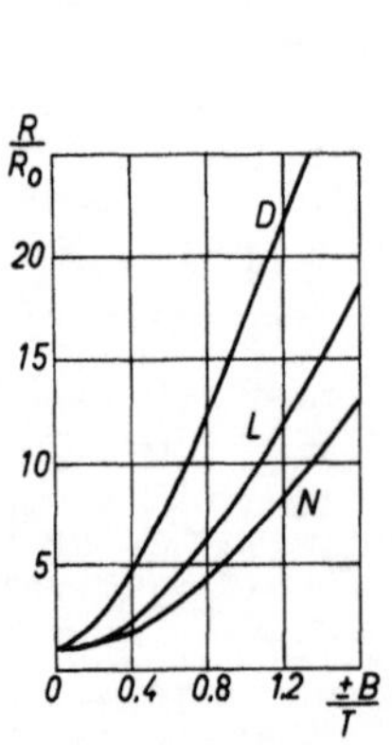

Bild 3.16
Relativer Widerstand in Abhängigkeit vom anliegenden Magnetfeld für InSb-NiSb-Feldplatten mit verschiedener Dotierung (nach SIEMENS AG)
D: σ = 200 S/cm, *L*: σ = 550 S/cm, *N*: σ = 880 S/cm

daß im ausgesteuerten Zustand Widerstandswerte bis zu rund 10 kΩ erreicht werden. Wie die Kennlinien (Bild 3.16) zeigen, ist der Anfangsverlauf des Widerstandsanstieges bis etwa 0,3 T ungefähr quadratisch, danach wird er linear. Feldplatten mit unmagnetischem Träger arbeiten auch oberhalb von 10 T noch linear.
Wie alle Halbleiterbauelemente ist auch die Feldplatte in ihrer Arbeitsweise temperaturempfindlich. Dies kann entweder durch Brückenschaltungen oder zusammen mit dem Temperaturgang aktiver Bauelemente kompensiert werden. Hierbei eignet sich (Bild 3.16) D-Material besonders für Ge-Transistoren und L-Material für solche aus Si.
Mit diesen Ausführungen beenden wir zunächst die Betrachtungen zur elektrischen Leitfähigkeit und der Bedeutung der Ladungsträgerbeweglichkeit. Die bei Halbleitern durch die Existenz von zwei Arten von Ladungsträgern auftretenden Probleme werden wir später untersuchen.

3.4 Wiederholungsfragen

3.4.1 Die Ladungsträgerbeweglichkeit ist die Voraussetzung für die elektrische Leitfähigkeit. Warum ist dann aber die Leitfähigkeit bei Halbleitern mit ihrer hohen Ladungsträgerbeweglichkeit so gering?

3.4.2 Wie groß ist ungefähr die Ladungsträgerbeweglichkeit in Ni, wenn $\sigma = 1{,}46 \cdot 10^5$ S/cm beträgt?

3.4.3 In welchem Temperaturbereich liegen die Sprungtemperaturen der Supraleiter?

3.4.4 Welche besonderen Eigenschaften zeigt ein Supraleiter gegenüber einem Magnetfeld?

3.4.5 Was sind Supraleiter 1. und 2. Art?

3.4.6 Wodurch werden bei Supraleitern der Energieübertragung Grenzen gesetzt?

3.4.7 Welche Eigenschaften muß ein Material mit großer Hallkonstante aufweisen?

3.4.8 Was ist der Unterschied zwischen Hallgenerator und Feldplatte?

4 Elektrische Leiter

Wie im Kapitel 3 dargelegt, ist die elektrische Leitfähigkeit an die Existenz freier und ausreichend beweglicher Ladungsträger gebunden. Diese Bedingungen werden von den Metallen und hierbei besonders gut von Silber, Kupfer und Aluminium erfüllt.

4.1 Normalleiter

Die Tabelle 4.1 gibt eine Zusammenstellung der Daten von einigen wichtigen Metallen. Sie sind in ihrer prozentualen Leitfähigkeit im Vergleich zu Silber mit 100 % geordnet. Für Kupfer ist der Mindestwert der Leitfähigkeit von $57 \cdot 10^6$ S/m = 57 Sm/mm² bzw. ein spezifischer Widerstand von $0{,}0175 \cdot 10^{-6}\ \Omega \cdot m = 0{,}0175\ \Omega \cdot mm^2/m$ angesetzt. Je nach Reinheit und Vorbehandlung kann die Leitfähigkeit des Kupfers zwischen fast $60 \cdot 10^6$ S/m bei extremer Reinheit und etwa $55 \cdot 10^6$ S/m bei geringfügigen Verunreinigungen schwanken. Der Wert von $58 \cdot 10^6$ S/m wird international auch als 100 % *IACS* (International Annealed Copper Standard) bezeichnet und eine andere Leitfähigkeit dann als prozentualer Anteil von diesem Wert benannt.

Tabelle 4.1 Datenvergleich einiger Leiterwerkstoffe. Der spezifische Widerstand ρ in $10^{-6}\ \Omega \cdot m$ ist zahlenmäßig gleich mit der Angabe in $\Omega \cdot mm^2/m$.

Metall	Leitfähigkeit gegenüber Silber = 100 %	spezifische Leitfähigkeit $\frac{\sigma}{10^6\ S/m}$	spezifischer Widerstand $\frac{\rho}{10^{-6}\ \Omega m}$	Temperaturkoeffizient $\frac{\alpha}{\%/°C}$
Silber	100	61	0,0163	0,41
Kupfer	96	58	0,0173	0,43
Gold	73	41	0,025	0,39
Aluminium	62	38	0,026	0,43
Zink	31	17	0,059	0,42
Nickel	25	15	0,067	0,69
Eisen	18	10	0,098	0,56
Zinn	15	9	0,115	0,46
Blei	8	4,5	0,222	0,42

Den Einfluß von Fremdstoffen auf die Leitfähigkeit von Kupfer, dem technisch wichtigsten Leiterwerkstoff, zeigt Bild 4.1. Es ist hieraus sofort die Bedeutung der Reinheit des Kupfers für elektrotechnische Anwendungen zu erkennen. Aus diesem Grunde kommt in der Elektrotechnik praktisch ausschließlich *elektrolytisch raffiniertes E-Kupfer* (Werkstoffnummer 2.0060) oder das *sauerstofffreie SE-Kupfer* (Werkstoffnummer 2.0070) in

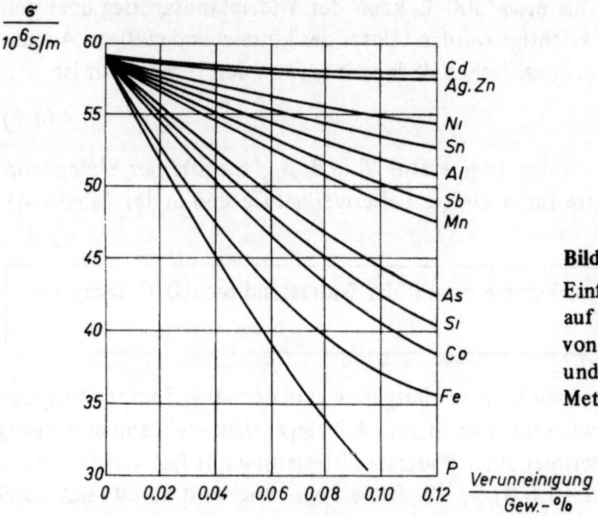

Bild 4.1
Einfluß von Verunreinigungen auf die elektrische Leitfähigkeit von Kupfer (nach *F. Pawlek* und *K. Reichel*, Zeitschr. Metallkunde 47/1956)

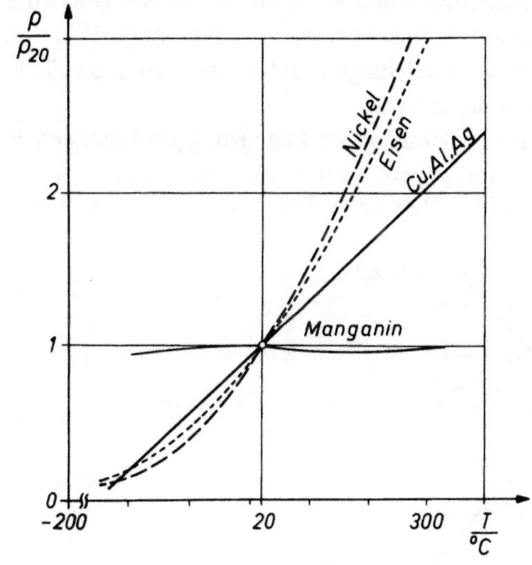

Bild 4.2
Relativer Temperaturgang von Leiterwerkstoffen (Prinzip)

Betracht. Mit zunehmender Temperatur sinkt die Leitfähigkeit bzw. steigt der spezifische Widerstand der Leiterwerkstoffe mehr oder weniger stark an (Bild 4.2). Die Folge davon ist, daß elektrotechnische Geräte ihre Eigenschaften mit zunehmender Temperatur stark ändern können. Generell kann man metallische Leiter als *Kaltleiter* klassifizieren, wie am Beispiel des Wolframdrahtes einer Glühlampe mit etwa 10fachem Widerstand bei Betriebstemperatur (ca. 2000 °C) gegenüber normaler Raumtemperatur zu erkennen ist.

> *Kaltleiter* nennt man Leiter, deren Widerstand mit der Temperatur ansteigt, auch PTC (vom engl.: positive temperature coefficient) genannt.

Im technisch genutzten Bereich bis etwa 300 °C kann der Widerstandsanstieg über den *Temperaturkoeffizienten* α berücksichtigt werden. Unter der hinreichend gültigen Annahme einer linearen Abhängigkeit des spezifischen Widerstandes von der Temperatur ist

$$\rho_T = \rho_{T_R} [1 + \alpha (T - T_R)] \tag{4.1}$$

mit ρ_T spezifischer Widerstand bei der Temperatur T und ρ_{T_R} spezifischer Widerstand bei Raumtemperatur T_R. Die Werte für α einiger Leiterwerkstoffe sind in der Tabelle 4.1 mitaufgeführt.

> Für die gebräuchlichen Leiterwerkstoffe nimmt der Widerstand pro 10 °C Temperaturanstieg um ca. 4 % zu.

Für meßtechnische Zwecke oder auch Elektro-Heizgeräte sind derartige Temperaturgänge unzulässig oder zumindest unerwünscht. Der in Bild 4.2 eingezeichnete Temperaturgang von Manganin ist das typische Beispiel einer Widerstandslegierung mit fast verschwindendem Temperaturkoeffizienten ($\alpha = \pm 0{,}01$ %/°C). Diese Legierung wird bereits seit 1889 als CuMn12Ni2 für Meßzwecke hergestellt. Eine ähnliche Legierung – Konstantan – hat sogar einen negativen Temperaturkoeffizienten von $\alpha = -0{,}003$ %/°C. Wie genau die Herstellung derartiger Widerstandsmaterialien heute beherrscht wird, zeigt Bild 4.3. Die Widerstandsverläufe von 5 verschiedenen Materialchargen sind in das gestrichelte Toleranzfeld entsprechend $\alpha = \pm 0{,}01$ %/°C eingetragen.
Die wegen ihrer hohen Langzeitkonstanz zunehmend an Bedeutung gewinnenden Metallfilmwiderstände erreichen teilweise noch geringere Temperaturkoeffizienten. So werden mit Ni-Cr-Schichten Werte von $\alpha \approx 0{,}003$ %/°C erreicht. Bei preiswerteren galvanisch her-

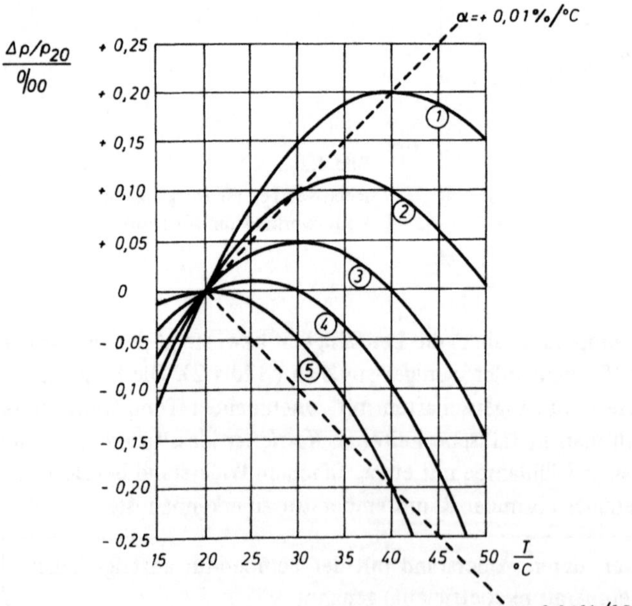

Bild 4.3
Verlauf der relativen Änderung des spezifischen Widerstandes von Manganin in Abhängigkeit von der Temperatur für verschiedene Materialchargen 1...5, $\rho_{20} = 0{,}42 \cdot 10^{-6}\ \Omega \cdot m$ (nach Heusler KG)

gestellten Metallfilmwiderständen liegt der Temperaturkoeffizient mit $\alpha \approx 0{,}005\ldots$ $\ldots 0{,}02\,\%/^\circ C$ wieder merklich höher.

Für heiztechnische Zwecke sind im allgemeinen die Anforderungen an den Temperaturgang wesentlich geringer, dafür ist der Temperaturbereich wieder wesentlich höher. In Bild 4.4 sind einmal die Werte für einige technische Heizleitermaterialien zusammengestellt. Auffällig ist hierbei besonders das Verhalten der Ni-Fe-Legierungen, die zunächst einen normalen Widerstandsanstieg aufweisen, der beim Erreichen der Curie-Temperatur durch den Verlust des „ferromagnetischen Ordnungszustandes" in einen praktisch konstanten Widerstand übergeht.

Einen interessanten Einfluß hat bei diesen Werkstoffen noch Nickel, das mit Eisen im Bereich um 30 % Ni nützliche Extreme liefert. Wie Bild 4.5 zeigt, erreicht der spezifische

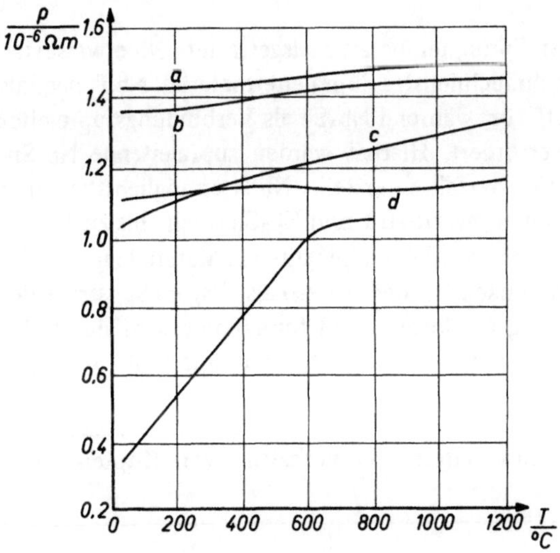

Bild 4.4
Spezifischer Widerstand von Heizleitermaterialien in Abhängigkeit von der Temperatur

a) Megapyr I Fe Cr 25 Al 5
b) Megapyr II Fe Cr 20 Al 5
c) Vacromium Fe Ni 30 Cr 20
d) Vacromium C Ni Cr 20
e) Nickeleisen 701 Ni Fe 29 Cr 1
nach *Vacuumschmelze*

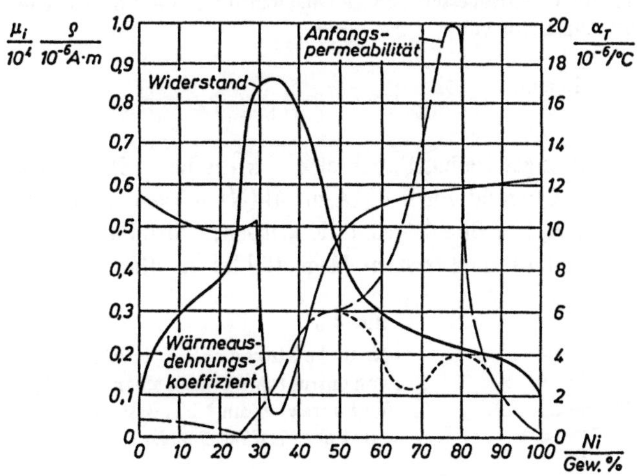

Bild 4.5
Nickeleisen: Spezifischer Widerstand ρ, Wärmeausdehnungskoeffizient α_T und Anfangspermeabilität μ_i nach Sonderbehandlung (Permalloybehandlung) und langsamer Abkühlung (– – – –) des Systems Fe-Ni bei Raumtemperatur. (Nach Nickelhandbuch und C. Heck)

Widerstand in diesem Bereich ein Maximum, während gleichzeitig sowohl der Temperaturkoeffizient für die Längenausdehnung als auch die Anfangspermeabilität minimale Werte annehmen.

Als technischer Grenzfall der Leiterwerkstoffe sind die *amorphen Metalle*, auch Metallgläser genannt, mit $\rho = 1{,}2 \ldots 1{,}5 \cdot 10^{-6}\ \Omega \cdot \mathrm{m}$ anzusehen. Wegen ihrer besser ausgeprägten magnetischen Eigenschaften werden wir sie unter den magnetischen Werkstoffen ausführlich betrachten.

4.2 Supraleiter

Wenngleich die technische Nutzung von Supraleitern noch recht gering ist, so haben sich doch inzwischen einige Legierungen besonders bewährt. Durch die Tabelle 3.3 haben wir bereits die Sprungtemperaturen einiger Elemente und in der Sprungtemperatur sehr hoch liegende Legierungen kennengelernt.

Das von Haus aus schon mit einer hohen Sprungtemperatur ausgestattete Nb erweist sich in Form von NbTi und Nb_3Sn als z.Z. gebräuchlichstes Supraleitermaterial. NbTi liegt als leicht zu fertigender Legierungswerkstoff vor, während Nb_3Sn als Verbindungssupraleiter einen bestimmten Formierungsprozeß erfordert. Hierbei werden supraleitende Nb_3Sn-Schichten nach einem Festkörper-Diffusionsverfahren erstellt. NbTi ermöglicht bei einer Temperatur von 2 K Magnete mit Flußdichten bis zu 10 T und Nb_3Sn solche bis zu 16 T.

Wie bei der Theorie zum Supraleiter dargelegt, wird das supraleitende Material zur Stabilisierung in Cu (Cu-Sn- oder Cu-Ni-Matrix je nach Herstellprozeß) als Träger (Substrat) eingebracht. Die dadurch bedingte Aufteilung in Normal- und Supraleiter wird durch das *Querschnittsverhältnis* $\alpha = q_{Cu}/q_{SL}$ beschrieben, mit q_{Cu} Kupferquerschnitt und q_{SL} Supraleiterquerschnitt.

> Das *Querschnittsverhältnis* gibt bei Supraleitern das Verhältnis von Kupfer- zu Supraleiterquerschnitt an.

► **Beispiel 4.1: Querschnittsverhältnis bei Supraleitern**

Ein Einkernsupraleiter mit einem Außendurchmesser von $d = 0{,}4$ mm und $\alpha = 1{,}6$ hat einen Durchmesser d_{SL} für den eigentlichen Supraleiter von

$$d_{SL} = \frac{d}{\sqrt{1+\alpha}} = \frac{0{,}4\ \mathrm{mm}}{\sqrt{1+1{,}6}} = 0{,}25\ \mathrm{mm}$$

Ein solcher Draht läßt bei 4,2 K (flüssiges Helium) noch eine – kritische – Stromstärke von 187 A (bei einem magnetischen Querfeld von 1,6 MA/m zu! (Nach Vacuumschmelze für Einkernsupraleiter *Vacryflux 5001*.) In Bild 4.6 sind die kritischen Stromdichten für derartige Supraleiter als Funktion eines transversalen Magnetfeldes H_q für 4,2 K und

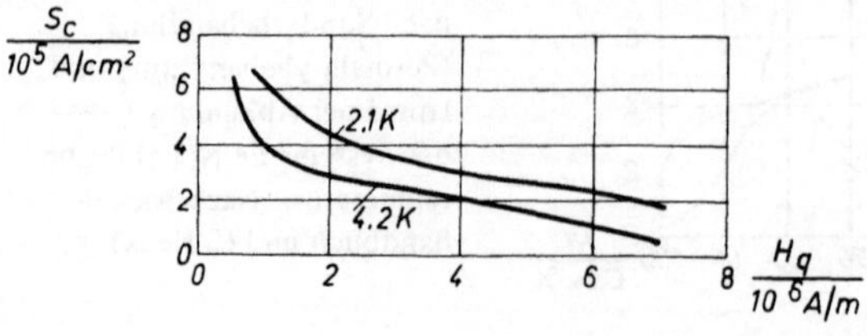

Bild 4.6

Kritische Stromdichte S_c in Abhängigkeit von einem transversalen Magnetfeld H_q für Supraleiter auf NbTi-Basis (Vacryflux 5001 der *Vacuumschmelze*)

2,1 K aufgetragen. Wenngleich bislang noch kein großtechnischer Einsatz von Supraleitern vorliegt, so sind die Anwendungen für Hochfeldmagnete in der Forschung bereits sehr bedeutsam. Der Einsatz in Motoren, Generatoren und Energieübertragungssystemen ist über Versuchsanlagen noch nicht hinausgekommen. Das gleiche gilt für die Anwendung bei Magnetschwebebahnen.

Die praktische Anwendung der Supraleitung wird wesentlich davon abhängen, ob es gelingt die Sprungtemperaturen genügend weit in den Bereich der Wasserstoffkühlung (Sdpkt von H: 20 K bzw. − 253 °C) oder gar den der Stickstoffkühlung (Sdpkt von N: 77 K bzw. − 196 °C) zu verlagern.

Ein wesentlicher Schritt in die Richtung zu „Hochtemperatur-Supraleitern" wurde von J. Bednorz und A. Müller im IBM Forschungslabor in Rüschlikon durch die Abkehr von den bis dahin ausschließlich untersuchten intermetallischen Verbindungen und Übergang zu Metalloxiden getan. Ihnen gelang es im April 1986 mit einem Metalloxid aus Barium, Lanthan und Kupfer Sprungtemperaturen von 35 K zu erreichen. Diese bahnbrechende Arbeit wurde am 10. Dez. 1987 mit dem Nobelpreis für Physik ausgezeichnet. (Anm.: Dr. Johannes Bednorz ist der 65. deutsche Nobelpreisträger und mit 37 Jahren bislang der jüngste Nobelpreisträger überhaupt.)

Die supraleitenden Oxide weisen Perowskitstruktur (s. S. 233) und etwa die pauschale Zusammensetzung $SEBa_2Cu_3O_7$ auf. SE steht für seltene Erden und die Übergangselemente Yttrium und Scandium. Technisch verwertbare Werkstoffe aus den neu entdeckten supraleitenden Materialien liegen z.Z. noch nicht vor. So könnte man z.B. Drähte nur als Einlagerungen des oxidischen Pulvers in eine metallische Matrix herstellen.

Wie revolutionär der Schritt zu den Metalloxiden war, zeigte sich inzwischen schon bei weiteren Untersuchungen. So wurden in den Philips Forschungslaboratorien an Mischoxiden aus Yttrium, Barium und Kupfer Sprungtemperaturen bei 90 K nachgewiesen und an der Universität Bochum konnte Y. Khan Supraleitung für Ströme im 100 mA Bereich bei 135 K an Barium-Lanthan-Kupfer Mischoxiden realisieren.

Die Entwicklung neuartiger Supraleiter hat damit wieder erhebliche Impulse bekommen und wird in absehbarer Zeit sicher noch interessante neue Materialien liefern.

4.3 Wiederholungsfragen

4.3.1 Auf welchen Wert steigt – überschlägig gerechnet – der Widerstand einer Lautsprecherschwingspule von 4 Ω an, wenn sie sich im Betrieb von 20 °C auf 70 °C erwärmt?

4.3.2 Warum sind NbTi-Supraleiter in der Praxis trotz ihrer niedrigeren Sprungtemperatur wohl wichtiger als Nb_3Sn-Supraleiter?

4.3.3 Was versteht man unter Querschnittsverhältnis bei Supraleitern?

4.3.4 Was ist der grundsätzliche Unterschied der neuen Hochtemperatur Supraleiter zu den bisherigen Supraleitern?

5 Magnetische Leitfähigkeit

Neben die elektrische tritt bei einer Reihe von Stoffen die magnetische Leitfähigkeit. Diese Stoffe werden durch ein magnetisches Feld in einen Zustand versetzt, den man *magnetisiert* nennt. Wird das magnetische Feld entfernt und der veränderte Zustand verschwindet wieder, so spricht man von weichmagnetischen Werkstoffen. Bleibt jedoch ein magnetisierter Zustand erhalten, so nennt man die Werkstoffe hartmagnetisch. Die Magnetisierbarkeit hat ihre Ursache im Atom- und Gitteraufbau.
Meßzahl für das magnetische Leitvermögen eines Stoffes ist entweder die *Permeabilität* μ oder die *Suszeptibilität* κ. Im freien Raum gilt (Schreibweise wieder ohne Berücksichtigung des Vektorcharakters)

$$B = \mu_0 \cdot H \tag{5.1}$$

mit $\mu_0 = 1{,}26 \cdot 10^{-6}$ Vs/Am (bzw. H/m). Für die Beschreibung des magnetischen Zustandes im materieerfüllten Raum sind zwei Darstellungsarten üblich, die multiplikative und die additive. Formal kann man dementsprechend schreiben:

$$\boxed{B = \mu_0 \mu_r H} \quad \text{bzw.} \quad \boxed{B = \mu_0 H + J} \qquad (5.2\text{a und b})$$

B ist dabei die erreichte Flußdichte in Vs/m² bzw. T und H ist das erregende magnetische Feld in A/m. J kennzeichnet die magnetische *Polarisation*, die mit B dimensionsgleich ist. Die beiden Gleichungen lassen sich folgendermaßen erläutern:

> Die relative Permeabilitätszahl μ_r gibt das Vielfache der Flußdichte im materieerfüllten Raum gegenüber dem Vakuum an (multiplikativ). Die Polarisation J gibt an, welche Flußdichte in der Materie zusätzlich zum Vakuumanteil $\mu_0 H$ auftritt (additiv).

Verfolgen wir die Beschreibung gemäß Gl. (5.2a und b) formal weiter, so gilt mit

$$\mu_0 \mu_r H = B = \mu_0 H + J \tag{5.2}$$

$$\mu_r = 1 + \frac{J}{\mu_0 H} = 1 + \kappa \tag{5.3}$$

Wobei die magnetische Suszeptibilität(szahl) κ (= Aufnahmefähigkeit)

$$\kappa = \frac{J}{\mu_0 H} = \frac{M}{H} = \mu_r - 1 \tag{5.4}$$

Mit M *Magnetisierung* können wir uns dann den Feldstärkeanteil vorstellen, der für die Erzeugung des zusätzlichen Flußdichteanteils in der Materie benötigt wird. Der Zusammenhang zwischen B und J folgt aus Gl. (5.2) gemäß

$$\boxed{J = B - \mu_0 H} \tag{5.5}$$

Dies ist die Bildungsvorschrift zur Darstellung von J, da die technischen Messungen die gesamte Flußdichte B registrieren. Ein Beispiel soll diesen Zusammenhang erläutern.

Beispiel 5.1: Flußdichte

Wir nehmen einmal einen Werkstoff an, der ein $\mu_r = 10$ haben möge, und setzen ein Feld H voraus, das zwischen 0...10 kA/m variabel sein soll. Lassen wir dieses Feld auf Luft (exakt Vakuum) einwirken, so erhalten wir gemäß $B = \mu_0 H$ eine Flußdichte, die von $0 \dots 1{,}26 \cdot 10^{-2}$ Vs/m² ansteigt (B_L in Bild 5.1). Bringen wir in das Feld die Materie hinein, so muß die Flußdichte um den Faktor 10 steigen, d.h. sie reicht von $0 \dots 12{,}6 \cdot 10^{-2}$ Vs/m² (B in Bild 5.1). Die Materie trägt also nur den Anteil zwischen B und B_L bei, d.h. die Abstände der beiden Kurven, also $B - B_L$ (s. auch Gl. (5.5)), entsprechen J. Würden wir die Beschriftung der H-Achse auf die B_L-Kurve übernehmen, hätten wir im Prinzip ein – allerdings schiefwinkliges – Diagramm für $J = \kappa\, \mu_0 H$. Um die Darstellung wieder rechtwinklig zu bekommen, führen wir die Subtraktion nach Gl. (5.5) aus und gelangen zu der gestrichelten Kurve für J in Bild 5.1. Sie reicht unserer obigen Betrachtung entsprechend von $0 \dots 11{,}3 \cdot 10^{-2}$ Vs/m².

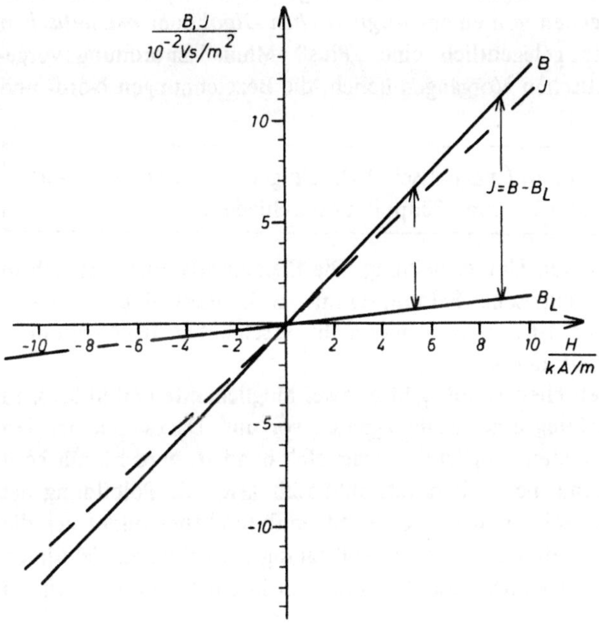

Bild 5.1
Flußdichte B und Polarisation J, Erläuterungen in Beispiel 5.1

Das für positive H-Werte Gesagte gilt sinngemäß auch für die negative Seite. Die J-Kurve verläuft flacher als die B-Kurve. Aus dem Beispiel 5.1 und der Gl. (5.4) ist ohne weiteres ersichtlich, daß die Unterschiede zwischen B und J bzw. μ_r und κ mit wachsenden μ_r-Werten immer kleiner werden.

Auf die besonderen Bedingungen, die sich für vollständige Magnetisierungskennlinien insbesondere bei Dauermagneten ergeben, kommen wir noch ausführlich zu sprechen.

Aufgabe 5.1: Magnetisierungskurve im Sättigungsbereich

Mit welchen Steigungen verlaufen die Kurven für $B = f(H)$ bzw. $J = f(H)$ im Bereich der Sättigung, wenn der Sättigungsbereich eines Werkstoffes dadurch gekennzeichnet sein soll, daß die Zunahme der Magnetisierung $\Delta M = 0$ wird?

Soviel zu den Maßzahlen des magnetischen Leitvermögens. Für die weiteren Betrachtungen werden wir uns durchweg der in der Technik überwiegend benutzten Permeabilität μ_r bedienen und dementsprechend mit B und H operieren. Zwischendurch wird allerdings verschiedentlich noch die Polarisation J bedeutsam sein.

5.1 Modellvorstellung zum Magnetismus

Ähnlich wie bei den elektrischen Erscheinungen, sind auch die magnetischen Phänomene an kleinste Einheiten gebunden. Die zur Elementarladung e_0 äquivalente Größe ist das

Bohrsche Magneton $\mu_B = 9{,}27 \cdot 10^{-24}$ Am^2. Anm.: 1 A $\cdot$ m^2 $\equiv$ 1 J/T.

Der wesentliche Unterschied zwischen diesen beiden Größen liegt in ihrer „Polzahl". Während die Elementarladung beim Elektron mit negativer Polarität und damit einpolig (Monopol) auftritt, ist das Bohrsche Magneton wie alle magnetischen Erscheinungen mit zwei Polen ausgestattet. Wir sprechen von einem *magnetischen Dipol* oder *magnetischen Moment*. Wenngleich auch hier gelegentlich eine „Plus"-„Minus"-Zuordnung vorgenommen wird, ist es bei magnetischen Vorgängen üblich, die Bezeichnungen Nord- und Südpol zu benutzen.

Die magnetischen Vorgänge sind an (magnetische) Dipole gebunden. Die Polarität wird durch die Zuordnungen „Nord-" und „Südpol" unterschieden.

Damit gelangen wir zu einer weiteren Unterscheidung. Die Elementarladung läßt sich in Form eines Elektrons durch ein elektrisches Feld im Raum – z.B. innerhalb eines Leiters – bewegen. Ein magnetischer Dipol ist nur dreh-, aber nicht verschiebbar. Bei einem magnetischen Fluß fließt in Wirklichkeit nichts!

Für die Vorstellung eines magnetischen Dipols gibt es zwei Möglichkeiten (Bild 5.2). In Bild 5.2a haben wir die Polverteilung eines Stabmagneten vor uns. Da es sich bei den betrachteten Größen um die kleinsten möglichen „Magnete" handelt, wird hierfür gern die Hilfsbezeichnung „Elementarmagnete" benutzt. Bild 5.2b zeigt die Polbildung bei einem *stromdurchflossenen Ring*. Bei der eingetragenen Stromflußrichtung bildet sich die gleiche Polung wie beim Stabmagneten aus. (Die unvollständig gezeichneten Feldlinien sollen die Vorstellung erleichtern.) Gelangen die Anordnungen in ein Magnetfeld, wie es

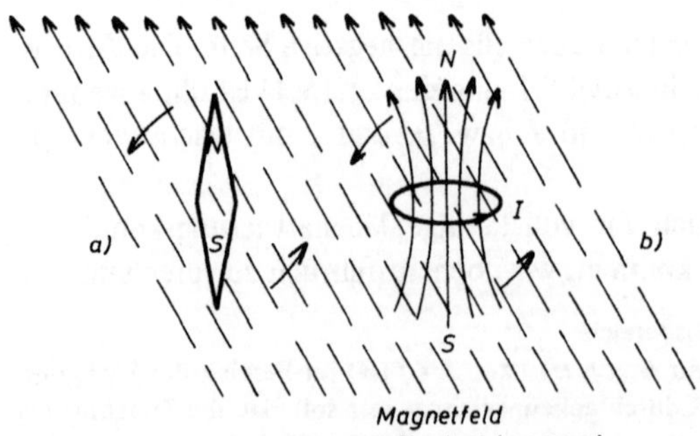

Bild 5.2
Der magnetische Dipol
a) „Stabmagnet" mit den Polen N und S
b) Stromdurchflossener Ring (Kreisstrom)

z.B. in Bild 5.2 gestrichelt eingezeichnet ist, so werden beide Dipole eine *Drehbewegung* ausführen, ohne dabei ihren Platz zu verändern. Letztlich bleibt es also für die Folgerungen aus unserer Modellvorstellung gleich, welches Modell wir anwenden.
Die magnetischen Feldgrößen B und H (bzw. J und M) sind selbstverständlich genau wie die elektrischen Feldgrößen Vektoren. Wir verzichten aber auch hier auf die besondere Kennzeichnung, solange die Folgerungen fehlerfrei bleiben bzw. keine Vereinfachung der Darstellung mit sich bringen. So folgt z.B. die Größe des für die Drehbewegung notwendigen Drehmomentes M aus dem Vektorprodukt zu

$$M = |\vec{m}_B \times \vec{B}| = m_B B \sin\varphi \tag{5.6}$$

wobei m_B das sog. *magnetische Moment* und φ der (kleinste) Winkel zwischen Feld und „Magnet" ist. Das magnetische Moment m_B ist nach Bild 5.2a zu deuten als zwei „magnetische Ladungen" m_N und m_S, die sich an den Orten der Pole befinden und um die Länge l auseinander liegen. Ähnlich wie in der Mechanik ist dann

$$m_B = m l \tag{5.7}$$

das magnetische Moment gleich magnetische Ladung mal Abstand. Den realen Verhältnissen wird die Darstellung nach Bild 5.2b besser gerecht, denn das magnetische Moment ergibt sich jetzt zu

$$m_B = A I \tag{5.8}$$

wobei A Fläche des Kreisringes und I umrandender Strom.

Das *magnetische Moment* ist Strom mal (umrandeter) Fläche.

Ein Beispiel soll zur Herleitung dieses wichtigen Zusammenhanges dienen.

Beispiel 5.2: Magnetisches Moment
Wir sehen uns einmal das Verhalten einer rechteckigen, vom Strom $I = 1\,\text{A}$ durchflossenen Drahtschleife an, die sich in einem parallel zu den Längsseiten verlaufenden homogenen Magnetfeld der Stärke $B = 1\,\text{T}$ befindet (Bild 5.3, Prinzip des Drehspulinstrumentes). Welche Kräfte treten jetzt in den vier Seiten des Rechtecks auf und wie sind sie gerichtet? Die Kraft auf einen stromdurchflossenen Leiter im Magnetfeld ist bekanntlich BlI, wobei l die Leiterlänge ist und außerdem B und I senkrecht aufeinanderstehen müssen. Für die Seiten $b_1 = b_2 = 2\,\text{cm}$ in Bild 5.2 ergeben sich damit die zugehörigen Kräfte sofort zu Null. Für die Seite $a_1 = 1\,\text{cm}$ folgt

$$F_{a_1} = B I a_1 = 1\,\text{T} \cdot 1\,\text{A} \cdot 10^{-2}\,\text{m} = 0{,}01\,\frac{\text{Ws}}{\text{m}} = 0{,}01\,\text{N}$$

Diese Kraft ist aus der Bildebene heraus gerichtet. Entsprechend ist die gleichgroße Kraft in a_2 in die Bildebene hinein gerichtet.

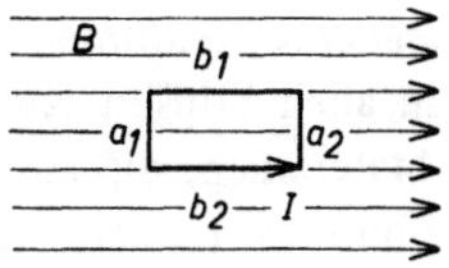

Bild 5.3
Von einem Strom durchflossene rechteckige Drahtschleife in einem homogenen Magnetfeld, Erläuterungen im Beispiel 5.2
($a_1 = a_2 = 1\,\text{cm}$, $b_1 = b_2 = 2\,\text{cm}$, $I = 1\,\text{A}$ und $B = 1\,\text{T}$)

Die Wirkung dieses Kräftepaares ergibt ein Drehmoment, dessen Größe – gemäß Mechanik – gleich Kraft mal Abstand, d.h.

$$M = F_a b = 0{,}01\,\mathrm{N} \cdot 2{,}10^{-2}\,\mathrm{m} = 2 \cdot 10^{-4}\,\mathrm{Nm}$$

ist. Setzen wir F_a formal ein, so folgt

$$M = BIab = BIA = Bm_B = 1\,\mathrm{T} \cdot (1\,\mathrm{A} \cdot 2 \cdot 10^{-4}\,\mathrm{m}^2) = 2 \cdot 10^{-4}\,\mathrm{Nm},$$

was der Gl. (5.6) für einen Winkel $\varphi = 90°$ entspricht.

Vergleichen wir übrigens den Stromfluß in Bild 5.3 mit dem von Bild 5.2b, so wird sofort der Drehsinn des Rechtecks ersichtlich. Es muß sich so drehen, daß die Seite a_1 vor und die Seite a_2 hinter die Zeichenebene zu liegen kommen.

Das Bild 5.2b läßt sich jetzt ohne weiteres in den atomaren Bereich übertragen. Der Stromring wird zur Elektronenbahn und die Fläche A über den Bahnradius bestimmbar. (Wie das Beispiel 5.2 gezeigt hat, braucht für die Bestimmung des magnetischen Moments die Bahn nicht unbedingt kreisförmig zu sein.) Dieses mit der Bahn verkoppelte magnetische Moment führt den Namen *Bahnmoment*.

Der Strom auf Elektronenbahnen wird durch einzelne Elektronen hervorgerufen, die ihrerseits wieder über eine Eigenrotation, den sog. Spin, verfügen. Aus dieser Bewegung folgt dann das *Spinmoment*. Letztlich liegen damit allen magnetischen Erscheinungen in der Materie die Überlagerungen von Spin- und Bahnmomenten zugrunde. (Das auch noch vorhandene kernmagnetische Moment ist dabei für unsere Betrachtungen bedeutungslos.)

Ein Atom reagiert mit *Bahn-* und *Spinmoment* auf magnetische Felder.

5.2 Verhalten von Materie im Magnetfeld

Durch die Bahn- und Spinmomente der Atome muß jegliche Materie in irgendeiner Form auf ein Magnetfeld reagieren. Nach der Art dieser Reaktion unterscheiden wir verschiedene Arten von Stoffen.

Zunächst einmal ist die Annahme berechtigt, daß die magnetischen Momente sich ähnlich wie bei zwei Magnetnadeln wechselweise kompensieren. Dieses geschieht innerhalb der Materie über verschiedene Stufen, so daß im allgemeinen zunächst kein resultierendes Moment übrigbleibt. Das Material ist magnetisch neutral.

5.2.1 Diamagnetismus

Die vollständige Kompensation der magnetischen Momente kann zunächst im Bereich der Spinpaare und Bahnmomente erfolgen. Das Material erscheint dann so, als seien keinerlei magnetische Dipole vorhanden. Trifft jetzt ein äußeres Magnetfeld auf die Kreisströme der Elektronenbahnen, so wird – gemäß Lenzscher Regel – ein Feld induziert, das dem erzeugenden entgegengerichtet ist. Wir erhalten ein sog. *induziertes magnetisches Moment*. Dies ist die einfachste Form des Magnetismus, die grundsätzlich in allen Stoffen vorkommt. Das resultierende Feld ist schwächer als das erregende. Materialien, die ausschließlich diesen Effekt zeigen, heißen *diamagnetisch*. Die Suszeptibilität κ ist negativ. Die üblichen Werte liegen bei etwa $\kappa = -10^{-5}$. Für μ_r folgern daraus Werte von $\mu_r = 0{,}99999$, d.h. praktisch gleich 1.

> *Diamagnetische Stoffe* haben eine Permeabilität < 1 und eine negative Suszeptibilität.

Zu den diamagnetischen Stoffen gehören die mit abgeschlossenen Elektronenschalen (der Atome bzw. Moleküle) sowie meistens solche, die eine gerade Elektronenzahl aufweisen. Hierzu zählen die Edelgase, die nichtmetallischen Elemente – ohne O_2 und S_2 – und einige Metalle.
Der Diamagnetismus ist praktisch temperaturunabhängig.

5.2.2 Paramagnetismus

Ist die Kompensation der magnetischen Momente im atomaren Bereich unvollständig, so liegt Paramagnetismus vor. Die resultierenden magnetischen Momente mit ihren willkürlichen Orientierungen werden durch ein äußeres Magnetfeld ausgerichtet. Das Gesamtfeld ist – etwas – stärker als das erregende. Die Suszeptibilität ist positiv mit Werten von etwa $\kappa = 10^{-5} \dots 10^{-3}$. Die Permeabilitätszahl μ_r ist damit praktisch auch nur wenig größer als 1.

> *Paramagnetische Stoffe* haben eine Permeabilität > 1 und eine positive Suszeptibilität.

Da die Wärmebewegung der Teilchen der ausrichtenden Wirkung des Magnetfeldes entgegenwirkt, ist der Paramagnetismus temperaturabhängig.
Dia- und Paramagnetismus sind für die Elektrotechnik praktisch ohne Bedeutung.

5.2.3 Ferromagnetismus

Sind im atomaren Bereich die magnetischen Momente über größere Bereiche gleich orientiert, sog. *Weisssche Bezirke* oder *Domänen*, die sich untereinander kompensieren, so spricht man von Ferromagnetismus. Ein äußeres Magnetfeld vermag jetzt leicht die größeren Bezirke auszurichten. Die Suszeptibilität κ und die Permeabilität μ_r erreichen sehr hohe Werte. Damit es zu diesem Ausnahmezustand kommt, sind allerdings einige spezielle Bedingungen im Kristall zu erfüllen.

> Ferromagnetische Stoffe haben eine Permeabilität $\gg 1$ und eine praktisch gleichgroße positive Suszeptibilität.

Die Tabelle 5.1 zeigt zunächst einmal die Elektronenverteilung der Elemente 25...29 des Periodensystems, unter denen wir die ferromagnetischen Stoffe Fe, Co und Ni finden. Auffällig ist zunächst, daß in der N-Schale das s-Niveau bereits vollbesetzt ist, während das d-Niveau der darunterliegenden M-Schale erst ausgebaut wird. Eine weitere Absonderlichkeit wird durch die zusätzlich eingetragenen (Halb-)Pfeile beim 3d-Niveau erkennbar. Diese Pfeile deuten die Orientierung der Spinmomente an. Wir erkennen bei Mn, daß entgegen der Erwartung die Spinmomente im 3d-Niveau nicht paarweise kompensieren, wie bereits im 4s-Niveau, sondern alle gleich orientiert sind. Fe, Co und Ni kompensieren nach und nach die Spinmomente des 3d-Niveaus, bis bei Cu nur ein unkompensiertes Spinmoment bei 4s auftritt. Bislang würde sich hieraus lediglich ein paramagnetisches

Tabelle 5.1 Elektronenkonfiguration der Elemente 25...29 mit Darstellung der Spinmomente von 3 d und 4 s (↑ = Spinmoment)

Z	Schalen / Element	K	L		M			N
		1s	2s	2p	3s	3p	3d	4s
25	Mn	2	2	6	2	6	5 ↑ ↑ ↑ ↑ ↑	2 ↑↓
26	Fe	2	2	6	2	6	6 ↑↓ ↑ ↑ ↑ ↑	2 ↑↓
27	Co	2	2	6	2	6	7 ↑↓ ↑↓ ↑ ↑ ↑	2 ↑↓
28	Ni	2	2	6	2	6	8 ↑↓ ↑↓ ↑↓ ↑ ↑	2 ↑↓
29	Cu	2	2	6	2	6	10 ↑↓ ↑↓ ↑↓ ↑↓ ↑↓	1 ↑

Bild 5.4
Ordnungen magnetischer Momente
a) parallel, b) antiparallel
↑ magnetisches Moment

Verhalten herleiten lassen. Im Metallkristall besteht nun eine *Austauschkopplung* zwischen den Atomen (bzw. Atomrümpfen wegen der freien Elektronen) innerhalb des Gitters. Dies kann dazu führen, daß sich die resultierenden magnetischen Momente über größere Bereiche parallel ausrichten (Bild 5.4a).

> Beim *Ferromagnetismus* sind die magnetischen Momente über größere Bereiche parallel orientiert.

Voraussetzung einer solchen Ausrichtung ist eine Abstandsbedingung innerhalb des Gitters. Das Verhältnis der Atomabstände a zum Radius des unvollständigen – d.h. 3d- – Niveaus muß größer 3 sein. Wir haben hier den wichtigsten Fall der sog. direkten Austauschkopplung, dabei liegt eine räumliche Überlappung der magnetischen Elektronenzustände vor. Die Tabelle 5.2 zeigt hierzu Zahlenwerte, die für die bekannten ferromagnetischen Elemente Fe, Co und Ni Werte für $a/r > 3$ liefern. Interessant ist noch Mn, das bis auf ca. 2 % an den Grenzwert herankommt. Baut man nun (diamagnetische) Cu-Atome in das Mn-Gitter ein, so erfolgt eine Aufweitung des Gitters, die $a/r > 3$ werden läßt und damit einen ferromagnetischen Werkstoff ergibt (Heusler-Legierung), obwohl er keinerlei Fe, Ni oder Cr enthält.

Tabelle 5.2 Atomabstände und Radien der 3 d-Niveaus für Mn, Fe, Co, Ni und die Legierung CuMn

Stoff	$\frac{a}{nm}$	$\frac{r}{nm}$	$\frac{a}{r}$	$\frac{a/r}{3}$
Mn	0,252	0,0855	2,95	0,98
Fe	0,250	0,0796	3,26	1,09
Co	0,251	0,0690	3,64	1,21
Ni	0,250	0,0635	3,94	1,31
CuMn	0,258	0,0720	3,58	1,19

Die ausrichtenden Kräfte für die Spins sind elektrostatischer Natur und werden *Austauschkräfte* genannt. Mit steigender Temperatur wirken die Wärmebewegungen der Atome (-rümpfe) den ordnenden Austauschkräften entgegen, so daß ab einer bestimmten Temperatur der ungeordnete, d.h. paramagnetische Zustand überwiegt. Diese Grenztemperatur, oberhalb der ferromagnetische Stoffe paramagnetisch werden, heißt *Curie-Temperatur*. Die Besonderheit der Kristallstruktur ist also eine weitere Bedingung für den Ferromagnetismus. Zusammenfassend können wir drei Bedingungen als Voraussetzungen für den Ferromagnetismus formulieren.

Ein Stoff ist ferromagnetisch, wenn

1. im Atom eine unvollständige innere Elektronenschale existiert,
2. in der unvollständigen Elektronenschale unkompensierte Spins vorhanden sind,
3. der Atomabstand mindestens den 3fachen Radius der nicht spinkompensierten Schale aufweist.

Wenn wir nach diesen drei Kriterien das Periodensystem untersuchen, so stellen wir fest, daß die Bedingungen 1 und 2 im Bereich der Lanthaniden von Cer (OZ 58) bis Thulium (OZ 69) und bei den Actiniden von Protactinium (OZ 91) bis Mendelevium (OZ 101) erfüllt werden. Die Bedingung 3 wird aber nur von Gadolinium unterhalb 16 °C und von Dysprosium und Erbium unterhalb −186 °C bzw. −253 °C noch erreicht. Für die Technik sind diese Tatbestände allerdings bedeutungslos.

5.2.4 Antiferromagnetismus

Die Austauschkopplung im Gitter kann aber auch zu einem anderen Ordnungszustand führen. Liegt nämlich eine sog. Superaustauschkopplung vor, wobei die Metallionen über ein diamagnetisches Anion (meist Sauerstoff) als Zwischenglied gekoppelt sind, so ordnen sich die magnetischen Momente paarweise antiparallel an (Bild 5.4b). Da beim Ferromagnetismus eine parallele Anordnung vorlag (Bild 5.4a), nennt man nach der Orientierung der Momente diesen Zustand Antiferromagnetismus.

Beim *Antiferromagnetismus* sind die magnetischen Momente paarweise antiparallel orientiert.

Nach außen hin ist ein solches System durchweg unmagnetisch und verhält sich bei den üblichen Untersuchungen wie ein paramagnetischer Stoff.

5.2.5 Ferrimagnetismus

Interessant wird die antiparallele Ordnung jedoch dann für die Praxis, wenn die zugehörigen magnetischen Momente ungleich groß sind. Es verbleibt dann in einer Richtung ein resultierendes Moment, das ähnliche Wirkung wie bei einem ferromagnetischen Material zeigt. Man nennt diese Eigenschaft dann ferrimagnetisch.

Ferrimagnetismus ist unvollständig kompensierter Antiferromagnetismus.

Bild 5.5 zeigt die verschiedenen Ordnungszustände der magnetischen Momente einmal in einer schematischen Übersicht. Die linke Spalte benutzt ein einfaches kubisches Gitter als

Magnetische Momente im kubischen Gitter	vereinfachte Darstellung	Bezeichnung	μ_r	κ
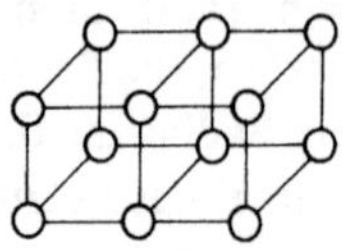		dia-magnetisch	< 1 (≈ 1)	< 0 (≈ 0)
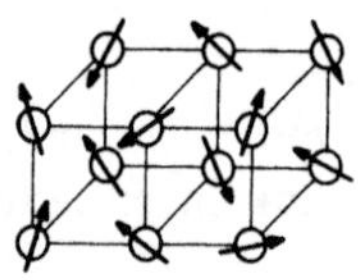		para-magnetisch	> 1 (≈ 1)	> 0 (≈ 0)
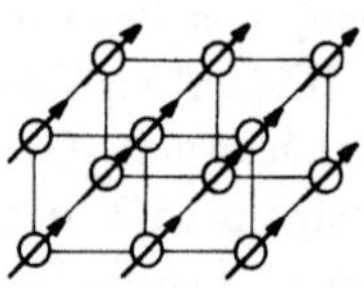		ferro-magnetisch	$\gg 1$	$\gg 0$
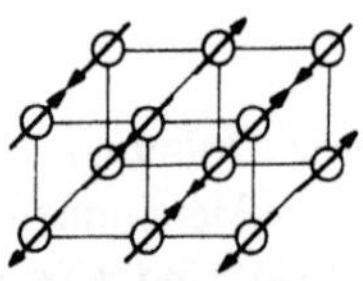		antiferro-magnetisch	> 1 (≈ 1)	> 0 (≈ 0)
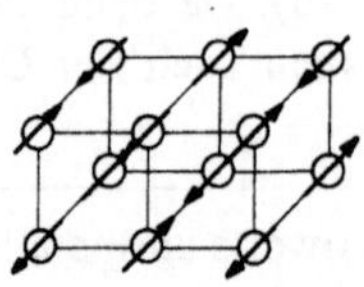		ferri-magnetisch	$\gg 1$	$\gg 0$

Bild 5.5 Ordnungszustände magnetischer Momente (schematische Übersicht)
↑ magnetisches Moment mit relativer Größe und Richtung

Darstellungsgrundlage. In der nächsten Spalte findet sich die meist übliche Beschreibung durch entsprechend angeordnete Pfeile, die die magnetischen Momente nach ihrer Richtung und Größe zueinander charakterisieren sollen.

Der diamagnetische Zustand ist durch das Fehlen von nach außen hin auftretenden magnetischen Momenten gekennzeichnet, während der paramagnetische regellos verteilte und schlecht zu orientierende Momente zeigt. Die nächsten drei Zustände sind unterschiedlich vorgeordnet. Ferromagnetisch zeigt sich sozusagen als optimale Ordnung. Die gleichgroßen magnetischen Momente sind parallel vorsortiert. Beim antiferromagnetischen Zustand kompensieren sich die paarweise antiparallelen magnetischen Momente. Ist die

Kompensation unvollständig, d.h. sind die magnetischen Momente unterschiedlich groß, so bleibt pro „Paar" ein resultierendes Moment zurück, das dem Bild „ferromagnetisch" entspricht, jedoch aus einer Differenzbildung entstanden ist. Das System ist ferrimagnetisch.

5.3 Magnetisierung

Die Orientierung der parallelen magnetischen Momente weist nur innerhalb mikroskopischer Bereiche die gleiche Richtung auf. Ohne ein äußeres Feld sind die Richtungen dieser kleinen, spontan aufmagnetisierten Bereiche, der Weissschen Bezirke – auch Domänen oder *Elementarbereiche* genannt – regellos verteilt. Der Stoff ist pauschal unmagnetisch.

> *Weisssche Bezirke* sind spontan gleich aufmagnetisierte kleine Bereiche, sie werden auch *Domänen* oder *Elementarbereiche* genannt.

Die Weissschen Bezirke sind also ausschließlich durch die Austauschkopplung bis zur Sättigung magnetisiert. Bei genauerer Betrachtung zeigt es sich, daß diese spontane Magnetisierung stets nur unter bestimmten Richtungen im Kristallgitter erfolgt. Beim Eisen sind dies z.B. die <100>-Richtungen, d.h. die Würfelkanten. Diese Richtungen der leichten Magnetisierbarkeit führen auch die Bezeichnung (magnetisch) *leichte Richtungen*. Die anderen – bei Eisen z.B. die diagonalen Richtungen – sind dementsprechend (magnetisch) *schwere Richtungen*.

> Magnetisch *leichte Richtungen* sind Richtungen leichter Magnetisierbarkeit.
> Magnetisch *schwere Richtungen* sind Richtungen erschwerter Magnetisierbarkeit.

Die leichten Richtungen können wir auch als Vorzugsrichtungen bezeichnen, sie ergeben sich aus den Kräften zwischen dem Kristallgitter und der spontanen Magnetisierung. Sie führen, da an Richtungen gebunden, den Namen *magnetische Anisotropiekräfte* oder auch kurz *Kristallanisotropie*.

Da die Anzahl der ausrichtbaren magnetischen Momente begrenzt ist, muß die Polarisation einem Grenzwert, der *Sättigungspolarisation* J_s, zustreben. (Die Induktion oder Flußdichte B steigt danach noch mit $\mu_0 H$ weiter an, s. auch Aufgabe 5.1.) In diesem Falle sind alle magnetischen Momente ausgerichtet, und es müßte sich, wenn das gesamte Moment eines Materievolumens bekannt ist, feststellen lassen, mit wieviel Magnetonen μ_B jedes Atom an J_s beteiligt ist. Wir gehen von Gl. (5.8) aus und erweitern sie für eine stromdurchflossene Spule der Windungszahl n. Somit gilt

$$m'_m = nIA \tag{5.8a}$$

$n \cdot I$ ist die magnetische Durchflutung, für die wir allgemein im freien Raum $H \cdot l$ setzen können. Im materieerfüllten Raum kommt dazu der aus der Magnetisierung herrührende Anteil $M \cdot l$. Also wird

$$m'_m = (H + M)\,lA \tag{5.9}$$

Da uns für die Polarisation nur der Materialanteil interessiert, verbleibt nach Erweiterung mit μ_0

$$\mu_0\, m'_m = \mu_0 M l A = JV \tag{5.10}$$

Wenn wir die Anzahl der beteiligten Atome mit Hilfe der Loschmidt-Zahl durch die Atomdichte N_A Anzahl der Atome pro Volumen mal dem Volumen V ersetzen, so muß sich das magnetische Moment m'_m als

$$m'_m = N_A z \mu_B V \tag{5.11}$$

zur Bestimmung von z Anzahl der Magnetonen μ_B pro Atom benutzen lassen, wenn die erzielbare Sättigungspolarisation J_s meßtechnisch ermittelt worden ist. Dann gilt nämlich

$$J_s = \mu_0 \mu_B N_A z \qquad \text{bzw.} \qquad z = \frac{J_s}{\mu_0 \mu_B N_A} \tag{5.12a und b}$$

Die daraus resultierenden Zahlenwerte sind in der Tabelle 5.3 für die drei ferromagnetischen Elemente Fe, Ni und Co bei Raumtemperatur zusammengestellt.

Tabelle 5.3 Sättigungspolarisation J_s, Atomdichte N_A und Anzahl der pro Atom wirksamen Magnetonen z für Fe, Ni und Co bei Raumtemperatur

Element	$\frac{J_s}{Vs/m^2}$ rein	$\frac{J_s}{Vs/m^2}$ technisch	$\frac{N_A}{At/m^3}$	z
Fe	2,16	2,13...2,15	$8{,}5 \cdot 10^{28}$	2,1
Ni	0,61	0,58...0,62	$9{,}1 \cdot 10^{28}$	0,6
Co	1,81	1,76...1,81	$9{,}0 \cdot 10^{28}$	1,7

Die Temperatur hat auf alle magnetischen Eigenschaften einen großen Einfluß. Für ferromagnetische Stoffe ist die Curie-Temperatur T_c von besonderer Bedeutung, da oberhalb dieser Temperatur die Wärmebewegung den Ordnungszustand der magnetischen Momente aufhebt und das Material paramagnetisch wird. Dieser Übergang erfolgt sicherlich irgendwie kontinuierlich, und es ist anzunehmen, daß die Sättigungspolarisation dicht unterhalb der Curie-Temperatur bereits recht gering ist. Andererseits müßte mit stark sinkender, gegen 0 K gehender Temperatur die Sättigungspolarisation gegen ihren maximal möglichen Grenzwert gehen, da dann alle magnetischen Momente ohne Störung durch die Wärmebewegungen ausgerichtet werden können.

> Die Sättigungspolarisation (J_s) geht für tiefe Temperaturen gegen einen Grenzwert, die *Grenzpolarisation* (J_0).

Messungen bestätigen diesen Zusammenhang. Er ist bei normierter Darstellung sogar für magnetisierbare Stoffe recht ähnlich. Das Bild 5.6 zeigt den Zusammenhang zwischen der Sättigungspolarisation J_s, bezogen auf die Grenzpolarisation J_0 beim absoluten Nullpunkt, in Abhängigkeit von der auf die zugehörige Curie-Temperatur T_c normierten absoluten Temperatur für Fe, Ni und Co. Die drei Kurven sind praktisch deckungsgleich. Nahe der Curie-Temperatur, d.h. Abszissenwert 1, beträgt die Sättigungspolarisation nur noch einen verschwindenden Bruchteil der maximal überhaupt möglichen. Umgekehrt geht die Sättigungspolarisation beim absoluten Nullpunkt gegen einen für jeden Werkstoff typischen Grenzwert.

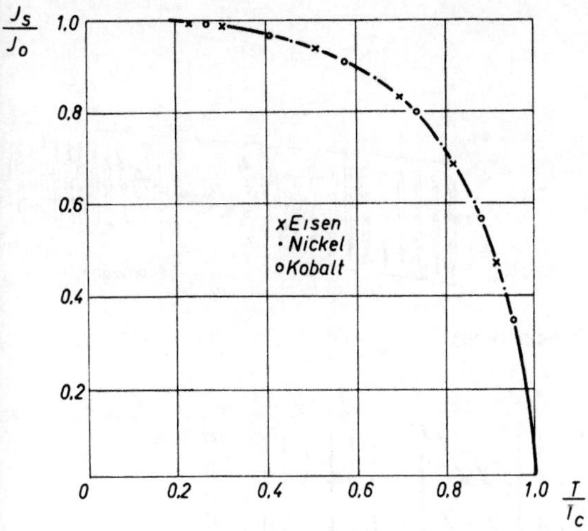

Element	$\frac{J_0}{Vs/m^2}$	$\frac{T_c}{°C}$
Fe	2,18	769
Ni	0,64	358
Co	1,81	1120
Gd	2,54	16

Bild 5.6
Normierte Sättigungspolarisation J_S/J_0 in Abhängigkeit von der normierten (absoluten) Curietemperatur T/T_c für Eisen, Nickel und Kobalt (nach *J. H. Van Vleck*) sowie den Werten für Grenzpolarisation J_0 und Curietemperatur T_c

In Bild 5.6 sind die Werte der Grenzpolarisation J_0 und die Curie-Temperatur für Fe, Ni und Co tabellarisch mit aufgeführt. Wenn wir berücksichtigen, daß die Raumtemperatur etwa zwischen 20...50 % der Curie-Temperatur (in K gemessen) liegt, so ist aus Bild 5.6 zu entnehmen, daß die maximale Polarisation im allgemeinen recht gut ausgenutzt werden kann. Umgekehrt muß man sich aber auch darüber im klaren sein, daß ein Werkstoff mit niedriger Curie-Temperatur eine geringe Sättigungspolarisation und damit auch nur eine geringe Sättigungsflußdichte aufweist.
Aus der Überlegung, daß ferromagnetische Stoffe oberhalb der Curie-Temperatur paramagnetisch werden, könnte man den umgekehrten Schluß ziehen, daß paramagnetische Stoffe unterhalb einer „ausreichend niedrigen" Temperatur ferromagnetisch werden. Wenn man von Erbium (T_c = −253 °C) und Dysprosium (T_c = −186 °C) absieht, hat sich diese Logik noch nicht bestätigt. Auch der antiferromagnetische Ordnungszustand ist nicht gegen höhere Temperaturen beständig. Der Übergang in den allgemeinen paramagnetischen Zustand erfolgt hier bei der Néeltemperatur.

Néeltemperatur ist die Curie-Temperatur antiferromagnetischer Stoffe.

Die Namensgebung weist hier auf das andere Ordnungssystem hin.
Gelangt ein ferromagnetischer Stoff in ein Magnetfeld, so wird die ausrichtende Wirkung auf die magnetischen Momente die Existenz der Weissschen Bezirke zu berücksichtigen haben. Die *Ausrichtung* geschieht auf zwei Arten

1. Wandverschiebungen
2. Drehprozesse

In Bild 5.7a sind Weisssche Bezirke dargestellt, die im polykristallinen Material häufig lamellare Strukturen aufweisen. Diese Bezirke, die Ausdehnungen bis zu einigen zehntel Millimetern haben können, sind nicht mit der Kornstruktur zu verwechseln! Problematisch wird die spontane Ausrichtung der magnetischen Momente an der Grenze zweier

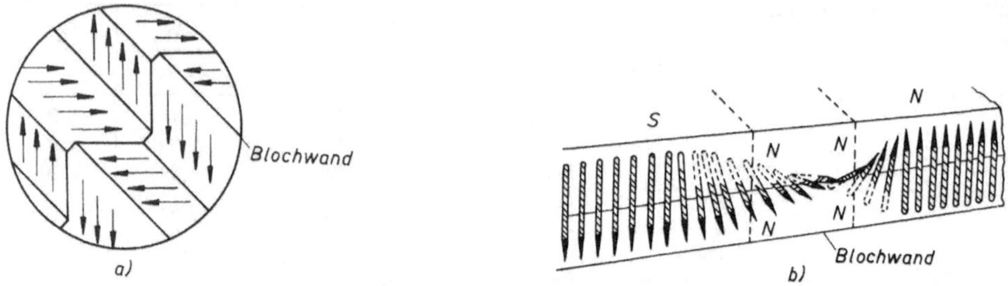

Bild 5.7 Weisssche Bezirke und Blochwand (schematisch)

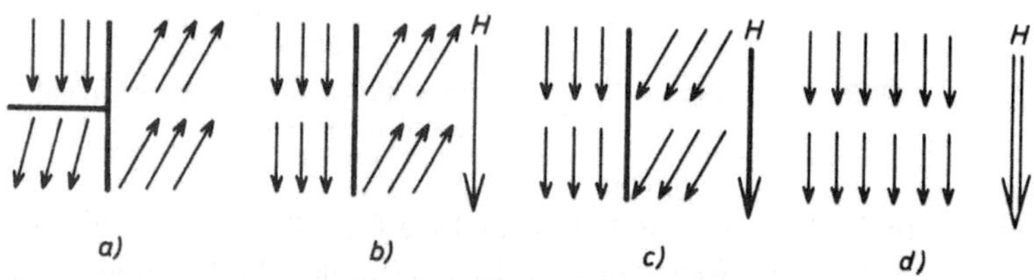

Bild 5.8 Stufen der Magnetisierung
a) ungestörter Zustand, b) (Bloch-)Wandverschiebung, c) irreversible Drehung, d) reversible Drehung
Weitere Erläuterungen im Text

Weissscher Bezirke. Hier erfolgt der Übergang nicht abrupt, sondern kontinuierlich in Form einer sog. *Blochwand*, wie sie in Bild 5.7b schematisch dargestellt ist. Eine solche Blochwand ist größenordnungsmäßig etwa 1000 Atomdurchmesser „dick“, so daß der Richtungsunterschied zwischen den einzelnen magnetischen Momenten innerhalb der Wand verschwindend klein wird. Entsprechend den Winkeln zwischen den Orientierungen der Weissschen Bezirke unterscheidet man z.B. 180°- oder 90°-Blochwände.
Die Blochwände sind für Magnetisierungsvorgänge bei geringen Feldstärken wichtig. In Bild 5.8 sind in a zunächst einmal drei aneinandergrenzende Weissche Bezirke dargestellt. Die Blochwand zwischen den beiden linken Bezirken in Bild 5.8a hat dabei nur einen geringen Richtungsunterschied zu überbrücken. Ein schwaches magnetisches Feld *H* – ein dünner Pfeil in Bild 5.8b – verschiebt die Blochwand aus dem Bild heraus, so daß links ein vergrößerter Weissscher Bezirk entstanden ist. Der fast um 180° versetzte Bezirk des rechten Bildteiles wird erst durch ein stärkeres Feld in Bild 5.8c beeinflußt. Die magnetischen Momente klappen zunächst einmal im Verlauf einer sog. *irreversiblen Drehung* um 180° um. Diesen plötzlichen Richtungswechsel kann man als sog. *Barkhausensprünge* hörbar machen.

Barkhausensprünge sind irreversible Drehungen magnetischer Momente.

Ein weiterer Anstieg der Feldstärke dreht dann die magnetischen Momente *reversibel* in Feldrichtung. Damit ist der beobachtete Bereich bis zur Sättigung magnetisiert. Eine weitere Steigerung der Feldstärke *H* würde im Werkstoff ohne Folgen bleiben.

5.4 Magnetisierungskurve

Nach dem bisher über die Magnetisierung Gesagten ist zu vermuten, daß der Zusammenhang zwischen der magnetischen Feldstärke H und der daraus im Inneren des Werkstoffes auftretenden Flußdichte B (zusammengesetzt aus der Polarisation J und $\mu_0 H$) mit Sicherheit nicht linear ist. Der nur experimentell zu ermittelnde Zusammenhang zwischen H und B wird durch die *Magnetisierungs-* oder *Hysteresekurve* (-schleife) beschrieben. In Bild 5.9 ist eine derartige Kurve in ihrem prinzipiellen Verlauf dargestellt. Für einen noch nie magnetisierten (oder einwandfrei entmagnetisierten) Werkstoff beginnt die Kurve im Koordinatenursprung. Für $H = 0$ ist auch $B = 0$. Steigt H jetzt schwach an, beginnen die *Wandverschiebungen* wirksam zu werden, und es resultiert daraus ein leichter Anstieg von B, Abschnitt a in Bild 5.9. Die weitere Steigerung von H bewirkt jetzt die *irreversiblen Drehungen* mit einer wesentlich schnelleren Zunahme von B, Abschnitt b in Bild 5.9. Die *reversiblen Drehungen* im Bereich c von Bild 5.9 lassen, trotz wesentlicher Erhöhung der Feldstärke H, die Flußdichte B nur noch wenig bis zur Sättigungsflußdichte B_s ansteigen. (Wird H noch weiter gesteigert, verläuft die Kurve nach einer Geraden mit der Steigung μ_0, s. auch Aufgabe 5.1.)

Wird die Feldstärke H jetzt zurückgenommen, sinkt die Flußdichte auf einem höherliegenden Kurvenast (d in Bild 5.9) bis B_r bei $H = 0$ ab, d.h. ohne Erregung H ist noch eine Flußdichte B vorhanden!

> *Remanenzinduktion* (B_r) ist die nach dem Verschwinden des erregenden Magnetfeldes verbleibende Flußdichte (Induktion).

Die Ursache dieses sog. *remanenten Magnetismus* mit der Remanenzinduktion oder Remanenzflußdichte B_r ist in den irreversiblen Drehungen zu suchen. Die einmal durch eine entsprechende Feldstärke umgeklappten magnetischen Momente können erst durch eine Gegenkraft wieder zurückgekippt werden. Hierzu muß H umgepolt werden, und bei $-H_c$, der sog. *Koerzitivfeldstärke* (Koerzitivkraft) ist B wieder auf 0 angekommen.

> *Koerzitivfeldstärke* ist die zur Aufhebung der Remanenzinduktion notwendige (Gegen-)Feldstärke.

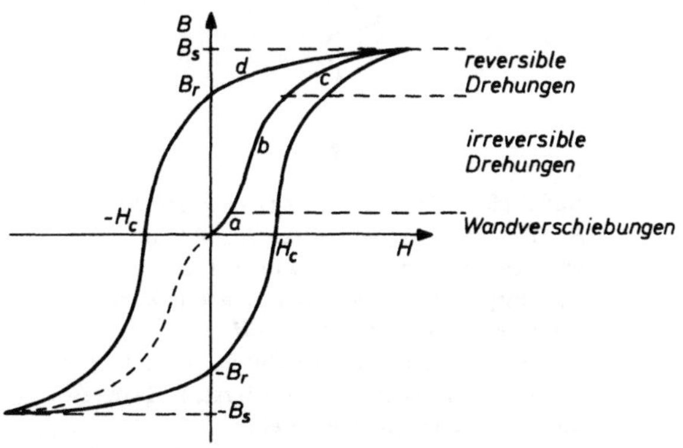

Bild 5.9
Grundsätzlicher Verlauf und Entstehung einer Magnetisierungskurve oder Hystereseschleife (Erläuterungen im Text)

Eine weitere Steigerung von H in negativer Richtung führt wieder zu einer – jetzt negativen – Sättigungsinduktion – B_s. Auch auf dieser Seite bleibt beim Verschwinden von H wieder eine Remanenzinduktion – B_r zurück. Um diese aufzuheben, ist die – nunmehr wieder positive – Koerzitivfeldstärke H_c notwendig. Zunehmende Feldstärke H führt erneut zu B_s, womit der Kurvenzug zunächst einmal geschlossen wäre.
Die Magnetisierungskurve ist also einerseits, wie erwartet, nicht linear, andererseits kehrt sie nicht wieder in den Nullpunkt des Koordinatensystems zurück. Sie verfügt über eine sog. *Hysterese*. Dies bedeutet, daß nachfolgende Magnetisierungen stets in irgendeiner Form von der vorhergegangenen abhängig sind. (Aus diesem Grunde auch die Anfangsbedingung „noch nie magnetisiert".)

Als nächstes erhebt sich jetzt die Frage, wie gelangt man wieder in den Nullpunkt des Koordinatensystems, d.h. wie wird der Werkstoff entmagnetisiert? Ein vermutlich nur selten anwendbares Verfahren ist entsprechend dem bisher Gesagten offensichtlich ein Überschreiten der Curie-Temperatur. Nach dem Abkühlen ist das Material dann wieder pauschal unmagnetisch. Hieraus folgt auch, daß alle über einen (hoch-)thermischen Prozeß gewonnenen Magnetwerkstoffe zunächst unmagnetisch sind.
Eine nichtthermische *Entmagnetisierung* muß die durchlaufene Hystereseschleife zu Null werden lassen. Das Bild 5.10 soll diesen Weg veranschaulichen. Das Material möge aus irgendeiner Vorgeschichte eine remanente Induktion B_1 aufweisen. Wir legen jetzt ein magnetisches Wechselfeld $H_\sim$ an, dessen Amplitude mit der Zeit abklingt. Der erste Amplitudendurchgang muß die Magnetisierung zunächst in die positive oder negative Sättigung treiben. Damit wird die „Vorgeschichte" eliminiert. Es ist sofort offenkundig, daß nach Erreichen von $+B_s$ oder $-B_s$ alle

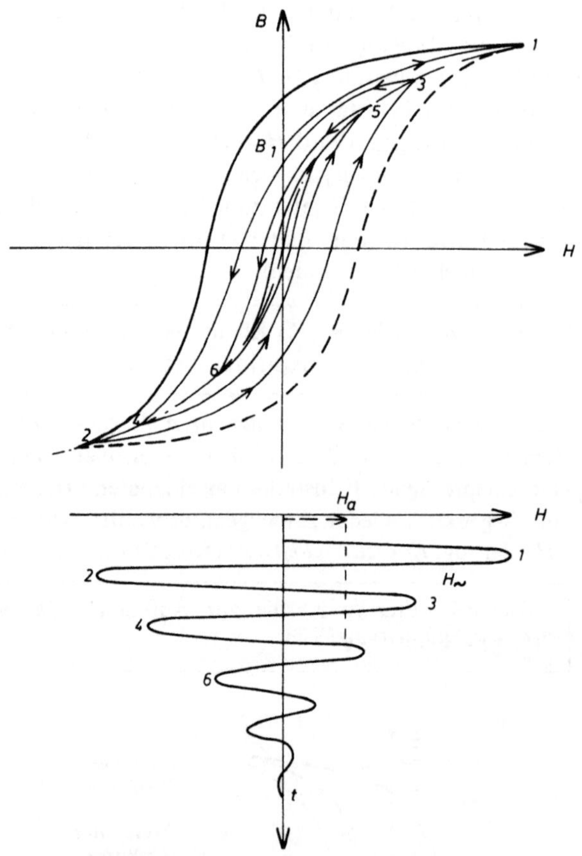

Bild 5.10 Entmagnetisierung (schematisch)
B_1 (Rest-)Vormagnetisierung, $H_\sim$ abklingendes, entmagnetisierendes Wechselfeld, 1, 2, 3, ... Umkehrpunkte auf der Kommutierungskurve = abklingende Scheitelwerte von $H_\sim$,
– · – · – · – Kommutierungskurve,
– – – – – – Ergänzung der (äußersten) Hystereseschleife, H_a äußeres Gleichfeld

Induktionswerte, die jemals zwischen $+B_r$ und $-B_r$ gelegen haben könnten, „gelöscht" sind. Wenn die Amplitude 3 von $H_\sim$ nicht mehr bis B_s reicht, so wird ein Kurvenzug innerhalb der äußersten Hystereseschleife durchlaufen, der bei noch etwas kleinerer Amplitude 4 zu einem weiteren, wiederum kleineren Kurvenzug führt usw., bis das Ganze für verschwindende Amplituden von $H_\sim$ im Koordinatenursprung endet. Wird die Amplitudenstufung genügend klein gemacht, verlaufen die Spitzen der inneren Hystereseschleifen auf einem Kurvenzug, der der *Neukurve* (Abschnitte a, b und c in Bild 5.9) entspricht. Da diese Kurve jetzt durch einen ständigen Polaritätswechsel entstanden ist, führt sie auch den Namen *Kommutierungskurve.*

> Durch ein abklingendes Wechselfeld kann ein Werkstoff entlang der Kommutierungs- oder Neukurve entmagnetisiert werden.

Bei dieser Gelegenheit wollen wir auch gleich noch untersuchen, wie die Entmagnetisierung durch ein Wechselfeld wirkt, wenn eine konstante *Vormagnetisierung* während des Abmagnetisierens vorliegt (H_a in Bild 5.10 gestrichelt). Das Ergebnis ist wieder experimentell zu ermitteln und recht verblüffend (Bild 5.11). Das – von außen anliegende – Gleichfeld der Stärke H_a ruft zunächst im Werkstoff gemäß Neukurve eine Flußdichte B_1 hervor. Wird jetzt mit abklingendem Wechselfeld entmagnetisiert, so stellt sich eine höhere Flußdichte B_2 ein. Wird diese Kurve für alle zwischen $+H_{max}$ und $-H_{max}$ liegenden H-Werte ermittelt, entsteht die sog. *ideale Magnetisierungskennlinie*, die in Bild 5.11 ausgezogen dargestellt ist. Theoretisch müßte diese Kurve senkrecht, d.h. mit der B-Achse zusammenfallend, durch den Ursprung gehen. Wegen der stets in magnetischen Werkstoffen auftretenden (Selbst-)Entmagnetisierung ist die praktisch ermittelte Steigung von 90° verschieden. Der Unterschied gegen 90° ist ein Maß für die real vorhandene Entmagnetisierung (s. auch Luftspaltgerade).

> Die *ideale Magnetisierungskurve* ist im Anfangsbereich linear, sie liegt über der Neukurve und weist keine Hysterese auf.

Die ideale Magnetisierungskurve ist u.a. die Grundlage der HF-Vormagnetisierung bei Tonbandgeräten.

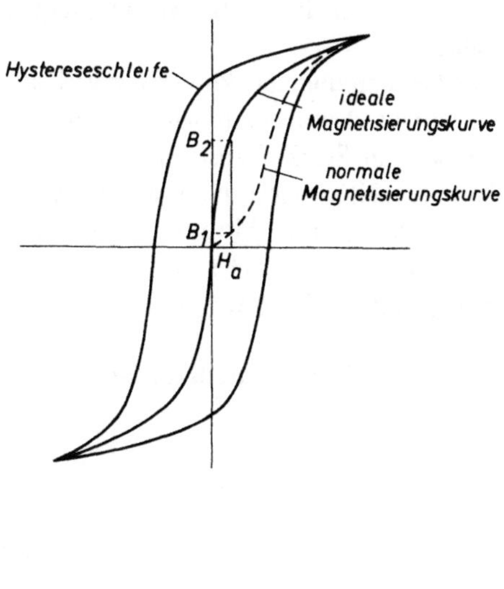

Bild 5.11
Ideale Magnetisierungskurve (schematisch)
H_a äußeres Gleichfeld, B_1 Flußdichte bei normaler Magnetisierung durch H_a, B_2 Flußdichte nach Entmagnetisierung bei konstantem Feld H_a
(Zur besseren Deutlichkeit ist der Bereich der Wandverschiebungen in der normalen Magnetisierungskurve überbetont)

5.4.1 Verluste

Die Hysteresekurve stellt praktisch eine „Verlustfläche" dar, da die aufgewandte Magnetisierungsenergie nicht wieder zurückgewonnen werden kann. Die zur Überwindung der irreversiblen Drehungen jeweils notwendige Koerzitivfeldstärke wird dann letztlich im Inneren des Werkstoffes in Wärme umgesetzt. Da dieser Energieumsatz für jeden Durchlauf der Hysteresekurve einmal erfolgt, sind die zugehörigen *Hystereseverluste* der Frequenz f direkt proportional. Der weitere Proportionalitätsfaktor ist die Fläche A der Hysteresekurve, die eine Arbeit pro Volumen (Ws/m^3) darstellt. Um diesen Wert zu ermitteln, wäre z.B. für eine auf Millimeterpapier geeicht gezeichnete Kurve die Fläche auszuzählen. Bei bekanntem Volumen V wird die Hystereseverlustleistung dann

$$P_h = VAf \tag{5.13}$$

Meist werden die Verluste nicht als reine Leistung, sondern als Leistung pro Masse m angegeben, also

$$\frac{P_h}{m} = v_h = \frac{Af}{\rho} \tag{5.14}$$

ρ ist hierbei die Dichte (kg/m^3). (Formelzeichen nicht mit dem spezifischen Widerstand verwechseln!)

In der Praxis werden die auftretenden Verluste selten getrennt angegeben, denn die Leitfähigkeit der magnetischen Werkstoffe bringt im allgemeinen in Form der *Wirbelstromverluste* einen weiteren Beitrag ein. Bei hohen Frequenzen macht sich dann noch die Trägheit der Ummagnetisierung als *Relaxationsverlust* bemerkbar.

Je nach Anwendungsgebiet des Werkstoffes werden die Verluste unterschiedlich dargestellt. Im niederfrequenten Bereich des Transformatoren- und Elektromaschinenbaues werden die *Verlustkennziffern* benutzt, während bei höheren Frequenzen, d.h. besonders HF-Spulenanwendungen, die komplexe Permeabilität zur Beurteilung des Werkstoffes dient. Im ersteren Fall werden die Verluste direkt durch eine pro kg Masse zusätzlich aufzubringende Leistung beschrieben, im zweiten Fall wird ein gedachter zusätzlicher Widerstand in die Schaltung eingebracht. Wir wollen uns hier zunächst mit den Verlustkennziffern befassen. Sie sind Zusammenfassungen von Hysterese- und Wirbelstromverlusten, da bei der maßgebenden Frequenz von 50 Hz andere Verluste keine Bedeutung haben.

Zur Bestimmung der Wirbelstromverluste nach der klassischen Wirbelstromtheorie setzen wir voraus, daß die Materialabmessungen groß gegen die Weissschen Bezirke sind. Betrachten wir ein Stück Transformatorenblech (Bild 5.12), so wird wegen seiner elektrischen Leitfähigkeit σ darin durch die Wechselinduktion B eine Spannung u erzeugt, die ihrerseits einen (Wirbel-)Strom i zum Fließen bringt. Die Verlustleistung ergibt sich aus U^2/R, wobei die örtliche Verteilung der Leistung zu berücksichtigen ist. Für einen sinusförmigen Fluß $B = \hat{B} \sin \omega t$ wird

$$u = \frac{d\phi}{dt} = \hat{B}\, b\omega \cos \omega t \; 2x \tag{5.15}$$

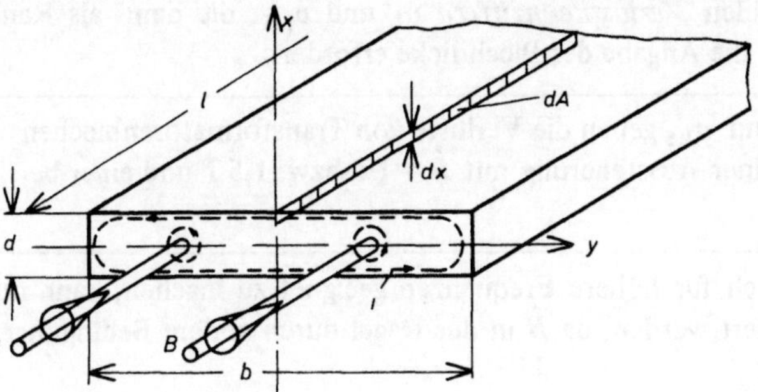

Bild 5.12
Dünnes Transformatorenblech mit Wirbelströmen (schematisch)
B zunehmende magnetische Induktion, *i* der Zunahme von *B* entgegenwirkender Wirbelstrom, *x*, *y* Koordinatensystem, *b*, *d*, *l* Abmessungen der Probe

mit $b \cdot 2x$ Fläche, durch die der Fluß ϕ tritt, und ω Kreisfrequenz. Der vom Ort (x) abhängige Teilbeitrag der effektiven Spannung (U) ergibt sich daraus zu

$$\mathrm{d}U = \sqrt{2}\,\hat{B}\,b\,\omega\,x \tag{5.16}$$

Der Widerstand einer Strombahn i – gestrichelt in Bild 5.12 – , über den diese Spannung abfällt, ist, wenn wir die Dicke d als klein gegen die Breite b vernachlässigen,

$$R = \frac{2\,b}{\sigma\,l\,\mathrm{d}x} \tag{5.17}$$

Der Teilbeitrag der Leistung wird dann

$$\mathrm{d}P_\mathrm{W} = \frac{(\mathrm{d}U)^2}{R} = \hat{B}^2\,\omega^2\,\sigma\,b\,l\,x^2\,\mathrm{d}x \tag{5.18}$$

Die Integration liefert daraus die gesamte Wirbelstromverlustleistung zu

$$P_\mathrm{W} = \frac{\sigma}{24}\,V\,(\hat{B}\,\omega\,d)^2 \tag{5.19}$$

V ist wieder das Volumen der Probe. Ersetzen wir auch hier das Volumen durch Masse m und Dichte ρ und ziehen konstante Größen heraus, so folgt

$$\frac{P_\mathrm{W}}{m} = v_\mathrm{W} = 1{,}64\,\frac{\sigma}{\rho}\,(\hat{B}\,f\,d)^2 \tag{5.20}$$

Die Wirbelstromverluste steigen also quadratisch mit der Flußdichte, der Blechdicke und der Frequenz! Sie sinken aber wieder mit der Leitfähigkeit σ, was bereits offenkundig war, da ja nur in einem elektrischen Leiter eine Spannung induziert wird. Fassen wir die Verluste zusammen, so ergibt sich

$$v = v_\mathrm{h} + v_\mathrm{W} \tag{5.21}$$

Die Verluste sind von der Aussteuerung und der Blechdicke abhängig. Die Frequenz liegt üblicherweise mit 50 Hz fest. Da die Blechdicke für den allgemeinen Fall variabel bleiben muß, ist noch die Aussteuerung festzulegen. Hierzu sind zwei Werte genormt, B = 1 T und

1,5 T. Daraus folgen die beiden *Verlustkennziffern* v_1 und $v_{1,5}$, die dann als Randbedingungen der Messung noch die Angabe der Blechdicke erfordern.

> Die Verlustkennziffern v_1 und $v_{1,5}$ geben die Verluste von Transformatorenblechen für $f = 50$ Hz in W/kg bei einer Aussteuerung mit $\hat{B} = 1$ T bzw. 1,5 T und einer bestimmten Blechdicke (d) an.

Um Transformatorenbleche auch für höhere Frequenzen geeignet zu machen, kann nur noch d, die Blechdicke, reduziert werden, da $\hat{B}$ in der Regel durch andere Bedingungen (Linearität u.ä.) vorgegeben ist.
Für eine geringere Blechdicke spricht auch noch eine weitere Bedingung, die aus der *Stromverdrängung* (*Skineffekt*) folgt. In leitende Medien dringt ein elektrisches Feld bei wachsender Frequenz nur noch mit schnell abnehmender Amplitude ins Innere des Leiters ein. Als Folge davon konzentriert sich der Stromfluß an der Oberfläche des Leiters (Bild 5.13). Die Tiefe, bei der die Stromdichte auf das $1/e$-fache (37 %) abgesunken ist, bezeichnet man als Eindringtiefe δ. Aus hier nicht weiter ausgeführten Überlegungen ergibt sie sich zu

$$\delta = \sqrt{\frac{2}{\omega \sigma \mu_0 \mu_A}} \qquad (5.22)$$

μ_A Anfangspermeabilität, d.h. Permeabilität für kleine Aussteuerungen. Wenn wir jetzt für die Wirbelströme zulassen, daß die Eindringtiefe gerade noch die halbe Blechdicke erreichen soll, können wir die sog. *Wirbelstromgrenzfrequenz* f_w, auch *Wolmansche Grenzfrequenz* genannt, bestimmen.

$$\frac{f_w}{\text{Hz}} = \frac{4}{\pi \sigma \mu_0 \mu_A d^2} \approx \frac{10^6}{\sigma \mu_A d^2} \qquad (5.23)$$

σ ist wieder der spezifische Leitwert, den wir in S/m (bzw. $\frac{\text{S m}}{\text{mm}^2}$) einsetzen müssen, wenn die Blechdicke in m (bzw. mm) angegeben wird.

> Bei der *Wirbelstromgrenzfrequenz* ist die Eindringtiefe des Stromes gleich der halben Blechdicke.

Fassen wir die Gln. (5.22) und (5.23) zusammen, erhalten wir die Eindringtiefe δ bei bekannter Wirbelstromgrenzfrequenz f_w zu

$$\delta = \frac{d}{2} \sqrt{\frac{f_w}{f}} \qquad (5.24)$$

δ ergibt sich hier in den Einheiten von d.

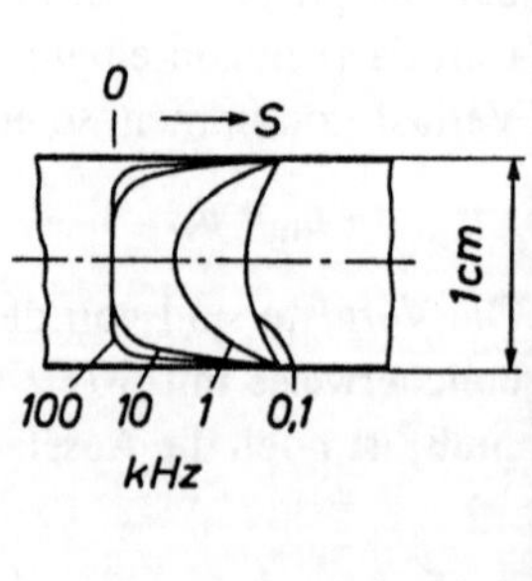

Bild 5.13 Stromdichteverteilung
S Stromdichte. Verteilung des Betrages der Stromdichte für einen Draht von 1 cm Durchmesser bei den Frequenzen 0,1 kHz, 1 kHz, 10 kHz und 100 kHz.

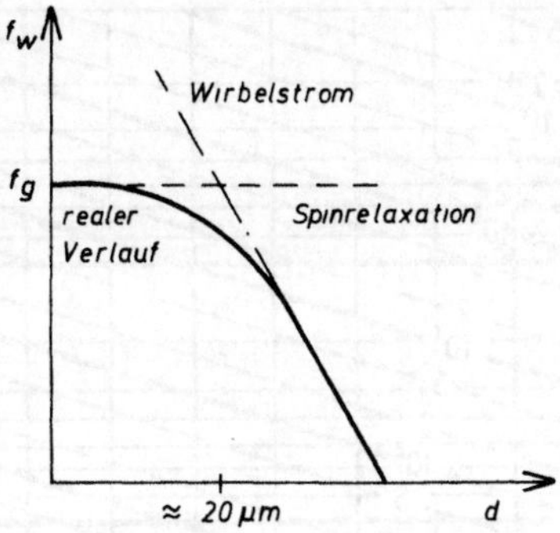

Bild 5.14

Grenzfrequenz in Abhängigkeit von der Blechdicke (schematisch)

f_g Grenzfrequenz. d Blechdicke, –·–·– theoretischer Verlauf gemäß Gl. (5.23), – – – – – gyromagnetische Grenzfrequenz

Für sehr dünne Bleche geht die Grenzfrequenz nicht mehr beliebig weit hoch, sondern sie nähert sich einem Grenzwert, der durch die Dämpfung des Spinmomentes im Material bewirkt wird (Bild 5.14). Es ergibt sich damit eine andere Grenzfrequenz, die auch *natürliche gyromagnetische Resonanz* oder *gyromagnetische Grenzfrequenz* f_g genannt wird (zum Unterschied von der gyromagnetischen Resonanz bei der Larmorfrequenz, s. 5.5).

> Die *gyromagnetische Grenzfrequenz* wird durch die Resonanz der Spinmomente verursacht.

Für technisch übliche Werkstoffe ergibt sich die gyromagnetische Grenzfrequenz f_g zu

$$\frac{f_g}{\text{Hz}} = (1\ldots2)\cdot 10^{10}\,\frac{B_s}{\mu_A} \qquad (5.25)$$

B_s Sättigungsinduktion in T und μ_A Anfangspermeabilität. f_g führt auch den Namen *gyromagnetische Halbwertsfrequenz*. Die Blechdicke geht in diese Formel nicht mehr ein, sondern nur noch das Verhältnis der Sättigungsinduktion zur Anfangspermeabilität. Daraus wird sofort ersichtlich, daß hochpermeable Stoffe – die Sättigungsinduktionen der technisch üblichen Materialien unterscheiden sich nur wenig voneinander – wesentlich geringere Grenzfrequenzen aufweisen als niederpermeable Stoffe.
Für polykristalline Ferrite folgt wegen der fehlenden Wirbelstromverluste und der fast konstanten Sättigungsinduktion von ca. 0,3...0,4 T

$$\frac{f_g}{\text{Hz}} \approx \frac{(3\ldots8)\cdot 10^9}{\mu_A} \qquad (5.25a)$$

Beispiel 5.3: Gyromagnetische Grenzfrequenz
Die üblichen Sättigungsinduktionen von Transformatorenblechen liegen im Bereich von etwa 0,5... ...2 T und die niedrigen Anfangspermeabilitäten bei ca. $\mu_A = 10^2$, die hohen bis zu $\mu_A = 10^5$. Daraus folgt für niedrige Permeabilitäten

$$f_{g_n} \approx 2\cdot 10^8\ \text{Hz} \approx 100\ \text{MHz}$$

und für die hohen Permeabilitäten

$$f_{g_h} \approx 2\cdot 10^5\ \text{Hz} \approx 0{,}1\ \text{MHz}$$

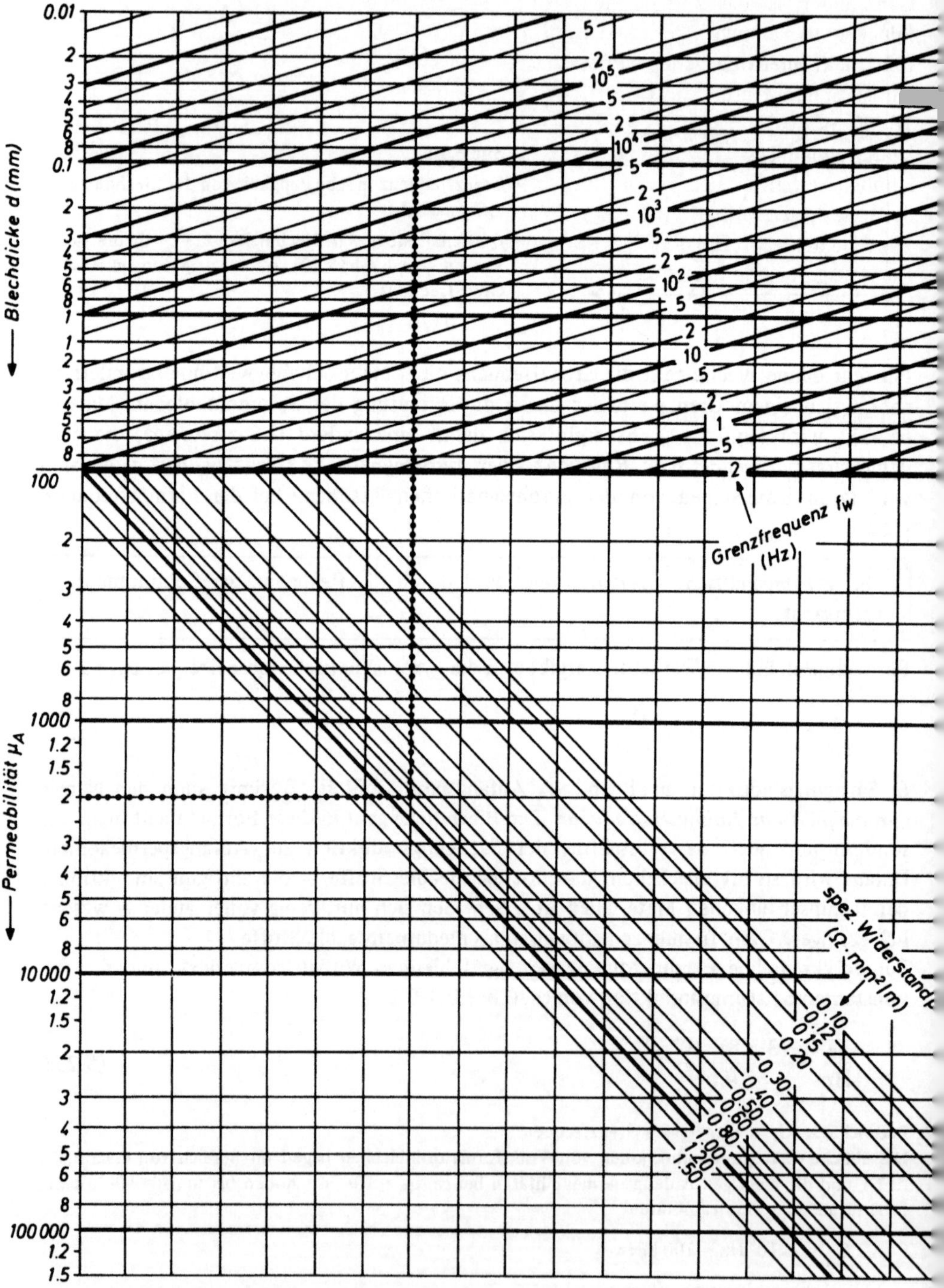

Bild 5.15 Wirbelstromgrenzfrequenzdiagramm
(Diagramm der Gl. (5.23) nach der klassischen Wirbelstromtheorie)

Da die gyromagnetische Grenzfrequenz erst bei sehr dünnen Blechen mit ca. $d < 20\,\mu m$ wirksam wird, ist sie für die normalen Transformatorenbleche ohne Bedeutung. Wichtiger ist die Wirbelstromgrenzfrequenz. Hierfür können wir uns der Gl. (5.23) oder eines Nomogrammes, wie es Bild 5.15 zeigt, bedienen.

Beispiel 5.4: Wirbelstromgrenzfrequenz (Nomogrammanwendung)
Für einen Werkstoff mit einer Anfangspermeabilität von $\mu_A = 2000$ und einem spezifischen Widerstand von $\rho = 0{,}8\,\frac{\Omega\,mm^2}{m}$ würde eine Blechdicke von $d = 1$ mm eine Grenzfrequenz von $f_W \approx 500$ Hz ergeben!
Um auf 10 kHz zu gelangen, darf $d = 0{,}2$ mm sein! Mit $d = 0{,}1$ mm würde das Material $f_W \approx 50$ kHz erreichen.

5.4.2 Hystereseschleifen

Hystereseschleifen können sehr unterschiedliche Verläufe haben. Grundsätzlich ist der Verlauf einer solchen Kurve material- und verarbeitungsbedingt. Da andererseits die Anwendung bestimmte Kurvenformen erfordert, müssen die Hersteller magnetischer Werkstoffe über ein umfangreiches fertigungstechnisches Wissen verfügen, um den vielfältigen Anforderungen gerecht zu werden. Wir wollen uns hier zunächst mit den Grundtypen der Hystereseschleifen befassen.

5.4.2.1 Normale Hystereseschleife (Bilder 5.9 und 5.10)

Der skizzierte *s-förmige Verlauf* stellt den Grundtyp einer Magnetisierungskurve dar. Er ist charakteristisch für polykristallines Material bzw. nicht speziell behandelte magnetische Werkstoffe. Ein zahlenmäßiger Ausdruck für diese Kurvenform ist das Verhältnis Remanenz- zu Sättigungsinduktion

$$B_r/B_s \approx 0{,}5\ldots0{,}7$$

Typische Materialien hierzu sind normale Transformatoren- und Dynamobleche, Stahlguß, Ferrite geringer Permeabilität, Dauermagnetstähle geringer Energiedichte u.ä.

5.4.2.2 Rechteckschleife (Bild 5.16)

Die Kurve beschreibt annähernd ein Rechteck. Entscheidendes Merkmal ist das Verhältnis von

$$B_r/B_s \approx 1$$

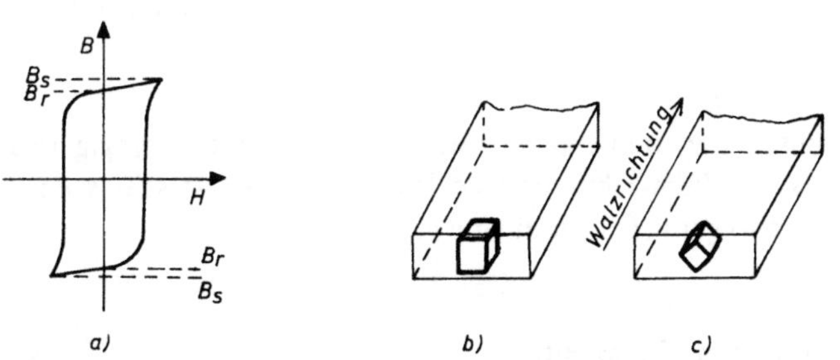

Bild 5.16 Rechteckschleife und Kristallorientierung
a) Rechteckschleife, b) Würfeltextur, c) Gosstextur

d.h. Sättigungs- und Remanenzinduktion sind praktisch gleich. Für einkristalline Materialien ist die *Rechteckschleife* eigentlich die „natürliche" Magnetisierungskurve. Ansonsten wird der rechteckige Kurvenverlauf stets durch besondere Maßnahmen, die letztlich immer einer Kristallorientierung dienen, bewirkt. In Bild 5.16b und c (s. auch Bild 1.28) sind zwei einfache Fälle einer solchen Orientierung durch Walzen dargestellt. Die Krafteinwirkungen während des Walzvorganges bewirken eine Ausrichtung der Würfelkanten der Elementarzellen in Walzrichtung. Beim – leichteren – Warmwalzen kann eine Rekristallisation diese Orientierung wieder rückgängig machen. Beim Kaltwalzen bleibt sie erhalten. Je nach Stellung der Würfel senkrecht zur Walzrichtung unterscheiden wir die *Würfeltextur* (Bild 5.16b) oder die *Gosstextur* (Bild 5.16c). In beiden Fällen erreichen wir eine magnetische Anisotropie. Bei der Würfeltextur liegt in Längs-, Quer- und Dickenrichtung eine magnetisch leichte Richtung vor. Bei der Gosstextur gilt dies nur für die Längsrichtung. Die Bedeutung dieser Tatsache wird uns noch bei den Schnittformen für Transformatorenbleche beschäftigen.
Typische Materialien mit Rechteckschleifen sind (alle mit Behandlung) Fe(hochrein)Ni, Fe-Ni-Legierungen, Fe-Si-Legierungen (bedingt), Mg-Mn-, Mg-Cu- und Ni-Zn-Ferrite.

5.4.2.3 Perminvarschleifen (Bild 5.17)

Bei der Entwicklung von Materialien mit hoher Temperaturkonstanz der Permeabilität (*Perm*eabilität *invar*iant) für zunächst geringe Induktionen zeigten sich bei weiterer Aussteuerung z.T. recht absonderliche Kurvenformen. Das Bild 5.17 zeigt zwei typische Verläufe. Die Anomalie liegt grundsätzlich im Bereich für $B \approx 0$. Es gibt dort Einschnürungen oder Ausbuchtungen. Einige typische Materialien sind NiFe30Co25, Fe-Cr- und u.U. Fe-Si-Legierungen, Mg-Fe-Ferrite mit Co (eisenreiche Ferrite).

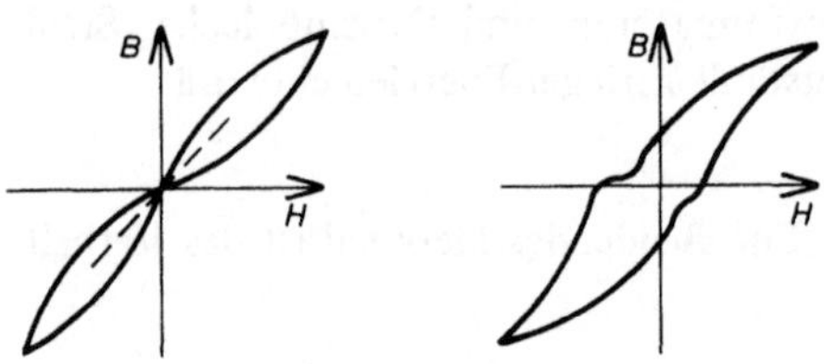

Bild 5.17 Perminvarschleifen

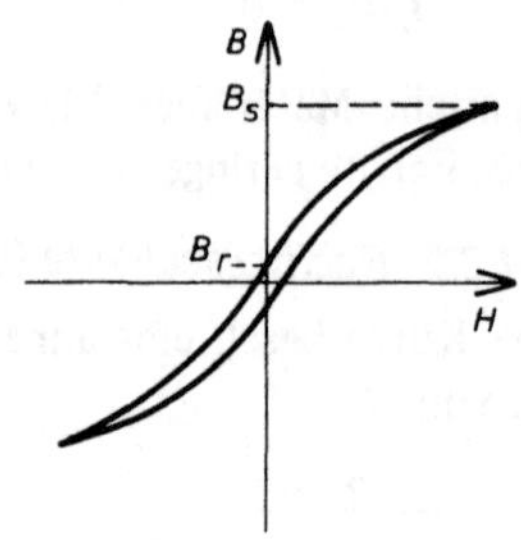

Bild 5.18 Isopermschleife

5.4.2.4 Isopermschleifen (Bild 5.18)

Auch hier ist die Permeabilität nur wenig temperatur- und feldstärkeabhängig (iso: griech. gleich und perm: Abk. für Permeabilität). Die Isopermschleife ist sehr schmal, woraus geringe Hystereseverluste folgern. B_r liegt niedrig gegen B_s, so daß

$$B_r/B_s < 0,5$$

als typischer Zahlenwert für *Isopermschleifen* gilt.
Typische Materialien sind: Fe-Ni-Cu, Fe-Ni-Al- und Fe-Ni-Legierungen (mit Behandlung), hochpermeable Mn-Zn-Ferrite.

5.4.2.5 Arbeitsbereiche der Hystereseschleife (Bild 5.19)

Je nach Verwendungszweck werden auf der Hystereseschleife verschiedene Arbeitspunkte oder -bereiche genutzt. In Bild 5.19 sind die wichtigsten Fälle einmal schematisch zusammengestellt. Da durchweg mit dem Verwendungszweck auch die Kurvenform variiert, sind die verschiedenen Kurvenformen einfach ineinandergezeichnet.

① **Arbeitsbereich der Mikrowellentechnik**. Der magnetische Werkstoff wird im Sättigungsbereich betrieben und dann die durch ein Wechselfeld anregbare Larmorfrequenz (Spinpräzessionsfrequenz s. 5.5) genutzt.

② **Dauermagnetbereich**. Hier müssen gleichzeitig große Induktionswerte bei hohen Feldstärken erreicht werden. Ein (Arbeits-)Luftspalt dient zur Einstellung des Arbeitspunktes (s. auch 6.3 Dauermagnete).

③ **Speicherung**. Speicherkerne für die Informationsverarbeitung benutzen $+B_r$ und $-B_r$ als Zuordnung zu den Digitalinformationen L und O. Beim Auslesen der gespeicherten Information durch „Umklappen" in den anderen Zustand wird die gespeicherte Information zerstört und muß u. U. in einem weiteren Zyklus wieder eingespeichert werden (s. auch 6.4 Impulsbetrieb).

④ **Relaisbetrieb**. Bei abgeschaltetem Relais muß die Induktion soweit gegen Null gegangen sein, daß ein „Kleben", d.h. Geschlossenbleiben des Relais verhindert wird. Die Bedingung $B \to 0$ verlagert dadurch den Arbeitspunkt nach H_c. (Beim erregten Relais gilt selbstverständlich ein Arbeitspunkt im Bereich größerer B-Werte.)

⑤ **Transformatoren**. Das Wechselfeld steuert die Induktion bis in den Knickbereich (positiv und negativ) der Kommutierungskurve aus. Gemäß der Bedingung $u \sim \mathrm{d}\phi/\mathrm{d}t$ muß einerseits ein großer Wert für $\hat{B}$ angestrebt werden, andererseits erfordert der flachere Bereich der Kommutierungskurve höhere Magnetisierungsfeldstärken bei geringerem Induktionsanstieg. Der Kompromiß liegt im Knickbereich. (Die Verzerrungsprobleme und die Notwendigkeit einer 3. Harmonischen für den Magnetisierungsstrom werden noch gesondert besprochen, s. auch 5.4.4.2 Stromverzerrungen.)

⑥ **Übertrager und HF-Spulen**. Der Betrieb ist durch geringe bis verschwindende Aussteuerung gekennzeichnet. Für Übertrager wird oft der Rayleighbereich (s. auch 5.4.4.1 Rayleighschleife) berücksichtigt, wohingegen Spulen mit ihren meist verschwindenden Aussteuerungen praktisch in einem linearen Bereich betrieben werden.

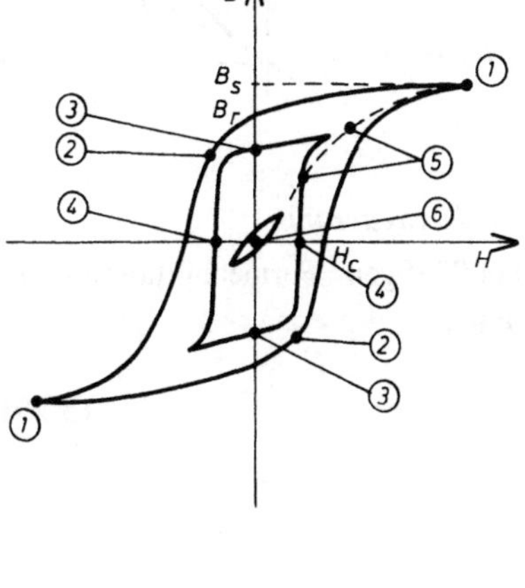

Bild 5.19

Hystereseschleifen und Arbeitsbereiche

① Mikrowellentechnik ② Dauermagnete
③ Speicherung ④ Relaisbetrieb
⑤ Transformatoren ⑥ Übertrager und HF-Spulen

5.4.3 Permeabilität

Eine der wichtigsten Kenngrößen magnetischer Werkstoffe ist die schon mehrfach erwähnte *Permeabilität*. Sie gibt bekanntlich den Zusammenhang zwischen der Flußdichte B und der Feldstärke H an und lautet allgemein

$$\mu = \frac{\Delta B}{\Delta H} \tag{5.26}$$

wobei Δ auf noch näher zu definierende Differenzbildungen hinweist. Wegen des nichtlinearen Zusammenhanges zwischen B und H und der Existenz der Hystereseschleife ergeben sich nunmehr verschiedene Permeabilitätsdefinitionen.

Wie allgemein üblich, spalten wir die Permeabilität μ in die absolute Permeabilität μ_0 mit der Einheit H/m und eine unbenannte Zahl μ_r auf (s. auch Gl. (5.2a)), die unterschiedlich festgelegt werden kann:

$$\mu = \mu_0 \, \mu_r \tag{5.27}$$

mit $\mu_0 = 4\,\pi\,10^{-7}$ Vs/Am $= 1{,}256 \cdot 10^{-6}$ H/m.

5.4.3.1 Anfangspermeabilität

Anfangspermeabilität = Steigung im Nullpunkt.

Die Anfangspermeabilität μ_A oder μ_i (i input) entspricht der Steigung der Neukurve im Ursprung (Bild 5.20). Die formale Definition lautet

$$\mu_A = \mu_i = \frac{1}{\mu_0} \cdot \frac{\hat{B}}{\hat{H}} \bigg|_{\hat{H} \to 0} \tag{5.28}$$

Aus Gl. (5.28) folgt, daß zur Bestimmung der Anfangspermeabilität meßtechnisch die Flußdichte bei verschwindender Aussteuerung erfaßt werden muß. Da mit $\hat{H} = 0$ keine Messung mehr durchführbar ist, wird hierfür ein sehr kleiner Wert festgelegt. Es ist der heutigen Meßtechnik durchaus möglich, mit $\hat{H} < 1$ mA/cm zu messen. Ältere Angaben benennen oft auch μ_5, d.h. $\hat{H} = 5$ mOe $= 4$ mA/cm. In Anlehnung daran findet man häufig auch in neueren Angaben μ_4, also $\hat{H} = 4$ mA/cm, was eine Neumessung von μ_A ersparte.

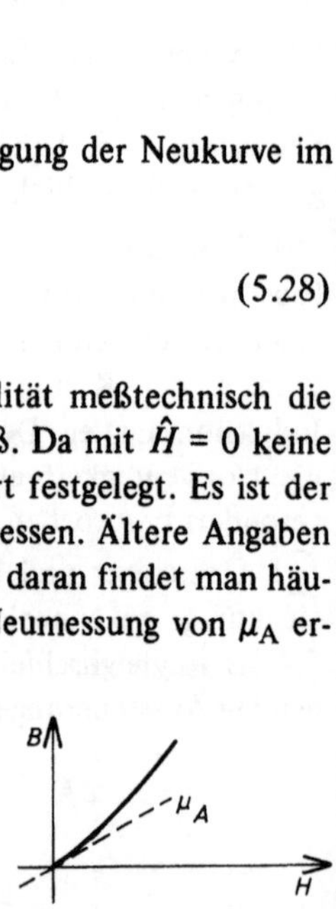

Bild 5.20
Anfangspermeabilität μ_A (oder μ_i)

5.4.3.2 Wechselfeldpermeabilität

Wechselfeldpermeabilität = Steigung bei großer Aussteuerung.

Die Wechselfeldpermeabilität $\mu_\sim$ entspricht der landläufigen Permeabilitätszahl μ_r (Bild 5.21). Die Definitionsgleichung lautet in diesem Falle

$$\mu_\sim = \frac{1}{\mu_0} \cdot \frac{\hat{B}}{\hat{H}} \bigg|_{\hat{H} \text{ groß}} \tag{5.29}$$

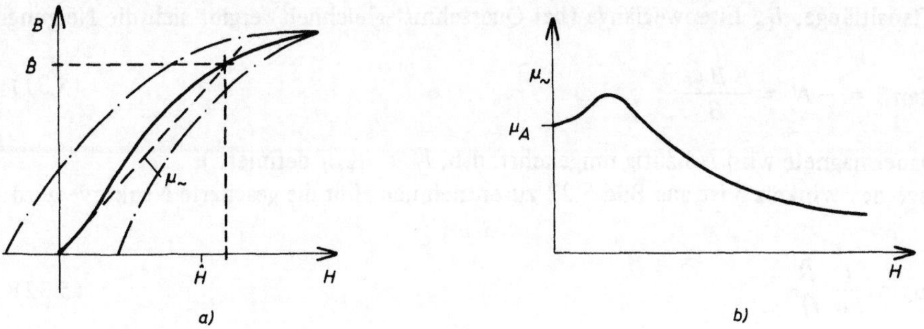

Bild 5.21 Wechselfeldpermeabilität

a) Definition der Wechselfeldpermeabilität an der Neukurve

b) Wechselfeldpermeabilität in Abhängigkeit von der magnetischen Feldstärke

Die Bezeichnung „$\hat{H}$ groß" ist recht unqualifiziert und ermöglicht eine Vielzahl von $\mu_\sim$-Werten. Es ist daher zweckmäßig, die Feldstärke von $H = 0$ bis zu einem maximalen Wert, bei dem B_s erreicht wird, laufen zu lassen und dann $\mu_\sim = f(H)$ aufzutragen, wie es Bild 5.21 in b zeigt. Für $H = 0$ geht $\mu_\sim$ dann in μ_A über. Ist zusätzlich zur Aussteuerung mit H noch ein vormagnetisierendes Gleichfeld $H_=$ vorhanden, so spricht man auch von *Überlagerungspermeabilität* (s. auch μ_{rev}).

5.4.3.3 Effektive Permeabilität

Effektive Permeabilität = Steigung bei gescherter Hystereseschleife.

Die Definition für $\mu_\sim$ bleibt auch bei einem magnetischen Kreis mit Luftspalt voll erhalten, jedoch ergeben sich neue Zahlenwerte, die durch die Scherung verursacht werden. Die im „gescherten magnetischen Kreis" auftretende Permeabilität bezeichnet man dann zur Unterscheidung mit *effektiver Permeabilität* μ_e. Die Wirkung eines Luftspaltes im magnetischen Kreis wird über die *Scherungsgerade* (Bild 5.22) und deren Neigung berücksichtigt. Mit dem *Entmagnetisierungsfaktor N*

$$N = \frac{l_L}{l_L + l_{Fe}} \approx \frac{l_L}{l_{Fe}} \tag{5.30}$$

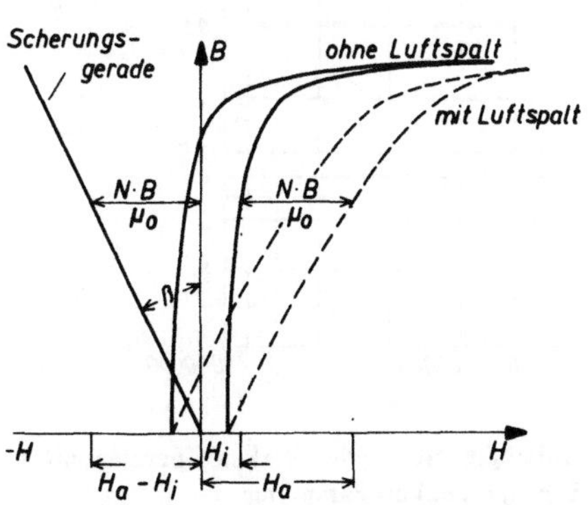

Bild 5.22

Konstruktion der gescherten Hystereseschleife und effektive Permeabilität

H_a Außenfeld, H_i Innenfeld, $H_a - H_i$ (entmagnetisierendes) Luftspaltfeld (weitere Erläuterungen im Text)

l_L Luftspaltlänge, l_{Fe} Eisenweglänge (bei Querschnittsgleichheit) ergibt sich die Neigung zu

$$\tan\beta = -N = \frac{-H\mu_0}{B} \tag{5.31}$$

(Für Dauermagnete wird N häufig umgekehrt, d.h. $N \approx l_{Fe}/l_L$ definiert.)
Die Lage des Winkels β ist aus Bild 5.22 zu entnehmen. Für die gescherte Neukurve wird jetzt

$$\mu_e = \frac{1}{\mu_0}\,\frac{\hat{B}}{\hat{H}'} \tag{5.32}$$

es gehört also zur gleichen Flußdichte $\hat{B}$ eine größere magnetische Feldstärke $\hat{H}'$. Wie aus Bild 5.22 sofort zu erkennen ist, setzt sie sich zusammen aus $\hat{H}_i$ und $N\cdot\hat{B}/\mu_0$, somit wird

$$\mu_e = \frac{\hat{B}}{\mu_0\,\hat{H}_i + N\hat{B}} = \frac{1}{\frac{1}{\mu_\sim} + \frac{l_L}{l_{Fe}+l_L}} \tag{5.33}$$

Für große Wechselfeldpermeabilitäten $\mu_\sim$ folgt aus Gl. (5.33) näherungsweise

$$\mu_e \approx \frac{l_{Fe}}{l_L} \approx \frac{1}{N} \tag{5.34}$$

Für genauere Bestimmungen kann μ_e dem Diagramm Bild 5.23 entnommen werden.

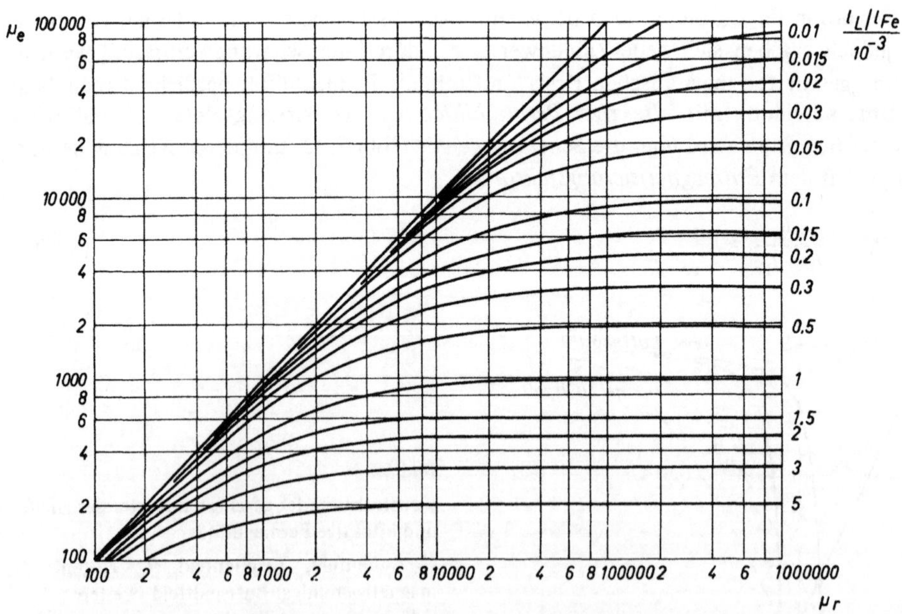

Bild 5.23 Diagramm der effektiven Permeabilität μ_e in Abhängigkeit von der Werkstoffpermeabilität μ_r mit dem Verhältnis von Luftspalt- zu mittlerer Eisenweglänge (l_L/l_{Fe}) als Parameter

Beispiel 5.4: Scherung
In Bild 5.24 ist die obere Hälfte der Hystereseschleife eines einfachen Si-Eisens (Trafoperm N 3 massiv der Fa. *Vacuumschmelze* mit $\mu_A = 1000$ und $\mu_{max} = 3000$) dargestellt. Diese Kurve soll jetzt mit $N = 10^{-4}$ geschert werden. Dazu zeichnen wir uns die Scherungsgerade – zur einfacheren Konstruktion – mit der positiven (!) Steigung $N = \mu_0 H/B$ in das Bild 5.24 ein. Für $B = 1\,\mathrm{T}$ muß die Gerade durch einen Punkt mit

$$H = \frac{1\,\mathrm{T}\cdot 10^{-4}}{1{,}256\cdot 10^{-6}\,\mathrm{H/m}} = 80\,\mathrm{A/m} = 0{,}8\,\mathrm{A/cm}$$

gehen (Punkt A in Bild 5.24). Wir addieren jetzt vorzeichenrichtig – für jeweils gleiche B-Werte die zur Hystereseschleife und der eingezeichneten Geraden gehörigen H-Werte. So gehören z.B. für $B = 1\,\mathrm{T}$ zur Geraden $H = 0{,}8\,\mathrm{A/cm}$ und zur Kurve $H = +0{,}27\,\mathrm{A/cm}$ und $H = -0{,}11\,\mathrm{A/cm}$. Die Punkte der gescherten Kurve liegen dann für $B = 1\,\mathrm{T}$ bei $H = +1{,}07\,\mathrm{A/cm}$ und $H = +0{,}69\,\mathrm{A/cm}$ usw. Wir erhalten auf diese Weise die dünn gestrichelte Kurve in Bild 5.24.

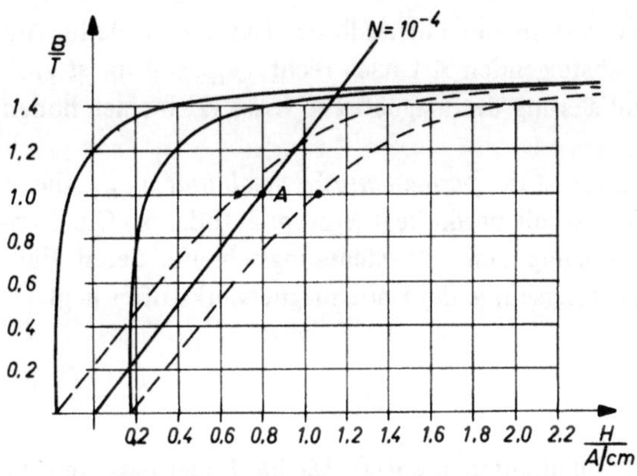

Bild 5.24
Scherung einer Hystereseschleife dargestellt am Werkstoff Trafoperm N 3 der *Vacuumschmelze* (Konstruktion zu Beispiel 5.4)

Aufgabe 5.2: Scherung und Permeabilität

a) Konstruieren Sie in Bild 5.24 die gescherte Hystereseschleife für $N = 10^{-3}$.
b) Zeichnen Sie – näherungsweise – in alle drei Hystereseschleifen die Kommutierungskurven und ermitteln für eine Aussteuerung mit $H = 0{,}8\,\mathrm{A/cm}$ die jeweilige Permeabilität $\mu_{\sim}$. Vergleichen Sie die gefundenen Werte mit denen, die Sie nach Gl. (5.33) bzw. (5.34) und aus dem Diagramm in Bild 5.23 ermitteln können.

5.4.3.4 *Reversible Permeabilität*

Reversible Permeabilität = Steigung innerhalb der Hystereseschleife.

Wird ein magnetischer Werkstoff durch ein Gleichfeld $H_=$ vormagnetisiert, so stellt sich ein Arbeitspunkt – je nach Vorgeschichte – auf der Hystereseschleife ein. Ist das dazukommende Wechselfeld groß, resultiert die bereits erwähnte Überlagerungspermeabilität. Sinkt die Wechselfeldaussteuerung auf kleine Werte, ergeben sich die in Bild 5.25 gezeichneten Verhältnisse. Einer inneren Magnetisierungskennlinie folgend, verläuft die Aussteuerung flacher mit

$$\mu_{rev} = \frac{1}{\mu_0}\cdot\frac{\Delta B}{\Delta H}\Bigg|_{\Delta H \to 0,\, H_= \neq 0} \tag{5.35}$$

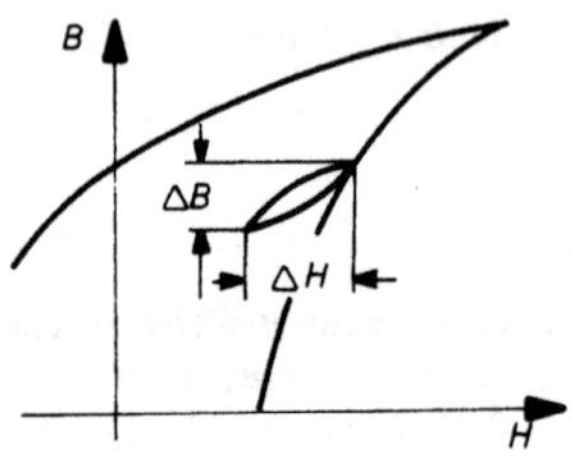

Bild 5.25 Reversible Permeabilität

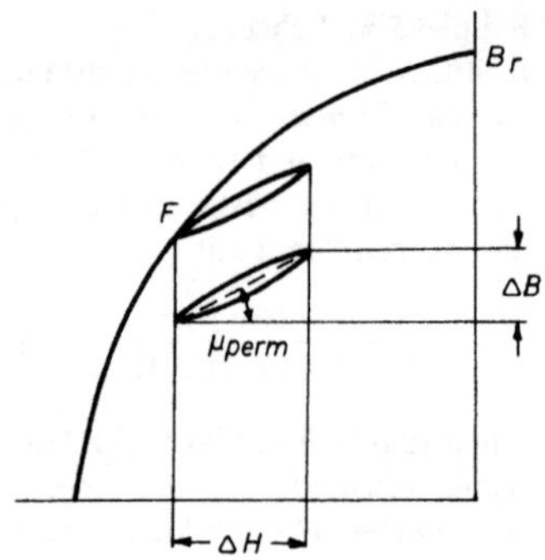

Bild 5.26 Permanente Permeabilität

ΔB und ΔH liegen dabei notwendigerweise immer innerhalb der Hystereseschleife. Am aufsteigenden Ast nach links und am absteigenden Ast nach rechts. μ_{rev} soll meist groß sein, damit trotz Gleichstromvormagnetisierung der magnetische Kreis noch einen hohen induktiven Widerstand aufweist.

Ein Sonderfall der reversiblen Permeabilität ist die *permanente Permeabilität* μ_{perm}, die in der Dauermagnettechnik wichtig ist. Der Arbeitspunkt liegt jetzt im 2. (oder 4.) Quadranten (Bild 5.26). μ_{perm} ist jetzt die Steigung einer Aussteuerungsschleife, deren Fußpunkt F durchweg auf der Entmagnetisierungskurve des Dauermagnetwerkstoffes liegt.

$$\mu_{perm} = \frac{1}{\mu_0} \cdot \frac{\Delta B}{\Delta H} \Bigg|_{H_= = H_a} \tag{5.36}$$

H_a Feldstärke im Arbeitspunkt (im 2. Quadranten negativ). Da bei Dauermagneten die Flußdichte B in der Regel die entscheidende Größe ist, sollte $\mu_{perm} \approx 1$ sein, um bei einem Wechselfeldeinfluß keine Änderungen zu verursachen. Durch Nachwirkungen (Alterungen) kann sich die Schleife für μ_{perm} weiter ins Innere der Hystereseschleife verlagern, ohne daß sich μ_{perm} nennenswert ändert (parallele innere Magnetisierungskennlinien).

5.4.3.5 *Impulspermeabilität*

Impulspermeabilität = (mittlere) Steigung bei einseitiger Aussteuerung.

Im Gegensatz zur Wechselmagnetisierung liegt hier eine einseitige (unipolare) Aussteuerung vor. Die Hystereseschleife erscheint nicht nur einseitig, sondern auch verzerrt (Bild 5.27). Definitionsgemäß ist die *Impulspermeabilität* μ_p

$$\mu_p = \frac{1}{\mu_0} \cdot \frac{\Delta B}{\Delta H} \tag{5.37}$$

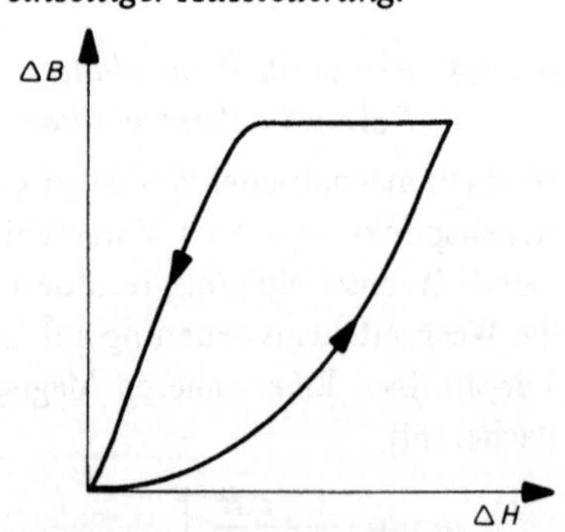

Bild 5.27 Impulspermeabilität
ΔB Induktionshub, ΔH Feldstärkehub

wobei ΔB jetzt als *Induktionshub* und ΔH als *Feldstärkehub* definiert sind. Interessant ist noch der Anstiegsverlauf der Magnetisierungskurve (Bild 5.27) für kleine H-Werte. Die Magnetisierung setzt offenbar verzögert ein. Die Feldstärke H muß erst einen gewissen *Schwellwert* überwinden. Dieser Effekt wird uns beim Schaltverhalten der magnetischen Werkstoffe noch weiter beschäftigen (s. auch 6.4 Impulsbetrieb).

5.4.3.6 Komplexe Permeabilität

Komplexe Permeabilität = Steigung und Öffnung der Hystereseschleife.

Die komplexe Permeabilität berücksichtigt neben der Permeabilität auch noch die vom magnetischen Material in einer Spule hervorgerufenen Verluste durch einen zusätzlichen ohmschen Widerstand z.B. in Reihe zur Spule (Serienersatzschaltung Bild 5.28a). Wir können uns die Zusammenhänge im Prinzip so vorstellen, als würde eine ideale Spule mit der (frequenzunabhängigen) Induktivität L_0 durch einen ferromagnetischen Kern einerseits auf eine höhere Induktivität L gebracht (Bild 5.28b) und andererseits noch ein *Verlustwiderstand* R_{Fe} eingeschaltet. Durch den Werkstoff werden L und R_{Fe} frequenzabhängig. Die Impedanz der Ersatzschaltung ergibt sich zu

$$\underline{Z} = R_{Fe} + j\omega L \equiv j\omega \underline{\mu} L_0 \tag{5.38}$$

Wir setzen sie gleich mit einem induktiven Widerstand $j\omega L_0$ mal der *komplexen Permeabilität* $\underline{\mu}$. Diesen Wert definieren wir mit

$$\underline{\mu} = \mu' - j\mu'' \tag{5.39}$$

In die Gl. (5.38) eingesetzt, ergibt ein Koeffizientenvergleich

$$L = \mu' L_0 \qquad \text{und} \qquad R_{Fe} = \mu'' \omega L_0 \tag{5.40a und b}$$

Da wir für Spulen kleine Aussteuerungen annehmen können, entspricht μ' weitgehend dem μ_A. Der Ersatz von L_0 durch L/μ' in Gl. (5.40b) liefert

$$\boxed{\frac{\mu''}{\mu'} = \frac{R_{Fe}}{\omega L} = \tan\delta} \tag{5.41}$$

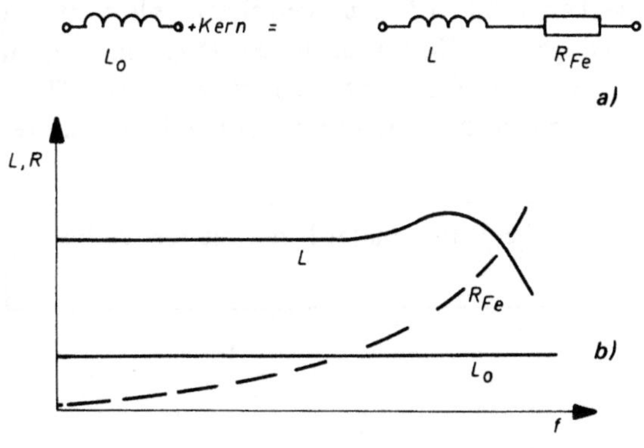

Bild 5.28
Ideale Spule mit verlustbehaftetem Kern
a) Ersatzschaltung
b) Frequenzverhalten der Elemente

den auf die Kernverluste zurückgehenden Verlustfaktor der Spule. Die Größen μ' und μ'' führen auch die Bezeichnungen

μ'	(relative) Blindpermeabilität
μ''	(relative) Wirkpermeabilität

Entsprechende Überlegungen lassen sich auch für eine Parallelersatzschaltung anstellen. Zur Unterscheidung werden dann die Indizes r (oder s) für Reihenersatz und p für Parallelersatz benutzt.

Wird die Hystereseschleife durch einen Luftspalt im magnetischen Kreis geschert, so ergibt sich gemäß Gl. (5.33) auch eine *gescherte komplexe Permeabilität*

$$\underline{\mu}_e = \frac{1}{\frac{1}{\underline{\mu}} + N} \tag{5.33a}$$

Durch Einsetzen von $\underline{\mu} = \mu' - \mathrm{j}\,\mu''$ folgt aus Gl. (5.33a)

$$\underline{\mu}_e = \frac{\mu' + N(\mu'^2 + \mu''^2) - \mathrm{j}\,\mu''}{(1 + 2N\mu') + N^2(\mu'^2 + \mu''^2)} \tag{5.42a}$$

Für große Werte von μ' liefert Gl. (5.42a) die Näherungslösungen

$$\mu_e' \approx \frac{\mu'}{1 + N\mu'} \qquad \mu_e'' \approx \frac{\mu''}{(1 + N\mu')^2} \tag{5.42b}$$

Je nach Anwendungsgebiet wird die komplexe Permeabilität in Komponentendarstellung über der Frequenz beschrieben (kleine Aussteuerungen, HF-Technik) (Bild 5.29a) oder als Ortskurve mit der Aussteuerung als Parameter (Bild 5.29b).

Die komplexe Permeabilität macht zusätzlich eine Aussage über die Werkstoffverluste.

Um für Spulen eine bessere Werkstoffauswahl nach der Betriebsfrequenz treffen zu können, ist die Darstellung des *bezogenen Verlustfaktors* $\tan\delta/\mu_A$ zweckmäßig. Die Werkstoffe werden quasi alle auf die relative Permeabilität 1 zurückgerechnet (Bild 5.30 und gestrichelte Kurve in Bild 5.29). Je niedriger die Kurven in diesem Diagramm liegen, desto verlustärmer sind die zugehörigen Werkstoffe. Die Daten derartiger Kurvenblätter werden wir später bei Überlegungen zur Spulen- und Transformatorberechnung weiter auswerten.

Der bezogene Verlustfaktor ist ein auf die Permeabilität 1 reduzierter Verlustfaktor.

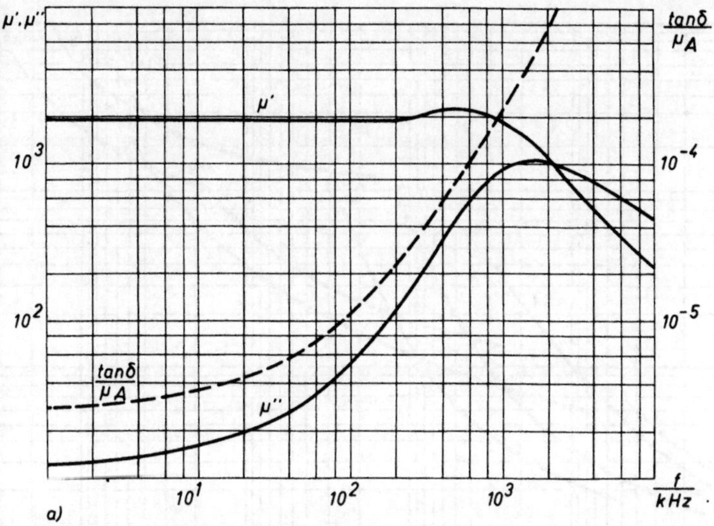

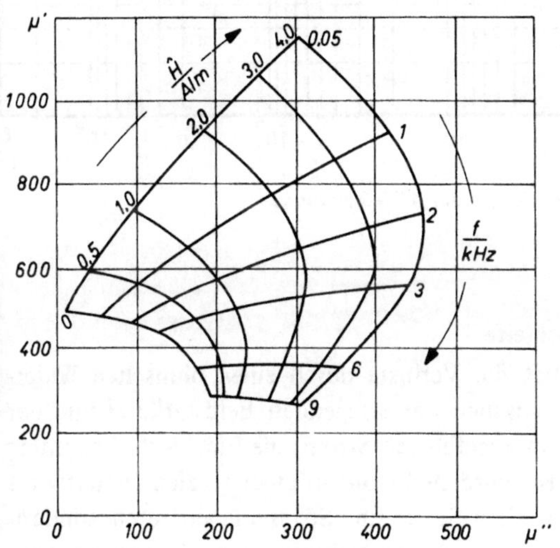

Bild 5.29 Komplexe Permeabilität

a) Komponentendarstellung in Abhängigkeit von der Frequenz für Anwendungen mit verschwindender Aussteuerung, als Beispiel Hyperox D 1 der *Krupp-Widia-Fabrik*

b) Ortskurvendarstellung mit der Aussteuerung als Parameter für Anwendungen mit großer Aussteuerung, als Beispiel Dyn.-Blech IV (nach *Feldtkeller*)

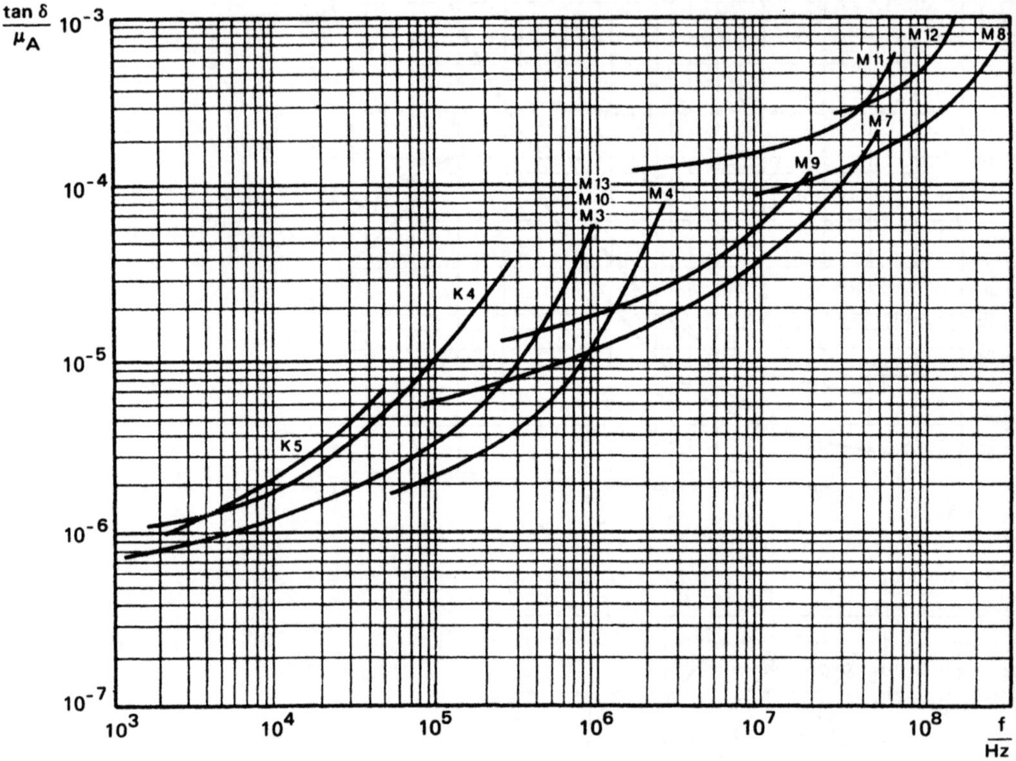

Bild 5.30 Bezogener Verlustfaktor. Als Beispiel Ferrite der *AEG-Telefunken*

5.4.4 Verzerrungen durch die Hystereseschleife

Die komplexe Permeabilität berücksichtigt die Verluste durch einen ohmschen Widerstand, der zu einer Phasenverschiebung zwischen der erregenden Feldstärke H und der Flußdichte B führt. Da die Feldstärke dem zugeführten Strom, die induzierte Spannung aber dem Integral über B proportional ist, wird nicht die an einer idealen Induktivität erwartete Phasenverschiebung von 90° zwischen Strom und Spannung auftreten, sondern weniger. Außerdem sind aus der Krümmung der Hysteresekurve noch Verzerrungen für den Strom oder die Spannung zu erwarten. Wir wollen diese Fehler der Reihe nach untersuchen. Zunächst einmal die Phasenverschiebung.
Wir bedienen uns dazu einer Magnetisierungsschleife für kleine Aussteuerungen, die – wie *Lord Rayleigh* erkannte – durch Parabeläste genügend genau angenähert werden kann (Bild 5.31).

5.4.4.1 Rayleighschleife

Eine *Rayleighschleife*, wie sie Bild 5.31 darstellt, ist nach folgender Beziehung berechenbar:

$$B = \mu_0 \, [(\mu_i + 2\,\nu\,\hat{H})\,H \mp \nu\,(\hat{H}^2 - H^2)] \tag{5.43}$$

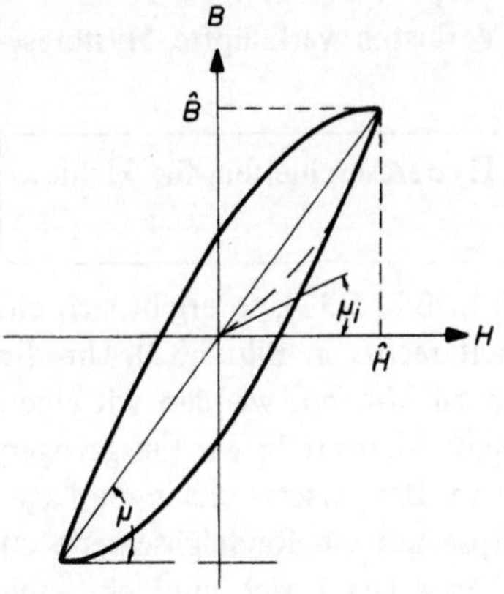

Bild 5.31
Rayleighschleife. $\hat{B}$ und $\hat{H}$ der Berechnung zu Grunde liegende Maximalwerte.

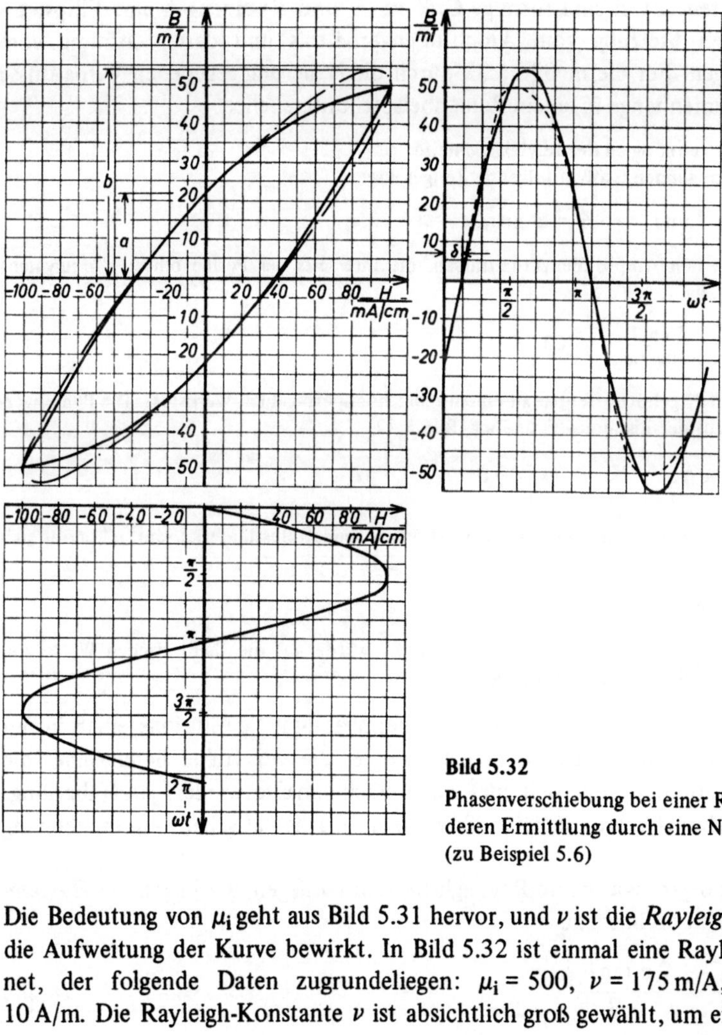

Bild 5.32
Phasenverschiebung bei einer Rayleighschleife und deren Ermittlung durch eine Näherungsellipse (zu Beispiel 5.6)

Die Bedeutung von μ_i geht aus Bild 5.31 hervor, und ν ist die *Rayleigh-Konstante*, welche die Aufweitung der Kurve bewirkt. In Bild 5.32 ist einmal eine Rayleighschleife gezeichnet, der folgende Daten zugrundeliegen: $\mu_i = 500$, $\nu = 175\,\text{m/A}$, $\hat{H} = 100\,\text{mA/cm} = 10\,\text{A/m}$. Die Rayleigh-Konstante ν ist absichtlich groß gewählt, um eine für die folgenden

Betrachtungen „gut aufgeweitete“, d.h. mit starken Verlusten verknüpfte Hystereseschleife zu haben.

Die Rayleighschleife ermöglicht Berechnungen an Hystereseschleifen für kleine Aussteuerungen.

Steuern wir die Feldstärke H sinusförmig durch (unten in Bild 5.32), so ergibt sich ein leicht verzerrter Verlauf für die Flußdichte B (gestrichelt rechts in Bild 5.32). Um die auftretenden Verhältnisse leicht zahlenmäßig betrachten zu können, wenden wir einen kleinen Kunstgriff an. Aus der fast sinusförmigen Flußkurve ermitteln wir (ausgezogen rechts im Bild 5.32) näherungsweise eine Grundwellenkurve. Das versetzt uns in die Lage, eine noch weiter vereinfachte Hystereseschleife als Ellipse um die Rayleighschleife zu zeichnen (strichpunktiert in Bild 5.32). Die Zusammenhänge lassen sich nunmehr auch folgendermaßen deuten: Zwei sinusförmige Größen (H und B) erzeugen eine Ellipse als *Lissajous-Figur*, deren Steigung vom Amplitudenverhältnis und deren Öffnung vom Phasenwinkel abhängen. Für die in Bild 5.32 durch die Näherung gegebenen Verhältnisse wollen wir die Zusammenhänge in einem Zahlenbeispiel untersuchen.

▶ **Beispiel 5.6: Näherungsrechnung an der Rayleighschleife**

Die Ellipse hat für die erregenden Größen folgende Zeitgesetze:

$$H = \hat{H} \sin \omega t \qquad \text{und} \qquad B = \hat{B} \sin(\omega t - \delta)$$

Die Steigung entspricht den Amplitudenverhältnissen, die ihrerseits der Permeabilität μ' äquivalent sind. Es muß also gelten, da $\mu_r \equiv \mu'$:

$$\mu' = \frac{1}{\mu_0} \cdot \frac{B}{H} = \frac{1}{\mu_0} \cdot \frac{55\,\mathrm{mT}}{10\,\mathrm{A/m}} \approx 4400$$

Unsere „Hystereseschleife“ gehört offenbar zu einem recht hochpermeablen Werkstoff. Die Phasenverschiebung δ ergibt sich aus der Lissajous-Figur über (Bild 5.32)

$$\sin \delta = \frac{a}{b} = \frac{22}{55} = 0{,}4 \qquad \delta \approx 23°$$

womit $\tan \delta \approx 0{,}44$ wird, d.h. es muß ein recht stark verlustbehaftetes Material sein. μ'' ergibt sich dann zu

$$\mu'' = \mu' \tan \delta \approx 2000$$

(*Anmerkung*: Die Auswertung der Rayleighschleife direkt würde auf die theoretischen Werte von $\mu' = 4000$ und $\mu'' = 1500$ führen, s. auch Aufgabe 5.3.).

Wie das Beispiel 5.6 gezeigt hat, ist die Größe „Permeabilität“ definitionsgemäß in der Kurvensteigung wiederzufinden. Die Hystereseverluste, die wir früher bereits über die Fläche festgestellt hatten, finden sich hier auch flächenmäßig wieder, jetzt allerdings „berechenbar“, da die Hystereseschleife über einen mathematischen Zusammenhang bestimmbar ist.

Für kleine Aussteuerungen, wie sie im Rayleigh-Bereich vorliegen, wird auch der *Hysteresebeiwert h* nach *Jordan* definiert zu

$$h = \frac{2\pi}{\omega L} \cdot \frac{\Delta R_H}{\Delta H} = \frac{2\pi \tan \delta_H}{H} \qquad (5.44)$$

Der Index H weist darauf hin, daß nur die von den Hystereseverlusten herrührenden Kennwerte in die Berechnung eingehen. h ändert sich quadratisch mit dem Scherungsverhältnis. Der auf das Quadrat der Anfangspermeabilität (μ_A^2) *bezogene Hysteresebeiwert* h/μ_A^2 ist dann eine scherungsunabhängige Werkstoffgröße. Bei geschertem Kern ergibt sich der *effektive Hysteresebeiwert h* zu

$$h_e = \frac{h}{\mu_A^2}\,\mu_e^2 \tag{5.45}$$

Neuerdings gewinnt die *Hysteresematerialkonstante* μ_B an Bedeutung. Sie ist definiert als

$$\mu_B = \frac{\tan\delta_H}{\mu_e\,\hat{B}} \tag{5.46}$$

Das Beispiel 5.6 ist in den Zahlenwerten bewußt extrem gehalten und stellt nur eine Näherung dar, damit zeigt es aber deutlich die Zuordnung der verschiedenen Größen zur Erscheinungsform der Hystereseschleife auf. (Daß wir uns mit den Näherungsbetrachtungen ausschließlich auf die Hystereseverluste beschränkt haben, sei nur am Rande vermerkt.)
Für eine etwas genauere Beschäftigung mit dem Problem diene folgende Aufgabe.

Aufgabe 5.3: Rayleighschleife
Für eine Rayleighschleife gilt gemäß Gl. (5.43)

$$B = \mu_0\,[(\mu_i + 2\nu\hat{H})\,H \mp \nu\,(\hat{H}^2 - H^2)] \tag{5.43}$$

$\hat{H}$ entspricht den Umkehrpunkten der Kurve. Für abnehmende Aussteuerung laufen diese Umkehrpunkte auf der Kommutierungs- oder Neukurve gegen Null, so daß für die Neukurve gilt

$$B_{Neu} = \mu_0\,(\mu_i H + 2\nu H^2)$$

Für die Größen der komplexen Permeabilität gilt in einer Rayleighschleife

$$\mu' = \mu_i + 2\nu\hat{H} \qquad \mu'' = \frac{8}{3\pi}\,\nu\hat{H}$$

a) Zeichnen Sie die Neukurve zu Bild 5.32 mit $\mu_i = 500$ und $\nu = 175$ m/A.
b) Welche Anfangssteigung hat die Kurve grafisch und rechnerisch?
c) Ermitteln Sie für die Rayleighschleife nach Bild 5.32 μ' und μ'' und vergleichen diese Werte mit den „anschaulich" bestimmten von Beispiel 5.6 (s. auch Nachsatz dazu).

(*Anmerkung*: Für diese Aufgabe ist es zweckmäßig, die gesamte Kurve einmal auf mm-Papier zu zeichnen.)

5.4.4.2 *Stromverzerrungen*

Die Wirkungen der Form einer Hystereseschleife auf Verzerrungen und Verluste (Phasenwinkel) wollen wir jetzt einmal systematisch zusammenstellen. Wir sind bislang immer davon ausgegangen, daß ein Strom einer Induktivität eingeprägt wird und die Spannung als Folge der Flußänderung (über die Hystereseschleife als Proportionalitätsgröße) entsteht. In der Praxis wird aber die Spannung an ein induktives Bauelement gelegt, und es bildet sich ein dazu proportionaler Strom aus (Bild 5.33a). Liegt an einer Induktivität die Spannung $u = \hat{U}\cos\omega t$, so gilt für die Flußdichte wegen

$$B \sim \int u\,\mathrm{d}t \quad \rightarrow \quad B = \hat{B}\sin\omega t \tag{5.44}$$

Die cosinusförmige Spannung erzwingt einen sinusförmigen Verlauf der Flußdichte.

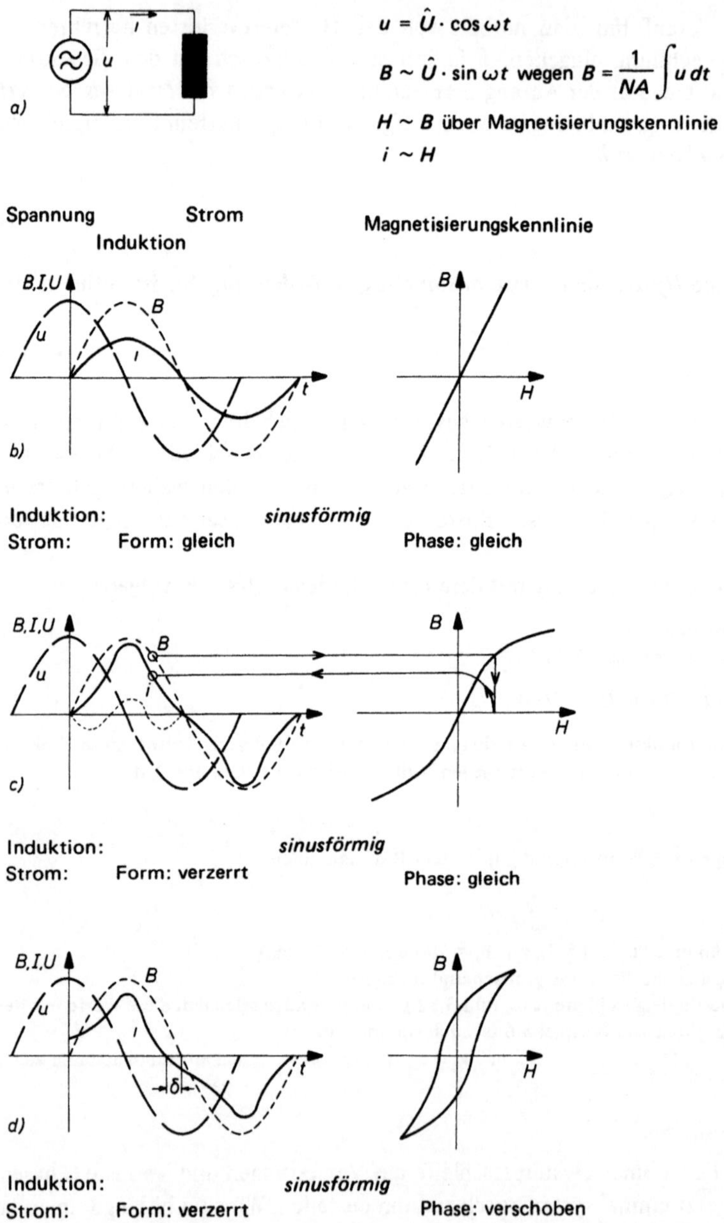

Bild 5.33 Stromverzerrungen bei einer Induktivität mit eingeprägter Spannung (schematisch)
a) Prinzipschaltung und formaler Zusammenhang b) lineare Magnetisierungskennlinie
c) gekrümmte Magnetisierungskennlinie d) Hystereseschleife

Über die Hystereseschleife folgt daraus der Verlauf der Feldstärke H. Wegen $i \sim H$ ist der Strom wiederum ein Abbild des Verlaufes der Feldstärke. Der einfachste Fall hierzu ist in Bild 5.33b dargestellt. Die Flußdichte B ist gemäß Theorie um 90° gegenüber der Spannung u versetzt. Der Strom i ist über die lineare Magnetisierungskennlinie (Proportionalitätsfaktor $\mu_0 \cdot \mu_r$) der Feldstärke H proportional. Die sinusförmige Spannung bewirkt einen um 90° versetzten unverzerrten Strom.
Bei einer gekrümmten Magnetisierungskennlinie (Bild 5.33c) entsteht ein immer noch um 90° versetzter, aber stark verzerrter Strom. Wie dünn gestrichelt in Bild 5.33c angedeutet ist, gehört zu der verzerrten Stromkurve ein Anteil mit der dreifachen Grundfrequenz, der 3. Harmonischen. Mit anderen Worten, trotz spannungsmäßiger Grundwellenanregung fließt ein Strom höherer Ordnung im Kreis. In Bild 5.33d schließlich liegt eine Hystereseschleife vor. Die Flußdichte bleibt zwar weiter sinusförmig (und gegenüber der Spannung um 90° phasenverschoben), aber der Strom ist jetzt durch die Krümmung der Hystereseschleife verzerrt und durch deren Öffnung auch nicht mehr in Phase mit der Flußdichte. Der Strom eilt um den Verlustwinkel δ vor, wodurch der Phasenwinkel zwischen Strom und Spannung kleiner als 90° wird, das typische Kennzeichen einer verlustbehafteten Induktivität. (Der gleiche Phasenfehler tritt selbstverständlich auch durch den ohmschen Wicklungswiderstand auf, nur wurde dieser Anteil für die Überlegungen bei den obigen Betrachtungen zur Wirkung der Magnetisierungskennlinie außer Betrachtung gelassen.)

> Bei eingeprägter Spannung fließen in Stromkreisen mit verlustbehafteten Eisenkernen phasenverschobene (gegen 90°!) und verzerrte Ströme.

Damit sind die wesentlichen Eigenschaften und charakteristischen Größen magnetischer Werkstoffe beschrieben. Es bleibt jetzt noch etwas nachzutragen, das zwar zutiefst zum Wesen des Magnetismus gehört, aber nur bei sehr hohen Frequenzen technisch zur Anwendung kommt.

5.5 Larmorfrequenz

Wir hatten bereits bei der Modellvorstellung zum Magnetismus die Begriffe Spin- und Bahnmoment kennengelernt. Mechanisch betrachtet, bedeutet dies, daß wir rotierende Systeme, also „Kreisel", vorliegen haben. Der Einfachheit halber untersuchen wir hierzu ein Elektron auf einer Kreisbahn (Bild 5.34). Nach der klassischen Physik wird ein solches System mit einer *Präzessionsfrequenz* reagieren, wenn es durch eine äußere Kraftein-

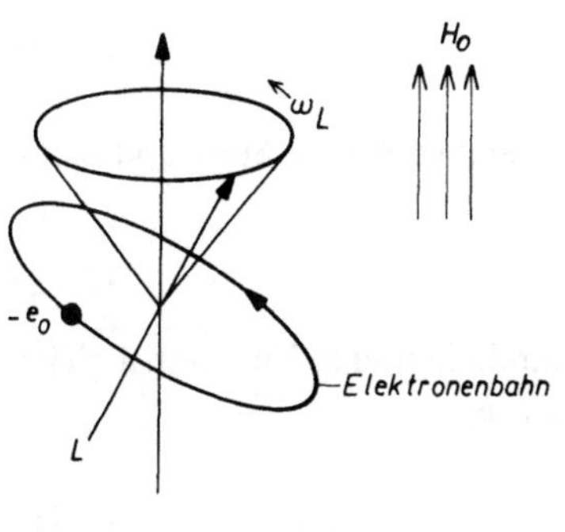

Bild 5.34
Bahndrehimpuls L und Spinpräzession eines kreisenden Elektrons in einem Magnetfeld (schematisch)

wirkung „gekippt“ wird. Eine Krafteinwirkung auf die magnetischen Momente ist durch die Feldstärke H möglich. Die Präzessions- oder *Larmorfrequenz* ω_L ist bestimmt durch

$$\omega_L = \frac{M}{L} \tag{5.45}$$

mit M Drehmoment und L Drehimpuls. Aus den Daten der Elektrobahnen wird dann das Drehmoment (Gl. (5.6) ff.)

$$M = m_m B = \frac{e_0}{2} \omega r^2 B \tag{5.46}$$

ω Kreisfrequenz des mit dem Radius r rotierenden Elektrons (Ladung e_0).
Der *Drehimpuls* der Bahn ist für ein Elektron der Masse m

$$L_B = m r^2 \omega \tag{5.47}$$

Damit wird das magnetische Moment der Bahn

$$m_{mB} = \frac{e_0}{2m} L_B \tag{5.48}$$

Wir erkennen bereits, daß die Larmorfrequenz mit Grunddaten der Materie verknüpft ist. Für den Drehimpuls müssen wir allerdings noch eine Anleihe bei der Quantenphysik machen, die nachweist, daß im atomaren Bereich der Drehimpuls L nur ein ganzzahliges Vielfaches n der *Planck-Konstanten* h dividiert durch 2π ist, also

$$L = n \frac{h}{2\pi} \tag{5.49}$$

mit $h = 6{,}623 \cdot 10^{-34}\ \mathrm{Ws^2}$. Setzen wir den niedrigstmöglichen Wert für n mit 1 ein, so erhalten wir aus Gl. (5.48) das kleinstmögliche magnetische Bahnmoment, das *Bohrsche Magneton*, zu

$$\mu_B = \frac{e_0}{2m} \cdot \frac{h}{2\pi} = 9{,}27 \cdot 10^{-24}\ \mathrm{Am^2} \tag{5.50}$$

ein Wert, den wir bereits kennengelernt haben.
Nach der Quantentheorie hat das Spinmoment den gleichen Betrag wie μ_B, jedoch einen anderen Drehimpuls L_S, mit dem Gl. (5.48) für das Spinmoment m_{mS} lautet:

$$m_{mS} = \mu_B = \frac{e_0}{m} L_S \tag{5.51}$$

Damit ergibt sich für den Zusammenhang zwischen den Drehimpulsen für Spin- und Bahnmoment

$$L_B = 2 L_S \tag{5.52}$$

d.h. der Bahndrehimpuls ist doppelt so groß wie der Spindrehimpuls. Um formal gleich bleiben zu können, führt man das *gyromagnetische Verhältnis*

$$\Gamma = \frac{e_0}{2m} g \tag{5.53}$$

ein, wobei *g* *Landé-Faktor*. Er wird 1 für das Bahnmoment und 2 für das Spinmoment. Die Larmorfrequenz wird somit

$$\omega_L = \frac{m_m B}{L} = \Gamma B = \Gamma \mu_0 H = \gamma H \tag{5.54}$$

Hierin ist

$$\gamma = \mu_0 \Gamma = 1{,}1 \cdot 10^5 g \frac{m}{As} \tag{5.55}$$

Für die technische Nutzung der Larmorfrequenz, auch *gyromagnetische Resonanzfrequenz* genannt, kommt im wesentlichen das Spinmoment in Betracht, so daß mit $g = 2$ wird:

$$\boxed{\omega_L = 2{,}2 \cdot 10^5 \frac{m}{As} \cdot H} \tag{5.56}$$

Die technisch genutzte Larmorfrequenz ist eine Spinpräzessionsfrequenz.

Die Larmorfrequenz stellt als Präzessionsfrequenz ein rotierendes magnetisches Feld dar, das mit einem äußeren magnetischen Feld in Wechselwirkung treten kann. Hierzu sind zwei Voraussetzungen notwendig:

1. Das Material muß im Sättigungsgebiet betrieben werden ($\mu_r = 1$), damit alle magnetischen Momente – im Mittel – um die gleiche Richtung präzedieren.
2. Das Material muß elektrisch nichtleitend sein, damit ein Feld hoher Frequenz eindringen kann.

Diese Bedingungen werden – wie später noch gezeigt wird – nur von Ferriten erfüllt. Wegen der Sättigungsbedingung liegen die Larmorfrequenzen, wie ein Zahlenbeispiel zeigt, recht hoch.

▶ **Beispiel 5.7: Larmorfrequenz**

Ein Ferrit befinde sich in einem Gleichfeld von $H_= = 20$ kA/m und damit in seinem Sättigungsgebiet. Die Larmorfrequenz wird dann

$$f_L = \frac{2{,}2}{2\pi} \cdot 10^5 \frac{m}{As} \cdot 2 \cdot 10^4 \frac{A}{m} = 0{,}7 \cdot 10^9 \text{ Hz} = 0{,}7 \text{ GHz}$$

5.6 Wiederholungsfragen

5.6.1 Was sind Weisssche Bezirke?

5.6.2 Was ist der Unterschied zwischen Ferro- und Ferrimagnetismus?

5.6.3 Was sind magnetisch leichte Richtungen?

5.6.4 Was versteht man unter v_1 und $v_{1,5}$ und welche Größen gehen in die zugehörigen Werte ein?

5.6.5 Was versteht man unter Wechselfeldpermeabilität?

5.6.6 Welche erweiterte Aussage macht die komplexe Permeabilität über einen Werkstoff?

5.6.7 Welche Bedeutung haben die Größen μ_i und ν der Rayleighschleife?

5.6.8 Wie verläuft eine Rayleighschleife mit den realistischen Daten $\mu' = 2400$ und $\mu'' = 10$ zwischen $\hat{H} = \pm 2$ A/m? Vergleichen Sie das Ergebnis mit Aufgabe 5.3.

5.6.9 Was versteht man – in der HF-Technik – unter Larmorfrequenz?

6 Magnetika

Unter Magnetika versteht man Werkstoffe, die wegen ihrer magnetischen Eigenschaften hergestellt und angewandt werden. Vom Werkstoff her unterscheidet man *Metalle* und deren Legierungen sowie *Metalloxide* (Ferrite); nach den Anwendungseigenschaften *Weich-* und *Hartmagnetika*, letztere durchweg kurz als (Dauer-)Magnete bezeichnet.
Die Tabelle 6.1 gibt eine grundsätzliche, aber nicht vollständige Übersicht und Zuordnung der Werkstoffe mit magnetischen Eigenschaften. Unter den reinen Metallen gibt es nur Weichmagnetika. Durch Legierungszusätze und besondere Fertigungsverfahren lassen sich die Eigenschaften erheblich verbessern. Für weichmagnetische Werkstoffe sind Si und Ni bevorzugte Legierungszusätze, während Co und Ni zu den Hartmagnetika führen. Die Entwicklung der Systeme Co-SE (SE seltene Erden) hat inzwischen völlig neue Möglichkeiten eröffnet.

Tabelle 6.1 Übersicht über Magnetika (ohne Anspruch auf Vollständigkeit)

Metalle				Metalloxide (Ferrite)	
reine Metalle		Legierungen			
weich	hart	weich	hart	weich	hart
Fe	—	Fe-Si	Fe-Al-Ni	Mn-Zn-O	Ba-O
Ni		Fe-Ni	Fe-Al-Ni-Co	Ni-Zn-O	Sr-O
Co		Fe-Co	Fe-Ni-Cu	Mg-Mn-O	
(Gd)		Fe-Al	Fe-Co-V	Y-O (Granat)	
		Cu-Mn-Al	Pt-Co		
			Co-Sm		

6.1 Metalloxide (Ferrite)

Ferrite der Elektrotechnik sind chemische Verbindungen des Eisen(III)-Oxids Fe_2O_3 mit zweiwertigen Metalloxiden. Allgemeiner Typus

$$M''O \cdot Fe_2O_3$$

Die durch M'' symbolisierten zweiwertigen Metallionen sind vorzugsweise Mn, Ni, Zn, Mg, Ba u.a.
Die Gitterstruktur der am meisten verbreiteten kubischen Ferrite entspricht der des Halbedelsteines *Spinell* (chemisch: $MgO \cdot Al_2O_3$). Die kubische Spinellstruktur besteht aus dichten flächenzentrierten Kugelpackungen von Sauerstoffionen, in deren Zwischenräumen die zwei- und dreiwertigen Metallionen eingelagert sind (Bild 6.1). Beim normalen

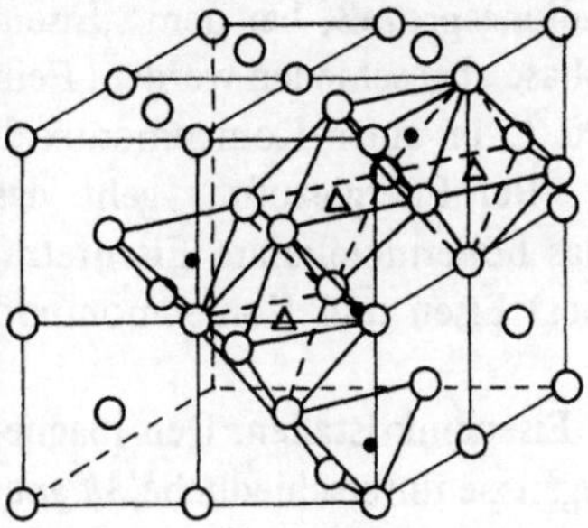

Bild 6.1
Kristallgitter eines Spinells
(Zur besseren Übersicht sind die Gitterplätze nur teilweise besetzt)
○ Sauerstoffion, ● zweiwertiges Metallion,
△ dreiwertiges Metallion

Spinelltyp sind die zweiwertigen Metallionen (Punkte in Bild 6.1) in einem Tetraeder(unter)gitter von 4 Sauerstoffionen eingeschlossen, sog. *Tetraederplatz*. Die dreiwertigen Metallionen sind in einem Oktaeder(unter)gitter von 6 Sauerstoffionen umgeben, sog. *Oktaederplatz*. Vertauschen die zwei- und dreiwertigen Ionen ihre Plätze, entstehen die *inversen Spinelltypen*. Nur diese und die aus beiden bestehenden Mischtypen liefern magnetische Ferrite.

Weichmagnetische Ferrite mit Vorzugsebenen und hartmagnetische Ferrite besitzen eine hexagonale Kristallstruktur, die durch große Ba-Ionen verursacht wird. (Ionenradien: O = 0,14 nm, Ba = 0,135 nm, Fe = 0,067 nm, Zn = 0,074 nm, Mg = 0,065 nm usw.)

Gegenwärtig gewinnen, besonders für Höchstfrequenzanwendungen, Ferrite seltener Erden an Bedeutung. Ihre allgemeine Formel lautet

$$M'''Fe_5O_{12}$$

wobei M''' jetzt ein dreiwertiges Metallion der seltenen Erden ist. Wegen ihrer Kristallstruktur führen sie den Namen *Granate*. Im Kristallgitter z.B. eines Y-Fe-Granats existieren neben den von Fe-Ionen besetzten Tetraeder- und Oktaederplätzen noch *Dodekaederplätze*, die von Y-Ionen besetzt sind.

Als Metalloxide gehören die Ferrite unter die keramischen Werkstoffe und sind daher *elektrische Nichtleiter*. Sie sind vom Prinzip her ferrimagnetisch, was mit dem Namen Ferrite eng verknüpft ist.

> Die *Ferrite* der Elektrotechnik sind magnetische Werkstoffe auf Keramikbasis und daher elektrische Isolatoren.

Die Übersichtstabelle 6.1 gibt quasi immer nur die „Ergänzung“ an, da der wesentliche Bestandteil aller Ferrite, das dreiwertige Eisenoxid, nicht mitaufgeführt ist.

6.2 Weichmagnetika

6.2.1 Metalle

Reine Metalle finden in der Praxis als magnetische Werkstoffe nur begrenzt Anwendung.

Eisen wird als *Weicheisen* mit zulässigen Verunreinigungen C < 0,1 % und Si < 0,15 % z.B. als Relaiswerkstoff genutzt. Eine gewisse Bedeutung hat noch *Karbonyl-Eisenpulver* für Massekerne in der Hochfrequenztechnik und zur Abbildung von Magnetfeldern (Bittersche Methode).

Das Karbonyl-Eisen hat seinen Namen nach dem Herstellungsprozeß, bei dem „Eisenkugeln" von 1 μm Durchmesser und weniger aus der Gasphase abgeschieden werden. Fein verteiltes Eisen liefert bei Temperaturen von 150...200 °C in einer Kohlenmonoxid-Atmosphäre unter Druck Eisenpentakarbonyl $Fe(CO)_5$. Bei Energiezufuhr geht das niedermolekulare Karbonyl unter normalem Druck in das höhermolekulare Eisentetrakarbonyl $[Fe(CO)_4]_3$ über, das oberhalb 140 °C in (reines) Eisen und Kohlenmonoxid zerfällt.

Interessant ist noch das magnetostriktive Verhalten von Eiseneinkristallen. Den magnetisch leichten und schweren Richtungen entsprechend, zeigen sie unterschiedliche *Magnetostriktionen*. In den Kantenrichtungen (Bild 6.2) ist die Magnetostriktion (relativ) groß und positiv. In der Raumdiagonale ist sie negativ und in der Flächendiagonalen feldstärkeabhängig von + nach − wechselnd.

Nickel findet rein gelegentlich (im Sättigungsbereich) Anwendung als magnetostriktiver Ultraschallgeber, ansonsten dient es ähnlich wie **Kobalt** als Legierungsbestandteil für verschiedene magnetische Werkstoffe.

Von den übrigen Metallen kann man in erster Näherung sagen: es sind die

Schwermetalle	diamagnetisch (z.B. Cu, Ag, Bi, Au usw.)
Leichtmetalle	paramagnetisch (z.B. Al, Mg, Na, Ca usw.)

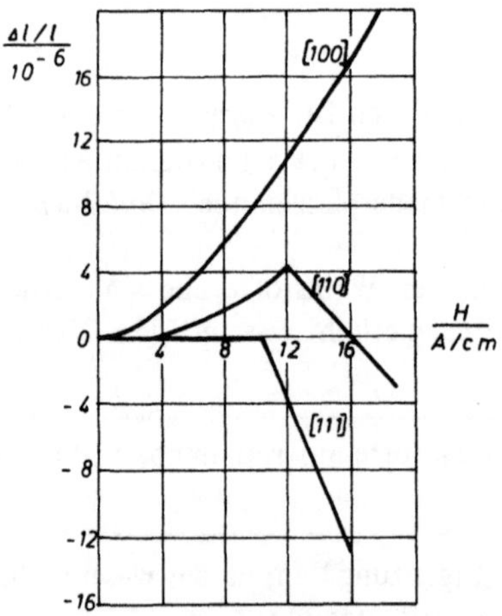

Bild 6.2
Magnetostriktion von Eisen-Einkristallen in den drei Hauptrichtungen in Abhängigkeit von der Feldstärke *H* (nach *Bozorth*). $\Delta l/l$ relative Längenänderung

6.2.2 Legierungen

Unter weichmagnetischen Werkstoffen verstehen wir solche, bei denen die Koerzitivfeldstärke $H_c < 1$ kA/m = 10 A/cm ist.

Weichmagnetisch: $H_c < 1$ kA/m

Die Beurteilung eines magnetischen Werkstoffes ist sehr stark anwendungsorientiert. Deswegen zunächst eine kleine tabellarische Übersicht über die Anforderungen nach der Unterteilung in Energie- und Nachrichtentechnik.

Energietechnik

Transformatorenbleche

B_{25} groß (steiler Anstieg),
H_c klein, Hystereseverluste und Wirbelstromverluste klein,
Knick der Magnetisierungskennlinie bei relativ kleinen H-Werten ($v_{1,5}$ zu v_1).

Motoren- und Dynamobleche

dito, jedoch auch noch Bereich oberhalb des Knickes wichtig.

Nachrichtentechnik

Übertragerbleche

Geringe Verluste und geringe Frequenzabhängigkeit derselben,
lineare Kennlinie (Verzerrungen)

Allgemein:

Vielfältige Formen der Hystereseschleife durch unterschiedliche Anwendungen.
μ_A durchweg hoch, Aussteuerung meist gering, Anwendung oft bis zu sehr hohen Frequenzen, hoher elektrischer Widerstand für geringe Wirbelstromverluste.

Eisen mit verschiedenen Legierungszusätzen ist der wichtigste magnetische Werkstoff. In erster Linie sind Si und Ni als Legierungsbestandteile zu nennen, danach kommen Co, Al, Mo und viele andere. Durch Siliziumzusatz zum Eisen steigt der spezifische Widerstand und auch die Anfangspermeabilität. So erhöht ein Zusatz von 6 % Si den spezifischen Widerstand von Eisen auf das 8fache. Nachteilig ist dabei jedoch die Versprödung des Materials. In der Praxis wird daher ein Zusatz von 4,5 % Si kaum überschritten.
Wie schon früher erläutert, hat die Art der Behandlung, z.B. warm- oder kaltgewalzt, nachgeglüht usw., erheblichen Einfluß auf die *Güte* eines Bleches. Wobei unter Güte für weichmagnetische Bleche die Verlustkennziffer $v_{1,0}$ zu verstehen ist.

Güte von weichmagnetischen Blechen = $v_{1,0}$.

Höherwertige Bleche sind durchweg anisotrop (kornorientiert). Zur Kennzeichnung von nicht orientierten (isotropen) Elektroblechen benutzte man früher die Bezeichnungen *Dynamoblech* I...IV (Kurzzeichen: Dyn.-Bl. I...IV). Die heutigen Anforderungen sind enger toleriert und bedienen sich für die Beschreibung einer Ziffern-Buchstaben-Kombination.

1. Ziffergruppe:	Güte	100facher Wert von $v_{1,0}$
2. Ziffergruppe:	Blechdicke	100fache Blechdicke in mm
3. Buchstabe:	Verarbeitung	A kaltgewalzt, B warmgewalzt

Beispiel 6.1: Elektroblech
Ein kaltgewalztes Elektroblech von 0,5 mm Dicke und einem Verlust von 1,5 W/kg bei $\hat{B}$ = 1 T erhält damit folgende Bezeichnung:

150	–	50	–	A
$v_{1,0}$ = 1,5 W/kg		d = 0,5 mm		kaltgewalzt

Tabelle 6.2 Vergleich einiger Weichmagnetika
v_1 und $v_{1,5}$ Verlustkennziffern, B_{25} Flußdichte für $H = 25$ A/cm, H_c Koerzitivfeldstärke, μ_A Anfangspermeabilität. Hyperm 5T Warenzeichen der Fa. *Krupp Widia-Fabrik*, Trafoperm N2 und Permenorm 5000 H2 Warenzeichen der Fa. *Vacuumschmelze*.

Sorte	Typ	Dicke / mm	Si / %	v_1 / W/kg	$v_{1,5}$ / W/kg	B_{25} / T	H_c / A/cm	μ_A	
Dyn.-Bl. I	warm-gew.	0,5	≈ 0,7	3...…3,6	7,5...…8,6	1,53	0,9	≈ 300	Trafos
Dyn.-Bl. II	warm-gew.	0,5	≈ 1	2,8...…3	6,5...…7,5	1,50	0,85	≈ 400	Trafos
Dyn.-Bl. III	warm-gew.	0,5	1,7...…2,7	2,0...…2,6	4,9...…6,3	1,45...…1,49	0,7	≈ 500	Trafos / Übertrager
Dyn.-Bl. IV	warm-gew.	0,35	3,4...…4,0	0,9...…1,5	2,2...…3,6	1,44...…1,46	0,2...…0,5	400...…600	Übertrager
Hyperm 5T	kalt-gew.	0,3	4	0,45	1,0	1,75	0,08	≈ 2500	Übertrager
Trafoperm N2	kalt-gew.	0,3	≈ 3	0,6	1,0	1,8	0,1	≈ 2000	Übertrager
Permenorm 5000 H2	kalt-gew.	0,2	≈ 45 Ni	0,25	0,8	1,4	0,04	≈ 8000	Übertrager

Die Blechdicken betragen 0,35 mm und 0,5 mm, und die Güten weisen mit zunehmenden Verlusten gröbere Stufungen auf. Die genormten Werte sind in DIN 46400 festgelegt. (Die zugehörigen Werkstoffnummern liegen im Bereich von 1.0880…1.0899.)

Im praktischen Gebrauch sind die alten Unterteilungen in die vier Dynamoblechsorten noch weitverbreitet. In der Tabelle 6.2 sind sie mit ihren Daten ausgewiesen. Des weiteren sind noch zwei höherwertige, anisotrope Werkstoffe mit Si-Zusatz und ein dritter mit hohem Ni-Anteil aufgeführt.

Für die Dynamobleche, denen keine Spezialbehandlung zuteil wird, ist deutlich das Absinken der Verluste mit zunehmendem Si-Gehalt zu erkennen. Parallel dazu sinkt auch die Koerzitivfeldstärke – die Hystereseschleife wird schmaler –, während die Anfangspermeabilität μ_A leicht ansteigt. Die Flußdichte für geringe Aussteuerungen B_{25}, d.h. der bei $\hat{H} = 25$ A/cm erreichte Wert, ist praktisch für alle vier Sorten konstant. Dieser Wert ist für eine Transformatordimensionierung häufig interessanter als μ_A, weil er direkt angibt, welche Induktion bereits mit einer „mäßigen“ Aussteuerung erreicht wird.

Vergleicht man mit den höherwertigen und auch teureren Übertragerwerkstoffen Hyperm 5T und Trafoperm N2, so ist von der Zusammensetzung kaum ein Unterschied gegenüber Dyn.-Bl. IV gegeben. Allerdings sind beide Materialien kornorientiert und einer besonderen Behandlung bei der Herstellung unterworfen worden. Die Verluste sind auch dementsprechend niedriger bei wesentlich gesteigerter Anfangspermeabilität.

Ein noch stärkerer Unterschied wird beim Übergang auf einen größeren *Ni-Zusatz* ($\approx 45\,\%$) deutlich. Das Beispiel Permenorm 5000 H2 weist dieses aus. Die Verluste $v_{1,0}$ und $v_{1,5}$ liegen weit unter denen der anderen Werkstoffe. Auch H_c ist noch kleiner geworden. Sehr stark angestiegen ist dagegen die Anfangspermeabilität.

Um die Vorteile dieser hochpermeablen Werkstoffe auszunutzen, müssen die Bleche wieder bedeutend dünner sein, da sonst die Wirbelstromgrenzfrequenz f_w zu niedrig wird und ein Übertrager aus dem hochwertigen Werkstoff keine ausreichend hohe Grenzfrequenz erreicht.

Beispiel 6.2: Wirbelstromgrenzfrequenz

Für Dyn.-Bl. IV mit $d = 0{,}35$ mm und $\mu_A \approx 500$ ist der spezifische Widerstand $\rho = 0{,}45 \cdot 10^{-6}\,\Omega \cdot \mathrm{m}$ und Permenorm 5000 H2 weist bei $d = 0{,}2$ mm und $\mu_A \approx 8000$, $\rho = 0{,}45 \cdot 10^{-6}\,\Omega \cdot \mathrm{m}$ auf. Daraus folgt nach Bild 5.15 für

$$f_{w_{\mathrm{Dyn}}} \approx 10\,\mathrm{kHz} \qquad f_{w_{\mathrm{Perm}}} \approx 2\,\mathrm{kHz}$$

Der höherpermeable Werkstoff müßte weniger als 0,1 mm Blechdicke erreichen, um auf $f_w \approx 10$ kHz zu gelangen.

Aus den allgemeinen Werkstoffdaten ist über das Frequenzverhalten derselben nur wenig zu entnehmen. Für detailliertere Angaben ist die Kenntnis der komplexen Permeabilität notwendig. Mit ihrer Hilfe läßt sich der Einfluß des Werkstoffes z.B. auf den Eingangswiderstand eines Übertragers sehr genau untersuchen. Wir wollen hierzu als „Ersatz für einen Übertrager" eine Induktivität auf einem kleinen Kern (M30) aus zwei (extrem) verschiedenen Werkstoffen in ihrem *Impedanzverlauf* berechnen. Dazu bestimmen wir den Widerstand einer Induktivität nach Real- und Imaginärteil und zeichnen die zugehörige *Ortskurve.*

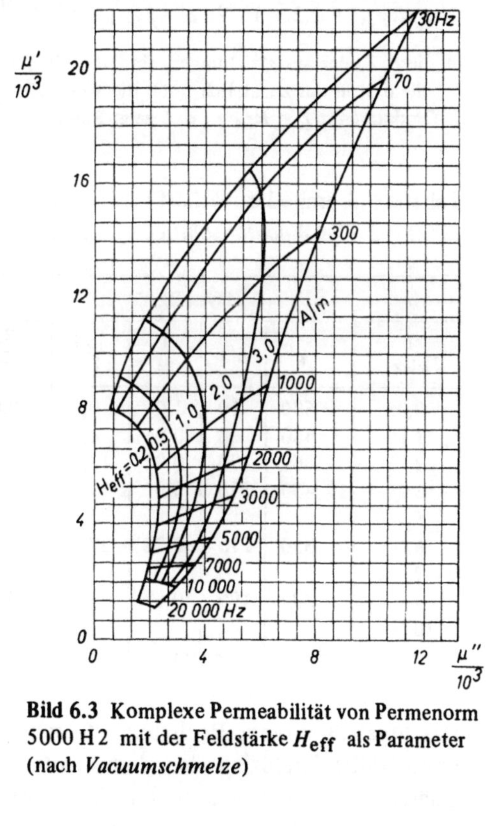

Bild 6.3 Komplexe Permeabilität von Permenorm 5000 H2 mit der Feldstärke H_{eff} als Parameter (nach *Vacuumschmelze*)

Beispiel 6.3: Impedanzverlauf von Induktivitäten

Für eine Induktivität von 1 H auf einem Kern M30, einmal aus Dyn.-Bl.IV ($\underline{\mu}$ nach Bild 5.29b) und zum anderen aus Permenorm 5000 H 2 ($\underline{\mu}$ nach Bild 6.3) ist für $H \to 0$ der Verlauf von Imaginär- und Realteil der Impedanz zu ermitteln. Wir wollen dabei so vorgehen, daß für $f \to 0$ (d.h. praktisch 50 Hz) der Imaginärteil mit μ' für $L = 1$ H bestimmt wird, d.h.

$$L = \mu' \mu_0 \frac{A_{\mathrm{Fe}}}{l_{\mathrm{Fe}}} n^2$$

Mit dem Eisenquerschnitt $A_{Fe} = 0{,}47\ cm^2$ und der mittleren Eisenweglänge $l_{Fe} = 7{,}2$ cm ergibt sich das Quadrat der Windungszahlen n^2 zu

$$n^2 = \frac{7{,}2\,\text{cm}\cdot 1\,\text{H}}{1{,}256\cdot 10^{-8}\,\text{H/cm}\cdot 0{,}47\,\text{cm}^2\cdot\mu'} = \frac{1{,}22\cdot 10^9}{\mu'}$$

Die Windungszahlen sind dann für den Dyn.-Blech-IV-Kern mit $\mu' = 500$ $n_D = 1560$ Wdg. und für den Permenormkern mit $\mu' = 8000$ $n_P = 390$ Wdg. (Die μ'-Werte sind den Kurvenblättern zu entnehmen.) Aus den Windungszahlen können wir die ohmschen Widerstände der Wicklungen berechnen ($\approx 60\ \Omega$ für den Dyn.-Blech- und $\approx 4\ \Omega$ für den Permenorm-Kern). Wir wollen jedoch für unsere Überlegungen, in der die Kernwerkstoffe miteinander verglichen werden sollen, diese für die Praxis durchaus wichtigen Widerstandsteile außer Ansatz lassen.
Wir errechnen jetzt den induktiven Widerstand ω L und den vom Eisenkern herrührenden Serienverlustwiderstand R_{Fe} gemäß

$$\omega L = \frac{\mu_0 A_{Fe} n^2\, 2\pi f \mu'}{l_{Fe}} \quad \text{und} \quad R_{Fe} = \frac{\omega L \mu''}{\mu'}$$

Mit Zahlenwerten gilt dann für

Dyn.-Blech IV

$$\omega L_D = 1{,}26\cdot 10^{-2}\cdot\mu'\cdot f\,[\Omega]$$
$$R_{FeD} = 1{,}26\cdot 10^{-2}\cdot\mu''\cdot f\,[\Omega]$$

(f in Hz)

Permenorm 5000 H2

$$\omega L_P = 7{,}85\cdot 10^{-4}\cdot\mu'\cdot f\,[\Omega]$$
$$R_{FeP} = 7{,}85\cdot 10^{-4}\cdot\mu''\cdot f\,[\Omega]$$

In diese Zahlenwertgleichungen sind die Frequenzen in Hz einzusetzen. Das Ergebnis liefert dann Tabelle 6.3, in der zusätzlich noch die Werte für L mitaufgeführt sind. Die aus der Tabelle resultierende Ortskurve für $\underline{Z} = R_{Fe} + j\omega L$ zeigt Bild 6.4.

Tabelle 6.3 Impedanzverlauf von Induktivitäten mit Dyn.-Blech IV und Permenorm 5000 H2 (Fa. *Vacuumschmelze*). (Ergebnisse zu Beispiel 6.3)

	Dyn.-Bl. IV					Permenorm 5000 H2				
f/kHz	μ'	μ''	L/H	jωL/kΩ	R_{Fe}/kΩ	μ'	μ''	L/H	jωL/kΩ	R_{Fe}/kΩ
0,05	500	10	1,0	0,31	0,006	8000	600	1,0	0,31	0,024
1	480	60	0,96	6,03	0,75	5800	2200	0,73	4,6	1,7
2	460	100	0,92	11,6	2,5	4900	2300	0,6	7,5	3,6
3	430	130	0,9	17	4,9	3900	2300	0,49	9,2	5,4
5						3000	2100	0,37	11,6	8,64
6	350	170	0,72	27	12,8					
7						2400	2000	0,31	13,6	11,4
9	300	190	0,6	33,4	20,4					
10						2000	1900	0,26	15,7	14,9

Das Ergebnis unserer Rechnung ist recht entmutigend, denn der teure Kern aus Permenorm 5000 H2 führt zu einer Induktivität, die mit steigender Frequenz stark von der imaginären Achse abweicht und reell zu werden droht. Der „billige" Kern aus Dynamoblech IV scheint da viel günstiger zu sein, denn die Ortskurve verläuft merklich näher zur imaginären Achse. Es erhebt sich sofort die Frage, wozu die teuren Werkstoffe, wenn es mit den billigen sogar besser geht. Was wir im Beispiel 6.3 berechnet haben, waren magnetische Kreise mit Kernen ohne Luftspalt. In der Praxis wird aber jeder normale magnetische Kreis mehr oder minder geschert. Erst dann zeigt sich die Überlegenheit der *hochpermeablen Werkstoffe*. Dies ist im Rahmen einer eigenen Berechnung nachzuweisen.

Aufgabe 6.1: Impedanzverlauf von Induktivitäten bei gescherter Hystereseschleife
Wie in Beispiel 6.3 sind zwei Induktivitäten mit Dyn.-Bl. IV bzw. Permenorm 5000 H2 als Kern zu berechnen, jedoch ist ein Luftspalt entsprechend $N = 5 \cdot 10^{-3}$ ($l_L \approx 0{,}35$ mm) vorzusehen. Der Kern ist wieder so zu bewickeln, daß für $f = 50$ Hz $L = 1$ H ist.

a) Welche Windungszahlen sind notwendig?
b) Wie verlaufen Imaginär- und Realteil der Impedanz, wenn
1. $H \approx 0$ und 2. $\hat{H} = 3$ A/m $\approx H_{eff} = 2$ A/m (nach oben runden) beträgt?

Die Ergebnisse sind in Bild 6.4 einzutragen.
(*Anmerkung*: Die komplexen Permeabilitäten sind nach Gl. (5.42a) umzurechnen. Für den Kern aus Permenorm ist auch Gl. (5.42b) noch ausreichend genau, jedoch ergibt diese Näherung für den Kern aus Dyn.-Bl. IV bereits merkliche Abweichungen.)
Die ohmschen Anteile der Wicklungen ($\approx 540\ \Omega$ für Dyn.-Bl. IV und $\approx 370\ \Omega$ für Permenorm 5000 H2) sollen wieder unberücksichtigt bleiben.

Das Ergebnis von Aufgabe 6.1 ist verblüffend. Erst die Scherung bringt den vollen Vorteil der hochpermeablen Werkstoffe zur Geltung. Die Impedanzkurve für die Induktivität aus Permenorm 5000 H2 verläuft jetzt, von der Aussteuerung fast unabhängig (!), sehr nahe entlang der imaginären Achse, d.h. der Ortskurve der idealen Induktivität. Auch für den Kern aus Dyn.-Bl. IV sind die Verhältnisse merklich besser geworden, aber die Aussteuerungsabhängigkeit ist doch noch störend vorhanden. Diese Rechnung zeigt letztlich sehr

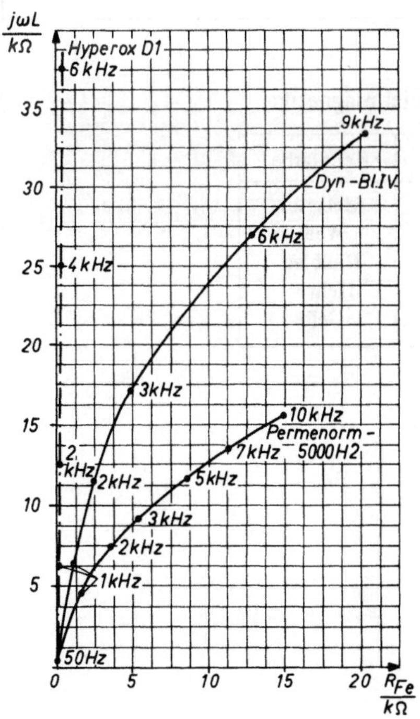

Bild 6.4
Ortskurven der Impedanzen von zwei Induktivitäten mit $L = 1$ H (bei $f = 50$ Hz) auf Kernen M 30 mit Dyn.-Blech IV und Permenorm 5000 H 2 (*Vacuumschmelze*) ohne Berücksichtigung des Wicklungswiderstandes
(Kern ohne Luftspalt und verschwindende Aussteuerung, Lösung zu Beispiel 6.3)
(–·–·– Lösung zu Beispiel 6.4, Impedanzverlauf einer gleichen Induktivität auf einem Kern aus Hyperox D 1; *Krupp Widia-Fabrik*)

deutlich sowohl die Bedeutung der Scherung als auch die Notwendigkeit hochpermeabler Werkstoffe auf, wenn es um die Verarbeitung breiter Frequenzbänder mit Übertragern geht.

Für hochpermeable Werkstoffe ist eine Scherung der Magnetisierungskennlinie zur Ausnutzung der guten Werkstoffeigenschaften für Übertrager notwendig.

Soviel zum Umgang mit den verschiedenen Werkstoffdaten.

Nickel. Wie im Beispiel 6.3 mit dem Werkstoff Permenorm 5000 H2 deutlich wurde, vermögen Ni-Zusätze offensichtlich die weichmagnetischen Eigenschaften von Eisen sehr wesentlich zu beeinflussen. Man unterteilt daher die Weichmagnetika u.a. auch durch eine *Sortenkennzeichnung* mit Buchstaben nach ihren Si- und Ni-Anteilen (Tabelle 6.4).

Wie erheblich der Einfluß des Nickels ist, zeigt die Tabelle 6.5, in der die wesentlichen Daten für Fe-Ni-Werkstoffe in Abhängigkeit vom Ni-Zusatz zusammengestellt sind. Die Permeabilität steigt mit wachsendem Ni-Anteil, wobei Werte über 10^5 für μ_{max} erreicht werden. Interessant ist aber noch das in etwa gegenläufige Verhalten der Curie-Temperatur. Dies geht soweit, daß im Bereich um 25...30 % Ni Curie-Temperaturen unterhalb der Raumtemperatur erreicht werden, d.h. der Eisenwerkstoff ist nicht mehr magnetisierbar. Diese sog. *„unmagnetischen Stähle"* haben erhebliche praktische Bedeutung.

Nickel ermöglicht als Legierungszusatz sowohl hochpermeable als auch „unmagnetische" Werkstoffe.

Tabelle 6.4 Sortenkennzeichnung verschiedener Weichmagnetika

Kennung	Legierung	Zusatz	Kennfarbe
A	Fe-Si	2,5... 4,5 % Si	Hellgrün
C	Fe-Si	3,5... 4,5 % Si	Weiß
D	Fe-Ni	36 ...40 % Ni	Hellblau
E	Fe-Ni	≈ 75 % Ni	Hellrot
F	Fe-Ni	≈ 50 % Ni	Gelb

Tabelle 6.5 Einfluß von Nickel auf magnetische Eigenschaften von Eisen

Ni/%	ca. 40	ca. 50	ca. 75
Sorte	D	F	E
μ_A	2500	$5 \cdot 10^4$	10^5
T_c/°C	250	470	420
B_s/T	1,5	1,6	0,7

Der Ni-Zusatz für hochpermeable Werkstoffe hat noch eine wichtige technologische Konsequenz. Fe-Ni-Legierungen lassen sich außerordentlich dünn auswalzen ($d \approx 50\,\mu m$, u.U. sogar noch dünner), so daß hochwertige Übertragerbleche für breite Frequenzbänder möglich sind. Für noch dünnere Schichten im μm-Bereich (Halbleitertechnologie) müssen die Werkstoffe *aufgedampft* werden. Bei Legierungen besteht dann sehr leicht die Gefahr einer Komponententrennung. Eine hochpermeable Legierung mit 78 % Ni ist wiederum einwandfrei aufdampfbar.

Molybdän. An sich nicht ferromagnetisch, führt jedoch bei einem Anteil von wenigen % in sehr hochpermeablen Fe-Ni-Legierungen zu μ_{max}-Werten im Bereich um 10^6. Die Anfangspermeabilitäten liegen bei derartigen Legierungen alle über 10^5.

Kobalt. Kobalt-Zusätze führen bei Fe-Ni-Legierungen zur Perminvarschleife, auch steigt die Sättigungsflußdichte merklich an. B_s-Werte bis zu 2,4 T konnten erreicht werden. Größere Bedeutung hat Co allerdings bei den Hartmagnetika.

6.2.2.1 Amorphe Metalle

Unter der Bezeichnung *amorphe Metalle* oder *Metallgläser* werden seit einiger Zeit weichmagnetische Werkstoffe mit besonderen Eigenschaften hergestellt. Zunächst einmal handelt es sich hierbei um Legierungen auf Fe-Ni- und Co-Ni-Fe-Basis, die nicht kristallin sind! Diese Eigenschaften verdanken sie einer außerordentlich hohen Abkühlgeschwindigkeit von ca. 10^6 K/s beim Abschrecken aus der Schmelze. Zusätzlich erhalten die Legierungen kristallisationsverzögernde Zusätze von B, Si, P, C, Al o.ä. in Anteilen bis zu 25 %. So ist z.B. eine Co-Ni-Fe-Legierung (Vitrovac der Fa. *Vacuumschmelze*) als $Co_{50}Ni_{20}Fe_6Si_{12}B_{12}$ aufgebaut.

Die erste bestechende Eigenschaft dieser Werkstoffe ist die hohe Anfangs- bzw. Maximalpermeabilität (Bild 6.5). Für Ne-Ni-Systeme konnte statisch $\mu_{max} = 500\,000$ ermittelt werden. Im Gegensatz zu sonstigen Weichmagnetika, die auch mechanisch weich sind, erreichen amorphe Metalle erhebliche *Härte-* ($\approx 1000\,HV02$) und *Zugfestigkeitswerte* ($R_m \approx 2$ kN/mm^2). Auch ist der spezifische Widerstand mit $\rho \approx 1{,}3 \cdot 10^{-6}\,\Omega$m etwa 2...3-mal größer als bei den sonstigen Weichmagnetika. Für die thermische Belastbarkeit ist nicht mehr die Curie-Temperatur wichtig, sondern die bei 400...550 °C liegende Kristallisationstemperatur.

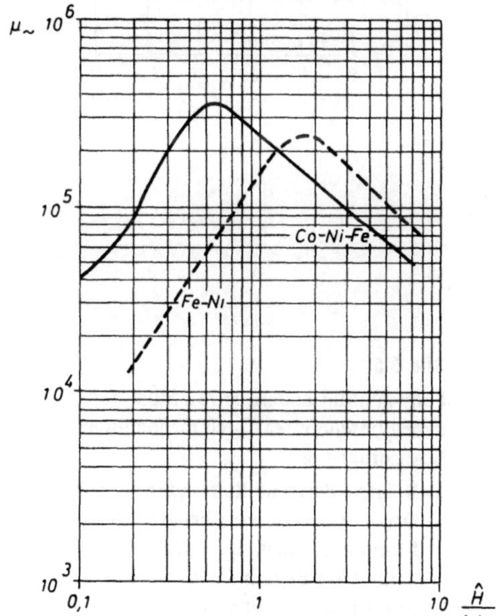

Bild 6.5 Wechselfeldpermeabilität amorpher Metalle bei $f = 50$ Hz (Vitrovac der *Vacuumschmelze*)

Amorphe Metalle sind nichtkristalline, hochpermeable, aber mechanisch harte und unempfindliche Legierungen.

Ein weiterer, in der Praxis bedeutsamer Vorteil unterscheidet die amorphen Metalle von anderen hochpermeablen Werkstoffen, die Unabhängigkeit der Permeabilität von der mechanischen Beanspruchung. Hierzu müssen wir uns zunächst das Verhalten von z.B. Mumetall als typischem Vertreter der hochpermeablen Legierungen ansehen (μ_{max} = 100000 nach Angaben des Herstellers *Vacuumschmelze*). Bild 6.6 zeigt charakteristische Verhaltensweisen dieses Werkstoffes. Bereits unter einer rein mechanischen *Druckbeanspruchung* wie sie z.B. durch eine Verschraubung auftreten kann, sinkt die Anfangspermeabilität erheblich ab. Bei einer Flächenpressung von 40 N/mm^2 (Bild 6.6a) bleibt nur noch die Hälfte der verfügbaren Anfangspermeabilität übrig.

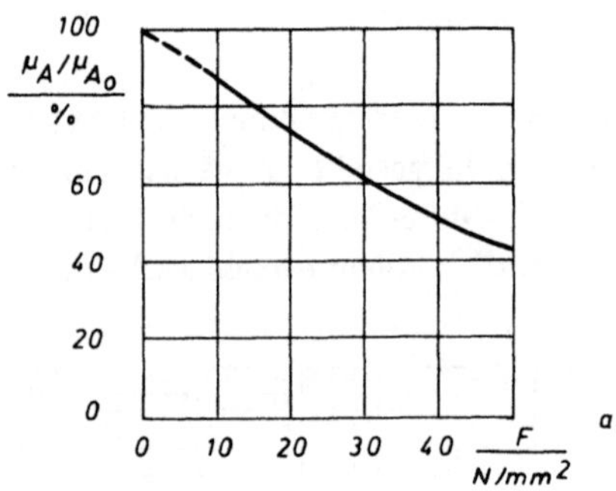

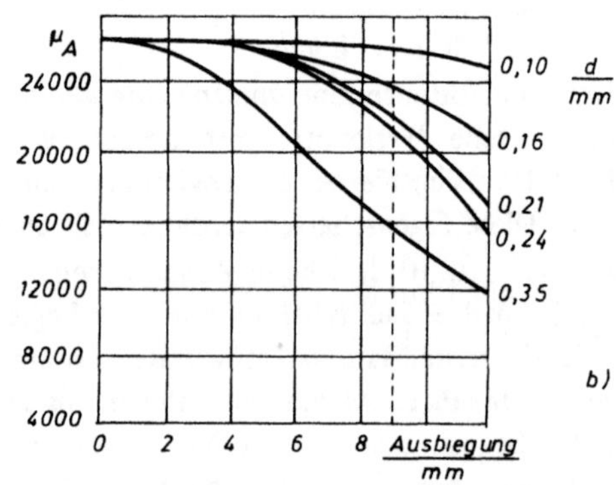

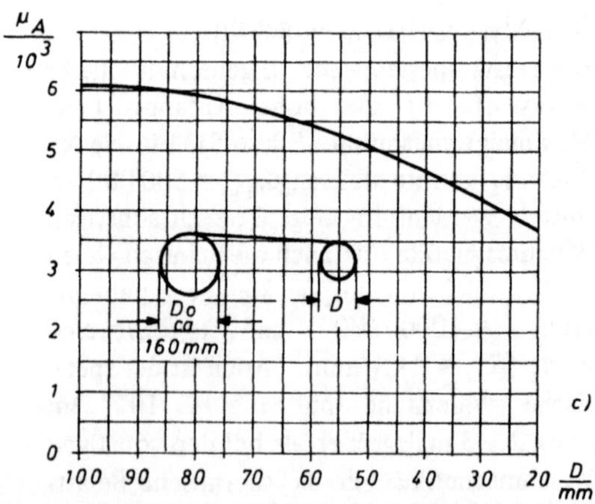

Bild 6.6

Permeabilitätsänderung von Mumetall (*Vacuumschmelze*) durch mechanische Beanspruchung

a) Relative Permeabilitätsänderung unter Druckbeanspruchung bei M 42 Transformatorblechen, μ_{A_0} Anfangspermeabilität vor Beginn des Versuches (nach *Vacuumschmelze*)

b) Permeabilitätsänderung in Abhängigkeit von der Durchbiegung des Mittelsteges bei M 42 Transformatorblechen mit der Blechdicke *d* als Parameter
– – – Für das Schachteln eines M 42 Transformators mindestens notwendige Durchbiegung (nach *F. Aßmus*)

c) Permeabilitätsänderung bei Mumetallfolien unter Biegebeanspruchung durch Umwickeln auf einen anderen Rollendurchmesser *d* als bei Anlieferung auf einer Rolle mit dem Durchmesser *D* = 160mm, μ_{A_0} = 8000 = Permeabilität bei Anlieferung, *f* = 50 Hz (nach *Vacuumschmelze*)

Während Druckbeanspruchungen durch entsprechenden Aufbau eines Transformators begrenzt werden können, sind (Durch-)*Biegungen* des Materials oft unvermeidbar. In Bild 6.6b ist die Änderung der Permeabilität von M 42-Transformatorblechen aus Mumetall in Abhängigkeit von der Durchbiegung des Mittelsteges eines M-Bleches (s. 6.2.2.3 Kernblechformen) aufgetragen. Parameter ist dabei die Blechdicke. Die gestrichelte Linie gibt die zum Schachteln eines M 42-Transformators mindestens notwendige Durchbiegung der Bleche an. Man sieht sofort, daß größere Blechdicken ab etwa 0,2 mm erhebliche Verschlechterungen lediglich durch den Zusammenbau des Blechkernes erleiden.

Gewöhnliche hochpermeable Legierungen ändern ihre magnetischen Eigenschaften bei mechanischen Beanspruchungen.

Für Abschirmzwecke, insbesondere bei Versuchsaufbauten, wird Mumetall als Folie (50 μm bzw. 100 μm) mit $\mu_A = 8000$ auf Rollen mit $D_0 = 160$ mm $\emptyset$ geliefert. Einfaches Umwickeln auf einen geringeren Durchmesser (D) reduziert die Anfangspermeabilität μ_A dabei bereits sehr wesentlich (Bild 6.6c). Diese Verschlechterungen sind zwar mit einer geeigneten Glühbehandlung (meist vom Hersteller vorzunehmen) wieder rückgängig zu machen, jedoch dürfte ein Fertigprodukt nur in seltenen Fällen Temperaturen von 650...u.U. 1000 °C ohne Schaden überstehen.
Derartige mechanische Empfindlichkeiten gibt es bei den amorphen Metallen aufgrund der fehlenden Kristallstruktur nicht. Selbst nach einer scharfen Knickung des Materials bleiben die magnetischen Daten unverändert.

6.2.2.2 Magnetische Abschirmung

Eine Hauptanwendung der hochpermeablen Materialien sind magnetische Abschirmungen. Die Kontinuitätsbedingung der magnetischen Flußlinien verhindert die Möglichkeit, einen magnetfeldfreien Raum mittels verschwindender magnetischer Leitfähigkeit, d.h. $\mu_r = 0$ zu erzeugen. ($\mu_r = 0$ bei Supraleitern stellt einen durch die Kompensation über Cooper-Paare erreichten Sonderfall dar.) Für die technische Lösung, einen *feldfreien Bereich* zu erzielen, bietet sich als Hilfsmittel dann nur noch der „Kurzschluß", d.h. $\mu_r \to \infty$ an. Diesen Zusammenhang erläutert die Feldlinienskizze und die Ersatzschaltung in Bild 6.7. Wird ein (unendlich) langer magnetisch gut leitender Zylinder in einen (homogenen) magnetischen Fluß Φ gebracht, so wird im Hohlraum des Zylinders ein wesentlich schwächerer Fluß Φ_i auftreten als in der magnetisch gut leitenden Wandung mit dem Fluß Φ_A (Bild 6.7a). Vereinfacht können wir dann ein Ersatzbild (Bild 6.7b) entwerfen, bei dem der Fluß Φ sich in die Anteile Φ_A entsprechend dem hohen magnetischen Leitwert Λ_A und Φ_i gemäß dem geringeren Innenleitwert Λ_i aufteilt. (Der restliche Fluß Φ_a' außerhalb des geschirmten Systems ist für unsere Betrachtung belanglos.) Für die magnetischen Leitwerte Λ können wir allgemein schreiben

$$\Lambda = \mu_r \mu_0 \frac{A}{l} \tag{6.1}$$

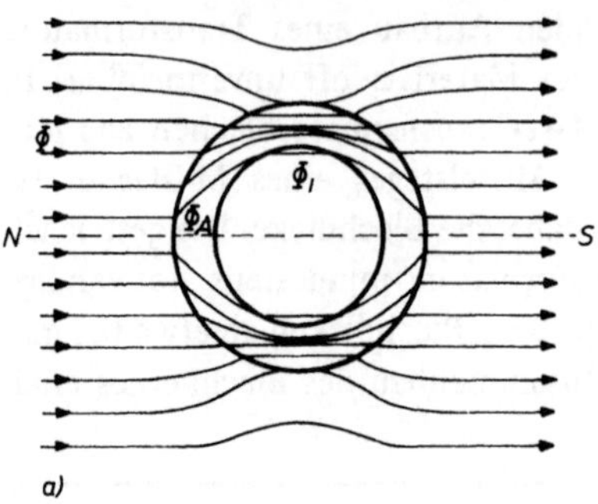

a)

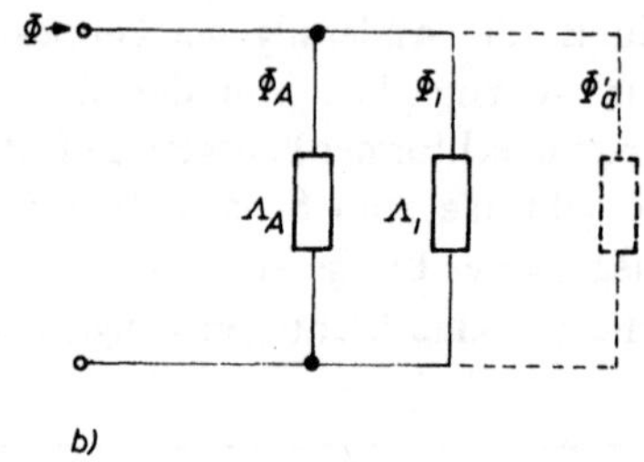

b)

c)

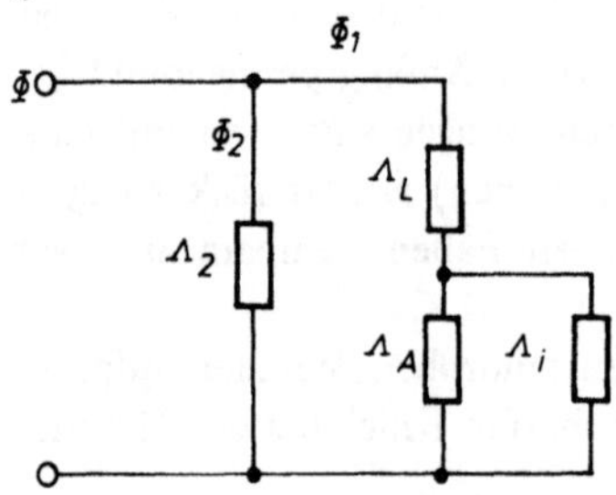

Bild 6.7 Magnetische Abschirmung

a) Feldverlauf bei einer geschlossenen magnetischen Abschirmung
b) prinzipielle Ersatzschaltung zu a)
c) Verbesserung zu b) durch zusätzliche Schirmung mit „Luftabstand" und Leitfähigkeit Λ_L (Erläuterungen im Text)

Φ ungestörter Fluß ohne die Anordnung, Φ_A Fluß in der Abschirmung, Φ_i Fluß im Innenraum, Φ_1, Φ_2 Teilflüsse von Φ, Φ'_a Fluß der außerhalb der Anordnung vorbeifließt,

Λ_A magnetische Leitfähigkeit der Abschirmung
Λ_i magnetische Leitfähigkeit des geschirmten Innenraumes
Λ_L magnetische Leitfähigkeit eines Luftzwischenraumes
Λ_2 magnetische Leitfähigkeit einer zweiten Abschirmung

Wegen der in der Praxis schwierigen Bestimmung der magnetischen Querschnittsfläche A und der magnetischen Länge l kann Λ sowohl für die Abschirmung als auch den Innenraum nur in geometrisch bestimmbaren Sonderfällen angegeben werden.
Eindeutig bleibt aber die Λ proportionale Flußaufteilung, mit deren Hilfe wir den Abschirmfaktor f_A definieren

$$f_A = \frac{\Phi_A + \Phi_i}{\Phi_i} = \frac{\Phi}{\Phi_i} = \frac{\Lambda_A}{\Lambda_i} + 1 \sim \frac{\mu_A}{\mu_i} \tag{6.2}$$

Für den Sonderfall einer Kugel ergibt sich dann z.B.

$$f_A = \frac{4\,d}{3\,D}\,\mu_r \tag{6.3}$$

D Kugeldurchmesser (außen), d Wandstärke der Kugel und μ_r wirksame Permeabilität des Abschirmmaterials.
Die abschirmende Wirkung ist also der Leitfähigkeit der Abschirmung (Grenzfall: $\Lambda \to \infty$, d.h. Kurzschluß) proportional. Ersetzen wir den Fluß Φ durch die Flußdichte B, so wird der Abschirmfaktor

$$f_A = \frac{B_a}{B_i} = \frac{H_a}{H_i} \tag{6.4}$$

wobei B_a die homogen angenommene Flußdichte bzw. H_a die Feldstärke außerhalb des geschirmten Raumes und B_i die Flußdichte bzw. H_i die Feldstärke des Innenraumes sind. Eine Verbesserung der Schirmwirkung läßt sich nach Gl. (6.1) – bei gegebenem μ_r – nur durch die Steigerung des Querschnittes, d.h. der Wanddicke der Abschirmung erreichen. Wir könnten z.B. zwei Lagen des Abschirmmaterials übereinanderlegen, womit im Ersatzbild (Bild 6.7b) zu Λ_A noch einmal Λ_A parallelgeschaltet würde. Ein wesentlich besserer Weg ist aber in Bild 6.7c angedeutet. Die *zweite Schirmung* Λ_2 ist über einen schlechten magnetischen Leiter Λ_L – z.B. Luft oder ein paramagnetisches Metall – der ersten Schirmung parallelgeschaltet, d.h. nichts anderes als mit Abstand zueinander angeordnet. Dann findet zunächst eine 1. Flußteilung in Φ_2 und Φ_1 statt (ähnlich Gl. (6.2)) mit Schirmfaktor

$$f_1 \approx \frac{\Lambda_2}{\Lambda_L} \sim \frac{\mu_2}{\mu_L} \tag{6.5}$$

wenn der Leitwert Λ_A der „inneren" Schirmung groß gegen den Leitwert Λ_L der Luft oder dgl. ist. Der Teilfluß Φ_1 wird mit f_A weiter geschwächt, so daß die Gesamtschirmung

$$f_{ges} = f_1 f_A \sim \mu_2 \mu_A \tag{6.6}$$

Wir erkennen hieraus, da die magnetische Leitfähigkeit, von den geometriebedingten Proportionalitäten abgesehen, durch die Permeabilität μ_r bestimmt ist, daß die *Mehrfachabschirmung* mit „unmagnetischer Zwischenschicht" die Abschirmwirkung wesentlich stärker verbessert als die einfache Erhöhung der Abschirmdicke oder der Permeabilität. Wir erzielen durch die Schichtung eine Multiplikation der Wirkungen. Vorteilhaft ist bei der Schichtung auch noch die Möglichkeit, bei sehr starken Störfeldern außen ein Material mit hoher Sättigungsinduktion (und geringer Permeabilität) und innen eines mit hoher Permeabilität (und geringer Sättigungsinduktion) zu wählen.

> Die Wirkung magnetischer Abschirmungen steigt mit der Permeabilität. Geschichtete Abschirmungen (Zwischenschichten mit μ_r = 1) multiplizieren die Schirmwirkungen.

Mit zunehmender Magnetisierung sinkt nach Überschreiten von μ_{max} bekanntlich μ_r und damit auch die Abschirmwirkung. In Bild 6.8 ist die Wirkung einer geschlossenen Mumetallschirmung als Funktion der (Stör-)Feldstärke dargestellt. Als geschirmter Prüfling wurde einmal eine Spule ohne Kern (μ_r = 1, entsprechend Luft) und zum anderen eine Spule mit Mumetallkern ($\mu_r > 1$) eingesetzt. Die Anordnung entspricht dann dem Ersatzbild Bild 6.7c ohne Λ_i.

Bei einem statischen Störfeld kann die Schirmwirkung noch durch Entmagnetisierung bei anliegendem (Stör-)Gleichfeld verbessert werden. Der Idealen Magnetisierungskennlinie (s. Bild 5.11) entsprechend, wird die Abschirmung dann auf eine erhöhte Flußdichte so aufmagnetisiert, daß im Idealfall das innere Feld vollständig kompensiert wird (Bild 6.9).

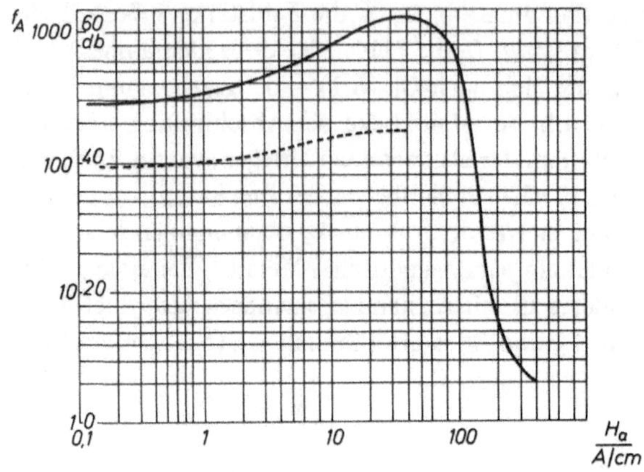

Bild 6.8
Abschirmfaktor f_A in Abhängigkeit von der äußeren Feldstärke H_a für eine geschlossene Mumetallabschirmung bei $f = 50$ Hz
—— Luftspule
– – – Spule mit Mumetallkern (M 42)
(nach *Vacuumschmelze*)

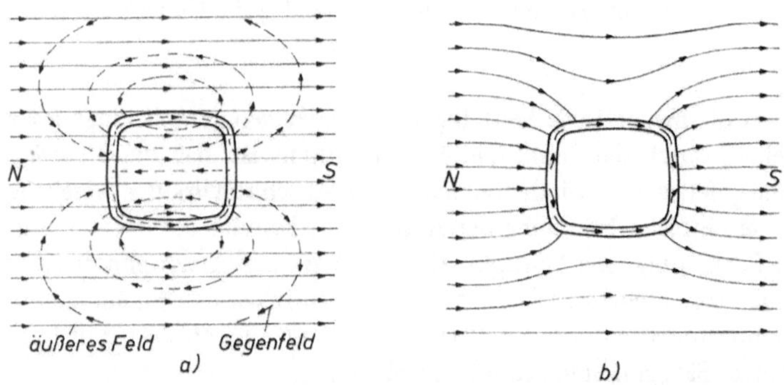

Bild 6.9
Verbesserte Abschirmung bei einem statischen Feld durch ein Gegenfeld
a) Feld einer aufmagnetisierten Abschirmung (– – –), in einem konstanten äußeren Feld (——)
b) resultierendes Feld mit Bildung eines feldfreien Innenraumes

Dieser Effekt wird z.B. in den Farbfernsehbildröhren zur Verbesserung der – unvollkommenen – Abschirmung der Elektronenstrahlen gegen das erdmagnetische Feld ausgenutzt.

> Bei statischen Feldern kann die Abschirmwirkung durch Entmagnetisieren unter Störfeldeinfluß verbessert werden.

6.2.2.3 Kernbleche

Die Notwendigkeit geschlossener magnetischer Kreise für Transformatoren führt zu verschiedenen Formen der Kernbleche. Für Großtransformatoren werden die Kerne aus Streifen geschichtet, die aus dem in langen Bändern oder Platten gelieferten Werkstoff geschnitten werden. Problematisch sind dabei die *Stoßfugen* und Magnetisierungsrichtungen bei kornorientierten Blechen (Bild 6.10).

Für Kleintransformatoren werden vorzugsweise vorgefertigte Kernbleche bzw. Kerne benutzt. Fertigungstechnisch ist der abfallose *EI-Schnitt* (Bild 6.11a) vorteilhaft. Die Abmessungen sind so, daß beim Stanzen von zwei E-Teilen die inneren „Abfallstreifen" zwei I-Teile ergeben. Eine ähnlich abfallarme Ausführung ist auch für den *UI-Schnitt* (Bild 6.11c) standardisiert, jedoch sind auch andere Ausführungen üblich.

Varianten zu beiden Systemen sind der Ersatz des I's durch jeweils ein vollständiges E bzw. U, so daß gestreckte EE- bzw. UU-Formen entstehen. Eine andere Variante des EI-Kernbleches ist das sog. Drehstrom-EI-Kernblech, bei dem alle drei Stege gleichbreit sind.

Eine verarbeitungsmäßig aufwendige, für geringste Luftspalte aber beste Kernblechform ist der *M-Schnitt* oder M-Kern (Bild 6.11b). Der Luftspalt δ kann von „klemmender Zunge", d.h. δ fast null bis zu mehreren Millimetern vom Blechhersteller variiert werden. Beim Zusammenbau eines Transformators muß dann der Mittelsteg – die Zunge – jeweils durchgebogen werden, um die Bleche in den Wickelkörper einzubringen. Dies ist

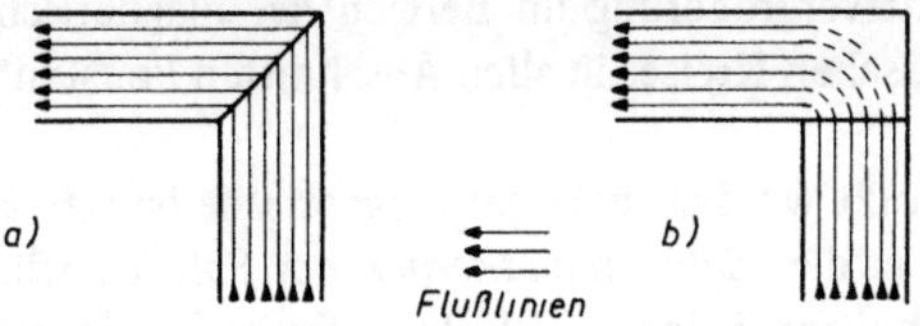

Bild 6.10
Flußübergang an Stoßfugen bei kornorientierten Blechen
a) günstiger Übergang bei 45° Stoßfuge
b) ungünstiger Übergang bei 90° Stoßfuge (Flußdurchgang durch die schwere Richtung)

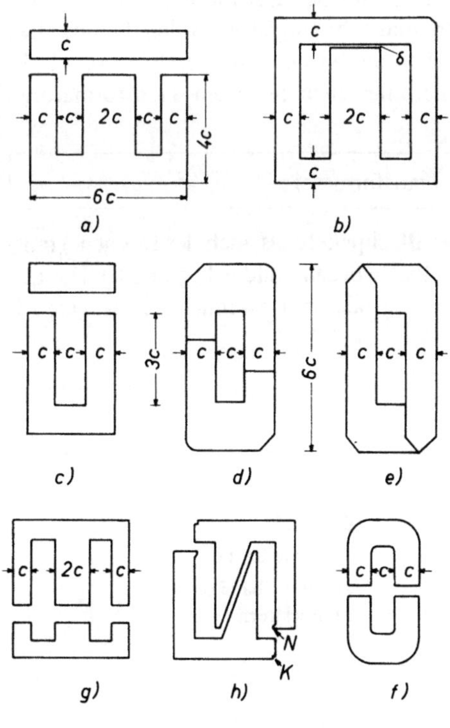

Bild 6.11
Blechschnitte für Kleintransformatoren
a) EI-Kernblech (abfallarm)
b) M-Kernblech, Mantelkernblech mit oder (fast) ohne Luftspalt δ
c) UI-Kernblech
d) Philbertkernblech PU
e) Philbertkernblech PL
f) Schnittbandkern (auf die Schmalseiten der Bleche gesehen)
g) EE-Kernblech
h) Steckkernblech

praktisch nur manuell und damit zeit- und kostenaufwendig möglich. Damit auch am fertigen Blechpaket die Lage des Luftspaltes zu erkennen ist, wird jedes einzelne Blech an einer Ecke abgeschrägt (Bild 6.11b oben rechts). Soll z.B. ein bereits geringer Luftspalt weiter reduziert werden, so ist mit versetztem Luftspalt zu schichten. Dazu wird jedes Blech gegen das vorhergehende um 180° gedreht. Damit liegt die abgeschnittene Ecke eines Bleches einmal rechts oben und dann wieder links unten. Würde ein Blech nur geklappt, läge der Luftspalt zwar auch in der richtigen Lage, die abgeschnittene Blechecke erschiene allerdings unten rechts. Sind die Bleche nur einseitig isoliert, was meist der Fall ist, so ergäbe die letztere Schichtung eine Erhöhung der Wirbelstromverluste infolge erhöhter effektiver Blechdicke.

> Bei M-Schnitten kann die Lage eines Kernbleches im Transformator an der abgeschnittenen Ecke erkannt werden.

Für Gosstexturen und streuarme Transformatorausführungen dient der *Philbertschnitt* in den Ausführungen PU und PL (Bild 6.11d und e). Bemerkenswert ist an diesen Schnitten der breitere Quersteg, der durch Querschnittsvergrößerung im Bereich der magnetisch schweren Richtung die Leitwerte des magnetischen Kreises in allen Abschnitten konstant hält.
Sollen die Vorteile einer Gosstextur voll genutzt werden, darf der magnetische Nutzfluß nur in leichter Richtung erfolgen. Dies ist bei den *Schnittbandkernen* der Fall. Hierfür wird ein in magnetisch leichter Richtung geschnittener (langer) Blechstreifen aufgewickelt und verklebt (Bild 6.11f und Bild 6.12a). Um einen solchen Kern in einen bewickelten Spulenkörper einzubringen, wird er geschnitten und sehr sorgfältig an den Trennstellen geschliffen. Die zueinandergehörigen Schnittflächen dürfen nicht vertauscht werden! Mit dieser Technik werden die hochwertigsten, allerdings auch teuersten Transformatoren erzielt.

> *Schnittbandkerne* liefern die hochwertigsten Transformatoren.

Speziell für eine rationelle Fertigung sowohl der Blechpakete als auch der fertigen Transformatoren sind die *EE*- und *Steckkerne* entwickelt worden (Bild 6.11g und h). Die EE-Bleche werden in der Ausführung wie in Bild 6.11g oder mit zweimal dem längeren E

Bild 6.12
Geklebte Kerne
a) Schnittbandkern
b) Steckkern

benutzt. Der praktische Fertigungsvorteil für den Transformator entsteht erst dadurch, daß der Blechschnitthersteller die Bleche gleich zu einem vollständigen Kernblechpaket verklebt. Sie werden dann *EK-Kerne* bzw. *EK-Kernblechpakete* genannt. Auch die Bezeichnung Steckkern wird erst durch die Verklebung sinnvoll. Das Stecken bei diesem System (Bild 6.11h) bezieht sich darauf, daß der Blechschnitt durch geeignete Vorsprünge und Aussparungen (N und K in Bild 6.11h) nach dem Zusammenpressen des Kernblechpaketes einen Zusammenhalt des ganzen Transformators ohne zusätzliche Halterungen sichert.

Steckkerne ermöglichen mit geklebten Blechpaketen eine besonders einfache Transformatorherstellung.

Wie bei den Wirbelströmen erläutert, ist eine Aufteilung in dünne Bleche notwendig. Diese dünnen Bleche bleiben aber nur solange sinnvoll, wie sie gegeneinander isoliert sind und nicht durch guten elektrisch leitenden Kontakt zu einer effektiv größeren Blechdicke führen. Die elektrisch notwendige Isolation bedeutet aber einen Verlust an Eisen- (d.h. magnetischer) Querschnittsfläche. Dieser Verlust wird durch den *Eisenfüllfaktor* beschrieben, der den relativen Anteil des Eisens an der gesamten Querschnittsfläche angibt. Mit sinkender Blechdicke sinkt auch der Füllfaktor, da die Isolation nicht beliebig dünn gemacht werden kann. Für Bleche von 0,5...0,35 mm liegt der Eisenfüllfaktor bei 0,95 und kann bei sehr dünnen Blechen bis auf etwa 0,3 absinken.

Der *Eisenfüllfaktor* gibt den durch die Blechisolation verminderten (effektiven) Eisenquerschnitt an.

Die klassische Isolation von Transformatorblechen ist die einseitige Papierbeklebung. Sie trägt mit 30 μm Dicke recht stark auf. Die Tabelle 6.6 gibt eine Übersicht über die mit verschiedenen Verfahren erzielbaren Isolierschichtdicken. Die Zahlen geben immer die

Tabelle 6.6 Isolierschichtdicken für Transformatorenbleche

Isolation	Dicke / mm
Papierbeklebung, einseitig	0,03
Lackierung, einseitig	0,02
Phosphatierung, doppelseitig	0,02
Phosphat-Glimmer-Schichten	0,01
Oxid-Schichten, doppelseitig	0,01
Magnesium-Schicht, einseitig (aufgespritztes Mg verbindet sich beim Erwärmen mit dem Fe-Si zu einer glasurartigen Schicht)	0,01

gesamte Dicke der Isolation an. Bei hochwertigen Blechen mit umfangreichen Glühbehandlungen genügt häufig die Oxidschicht – mit Dicken von nur einigen μm – zur Isolation der Bleche voneinander.

6.2.3 Weichmagnetische Ferrite

Für weichmagnetische Ferrite gelten die gleichen allgemeinen Anforderungen wie an weichmagnetische Legierungen. Wegen der Nichtleitereigenschaften der Ferrite sind sie besonders in der Nachrichtentechnik und da noch bis zu sehr hohen Frequenzen wichtig. Die praktisch genutzten Werkstoffe sind alle sog. Mischferrite, d.h. es werden zwei verschiedene Metallionen für das zweiwertige Ion in das Ferritgitter eingebaut. Daher die Bezeichnungen wie Mn-Zn-Ferrit o.ä.
In Bild 6.13 ist die obere Hälfte der Hystereseschleife eines *Ni-Zn-Ferrites* (Hyperox D152 der Fa. *Krupp Widia-Fabrik*) dargestellt. Hierbei fällt sofort die für Ferrite typische geringe Sättigungsinduktion auf, die allgemein etwa 0,3...0,5 T beträgt. Die Ursache liegt in der Tatsache des Ferrimagnetismus begründet, der auf einer Differenzbildung der magnetischen Momente beruht (s. 5.2.5 Ferrimagnetismus). Ungünstig ist noch die *schlechte Wärmeleitfähigkeit*, die eine höhere thermische Belastung von Ferritkernen begrenzt.

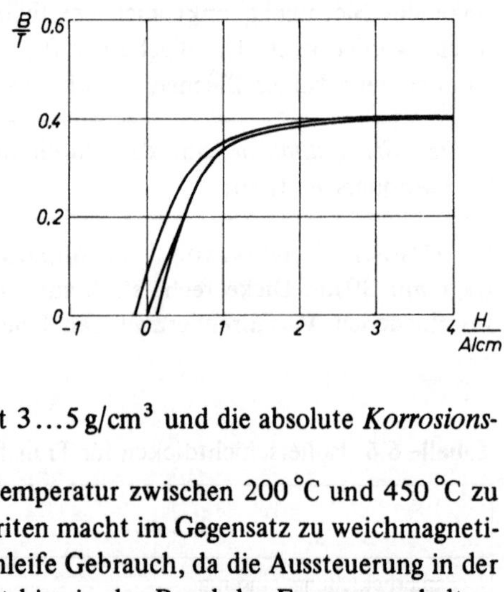

Bild 6.13
Statische Hystereseschleife und Neukurve eines Mn-Zn-Ferrites, als Beispiel Hyperox D1S2 der *Krupp-Widia-Fabrik*

Angenehm jedoch sind die *geringe Dichte* mit 3...5 g/cm^3 und die absolute *Korrosionsbeständigkeit*.
Generell ist auch mit einer niedrigen Curie-Temperatur zwischen 200 °C und 450 °C zu rechnen. Die detaillierte Beschreibung von Ferriten macht im Gegensatz zu weichmagnetischen Legierungen wenig von der Hystereseschleife Gebrauch, da die Aussteuerung in der Mehrzahl der Fälle niedrig bleibt. Wichtiger ist hier in der Regel das Frequenzverhalten, weshalb die komplexe Permeabilität bzw. der bezogene Verlustfaktor die wichtigsten Beschreibungsgrößen für Ferrite sind.
Für höhere Aussteuerungen treten auch bei Ferriten Verluste auf, die zu einer starken Erwärmung führen. Wegen der geringen Wärmeleitung der Ferrite ist diese Wärme aber nur schlecht abzuführen.

Ferrite sind als keramische Werkstoffe schlechte Wärmeleiter.

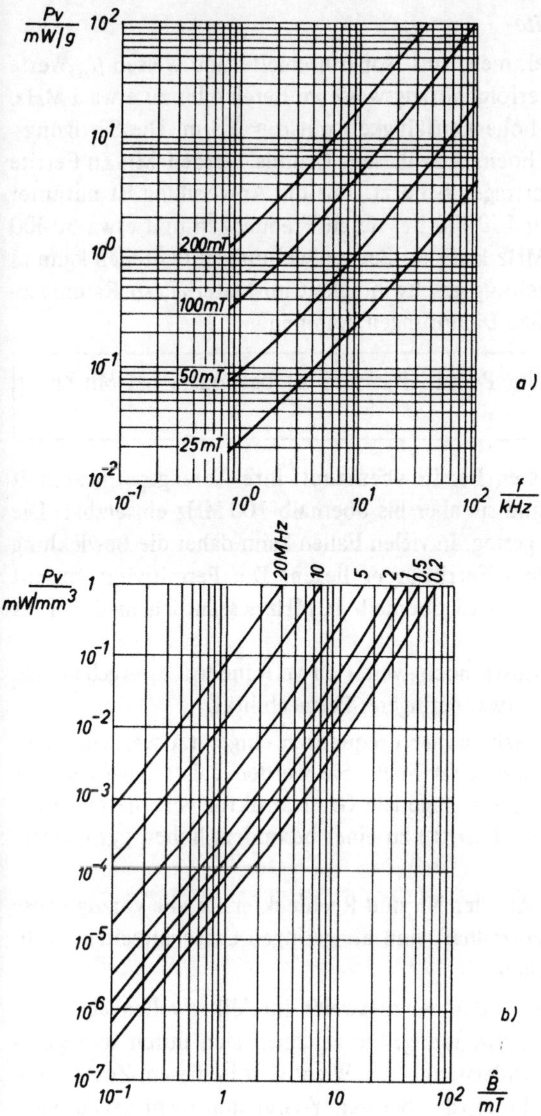

Bild 6.14

Darstellung der Kernverlustleistung (P_V) bei Ferritwerkstoffen

a) Verlustleistung in mW/g in Abhängigkeit von der Frequenz mit der Spitzenflußdichte als Parameter, als Beispiel Siferrit N 22 von *Siemens*

b) Verlustleitung in mW/mm³ in Abhängigkeit von der Spitzenflußdichte mit der Frequenz als Parameter, als Beispiel Ferroxcube 4B1 von *Valvo*

Die Verluste werden bei den Ferriten sowohl in Abhängigkeit von der Frequenz mit der Aussteuerung als Parameter (Bild 6.14a) als auch in Abhängigkeit von der Aussteuerung mit der Frequenz als Parameter dargestellt (Bild 6.14b). Die Verlustangabe erfolgt entweder als Leistung pro Masse (mW/g) oder als Leistung pro Volumen (mW/mm³).

Zu beachten ist auch die für tiefe Frequenzen große *Permitivitätszahl* (Dielektrizitätszahl) der Ferrite, die bei hohen Frequenzen stark absinkt.

6.2.3.1 Arten weichmagnetischer Ferrite

Mn-Zn-Ferrite. Sie sind hochpermeabel, meist mit Isopermschleife und weisen μ_A-Werte von 1000 bis 10000 auf. Der Einsatz erfolgt vorzugsweise im Bereich bis zu etwa 1 MHz. Zu beachten ist die für Ferrite relativ hohe Leitfähigkeit mit $\sigma \approx 1$ S/m. Die Sättigungsinduktion liegt mit rund 0,5 T recht hoch. Aus diesem Grunde werden Mn-Zn-Ferrite auch verschiedentlich für Leistungsübertrager benutzt. Für die Anwendung ist mitunter die hohe Permitivitätszahl ϵ_r mit bis zu 150000 bei tiefen Frequenzen und etwa 50000 (und weniger) im Bereich von 1...10 MHz kritisch. Bei großvolumigen Bauteilen kann es dann, bedingt durch die geringe Ausbreitungsgeschwindigkeit im Material, zu Raumresonanzen im Werkstoff und damit zu großen Dämpfungen kommen.

> Die bei Ferriten u.U. störende hohe Permitivitätszahl ist besonders bei Mn-Zn-Ferriten kritisch.

Ni-Zn-Ferrite. Dies sind die verbreitetsten Ferrite überhaupt. Ihre Anfangspermeabilität liegt nur zwischen 100...1000, dafür sind sie aber bis oberhalb 100 MHz einsetzbar. Die Leitfähigkeit mit $\sigma \approx 10^{-5}$ S/m ist sehr gering. In vielen Fällen kann daher die Bewicklung ohne Zwischenisolation direkt auf dem Ferritkörper liegen. Die Permitivität ist mit $\epsilon_r \approx 400$ bei Tonfrequenz und weniger als 15 oberhalb 10 MHz wesentlich niedriger als bei Mn-Zn-Ferriten.

Mit Co-Zusätzen sind die Hystereseverluste noch weiter zu vermindern, es ergeben sich dann die sog. *Perminvarferrite* mit noch etwas geringerer Permeabilität.

Ba-Co-Ferrite können noch im Bereich sehr hoher Frequenzen eingesetzt werden. Allerdings sind die Verluste dann doch schon recht hoch. Sie werden daher bevorzugt für Drosseln verwandt. Als Ba-Ferrit liegt eine hexagonale Grundstruktur vor, die mit einer magnetischen Vorzugsrichtung („planarer Ferrit") zu einer besonders hohen gyromagnetischen Grenzfrequenz führt.

Mg-Mn-Ferrite, evtl. mit Zusätzen von Al oder Ni, sind Rechteckferrite, die vorzugsweise für Speicherkerne eingesetzt werden. Vorteilhaft sind die geringen Umschaltzeiten, nachteilig ist die starke Temperaturabhängigkeit.

Y-Fe- sowie **Y-Al-** und **Y-Gd-Granate** finden vorzugsweise im Mikrowellengebiet zur Ausnutzung gyromagnetischer Effekte Anwendung. Sie zeichnen sich durch sehr gutes Resonanzverhalten und hohe Isolationswiderstände aus. Wichtig ist in diesem Zusammenhang der effektive *g*-Faktor (Landé-Faktor), der bei den Y-Granaten recht genau bei 2 liegt, und die bis zur Sättigungsmagnetisierung notwendige Feldstärke H_2. Je nach Werkstoff liegt sie zwischen 30...100 kA/m.

6.2.3.2 Kernformen

Obgleich in der Keramiktechnologie – die ja für Ferrite gilt – jede beliebige Formgebung möglich wäre, haben sich anwendungsbedingte Kernformen herausgebildet.

Da sind zunächst die an Blechschnitte anschließenden Bauformen der *E*-Kerne (Bild 6.15a), die so ausgelegt sind, daß sie in die Wickelkörper der entsprechenden Transformatorenbleche passen. Für höhere Frequenzen kommen dann die *Schalen-*, *X-* und *RM-Kerne* infrage (Bild 6.15b, c und d). X- und RM-Kerne sind aus den Schalenkernen hervorgegan-

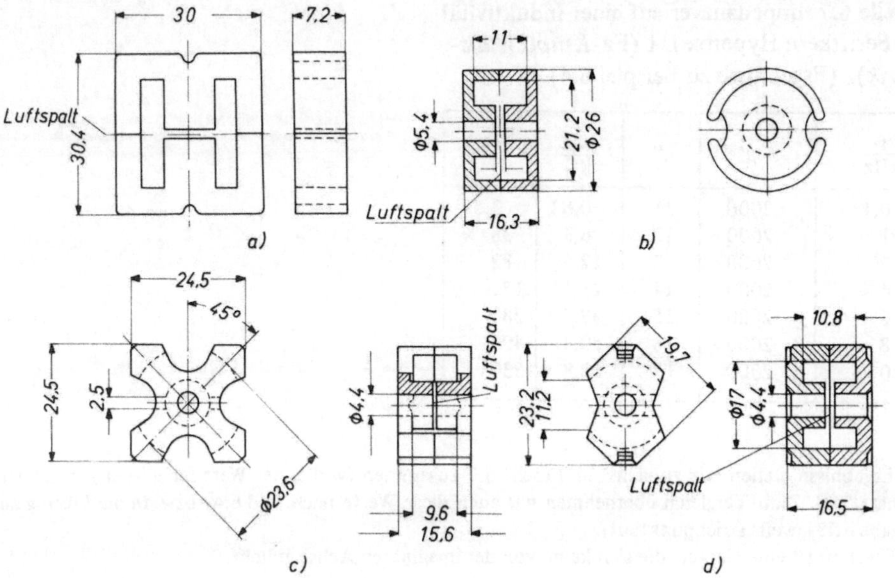

Bild 6.15 Ferritkerne mit den Hauptmaßen der genannten Ausführung
a) E-Kern, E 30, b) Schalenkern S 26 × 16, c) X-Kern, X 26, d) RM-Kern, RM 8

gene Bauformen, die dem geringen Platzangebot in gedruckten Schaltungen besser entsprechen als die Rundform. Darüber hinaus gibt es noch eine große Anzahl verschiedener Kernformen wie z.B. Stäbe für Ferritantennen, Schraubkerne, Ein- und Mehrlochkerne, U-Kerne usw.

Welchen Unterschied das Kernmaterial für einen Übertrager bei den Verlusten bedeutet, wollen wir wieder am Beispiel der 1 H-Spule untersuchen. Zu diesem Zwecke statten wir sie jetzt mit einem Ferritkern aus.

Beispiel 6.4: Impedanzverlauf einer Induktivität mit Ferritkern

Wir wählen hierzu den Werkstoff Hyperox D 1 (*Krupp Widia-Fabrik*), dessen komplexe Permeabilität bereits mit Bild 5.29a vorliegt. Gegenüber den früher benutzten Zahlen (Beispiel 6.3) hat der Ferritkern etwas andere Formkenngrößen, und zwar betragen die magnetische Weglänge $l_e = 6{,}7$ cm und der magnetische Querschnitt $A_e = 0{,}60\,\text{cm}^2$. Die Anfangspermeabilität entnehmen wir aus Bild 5.29a zu $\mu_A = 2000$ und erhalten gemäß

$$L = \mu_A \mu_0 \frac{A_e}{l_e} n^2$$

die Windungszahl $n = 667$ (hierzu gehört ein Gleichstromwiderstand von $R_= = 35{,}1\,\Omega$, den wir aber auch hier außer Betracht lassen, da wir nur die Wirkung des Kernes untersuchen wollen). Mit der Windungszahl $n = 667$ ergeben sich

$$\omega L = \mu_0 n^2 \frac{A_e}{l_e} \mu' f = 3{,}14 \cdot 10^{-3} \mu' f \quad [\Omega] \quad \text{für } f \text{ in Hz}$$

und

$$R_{Fe} = 3{,}14 \cdot 10^{-3} \mu'' f \quad [\Omega] \quad \text{für } f \text{ in Hz}$$

Tabelle 6.7 Impedanzverlauf einer Induktivität mit Ferritkern Hyperox D1 (Fa. *Krupp Widia-Fabrik*). (Ergebnisse zu Beispiel 6.4)

$\frac{f}{\text{kHz}}$	μ'	μ''	$\frac{j\omega L}{\text{k}\Omega}$	$\frac{R_{Fe}}{\Omega}$
0,1	2000	11	0,63	3,5
1	2000	12	6,3	38
2	2000	13	12,6	82
4	2000	14	25,1	175
6	2000	15	37,7	280
8	2000	16	50,3	400
10	2000	17	62,8	530

Die Ergebnisse stellen wir zunächst in Tabelle 6.7 zusammen (wobei der Wert für μ'' bei f = 100 Hz geschätzt ist). Zum Vergleich übernehmen wir auch diese Werte nach Bild 6.4 (bzw. in die Lösung zu Aufgabe 6.1, jeweils strichpunktiert).
Das Ergebnis ist eine Gerade, die sich kaum von der imaginären Achse abhebt.

Die Auswertung von Beispiel 6.4 zeigt sehr deutlich die erhebliche Reduzierung der Verluste durch den Werkstoff Ferrit. Wir sehen aus Bild 5.29a auch, daß der Ferrit zu ähnlichen Verlusten kommt wie die vorher untersuchten Werkstoffe, wenn die Frequenz entsprechend steigt. Als Hilfe hiergegen kennen wir, genau wie bei den Verlusten mit steigender Aussteuerung, die Scherung der Hystereseschleife. Da Ferritkerne trotz besten Schleifens der Auflageflächen immer einen geringen Restluftspalt von etwa 50 μm behalten, sind die im Beispiel 6.4 errechneten Ergebnisse noch zu ungünstig, da der Berechnung ein absolut luftspaltfreier E-Kern (d.h. mit der komplexen Permeabilität des Ringkernes) zugrundelag.
In unseren Beispielen hatten wir die Induktivität nur als Ersatzkriterium für einen Übertrager genommen. Wenn es um direkte Induktivitäts- und Verlustberechnungen bei Ferritkernspulen geht, so arbeitet man mit dem A_L-*Faktor* und dem Verlustfaktor $\tan\delta$.

Der A_L-*Faktor* ist die für die Windungszahl 1 geltende Induktivität eines Spulenkernes.

$$A_L = \frac{L}{n^2} = \mu_e \mu_0 \frac{A_e}{l_e} \qquad (6.7)$$

Wichtig ist, daß beim A_L-Faktor bereits die effektive Permeabilität μ_e eingearbeitet ist, d.h. evtl. Scherungen durch Luftspalte sind bereits berücksichtigt. Im Grenzfall würde μ_e gegen μ_A gehen. A_e effektiver Kernquerschnitt und l_e effektive magnetische Weglänge.
Der *gesamte Verlustfaktor* $\tan\delta_{ges}$ ist der gesamte Verlustwiderstand dividiert durch den induktiven Widerstand (Grunddefinition eigentlich Wirkleistung durch Blindleistung), d.h.

$$\tan\delta_{ges} = \frac{R_{Cu} + R_{Fe}}{\omega L} = \tan\delta_{Cu} + \tan\delta_{Fe} \qquad (6.8)$$

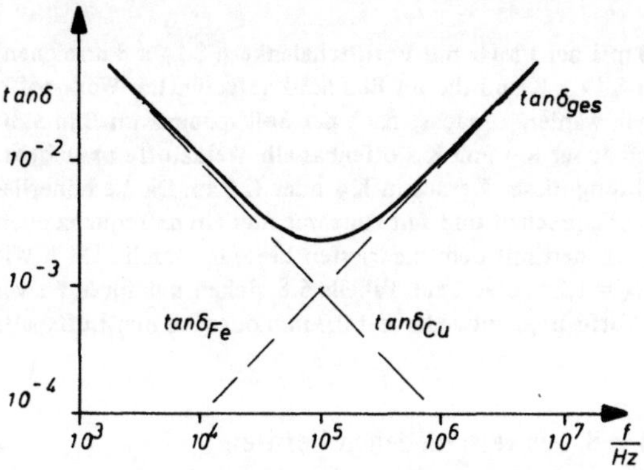

Bild 6.16
Frequenzabhängigkeit der Spulenverluste (schematisch)
—— $\tan\delta_{ges}$ ≙ Gesamtverluste
– – – $\tan\delta_{Cu}$ ≙ Kupfer-(Wicklungs)-Verluste
–·–· $\tan\delta_{Fe}$ ≙ Kernverluste

mit R_{Cu} Verlustwiderstand der Kupferwicklung (Gleichstrom-, Wechselstrom- (Stromverdrängung) und Isolationswiderstand) und R_{Fe} Verlustwiderstand durch den Kern (Hysterese-, Wirbelstrom- und Nachwirkungsverluste). Vergleicht man den Frequenzgang der Kupfer- und Kernverluste (Bild 6.16), so erkennt man die Entstehung eines Minimums für die Verluste, was zu einem Maximum der *Güte Q* führt, die definiert ist als

$$Q = \frac{1}{\tan\delta} \tag{6.9}$$

Da $\tan\delta_{Cu}$ über den A_L-Faktor mit der Windungszahl verknüpft ist, diese somit wiederum vom Kern (μ_e) abhängt, besteht die Möglichkeit, Spulen zu optimieren. In diesem Fall verteilen sich die Verluste (s. Bild 6.16) gleichmäßig auf die Wicklung und den Kern, so daß für die optimale Güte Q_{opt} gilt

$$\tan\delta_{Cu} = \tan\delta_{Fe}$$

Bei einer optimal dimensionierten Induktivität sind die Kupferverluste genauso groß wie die Kernverluste.

Wie mit den Werkstoffdaten für eine Spulenberechnung umzugehen ist, wollen wir wieder an einem Beispiel kennenlernen. Für eine Frequenz von 1 MHz sollen die Kernverluste einer Spule von 0,4 mH ermittelt werden. Wir wollen auch hier – wie beim Übertrager-Beispiel – den Beitrag der Kupferverluste nicht untersuchen. Mit den beiden Bedingungen Induktivität und Frequenz gibt es eine Vielzahl von Realisierungsmöglichkeiten. Für die Bestimmung von $\tan\delta_{Fe}$ benötigen wir zunächst den bezogenen Verlustfaktor $\tan\delta/\mu_A$. Wie Bild 5.30 – als Beispiel – aber zeigt, gibt es stets mehrere Werkstoffe, die für einen Betrieb bei der Sollfrequenz geeignet sind. Da A_L vom Luftspalt (μ_e) und Kernvolumen (A_e/l_e) abhängt, müssen wir auch noch die Größe und Ausführung (Luftspalt) eines Kernes berücksichtigen. Um hier nicht ins Uferlose zu geraten, beschränken wir unser Beispiel auf einen Schalenkern S 14 x 8.

▶ **Beispiel 6.5: Spulenberechnung**

Welchen $\tan \delta_{Fe}$ kann eine Induktivität von 0,4 mH bei 1 MHz mit Ferritschalenkern S 14 x 8 erreichen? In der Tabelle 6.8 sind für einen Schalenkern S 14 x 8 und die im Bild 5.30 aufgeführten Werkstoffe Daten angegeben (nach *AEG-Telefunken*). Wir wählen zunächst nach der Sollfrequenz im Bild 5.30 einen geeigneten Werkstoff aus. Für 1 MHz sind außer K 4 und K 5 offenbar alle Werkstoffe brauchbar. Außerdem bietet die Tabelle 6.8 keine Ausführung dieses Kernes in K 4 oder K 5 an. Da die höherliegenden Kurven einem größeren Verlustfaktor entsprechen und mit zunehmender Grenzfrequenz auch teurer werden (M 8, M 11 und M 12), wählen wir den mit dem niedrigsten $\tan \delta/\mu_A$, nämlich M 7. Wir lesen dafür bei 1 MHz in Bild 5.30 ab: $\tan \delta/\mu_A = 1{,}2 \cdot 10^{-5}$. Laut Tabelle 6.8 stehen uns für M 7 zwei Ausführungen des Schalenkernes S 14 x 8 zur Verfügung, entweder mit 0,3 mm oder 0,8 mm Luftspalt.

Tabelle 6.8 Daten für Schalenkerne S 14 x 8 aus verschiedenen Ferriten und mit unterschiedlichen Luftspalten (Fa. *AEG-Telefunken*). Die A_L-Werte sind mit 100 Windungen Kupferlackdraht von 0,25 mm ϕ gemessen.

Ferritsorte	Induktivitätsfaktor A_L	Tol.	effekt. Permeabilität μ_e	Gesamtluftspalt a
	nH	%		ca. mm
M3	40 63 100	± 2	25 40 63	1,1 0,7 0,37
	160 250 315 400	± 3	101 157 198 252	0,18 0,1 0,08 0,05
	400	± 5	252	0,05
M13	40 63 100	± 2	25 40 63	1,1 0,7 0,37
	160 250 315	± 3	101 157 198	0,18 0,1 0,08
M4	40 63 100	± 2	25 40 63	0,95 0,62 0,34
	160	± 3	101	0,16
M7	40 63	± 2	25 40	0,8 0,3
M9	25 40 63	± 2	16 25 40	1,75 0,8 0,3
M8	16 20	± 2	10 12,5	1,45 0,55

Wir wollen einmal die niedrigsten Verluste ansteuern und entscheiden uns für den Luftspalt 0,8 mm (auch günstiger bei evtl. Gleichstromanteilen im Betrieb), dann gelten $A_L = 40\,\text{nH/Wdg}^2$ und $\mu_e = 25$. Damit haben wir alle notwendigen Berechnungsgrößen beisammen. Die Windungszahl ergibt sich nach Gl. (6.7) über

$$n = \sqrt{\frac{L}{A_L}} = \sqrt{\frac{0{,}4 \cdot 10^{-3}\,\text{H}}{40 \cdot 10^{-9}\,\text{H/Wdg}^2}} = 100\,\text{Wdg}$$

und der Verlustfaktor $\tan\delta_{Fe}$ aus dem (scherungsunabhängigen) bezogenen Verlustfaktor durch Multiplikation mit der effektiven (gescherten) Permeabilität μ_e

$$\tan\delta_{Fe} = \frac{\tan\delta}{\mu_A}\,\mu_e = 1{,}2 \cdot 10^{-5} \cdot 25 = 3 \cdot 10^{-4}$$

Wir können jetzt noch den daraus resultierenden (Ersatz-)Verlustwiderstand errechnen zu

$$R_{Fe} = \omega L \tan\delta_{Fe} = 2\pi \cdot 10^{-6}\,\text{s}^{-1} \cdot 0{,}4 \cdot 10^{-3}\,\Omega\,\text{s} \cdot 3 \cdot 10^{-4} = 0{,}75\,\Omega$$

Einem reellen Anteil, der gegenüber den 2,5 kΩ von ωL kaum in Erscheinung tritt, wie im Grunde auch $\tan\delta_{Fe}$ mit $3 \cdot 10^{-4}$ ausweist.

Eine Anmerkung zur Spulenberechnung sei hier noch gemacht. Der ohmsche Anteil der Kupferwicklung kann annähernd und ohne Berücksichtigung der Stromverdrängung über den sog. A_R-Faktor ermittelt werden. Er ist ähnlich wie der A_L-Faktor definiert als

$$A_R = \frac{R_=}{n^2}$$

Wegen der vielen Drahtausführungen (Kupferdraht ein- oder zweimal lackiert, mit Seide umsponnen, HF-Litze usw.) ist der A_R-Faktor nur eine erste Näherung für einfachen Kupfer-Lackdraht und bei weitem nicht so genau wie der A_L-Faktor. Für unseren Spulenaufbau ist ein $A_R = 111\,\mu\Omega/\text{Wdg}^2$ angegeben, woraus der Gleichstromwiderstand der Wicklung R_{Cu} mit

$$R_{Cu} = A_R\,n^2 = 111 \cdot 10^{-6}\,\frac{\Omega}{\text{Wdg}^2}\,10^4\,\text{Wdg}^2 = 1{,}11\,\Omega$$

folgt. Unsere Spule scheint in der Nähe des Optimums zu liegen.

Daß eine Optimierung aber auch für eine feste Frequenz durch Variation des Luftspaltes auftritt, soll in der folgenden Aufgabe nachgewiesen werden. Wir wollen dabei zur Vereinfachung der Verhältnisse den Kupferverlustanteil mit dem (näherungsweisen) Gleichstromwiderstand R_{Cu} gleichsetzen. Die grundsätzlichen Verhältnisse ändern sich dadurch nicht, es verschiebt sich lediglich die absolute Lage des Optimums.

Aufgabe 6.2: Spulenberechnung

Wie verlaufen der Kernverlustwiderstand R_{Fe}, der Kupferverlustwiderstand R_{Cu} (= $R_=$) und $\tan\delta_{ges}$ für eine Spule mit $L = 0{,}4$ mH bei $f = 1$ MHz und Material M 4 (Bild 5.30 und Tabelle 6.8) in Abhängigkeit vom Luftspalt a, wenn $A_R = 111 \cdot 10^{-6}\,\Omega/\text{Wdg}^2$ sein soll? Das Ergebnis ist grafisch darzustellen.

Wenn wir mit dem Kehrwert von $\tan\delta_{ges}$ die Güten der Spulen bestimmen, ergeben sich Werte von etwa 1000. Tatsächlich realisierbar sind aber nur Werte von etwa 300 bis 500. Unser Fehler liegt einerseits bei der groben Berechnung der Kupferverluste – was sich noch verbessern ließe –, zum anderen aber in der Vernachlässigung der Isolations- bzw. dielektrischen *Verluste der Spulenkapazität* und der Nahwirkungsverluste durch die Wirbelströme in den benachbarten Windungen. Da die letzteren der Berechnung kaum zugänglich sind, liefern die Hersteller jeweils zu den Kerndaten immer noch Gütekurven von

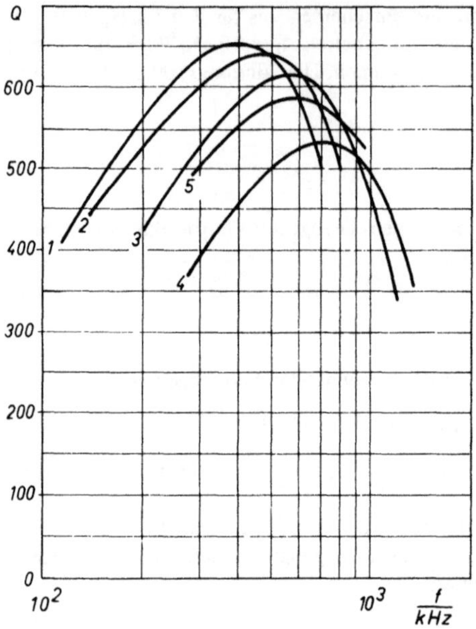

Bild 6.17
Beispiele von Gütekurven für Ferritkernspulen auf Schalenkernen S14 × 8 aus Material M 4 mit HF-Litze (nach AEG-TELEFUNKEN)

1. 40 Wdg. HF-Litze 45 × 0,04
   L = 250 μH, a = 0,16 mm
2. 30 Wdg. HF-Litze 60 × 0,04
   L = 140 μH, a = 0,16 mm
3. 15 Wdg. HF-Litze 135 × 0,04
   L = 35 μH, a = 0,16 mm
4. 15 Wdg. HF-Litze 135 × 0,04
   L = 23 μH, a = 0,34 mm
5. 30 Wdg. HF-Litze 60 × 0,04
   L = 91 μH, a = 0,34 mm

einigen Musterspulen (Bild 6.17), die den realen Verhältnissen besser entsprechen. Das Auftreten eines Optimums in Abhängigkeit von der Frequenz ist auch hier deutlich zu erkennen.

> Gütekurven für Spulen stellen Meßergebnisse von Musterspulen dar und liefern daher realistische Gütewerte.

6.3 Hartmagnetika (Dauermagnete)

6.3.1 Entmagnetisierungskennlinie

Umgekehrt zur Definition für weichmagnetisch ist jetzt ein Werkstoff als hartmagnetisch zu bezeichnen, für den $H_c > 1$ kA/m (10 A/cm) gilt. Die Hystereseschleifen müssen im Gegensatz zu denen der weichmagnetischen Werkstoffe für hartmagnetische Werkstoffe möglichst breit, d.h. H_c möglichst groß sein. Da im Dauermagneten Energie gespeichert wird und diese über die Fläche der Hystereseschleife zum Ausdruck kommt, sollte also auch noch B_r einen hohen Wert annehmen. Dauermagnete werden ohne äußeres magnetisches Feld benutzt, so daß von der gesamten Magnetisierungskurve nur noch der Teil im zweiten oder vierten Quadranten interessiert (Bild 6.18a), die sog. *Entmagnetisierungskurve*.

> Für Dauermagnete muß die Fläche der Hystereseschleife möglichst groß sein.

Multiplizieren wir die zu verschiedenen Punkten der Entmagnetisierungskurve gehörenden B- und H-Werte miteinander, so erhalten wir Energiedichten in Ws/m^3, die durch das jeweilige eingeschlossene Rechteck charakterisiert werden (z.B. $H_a \cdot B_a$ in Bild 6.18a).

Multiplizieren wir alle möglichen Kombinationen durch und tragen das Ergebnis über der B-Achse auf, so entsteht Bild 6.18b. Die Energiedichte weist offenbar ein Maximum bei $B_a \cdot H_a$ auf. Wir nennen diesen sehr wichtigen Wert $(B \cdot H)_{max}$ auch *Energieprodukt* (oder früher Güte). Er entspricht dem größtmöglichen Rechteck unter der Kurve. Hieraus schließen wir sofort, daß für einen guten Dauermagnetwerkstoff $(B \cdot H)_{max}$ möglichst groß sein muß.

Energieprodukt $(B \cdot H)_{max}$ ist das höchste für einen Magnetwerkstoff aus korrespondierenden B- und H-Werten erzielbare Produkt.

Die höchste für einen gegebenen Magnetwerkstoff denkbare Energiedichte wäre doch wohl $B_r \cdot H_c$, was dem äußeren punktierten Rechteck in Bild 6.18a entspricht. Danach müßte ein guter Dauermagnet eine möglichst rechteckige Entmagnetisierungskurve aufweisen, bei der B_a und H_a dicht an B_r bzw. H_c heranrücken. Das Verhältnis

$$\gamma = \frac{(B \cdot H)_{max}}{B_r \cdot H_c} \tag{6.10}$$

bezeichnet man auch als *Ausbauchungsfaktor*.

Ausbauchungsfaktor ist das Verhältnis von Energieprodukt $(B \cdot H)_{max}$ zu $B_r \cdot H_c$.

Wie wir später noch detailliert kennenlernen werden, ist ein derartig rechteckiger Kurvenverlauf aus einem anderen Grunde unerwünscht. Der Idealwert von γ beträgt 0,25 und nicht 1, wie aus der Rechteckkurve folgt.

In der Entmagnetisierungskennlinie unterscheiden wir drei wichtige Abschnitte (Bild 6.18a): I den reversiblen Bereich, II den Knickbereich und III den irreversiblen Bereich.

Im reversiblen Bereich, der durch einen linearen Kennlinienverlauf gekennzeichnet ist, erfolgen Arbeitspunktänderungen – z.B. durch äußere Induktionen – auf dieser Kennlinie. Im Knickbereich und erst recht im irreversiblen Bereich verlagert sich der Arbeitspunkt ins Innere der von der Entmagnetisierungskennlinie umschlossenen Fläche. Die dabei auftretenden Verhältnisse werden wir mit realen Kurven noch genauer untersuchen.

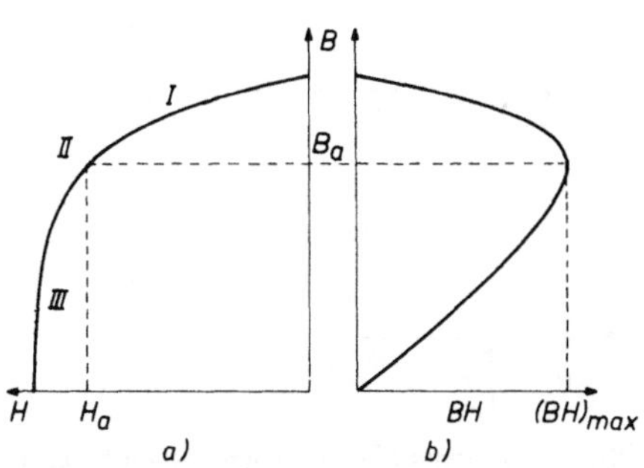

Bild 6.18

Entmagnetisierungskurve und Energiedichte

a) Entmagnetisierungskurve im 2. Quadranten I reversibler Bereich, II Knickbereich, III irreversibler Bereich. B_r Remanenzinduktion, H_c Koerzitivfeldstärke, B_a Induktion im Arbeitspunkt, H_a Feldstärke im Arbeitspunkt

b) Energiedichte $B \cdot H$ in Abhängigkeit von der Induktion B, höchste Energiedichte = $(B \cdot H)_{max}$

Zur Darstellung von Entmagnetisierungskennlinien müssen wir noch kurz wieder auf die Polarisation J zurückkommen (s. auch 5.3 Magnetisierung und Beispiel 5.1 Flußdichte). Bekanntlich war

$$J = B - \mu_0 H \qquad (5.5)$$

Zu welchen Konsequenzen dies für die Entmagnetisierungskennlinie führt, ist aus Bild 6.19 zu entnehmen. Die übliche $B = f(H)$-Kennlinie zeigt dick ausgezogen im 2. Quadranten den Entmagnetisierungsast $B_r - {}_BH_c$. Außerdem ist die Gerade $B = \mu_0 H$ eingetragen. Durch Subtraktion der $\mu_0 H$-Geraden von der $B = f(H)$-Kurve im ersten Quadranten ergibt sich die niedriger verlaufende $J = f(H)$-Kurve. Im 2. Quadranten ist $\mu_0 H$ aber negativ, so daß der $J = f(H)$-Ast hier höher als die $B = f(H)$-Kurve zu liegen kommt. Während der Remanenzpunkt weiterhin für beide Kurven gleich bleibt, ist die Koerzitivfeldstärke jetzt sehr unterschiedlich. Man unterscheidet dementsprechend die *Koerzitivfeldstärke* ${}_JH_c$ als diejenige, die notwendig ist, um die Polarisation J auf Null zu bringen, oder die *Koerzitivfeldstärke* ${}_BH_c$, mit der die Induktion B auf Null gebracht wird. Diesen Zusammenhang können wir durch Umstellen auch aus Gl. (5.5) entnehmen

$$\mu_0 H = B - J \qquad (5.5a)$$

Setzen wir jetzt $B = 0$, was einem „offenen Magneten", d.h. keinerlei Fluß zwischen den Polen entspricht, so liegt offensichtlich immer noch die Polarisation $J = -\mu_0 H$ und damit eine Magnetisierung $M = J/\mu_0$ vor. Um die Magnetisierung auf Null zu bringen, muß in Gl. (5.5a) $J = 0$ werden, wozu ein $-B = -\mu_0\, {}_JH_c$ gehört, da wir uns inzwischen im 3. Quadranten befinden. Mit anderen Worten, für die vollständige Entmagnetisierung muß eine größere Feldstärke als das übliche ${}_BH_c$ aufgewandt werden. Im vollständigen $B = f(H)$-Diagramm ist ${}_JH_c$ an der Stelle zu finden, an der die Gerade $\mu_0 H$ im 3. Quadranten die Hystereseschleife schneidet (Bild 6.19 punktiert).

${}_BH_c$ ist die Koerzitivfeldstärke, bei der die Flußdichte des Systems verschwindet. ${}_JH_c$ ist die Koerzitivfeldstärke, bei der die Polarisation des Werkstoffes Null wird.

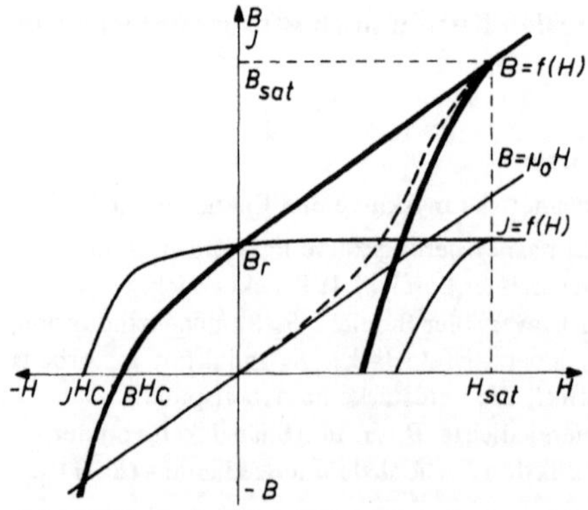

Bild 6.19 Zusammenhang zwischen Induktion B und Polarisation J (Erläuterung im Text)

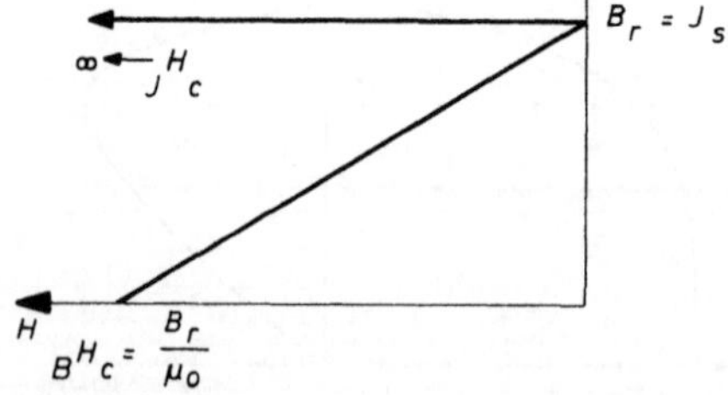

Bild 6.20 Idealer Dauermagnet (schematisch) Erläuterung im Text

Zum besseren Verständnis der Zusammenhänge wollen wir einmal einen idealen Dauermagneten betrachten. Er muß nach Aufmagnetisierung bis zur Sättigung als Remanenzinduktion (B_r) die Sättigungspolarisation J_s behalten (Bild 6.20), da im Idealfall nach Rücknahme des äußeren Feldes alle magnetischen Momente ausgerichtet bleiben. Als idealer Magnetwerkstoff würde er jetzt jeder Entmagnetisierung widerstehen, d.h. $H_c \to \infty$ bzw. die Entmagnetisierungskurve verläuft parallel zur Abszisse. Die wirkende Feldstärke soll hierbei doch offenbar die Polarisation rückgängig machen, d.h. H_c bekommt den Index J, also ${}_JH_c$. Da die Feldstärke $-H$ ein der Polarisation entgegengerichtetes Feld aufbaut, wird die Kurve für B nach Gl. (5.5a)

$$B = J_s - \mu_0 H = B_r - \mu_0 H \tag{5.5b}$$

linear (!), bis ${}_BH_c = B_r/\mu_0$ mit einer Steigung entsprechend "μ_r" = 1 abfallen (Bild 6.20). Dieses μ_r ist aber identisch mit der *permanenten Permeabilität* μ_{perm}, die also im Idealfall zu 1 wird.

Wir erkennen hieraus, daß für einen sehr guten, sich dem Ideal nähernden Werkstoff die Ausbauchung nicht gegen $\gamma = 1$, sondern gegen $\gamma = 0{,}25$ gehen muß (die größtmögliche Rechteckfläche unter der Diagonalen eines Rechtecks ist 1/4 der Rechteckfläche) und die Entmagnetisierungskurve geradlinig von B_r fallend die H-Achse bei ${}_BH_c \approx B_r/\mu_0$ schneiden sollte. Mit $\gamma = 0{,}25$ wird $(B \cdot H)_{max} = \frac{1}{4} B_r \cdot H_c$, das sind aber genau die gleichen Zusammenhänge, wie sie für die bei Anpassung mögliche maximale Energieentnahme aus einem Generator gelten. Wir können daher mit dem eben Dargelegten ein Ersatzbild für den Dauermagneten angeben, das aus einem Innenleitwert $\mu_0 \mu_r = B/H$ und einer Einströmung B_r besteht. Bei der Bestimmung des Innenleitwertes eines Dauermagneten bieten sich uns bekannte Zusammenhänge dar. Wenn wir nämlich, wie zur Bestimmung des Innenleitwertes üblich, „Strom und Spannung" im Magnetfeld, also Flußdichte und Feldstärke, in Abhängigkeit von der Belastung ermitteln, so ergibt sich die Entmagnetisierungskurve. Diese ist also letztlich nichts anderes als die im allgemeinen sehr stark nichtlineare *Innenleitwertkennlinie* (Bilder 6.18, 6.19 und 6.3.4 Dauermagnetberechnung).

Die Entmagnetisierungskennlinie stellt den *Innenleitwert* eines Dauermagneten dar.

Die optimale Energieausbeute wird bekanntlich bei Anpassung, d.h. Innenleitwert gleich Außenleitwert, erreicht. Da ein Dauermagnet offensichtlich je nach Arbeitspunkt auf der Entmagnetisierungskurve verschiedene Innenleitwerte anbietet, müßte ein Magnet sich an eine Vielzahl von Verbrauchern anpassen lassen. Die Schwierigkeit liegt hier allerdings beim „Verbraucher". Wenn wir ein dauermagnetisches Feld technisch nutzen wollen, so muß es in der Regel in Luft vorliegen. Für den Verbraucher gibt es also offensichtlich nur einen einzigen Leitwert, nämlich den der Luft mit $\mu_r \mu_0 = 1 \cdot \mu_0$. Für unseren Generator bedeutet dies, daß wir in der Kennlinie aus der Anpassungsbedingung eine Steigung gebrauchen, die zu der Geraden $\mu_0 H$ in Bild 6.19 parallel verläuft und dabei noch das höchste Energieprodukt liefert. So gesehen, wäre dann aber doch eine Kennlinie, die mit konstanter Steigung parallel (und in möglichst großem Abstand) zur Geraden $\mu_0 H$ verliefe, viel besser. Die zugehörige relative Steigung betrüge $\mu_r = 1 = \mu_{perm}$, sie wäre also gleich der permanenten Permeabilität, wie wir bereits aus der idealistischen Betrachtung ermittelt hatten.

> Die *permanente Permeabilität* μ_{perm} sollte bei einem Magnetwerkstoff an jeder Stelle der Kennlinie 1 sein.

Wenn wir die Kennlinien der verschiedenen Dauermagnetwerkstoffe kennengelernt haben, werden wir diese Zusammenhänge auch noch genauer zahlenmäßig untersuchen. Folgende Forderungen können wir jetzt an gute Dauermagnetwerkstoffe stellen:

> 1. Großes Energieprodukt $(B \cdot H)_{max}$
> 2. Hohe Remanenz B_r
> 3. Hohe Koerzitivfeldstärke $_BH_c$ bzw. $_JH_c$
> 4. $\mu_{perm} \approx 1$ (d.h. $_BH_c \approx B_r/\mu_0$)
> 5. Hohe Curie-Temperatur
> 6. Gute thermische Langzeitstabilität

Die beiden letzten Forderungen ergeben sich ganz allgemein aus dem Wunsche langdauernder, sicherer Betriebsbedingungen.

6.3.2 Hartmagnetische Legierungen

Wir ordnen diese Übersicht nach steigendem Energieprodukt und beginnen mit zwei historischen Werkstoffen, die technisch allerdings keine Bedeutung mehr haben.

	$_BH_c$ kA/m	$(B \cdot H)_{max}$ kJ/m³
Martensitische Stähle. Sie sind mechanisch sehr hart. Es sind dies die ältesten technischen Dauermagnete. Sie verdanken ihre magnetischen Eigenschaften der Spannung im Kristallgitter durch den Härtungsvorgang (Spannungsanisotropie).	4	2
Kobalt-Stähle. Durch Zusatz von Kobalt ließ sich eine für damalige Verhältnisse (20er Jahre) wesentliche Verbesserung der magnetischen Eigenschaften erreichen (Bild 6.21a). Wo mechanische Eigenschaften bei Dauermagneten wichtiger als die magnetischen sind, haben Kobaltstähle auch heute noch eine begrenzte Bedeutung.	18	8
FeAlNi- und FeAlNiCo-Legierungen (Bild 6.21b und c). In den 30er Jahren begann die Entwicklung der auch heute noch wichtigen Mehrstofflegierungen auf der Basis Fe-Al-Ni-Co, die zu den sog. *AlNiCo-Magneten* führte. Es handelt sich hierbei um Ausscheidungslegierungen, die erst durch eine geeignete Wärmebehandlung (Tempern), gegebenenfalls unter der Einwirkung eines Magnetfeldes (Formanisotropie), die gewünschten Eigenschaften	40...50	10...30

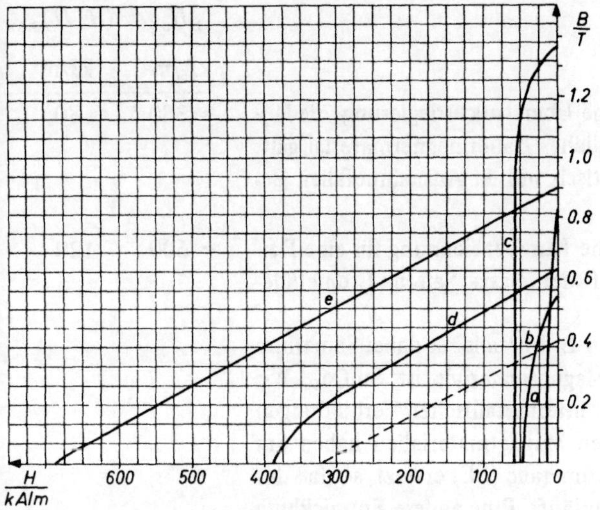

Bild 6.21
Entmagnetisierungskurven einiger Legierungen
a) Kobaltstahl ($FeCo_{15}$)
b) AlNi 120 ($FeNi_{26}Al_{13}Cu_3Ti$, z.B. Reco 120 von *Valvo*)
c) AlNiCo 500 ($FeCo_{24}Ni_{15}Al_9$, z.B. Ticonal 750 von *Valvo*)
d) Platin-Kobalt ($PtCo_{23}$)
e) SE-Co (im wesentlichen $SmCo_5$, z.B. Vacomax 155 der *Vacuumschmelze*)

erhalten. Diese Legierungen sind sehr hart und praktisch nur durch Schleifen zu bearbeiten.

Da die Formteile gegossen werden, wäre zunächst eine beliebige Formgebung möglich. Die Magneteigenschaften und die notwendige Aufmagnetisierung im eingebauten Zustand lassen aber nur stabförmige Teile zu.

Um leichtere Bearbeitungen und Formgebungen zu ermöglichen, werden die gegossenen Magnetwerkstoffe pulverisiert und zu *Sinter-* oder mit verschiedenen Füllstoffen zu *Preßmagneten* verarbeitet. Sintermagnete haben die Vorteile engerer Fertigungstoleranzen und einer homogenen Struktur, was zur gleichmäßigeren Flußverteilung beiträgt. Die magnetischen Daten von gegossenen oder gesinterten AlNi- und AlNiCo-Magneten unterscheiden sich kaum.

FeNiCu- und **FeNiCuCo-Legierungen** sind gleichfalls durch Ausscheidung härtbare Dauermagnetwerkstoffe, die sich weniger durch besondere magnetische Qualitäten als vielmehr durch ihre leichte Bearbeitbarkeit auszeichnen. 40…50 6…10

MnAlC-Legierungen. In Anlehnung an die Heusler-Legierung, die auch frei von ferromagnetischen Elementen ist, sind in der letzten Zeit durch besondere Fertigungstechnologien auch anisotrope Dauermagnet-Werkstoffe auf MnAlC-Basis entstanden, die den teuren AlNiCo-Systemen sogar noch überlegen sind. Durch die Herstellung im Strangpreßverfahren liegt das Material stabförmig vor, ist aber gut spanend zu bearbeiten, was gleichfalls kostensenkend wirkt. ≈ 200 50

$_BH_c$ kA/m	$(B \cdot H)_{max}$ kJ/m³
≈ 380	80
≈ 600	120

PtCo-Legierung (Bild 6.21d). Eine Überstrukturlegierung, die lange Zeit als bestes technisch mögliches Dauermagnetmaterial galt. Aus Kostengründen hat es praktisch nur in Ausnahmefällen Bedeutung gehabt.

SECo-Magnete (Bild 6.21e) ist die Kurzbezeichnung für eine Reihe neuer Magnetwerkstoffe auf der Basis Seltene-Erdmetalle-Kobalt.

Wichtigster Vertreter der seltenen Erdmetalle ist dabei Samarium (Sm), und Grundtypus dieses Magnetmaterials ist $SmCo_5$. Wir haben es hier also weitgehend mit intermetallischen Verbindungen zu tun. Die technisch realisierten Magnetmaterialien haben Sm teilweise durch andere seltene Erdmetalle (SE) ersetzt, so daß der Typus allgemein auf $SECo_5$ hinausläuft. Eine andere Entwicklung vom Typus SE_2Co_{17} scheint besonders für die Remanenzinduktion noch höhere Werte zu ermöglichen.

> Die besten Magnetwerkstoffe sind z.Z. die SECo-Systeme mit $\mu_{perm} \approx 1$ und Energieprodukten über 100 kJ/m³.

Vergleichen wir die Entmagnetisierungskurven in Bild 6.21 miteinander, so ist sofort deutlich, daß sich die wesentliche Änderung der Werkstoffdaten in der Steigerung der Koerzitivfeldstärke ausdrückt. Der Anstieg von $H_c \approx 15$ kA/m beim Kobaltstahl auf ca. 700 kA/m bei SECo-Systemen ist fast eine Steigerung auf das Fünfzigfache. Die Remanenzinduktion ist im Bereich zwischen 0,6...1,4 T eigentlich recht konstant geblieben, so daß die Zunahme der Energiedichte bei den Magnetwerkstoffen weitgehend auf den Anstieg der Koerzitivfeldstärke zurückgeht. Noch etwas sehr Wichtiges lassen die Kurven in Bild 6.21 erkennen. Die Ausbauchung nimmt mit der Verbesserung der Werkstoffe merklich ab. Die Entmagnetisierungskurven werden fast geradlinig mit einer Steigung, die $\mu_{perm} = 1$ sehr nahekommt oder auch schon erreicht. Derartige Kurven verlaufen dann parallel zur Geraden $B = \mu_0 H$, deren Steigung gestrichelt in Bild 6.21 eingetragen ist.

Tabelle 6.9 Daten einiger typischer Dauermagnetwerkstoffe

Material	Typ	T_c °C	$_BH_c$ kA/m	B_r T	$(B \cdot H)_{max}$ kJ/m³	H_a kA/m	B_a T	μ_{perm}
Alnico 500	anisotrop	830	50	1,2	36	40	0,95	≈ 5
Ba-Ferrit 300	anisotrop	450	150	0,35	22	110	0,2	1,2
$Sm\text{-}Co_5$	anisotrop	725	650	0,8	125	350	0,4	1,0

In der Tabelle 6.9 sind für einige typische Dauermagnetwerkstoffe die Grunddaten zusammengestellt. (Ba-Ferrit 300 wird ausführlich unter hartmagnetischen Ferriten behandelt.)
Bevor wir uns mit der detaillierten Auswertung von Entmagnetisierungskurven befassen, müssen wir noch die Metalloxide als Magnetwerkstoffe kennenlernen. Zum grundsätzlichen Umgang mit den Kurven hier schon einige Fragen.

Aufgabe 6.3: Permanente Permeabilität und Energieprodukt

a) Welche Steigungen haben die Kurven b, c, d und e in Bild 6.21 im reversiblen Bereich? Vergleichen Sie die Ergebnisse – soweit möglich – mit μ_{perm} in Tabelle 6.9.

b) Die Kurve c in Bild 6.21 gehört zur Klasse der AlNiCo 500-Werkstoffe, die in der Tabelle 6.9 mit $(B \cdot H)_{max}$ = 36 kJ/m³ ausgewiesen sind. Welchen $(B \cdot H)_{max}$-Wert erreicht der auf der gleichen Legierung basierende Werkstoff Ticonal 750, wenn der Arbeitspunkt in der am weitesten ausbauchenden Ecke liegt? (Systematische Bestimmungen von $(B \cdot H)_{max}$ werden wir noch kennenlernen.)

6.3.3 Hartmagnetische Metalloxide (Ferrite)

Die hartmagnetischen Ferrite haben genau wie die weichmagnetischen eine geringe Dichte, hohe Korrosionsbeständigkeit, geringe Sättigungsinduktion und niedrige Curie-Temperatur. In Bild 6.22 haben wir im gleichen Maßstab wie in Bild 6.21 die Entmagnetisierungskurven für den Ba-Ferrit 300. Wie auch schon aus Tabelle 6.9 zu entnehmen war, fällt sofort die niedrige Remanenzinduktion auf, dagegen liegt die Koerzitivfeldstärke recht hoch, so daß die hartmagnetischen Ferrite auf ein $(B \cdot H)_{max}$ zwischen 20 und 30 kJ/m³ kommen. Als keramische Werkstoffe sind die Ferritmagnete nicht nur mechanisch sehr hart, sondern auch bruchempfindlich. Um zu weniger empfindlichen Magneten zu kommen, wird auch hier pulverisiert und mit Kunststoffen verpreßt. Die Anwendung flexibler Kunststoffe führt dann zu den sog. „Gummimagneten".
Der spezifische Widerstand aller Ferritmagnete ist mit $\rho > 10^4\ \Omega$ m sehr hoch, wodurch sie auch in hochfrequenten Feldern eingesetzt werden können.

	$\frac{_B H_c}{\text{kA/m}}$	$\frac{(B \cdot H)_{max}}{\text{kJ/m}^3}$
Ba-Ferrit. Als technisch ausgeführte hartmagnetische Ferrite kommen eigentlich nur hexagonale Ba-Ferrite vom Typus $BaO \cdot 6\,Fe_2O_3$ in Betracht. Sie werden sowohl isotrop als auch anisotrop geliefert. Obwohl nicht direkt als Mischferrite ausgewiesen, haben die meisten Ba-Ferrite noch Zusätze von Sr, Pb und/oder Co.	150...250	20...25
Sr-Ferrite. Im Prinzip etwas günstiger als Ba-Ferrite, technisch jedoch nur als deren Zusatz wichtig.	200	30

Das gleiche gilt auch für die Pb- und Co-Ferrite.

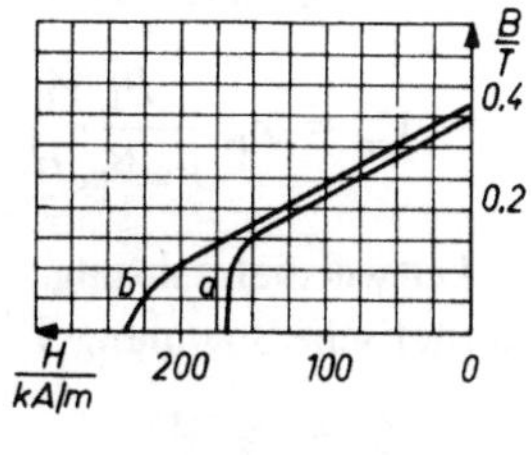

Bild 6.22 Entmagnetisierungskurven von Barium-Ferrit 300

a) Normaler Ba-Ferrit (z.B. Koerox 300 von *Krupp Widia-Fabrik*)

b) Koerzitivfeldstärke betonter Ba Ferrit (z.B. Koerox 330 von *Krupp Widia-Fabrik*)

Ba-Ferritmagnete haben nach den SECo-Systemen die höchsten technisch nutzbaren Koerzitivfeldstärken und einen großen Bereich mit $\mu_{perm} \approx 1$. Sie sind elektrische Nichtleiter.

6.3.4 Dauermagnetberechnung

Um die Eigenschaften der Dauermagnetwerkstoffe besser beurteilen zu können, wollen wir die grundsätzliche Berechnung von *Dauermagnetkreisen* durchführen. Wir gehen dabei von folgendem Aufbau aus (Bild 6.23): Der Fluß Φ eines Dauermagneten (Generator) wird über Flußleitstücke an einen Luftspalt geführt (Verbraucher). Dabei treten in den Flußleitstücken und den unvermeidlichen Streufeldern Verluste auf. Wir wollen hier zur Vereinfachung der Verhältnisse letztlich prinzipielle Verlustfreiheit annehmen, d.h. der Fluß Φ soll überall im Kreis gleich groß sein (keine Streuung). Weiter soll die vom Dauermagneten stammende magnetische Spannung V^+ ohne Verlust am Luftspalt anliegen (Flußleitstücke mit unendlich hoher Leitfähigkeit). Wir werden bei der Herleitung diese Verluste zwar zunächst durch zusätzliche Faktoren berücksichtigen, sie zum Schluß aber wieder den idealisierten Verhältnissen entsprechend gleich 1 setzen.

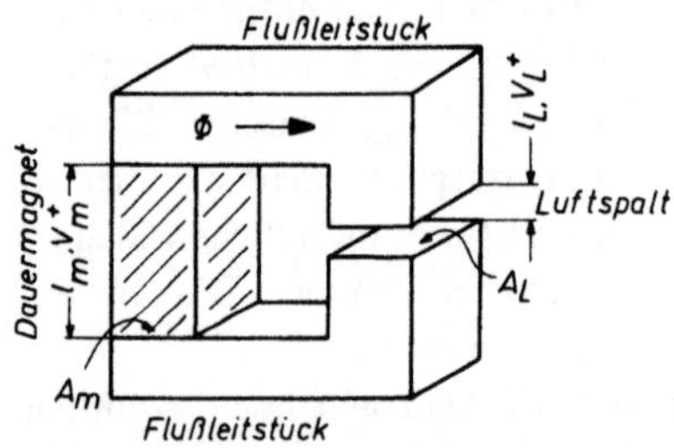

Bild 6.23
Magnetischer Kreis für Dauermagnetberechnungen (Erläuterungen im Text)

1. **Energiebetrachtung**. Im Luftspaltvolumen muß eine Energie aufgebracht werden, die gleich der Energiedichte mal dem Volumen ist. Die gleiche Energie zuzüglich Verluste muß der Dauermagnet als Generator aufbringen, also

$$B_m H_m V_m = c_1 B_L H_L V_L \tag{6.11}$$

wobei B Flußdichte, H Feldstärke und V Volumen sind. Die Indizes m stehen für magnetisch und L für Luft. c_1 ist der Korrekturfaktor, der den Verlustanteil berücksichtigt, der nicht den Luftspalt erreicht. B_m und H_m sind selbstverständlich ein Zahlenpaar, das zur Entmagnetisierungskennlinie gehört. Da die Abmessungen (V_L) des Luftspaltes und auch die Flußdichte B_L durch die praktischen Betriebsbedingungen festgelegt werden, läßt sich über die Gl. (6.11) das erforderliche Magnetvolumen bestimmen:

$$V_m = c_1 \frac{B_L^2 V_L}{\mu_0 B_m H_m} \tag{6.12}$$

2. **Leitwertbetrachtung**. Am Luftspalt kann höchstens die gleiche oder eine kleinere magnetische Spannung V^+ herrschen als am Dauermagneten

$$V_m^+ = c_2 V_L^+ \tag{6.13}$$

Durch c_2 können die Spannungsabfälle in den Flußleitstücken berücksichtigt werden. Die Indizes sind die gleichen wie oben. Auch der vom Dauermagneten gelieferte Fluß Φ_m kann bis zum Luftspalt höchstens kleiner geworden sein, also

$$\Phi_m = c_3 \Phi_L \tag{6.14}$$

c_3 berücksichtigt jetzt die Verluste durch den Streufluß. Bestimmen wir die Leitwerte aus den Gln. (6.13 und 6.14), so muß gelten:

$$\Lambda = \frac{\Phi_m}{V_m^+} = \frac{B_m A_m}{H_m l_m} = c_4 \frac{B_L A_L}{H_L l_L} = c_4 \mu_0 \frac{A_L}{l_L} \tag{6.15}$$

Λ Leitwert, A Fläche und l Länge, wobei die Indizes m und L wieder für Magnet und Luftspalt stehen. c_4 ist der aus c_2 und c_3 hervorgegangene neue Korrekturfaktor. Trennen wir jetzt nach mechanischen und magnetischen Größen, so erhalten wir

$$c_4 \frac{A_L l_m}{A_m l_L} = \frac{B_m}{\mu_0 H_m} = N \tag{6.16}$$

Für den Fall, daß die Querschnittsflächen A_L und A_m gar nicht oder nur wenig unterschiedlich sind, steht links in Gl. (6.16) das Längenverhältnis Magnetlänge zu Luftspaltlänge, rechts steht ein Quotient, der für einen ganz bestimmten Punkt der Entmagnetisierungskurve gilt. Andererseits kann man den Quotienten $B/\mu_0 H$ aus beliebigen Wertepaaren im B-H-Diagramm bilden, die dann alle zu gleichen l_m/l_L-Verhältnissen führen. Die so darstellbaren Geraden werden auch *Luftspaltgeraden* genannt und entsprechen den Scherungsgeraden bis auf die Tatsache, daß dabei der Kehrwert gebildet wird (l_L/l_{Fe}).

> Die Luftspaltgerade ist durch das Verhältnis Magnetlänge zu Luftspaltlänge bestimmt.

Mit Zahlenwerten für N und dem oben ermittelten Magnetvolumen V_m ergibt sich die gesuchte Magnetlänge zu

$$l_m = \sqrt{\frac{N V_m l_L}{c_4 A_L}} \tag{6.17}$$

Wir können also mittels Gln. (6.12) und (6.17) einen Dauermagneten vollständig bestimmen, wenn die Konstante c_4 und das Verhältnis Magnet- zu Luftspaltlänge (N) bekannt sind. Da wir die Verluste vernachlässigen wollten, können wir die Konstante jetzt $c_4 = 1$ setzen. Die Bestimmung von N gelingt mit Hilfe der Gl. (6.16). Wir zeichnen zunächst einmal in das B-H-Diagramm eine Anzahl von Luftspaltgeraden ein (Bild 6.24). Das B-H-Diagramm ist jetzt doppelt logarithmisch dargestellt, weil darin die Auswertungen bequemer sind. Ein Beispiel soll den Lösungsgang zeigen.

Beispiel 6.6: Luftspaltgeraden *N*

Zur Bestimmung von Luftspaltgeraden geben wir N-Werte vor, z.B. $N = 10$, dann wird gemäß Gl. (6.16)

$$\frac{B}{H} = \mu_0 N = 1{,}256 \cdot 10^{-5}\,\text{H/m}$$

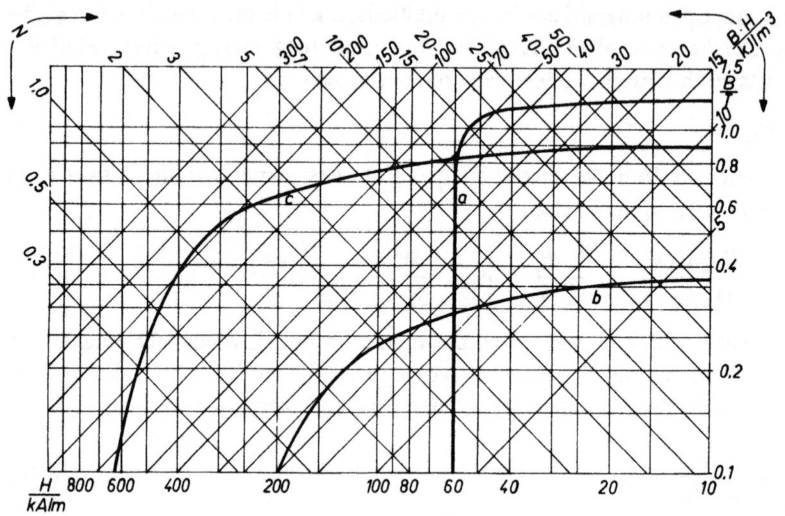

Bild 6.24 Entmagnetisierungskurven in doppeltlogarithmischer Darstellung mit Luftspaltgeraden N = const und Energiedichte $B \cdot H$ = const für a) Alnico, b) Ba-Ferrit und c) $SmCo_5$

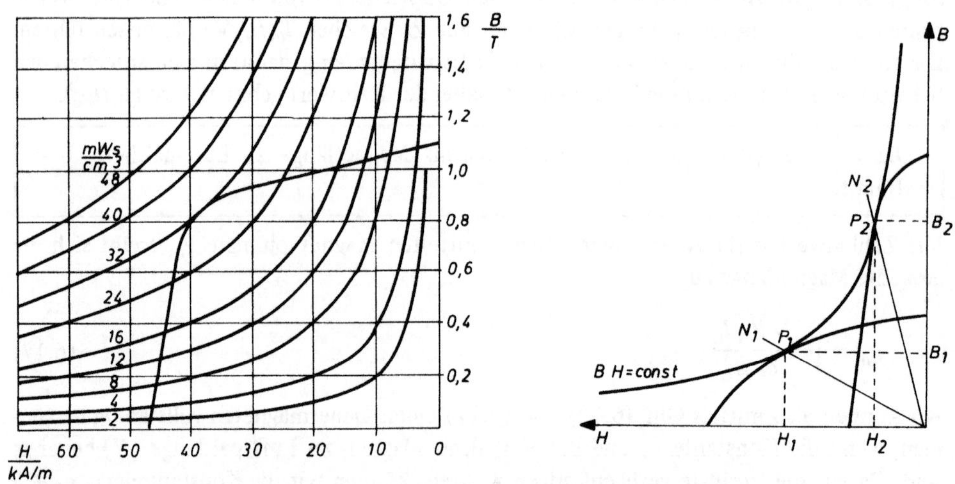

Bild 6.25 Entmagnetisierungskurven und Energiedichte in linearer Darstellung

a) Energiedichte Hyperbeln $(B \cdot H)$ = const und die Bestimmung von $(B \cdot H)_{max}$

b) Luftspaltgerade bei Werkstoffen mit verschiedenen Entmagnetisierungskennlinien aber gleichem Energieprodukt

damit für z.B. B = 1 T, H = 80 kA/m oder B = 0,5 T, H = 40 kA/m usw. Im Schnittpunkt mit der Entmagnetisierungskurve erfüllt dann das Wertepaar B_m-H_m die Bedingung N = 10. In der logarithmischen Darstellung entsteht für jedes gegebene Wertepaar eine unter 45° fallende Gerade, die dem zugehörigen N entspricht (Bild 6.24). Im linearen B-H-Diagramm ist die Gerade von einem rechnerisch ermittelten Koordinatenpunkt gegen den Ursprung zu ziehen (Bild 6.25b).

Durch einen solchen Rechnungs- und Konstruktionsgang entsteht zunächst eine Anzahl von Geraden, die lediglich in den Schnittpunkten mit den Entmagnetisierungskurven rechnerisch verwertbar sind, denn nur dort wird der Quotient B_m/H_m vom jeweiligen Werkstoff erfüllt. Mit dem so gefundenen Zahlenpaar für B_m-H_m können wir dann aber sofort das für Gl. (6.12) notwendige Produkt $B_m \cdot H_m$ bilden. Da mit einem großen Wert für dieses Produkt das Magnetvolumen klein wird, müssen wir jetzt noch den Punkt suchen, in dem $(B \cdot H)_{max}$ zu finden ist.

Das Volumen eines Dauermagneten sinkt mit wachsendem Energieprodukt des verwendeten Werkstoffes.

Im logarithmischen Diagramm ist $(B \cdot H)_{max}$ besonders leicht zu ermitteln, wie Beispiel 6.7 zeigt.

Beispiel 6.7: Energiedichte $B \cdot H$
Wir nehmen z.B. das Wertepaar B = 0,5 T und H = 40 kA/m mit $B \cdot H$ = 20 kWs/m³ oder kJ/m³ oder mWs/cm³ (= 2,5 MG · Oe im alten System). Die Wertepaare B = 1 T und H = 20 kA/m bzw. B = 0,25 T und H = 80 kA/m müssen dann die gleichen Werte liefern. Ein konstantes Produkt bildet sich aber in doppelt logarithmischer Darstellung als unter 45° steigende Gerade ab (Bild 6.24). Somit können wir das ganze B-H-Diagramm mit Geraden ausfüllen, die jeweils einer anderen konstanten Energiedichte entsprechen.

Im linearen B-H-System ergeben sich *Hyperbeln*, für die einige Punkte zu errechnen sind, ehe die Konstruktion möglich wird (Bild 6.25). In beiden Darstellungen nimmt das Energieprodukt $B \cdot H$ nach links oben zu. Wir brauchen also zur Bestimmung von $(B \cdot H)_{max}$ lediglich die Stelle zu suchen, in der die Entmagnetisierungskurve gerade noch eine der Geraden (Bild 6.24) oder Hyperbeln (Bild 6.25) berührt, und an der zugehörigen Skala abzulesen.
Eine andere Methode zur Bestimmung von $(B \cdot H)_{max}$ hatten wir bereits im Bild 6.18 kennengelernt, indem das Produkt $B \cdot H$ für Wertepaare aus der Entmagnetisierungskurve über B aufgetragen wurde. Dieses Verfahren ist allerdings beim Vergleich mehrerer Werkstoffe unbequem.
In Bild 6.25b ist im Prinzip dargestellt, wie sich unterschiedliche Magnetisierungskennlinien bei gleichem Energieprodukt darbieten können. N muß dann naturgemäß unterschiedlich sein. Ein Nachteil der logarithmischen Darstellung ist die Verzerrung der Entmagnetisierungskurven. Die ideale Kurve mit der Steigung $\mu_{perm} = 1 = \Delta B/\mu_0 \, \Delta H$ – im linearen Diagramm eine Gerade (s. auch Bild 6.21) – wird im doppelt logarithmischen Maßstab verzerrt, da hierbei nur Potenz-Gesetze Geraden liefern. (Eine ideale Magnetisierungskennlinie durch B = 0,9 T und $_BH_c$ = 720 kA/m ergibt in Bild 6.24 ungefähr die Kurve für $SmCo_5$, während in Bild 6.21 eine Gerade entstand.)
Den Umgang mit einem derartigen Diagramm soll ein Beispiel erläutern.

Beispiel 6.8: Dauermagnetberechnung
Wir wollen einmal unter Vernachlässigung aller Verluste – d.h. die Konstanten c_1 bis c_4 in den Gln. (6.12) bis (6.17) werden alle 1 – einen AlNiCo-Magneten berechnen, der in einem Luftvolumen von V_L = 2 cm³ bei einer Luftspaltlänge l_L = 2 mm und einer Fläche von A_L = 10 cm² eine Flußdichte von 1 T erzeugen soll. Um das Magnetvolumen klein zu halten, wählen wir $B_m \cdot H_m = (B \cdot H)_{max}$. Aus

Bild 6.24 erhalten wir für den dort dargestellten Werkstoff a $(B \cdot H)_{max} = 54\ \mathrm{kJ/m^3}$ und die zugehörige Luftspaltgerade mit $N = 15$. Damit wird das Magnetvolumen nach Gl. (6.12)

$$V_m = \frac{B_L^2 V_L}{\mu_0 (B \cdot H)_{max}} = \frac{1\ (\mathrm{Vs/m^2})^2 \cdot 2 \cdot 10^{-6}\ \mathrm{m^3}}{1{,}256 \cdot 10^{-6}\ \mathrm{H/m} \cdot 54 \cdot 10^3\ \mathrm{J/m^3}} = 29{,}5\ \mathrm{cm^3}$$

Für die Länge des Magneten folgt dann mit Gl. (6.17)

$$l_m = \sqrt{\frac{N V_m l_L}{A_L}} = \sqrt{\frac{15 \cdot 29{,}5\ \mathrm{cm^3} \cdot 0{,}2\ \mathrm{cm}}{10\ \mathrm{cm^2}}} = 3\ \mathrm{cm}$$

und damit die Fläche des Magneten

$$A_m = \frac{V_m}{l_m} = 9{,}9\ \mathrm{cm^2}$$

Magnet- und Luftspaltfläche sind annähernd gleich, d.h. die Flußleitstücke können fast einen konstanten Querschnitt haben, und die Gl. (6.16) zur Bestimmung von N wird praktisch durch l_m/l_L definiert.

Wenn wir den soeben berechneten Magneten aufbauen, so wird offenbar durch die Luftspaltabmessungen der Arbeitspunkt auf der Entmagnetisierungskurve festgelegt. Um in diesen Arbeitspunkt zu gelangen, muß zunächst bis zur Sättigungsinduktion B_s aufmagnetisiert werden. Nach Entfernen des äußeren Feldes sinkt die Flußdichte durch den Luftspalt unter die Remanenzinduktion B_r bis auf B_a der Induktion im Arbeitspunkt ($\approx 1\ \mathrm{T}$ im Beispiel 6.8) ab.

Wird der Luftspalt vergrößert (etwa auf 3 mm im Beispiel 6.8), dann stellt sich eine niedrigere Induktion entsprechend der tieferliegenden Luftspaltgeraden ein (etwa 0,75 T bei $N = 10$ gemäß Bild 6.24). Wird der Luftspalt aber wieder verkleinert, so steigt die Flußdichte nicht wieder längs der Entmagnetisierungskurve auf den alten Wert an, sondern – da der größere Luftspalt eine stärkere Entmagnetisierung (geringere Polarisation) ermöglichte – nur auf einen niedrigeren. Lediglich wenn sich diese Vorgänge auf einer idealen Entmagnetisierungskennlinie mit $\mu_{perm} = 1$ abspielen, längs der sich die Polarisation nicht ändert, kehrt nach einer Luftspaltänderung die alte Einstellung wieder zurück.

Wenn wir unter diesem Aspekt die Dauermagnetkurven betrachten (Bilder 6.21 und 6.22), wird sofort klar, welche Vorteile SECo- und Ferrit-Magnete gegenüber AlNiCo und ähnlichen Legierungen bieten.

- **Aufgabe 6.4: Vergleichende Dauermagnetberechnung**

Berechnen Sie für einen Luftspalt von $l_L = 2$ mm mit einer Fläche $A_L = 4\ \mathrm{cm^2}$ bei $B_L = 1\ \mathrm{T}$ die Magnete mit dem kleinsten Volumen für die Werkstoffe a) AlNiCo, b) Ba-Ferrit und c) $SmCo_5$ nach den Diagrammen von Bild 6.24. (Wieder unter der vereinfachenden Annahme völliger Verlustfreiheit.) Skizzieren Sie die drei Magnete maßstabsgerecht unter der Annahme einer quadratischen Magnetgrundfläche. Vergleichen Sie das Verhältnis A_m/A_L mit dem Verhältnis B_L/B_m.

> Die *Magnetlänge* sinkt mit wachsender Feldstärke im Arbeitspunkt.
> Die *Magnetfläche* sinkt mit wachsender Flußdichte im Arbeitspunkt.

6.4 Impulsbetrieb

Bei der Impulsansteuerung von magnetischen Werkstoffen ist zunächst einmal zwischen *Übertrager-* und *Speicherbetrieb* zu unterscheiden, zum anderen aber auch zwischen *Spannungs-* und *Stromansteuerung*.
An die Stelle der bisher benutzten Scheitelwerte von $\hat{B}$ bzw. $\hat{H}$ bei Sinusform von B bzw. H treten jetzt die *Induktionshübe* (oder Flußdichtehübe) ΔB bzw. *Feldstärkehübe* ΔH. Der Zusammenhang zwischen der Spannung u und der Flußdichte B wird dementsprechend nunmehr beschrieben durch

$$\Delta B = \frac{1}{n A_e} \int_0^{\tau} u \, \mathrm{d}t \tag{6.18}$$

n Windungszahl, A_e vom magnetischen Fluß durchsetzte Fläche, ΔB Induktionshub, τ Impulsdauer und u Spannungsverlauf des Impulses. Der Induktionshub wird damit der *Spannungszeitfläche* – das bedeutet nämlich das Integral – proportional. Im Fall eines eingeprägten Spannungsimpulses wird $u = \hat{U}$, d.h. gleich der Amplitude dieses Rechteckimpulses. Die Gl. (6.18) geht dann über in

$$\Delta B = \frac{\hat{U}\tau}{n A_e} \equiv \frac{L\hat{I}}{n A_e} \tag{6.18b}$$

L Induktivität des magnetischen Kreises und $\hat{I}$ eingeprägte Stromimpulsamplitude. Sind andererseits Induktionshub ΔB und die Spannungsamplitude $\hat{U}$ bekannt, können wir daraus durch Umstellen von Gl. (6.18b) die zugehörige Impulsdauer τ errechnen gemäß

$$\tau = \frac{\Delta B \, n A_e}{\hat{U}} \tag{6.19}$$

Die Differentiation von Gl. (6.18) nach der Zeit liefert die *Ummagnetisierungs-* oder *Anstiegsgeschwindigkeit* $\mathrm{d}B/\mathrm{d}t$, die mit Gl. (6.19) übergeht in

$$\frac{\Delta B}{\tau} = \frac{\hat{U}}{n A_e} \tag{6.20}$$

Aus dieser Gleichung geht ein für Impulsansteuerungen wichtiger Zusammenhang hervor. ΔB hat durch die Sättigung der Magnetwerkstoffe eine obere Grenze. $\hat{U}$ ist aber (fast) beliebig vorgebbar! Damit muß mit zunehmenden Werten von $\hat{U}$ die Impulsdauer τ abnehmen (Gl. 6.19)), womit die Ummagnetisierungsgeschwindigkeit mit steigender Spannungsimpulsamplitude zunimmt.

Beispiel 6.9: Ummagnetisierungsgeschwindigkeit
Für einen Induktionshub $\Delta B = 1{,}5\,\mathrm{T}$, mit dem die Sättigungsinduktion erreicht werden soll, folgt aus Gl. (6.19) für $n = 10$ Wdg und einen magnetisch wirksamen Querschnitt $A_e = 10\,\mathrm{cm}^2$ bei einer Impulsspannungsamplitude von $\hat{U} = 10\,\mathrm{V}$

$$\tau = \frac{\Delta B \, n A_e}{\hat{U}} = \frac{1{,}5\,\mathrm{T} \cdot 10 \cdot 10 \cdot 10^{-4}\,\mathrm{m}^2}{10\,\mathrm{V}} = 1{,}5\,\mathrm{ms}$$

und daraus die Ummagnetisierungsgeschwindigkeit

$$\frac{\Delta B}{\tau} = \frac{1{,}5\,\mathrm{T}}{1{,}5 \cdot 10^{-3}\,\mathrm{s}} = 10^3\,\mathrm{V/m^2} = 1\,\mathrm{T/ms}$$

Mit einer auf $\hat{U} = 100$ V erhöhten Spannung wird nach Gl. (6.20)

$$\frac{\Delta B}{\tau} = \frac{\hat{U}}{n A_e} = \frac{100\,\mathrm{V}}{10 \cdot 10 \cdot 10^{-4}\,\mathrm{m^2}} = 10^4\,\mathrm{V/m^2} = 10\,\mathrm{T/ms}$$

Die erhöhte Spannung führt also bei sonst gleichen Daten zu einer erhöhten Ummagnetisierungsgeschwindigkeit.

> Die Ummagnetisierungsgeschwindigkeit wächst mit der ansteuernden Spannungsamplitude.

Der Feldstärkehub ΔH ist über die Impulspermeabilität μ_p (s. auch 5.4.3.5 Impulspermeabilität) dem Induktionshub proportional:

$$\Delta H = \frac{\Delta B}{\mu_0 \mu_p} \tag{6.21}$$

Die Impulspermeabilität μ_p können wir für die Induktivitätsberechnung bei Impulsübertragern in gleicher Weise wie μ_A (oder μ') zur Bestimmung eines A_L-Faktors benutzen, wenn die anderen Daten des magnetischen Kreises bekannt sind, also

$$L = n^2 A_L = n^2 \mu_0 \mu_p \frac{A_e}{l_e} \tag{6.22}$$

Bei der Stromansteuerung, die besonders für die Signalspeicherung wichtig ist, gilt es zu beachten, daß beim Ummagnetisieren zunächst der Bereich der Koerzitivfeldstärke überwunden werden muß, ehe eine magnetische Wirkung eintritt. Wird die Primärwicklung eines Übertragers von einem Stromimpuls durchflossen, so entsteht an der Sekundärseite ein verzerrter Spannungsimpuls, der im wesentlichen von der Anstiegsgeschwindigkeit des Stromimpulses geformt wird (Bild 6.26a). Die Amplitude U_s und die Zeitdauer t_s des sekundären Spannungsimpulses hängen von der Amplitude des Stromimpulses ab (Bild 6.26b, Spannungszeitflächen). Trägt man den Kehrwert der *Schaltzeit* t_s über der zu den Stromimpulsen gehörenden Feldstärke auf, so ergibt sich ein Verlauf nach Bild 6.27. Es tritt eine *Schwellfeldstärke* H_0 auf. Erst Feldstärken oberhalb dieses Wertes bewirken eine Magnetisierung. Aus der Steigung der Geraden in Bild 6.27 kann man den sog. *Schaltkoeffizienten* S_w

$$S_w = t_s (H - H_0) \tag{6.23}$$

mit der Einheit s · A/m oder meist μs · A/cm definieren. Umgekehrt folgt daraus wieder die Schaltzeit t_s zu

$$t_s = \frac{S_w}{H - H_0} \tag{6.24}$$

> Die Schaltzeit sinkt mit wachsender Stromamplitude der Ansteuerung.

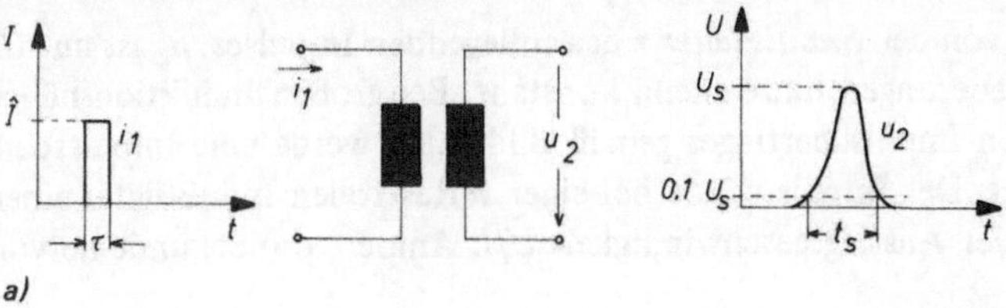

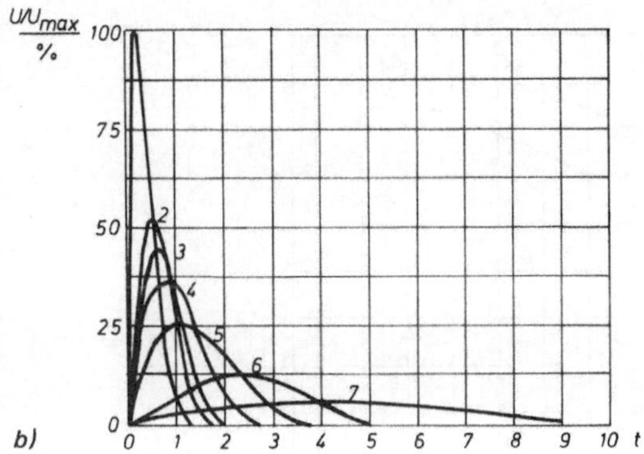

Bild 6.26

Impulsübertrager mit Stromeinprägung (schematisch)

a) **ansteuernder Stromimpuls und prinzipieller Ausgangsspannungsverlauf. τ Stromimpulsdauer, t_s Schaltzeit entsprechend der Zeitdauer zwischen den 10 % Beträgen des Maximalwertes**

b) **Spannungszeitflächen, Ausgangsspannungsverlauf bei verschiedenen Stromamplituden 1...7 mit sinkenden Werten für $\hat{I}$ und dadurch zunehmender Schaltzeit sowie absinkender Spannungsamplitude**

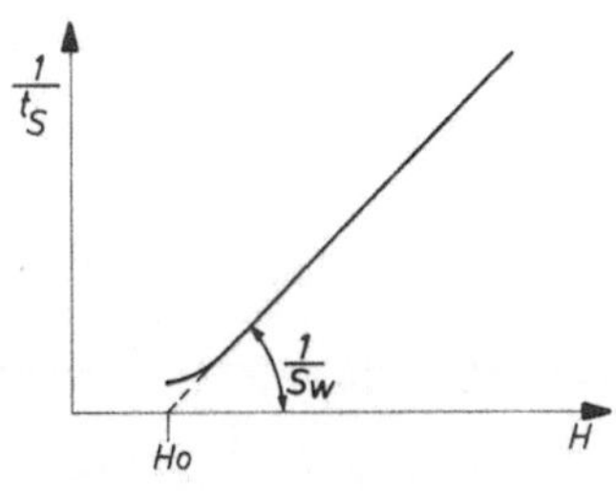

Bild 6.27 Schaltkoeffizient

Kehrwert der Schaltzeit t_s in Abhängigkeit von der Feldstärkeamplitude.

H_0 Schwellfeldstärke

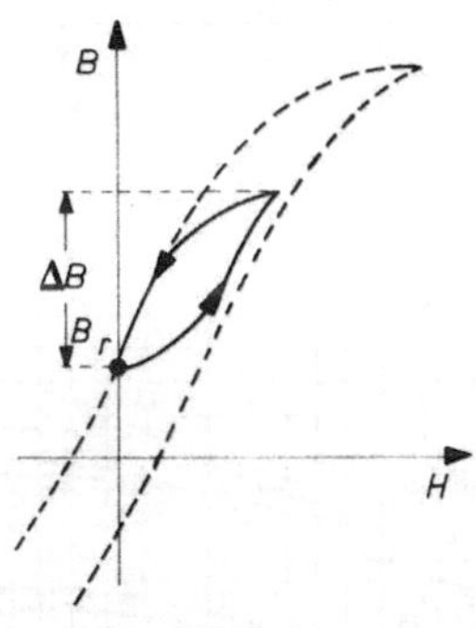

Bild 6.28 Magnetisierung bei Impulsansteuerung (unipolare Magnetisierung)

B_r Remanenzinduktion

ΔB Induktionshub

6.4.1 Impulsübertrager

Impulsübertrager werden durchweg nur unipolar magnetisiert. Dabei wird von einem Remanenzpunkt B_r ausgehend nur in einem Quadranten der Hystereseschleife ausgesteuert (Bild 6.28). Wir wollen hier den Fall der Spannungseinprägung untersuchen. Zunächst einmal ist zu beachten, daß die Magnetisierungsdaten wesentlich von den Impulsdaten abhängen. In Bild 6.29a sind dynamische Magnetisierungskennlinien für unterschiedliche Ummagnetisierungsgeschwindigkeiten aufgetragen. Mit sinkender Anstiegsgeschwindigkeit werden nur noch kleine Feldstärkehübe erreicht. Bild 6.29b zeigt die Impulspermeabilität μ_p in Abhängigkeit von der *Impulsdauer* τ des anliegenden Impulses. μ_p ist nur für den Bereich geringer Aussteuerungen hinreichend konstant. Bei großen Induktionshüben sinkt μ_p rasch ab. An einen Impulsübertrager gemäß Bild 6.30a werde eine Impulsspannung nach Bild 6.30b gelegt. Der Impuls würde bei einer verlustfreien Induktivität einen linearen Stromanstieg mit der Anstiegsgeschwindigkeit $\hat{U}/L$ Ampere pro Sekunde hervor-

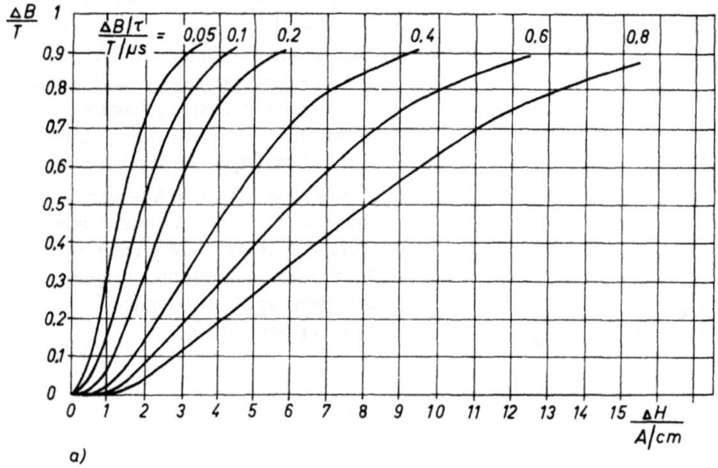

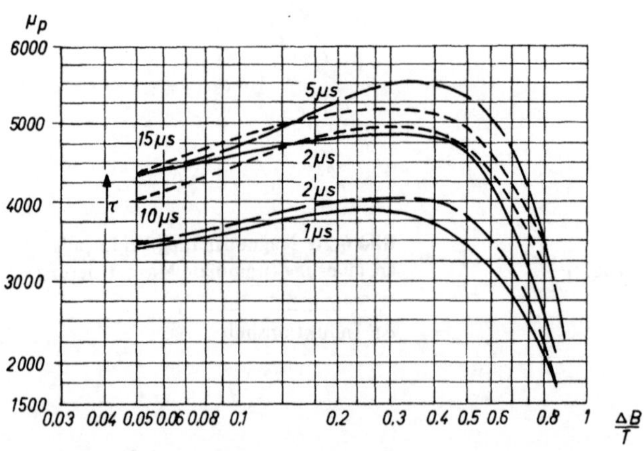

Bild 6.29 Impulsmagnetisierung

a) dynamische Magnetisierungskennlinien bei Impulsansteuerung, Induktionshub ΔB in Abhängigkeit vom Feldstärkehub ΔH mit der Anstiegsgeschwindigkeit $\mathrm{d}B/\mathrm{d}t$ als Parameter für Permax F mit der Blechdicke d = 0,05 mm (nach *Vacuumschmelze*)

b) Impulspermeabilität μ_p in Abhängigkeit vom Induktionshub ΔB mit der Impulsdauer τ und der Materialdicke d als Parameter für Permax F (nach *Vacuumschmelze*)
—— d = 0,006 mm, – – – d = 0,015 mm, - - - - d = 0,03 mm

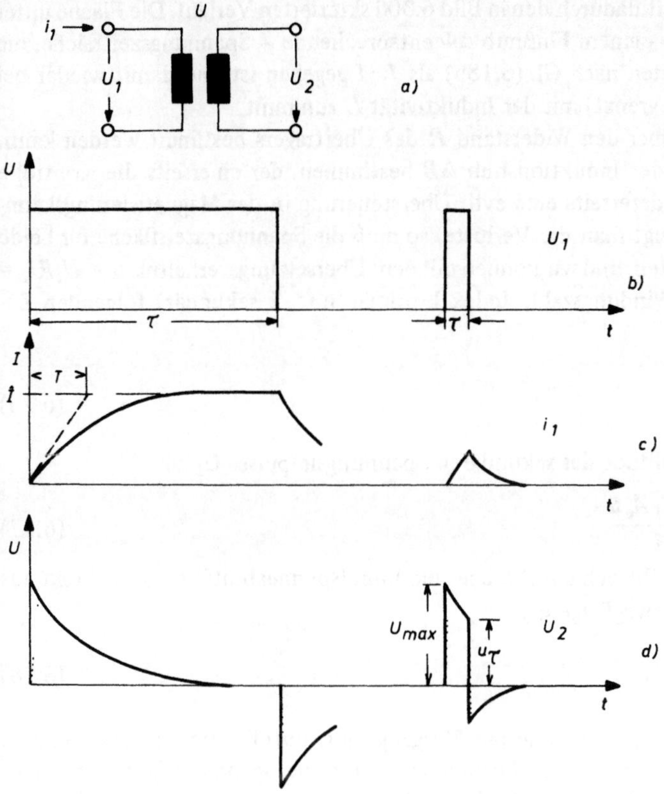

Bild 6.30 Impulsübertrager mit Spannungseinprägung

a) Prinzipschaltung, b) langer und kurzer Ansteuerimpuls, τ Impulsdauer, c) Stromverlauf auf der Primärseite (i_1), T Zeitkonstante, – – – Stromverlauf bei idealer Induktivität, d) Spannungsverlauf auf der Sekundärseite, · · · · Einfluß von Streuinduktivitäten

rufen (gestrichelt in Bild 6.30c). Die unvermeidlichen Realteile im Kreis, insbesondere Generator- und Verbraucherwiderstand, begrenzen den Stromanstieg auf $\hat{I} = \hat{U}/R$. Der Stromanstieg und damit auch die Magnetisierung erfolgt jetzt exponentiell mit der *Zeitkonstanten*

$$T = \frac{L}{R} \tag{6.25}$$

wobei L (Primär-)Induktivität des Übertragers und R Realteil auf der Primärseite (einschließlich transformierter Anteile) ist. Während der Widerstandsanteil R durch den Übertragerwerkstoff (Verlustanteil) nur wenig beeinflußt wird, ist durch eine hohe Impulspermeabilität μ_p eine entsprechend große Induktivität zu erzielen. Wie aus Bild 6.30c sofort ersichtlich, nähert sich die Exponentialkurve mit wachsender Zeitkonstante T einem linearen Stromanstieg. Die Ausgangsspannung ist der Stromanstiegsgeschwindigkeit

proportional und bekommt dadurch den in Bild 6.30d skizzierten Verlauf. Die Fläche unter der Kurve ist wieder die – einem Flußhub $\Delta\Phi$ entsprechende – Spannungszeitfläche, die mit den magnetischen Daten nach Gl. (6.18b) als $L \cdot \hat{I}$ gegeben ist und damit wieder bei konstantem $\hat{I}$ (durch R begrenzt) mit der Induktivität L zunimmt.
Da die Stromamplitude über den Widerstand R des Übertragers bestimmt werden kann, läßt sich mit Gl. (6.18b) der Induktionshub ΔB bestimmen, der einerseits die Kontrolle für μ_p ermöglicht und andererseits eine evtl. Übersteuerung in der Magnetisierungskennlinie aufzeigt. Vernachlässigt man die Verluste, so muß die Spannungszeitfläche für beide Seiten des Übertragers gelten, und wir können mit dem Übersetzungsverhältnis $\ddot{u} = U_2/U_1 = n_2/n_1$ (U Spannung, n Windungszahl, Index 1 primär und 2 sekundär) folgenden Zusammenhang herleiten:

$$\Delta\Phi = L\hat{I} \approx \frac{\hat{U}_2}{\ddot{u}}\,\tau \tag{6.26}$$

Damit ergibt sich die Amplitude des sekundären Spannungsimpulses $\hat{U}_2$ zu

$$\hat{U}_2 \approx \frac{L\hat{I}\ddot{u}}{\tau} = \frac{\Delta B\, n_1 A_e\, \ddot{u}}{\tau} \tag{6.27}$$

Der Feldstärkehub ΔH ergibt sich aus ΔB über die Impulspermeabilität μ_p oder direkt aus dem Strom $\hat{I}$ und der Eisenweglänge l_{Fe}

$$\Delta H = \frac{n\hat{I}}{l_{Fe}} = \frac{\Delta B}{\mu_0\,\mu_p} \tag{6.28}$$

Für kurze Impulse treten die geschilderten Vorgänge nur unvollständig in Erscheinung. Der Strom erreicht nicht mehr seinen Maximalwert, und die Spannung fällt nicht mehr bis auf Null ab. Es verbleibt eine *Dachschräge* des sekundären Spannungsimpulses, die umso geringer wird, je kleiner die Impulsdauer im Vergleich zur Zeitkonstanten T wird (Bild 6.29d). Den exponentiellen Amplitudenabfall können wir dann näherungsweise durch die nach dem ersten Glied abgebrochene Reihenentwicklung der Exponentialfunktion berücksichtigen, so daß wir für $\tau \ll T$ schreiben können:

$$\frac{u_{max}}{u_\tau} \approx 1 - \frac{\tau}{T} \tag{6.29}$$

Die Bezeichnungen in Gl. (6.29) sind aus Bild 6.30d entnommen. Für den Spannungsanstieg hatten wir bislang direkte Proportionalität zur anliegenden Impulsspannung angenommen. Dies gilt, solange der Übertrager keinerlei Streuinduktivitäten und Wicklungskapazitäten aufweist. Diese parasitären Größen verlangsamen den Impulsanstieg (punktiert in Bild 6.30d) und führen u. U. sogar zu parasitären Schwingungen.
Feste Kopplung zwischen den Wicklungen hält die *Streuinduktivitäten* klein, dazu gehören möglichst geschlossene Eisenwege und hohe Permeabilitäten μ_p. Die Wicklungskapazitäten sinken mit der Anzahl der erforderlichen Windungen, so daß auch hier hochpermeables Material vorteilhaft ist.
Zusammenfassend ergibt sich folgendes: Zur korrekten Übertragung langer, d.h. niederfrequenter Impulse bedarf es einer großen Zeitkonstanten $T = L/R$, die durch eine mög-

lichst hohe Primärinduktivität leichter realisierbar ist als durch Widerstandsverminderung. Es liegen hier die gleichen Verhältnisse wie beim normalen Übertrager vor, bei dem auch die untere Grenzfrequenz durch die Primärinduktivität bestimmt wird. Für kurze, d.h. hochfrequente Impulse wirkt die Impulsanstiegsverzögerung durch die Streuinduktivität begrenzend, so daß, genau wie beim normalen Übertrager, die obere Grenzfrequenz durch die Streuinduktivitäten bestimmt wird.

> Ein *Impulsübertrager* benötigt hohe Induktivitäten bei kleinen ohmschen Anteilen und kleinen Streuinduktivitäten (Bedingung für Breitbandübertrager).

Wie Strom und Spannung bei einem Impulsübertrager verlaufen, wollen wir einmal in einem Beispiel durchrechnen. Wir nehmen dabei Verlustfreiheit des Übertragers an. Die Realanteile sollen lediglich aus dem Generatorinnenwiderstand $R_i = 50\,\Omega$ und dem (auf die Primärseite zu transformierenden) Lastwiderstand $R_L = 200\,\Omega$ bestehen.

▶ **Beispiel 6.10: Impulsübertrager**

Der Impulsübertrager soll aus einem Ringkern nach Bild 6.31a mit einem Außendurchmesser von 40 mm und einem Innendurchmesser von 25 mm bestehen. Dazu gehören dann Eisenweglänge $l_e = 10{,}2$ cm und Eisenquerschnitt $A_e = 0{,}96\,\text{cm}^2$. Das Material sei Permax F der Fa. *Vacuumschmelze* mit einer Banddicke von $d = 0{,}03$ mm (weitere Daten s. Bild 6.29b). An den Übertrager werde ein Impuls mit $\hat{U} = 10$ V (d.h. Quellenspannung $\hat{U}_0 = 20$ V!) angelegt, der eine Impulsdauer von $\tau = 15\,\mu$s habe (Bild 6.31b). Die Windungszahlen und damit das Übersetzungsverhältnis betragen $n_2/n_1 = 100/50 = \ddot{u} = 2$. Auf der Sekundärseite beträgt der Lastwiderstand $R_L = 200\,\Omega$. Der Generatorinnenwiderstand $R_i = 50\,\Omega$. Zur Ermittlung der aussteuerungsabhängigen Permeabilität μ_p bestimmen wir den ungefähren Induktionshub ΔB nach Gl. (6.18b)

$$\Delta B \approx \frac{\hat{U}_1\,\tau}{n_1\,A_e} = \frac{10\,\text{V}\cdot 15\cdot 10^{-6}\,\text{s}}{50\cdot 0{,}96\cdot 10^{-4}\,\text{m}^2} = 0{,}031\,\text{T}$$

Die Aussteuerung ist also sehr gering, $\mu_p \approx 4300$ nach Bild 6.29b. Die Induktivität der Primärwicklung beträgt dann

$$L = \mu_0\,\mu_p\,\frac{A_e}{l_e}\,n_1^2 = 1{,}256\cdot 10^{-8}\,\frac{\text{H}}{\text{cm}}\cdot 4300\cdot\frac{0{,}96\,\text{cm}^2}{10{,}2\,\text{cm}}\cdot 50^2 = 0{,}0127\,\text{H}$$

Die Zeitkonstante ergibt sich aus dem auf die Primärseite transformierten Widerstand $R_L/\ddot{u}^2 = 50\,\Omega$ parallel zu $R_i = 50\,\Omega$, d.h. $R = 25\,\Omega$ zu

$$T = \frac{L}{R} = \frac{0{,}0127\,\text{H}}{25\,\Omega} = 508\,\mu\text{s}$$

Der Strom in dieser Widerstandsparallelschaltung wird

$$\hat{I} = \frac{\hat{U}}{R} = \frac{10\,\text{V}}{25\,\Omega} = 0{,}4\,\text{A}$$

Dieser Wert wird theoretisch nach unendlich langer Zeit, praktisch aber schon nach etwa $5\cdot T$ erreicht. Der Impuls dauert aber nur 15 μs, damit geht der Anstieg bis

$$i = \hat{I}\left(1 - e^{-\frac{\tau}{T}}\right) = 0{,}4\left(1 - e^{-0{,}0295}\right) = 0{,}0116\,\text{A}$$

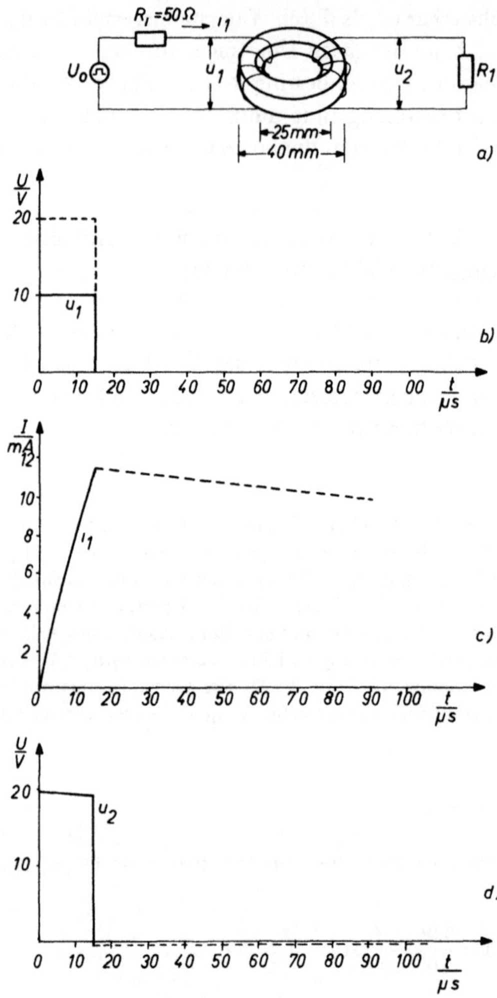

Bild 6.31

Impulsübertragerberechnung (z.B. 6.10, idealisierte Darstellung)

a) beschalteter Ringkernübertrager, R_i Generatorinnenwiderstand, R_1 Verbraucherwiderstand und $ü$ Übersetzungsverhältnis
b) Eingangsspannung
c) Eingangsstromverlauf, – – – abklingender Strom nach Abschaltung
d) Ausgangsspannung, – – – abklingende Spannung nach Abschaltung

(Bild 6.31c). Nach Gl. (6.27) errechnen wir jetzt die Sekundärspannung zu

$$\hat{U}_2 = \frac{L i ü}{\tau} = \frac{0{,}0127\,\text{H} \cdot 0{,}0116\,\text{A} \cdot 2}{15 \cdot 10^{-6}\,\text{s}} = 19{,}7\,\text{V}$$

Diese Spannung fällt (Bild 6.31d) im Verlaufe von 15 µs ab auf

$$u_\tau \approx \hat{U}_2 \left(1 - \frac{\tau}{T}\right) = 19{,}7 \left(1 - \frac{15\,\mu\text{s}}{508\,\mu\text{s}}\right) \text{V} = 19{,}1\,\text{V}$$

Die Amplitude ist damit um 3 % abgefallen, was eine praktisch vernachlässigbare Dachschräge bedeutet (Bild 6.31d). Abschließend ermitteln wir noch mit den errechneten Daten den Induktionshub ΔB

$$\Delta B = \frac{L i}{n_l A_e} = \frac{0{,}0127\,\text{H} \cdot 0{,}0116\,\text{A}}{50 \cdot 0{,}96 \cdot 10^{-4}\,\text{m}^2} = 0{,}0307\,\text{T}$$

d.h. praktisch mit dem eingangs vorausgesetzten Induktionshub identisch. Der Feldstärkehub ΔH ergibt sich zu

$$\Delta H = \frac{n_1 i}{l_e} = \frac{50 \cdot 0{,}0116\,\text{A}}{10{,}2\,\text{cm}} = 0{,}057\,\text{A/cm}$$

Aufgabe 6.5: Impulsübertrager
Bestimmen Sie die Strom- und Spannungsverläufe wie in Beispiel 6.10 für a) eine verlängerte Impulsdauer von $\tau = 75\,\mu s$ (alle sonstigen Daten wie im Beispiel 6.10) und b) für $\mu_p = 430$ (alle sonstigen Daten, auch $\tau = 15\,\mu s$, wieder wie in Beispiel 6.10). c) Welche Nachteile hat die niedrigere Impulspermeabilität μ_p?

> Werkstoffe für Impulsübertrager müssen eine hohe Impulspermeabilität μ_p und hohe Sättigungsinduktion bei kleiner Remanenz aufweisen.

Unter den Legierungen steht damit Nickeleisen mit 50...70% Nickel im Vordergrund. Für extrem hohe Permeabilitäten steigt der Nickelgehalt sogar bis auf 80%. Wegen der Permeabilitätsbedingung kommen auch bei den Ferriten vorwiegend die hochpermeablen Mn-Zn-Ferrite in Betracht ($\mu_A = 4000...7000$). Bei höheren Frequenzen dann auch Ni-Zn-Ferrite, allerdings mit merklich niedrigeren Permeabilitäten.

6.4.2 Impulsspeicherung

Die Hystereseschleife mit ihren verschiedenen Arbeitsbereichen bietet ausgezeichnete Möglichkeiten der dauerhaften Impulsspeicherung wie sie die Datenverarbeitung benötigt. War es in den Anfangsjahren die Remanenzinduktion die bei Ringkernspeichern genutzt wurde, so haben sich inzwischen die bewegten magnetischen Speichermedien nach dem Prinzip des Tonbandes in Form von Bändern und Platten durchgesetzt.
Grundlage dieser Speichertechnik sind die von der BASF um dic Mitte der 30er Jahre im Zusammenhang mit der „Magnetophon"-Entwicklung der AEG entstandenen Kunststoffträger mit ihren in einer Lackschicht eingebetteten ferro- oder ferrimagnetischen Pigmentteilchen. Durch die Art des Trägers ist der magnetische Kreis nicht mehr wie bei Ringkernen geschlossen. Damit ist für die Speicherung die Koerzitivfeldstärke die wichtigere Größe und die Entwicklung der Magnetpigmente wird beim Vergleich der H_c-Werte besonders deutlich (Bild 6.32).
Erreichte das anfänglich benutzte Karbonyleisen Koerzitivfeldstärken von ca. 10 kA/m, so liegen die höchsten realisierten Werte schon in der Nähe von 100 kA/m. Der technische Standard liegt z.Z. bei ca. 50 kA/m.
Eine Besonderheit der Darstellung von Hystereseschleifen in der Speichertechnik nimmt der Maßstab der Ordinate ein. Es ist hier nicht wie sonst üblich die Induktion (B) oder Polarisation (J) aufgetragen, sondern die Magnetisierung $M = J/\mu_0$.
Die Koerzitivfeldstärke sollte zwar aus der Sicht einer geringen Löschbarkeit durch Fremdfelder sehr hoch sein, jedoch muß der Schreibkopf auch noch die notwendige Magnetfeldstärke erreichen um eine alte Information durch eine neue überschreiben zu können. Andererseits fordert eine hohe Speicherdichte, d.h. abnehmende Länge der magnetisierten Bereiche, wiederum hohe Koerzitivfeldstärken H_c um die Selbstent-

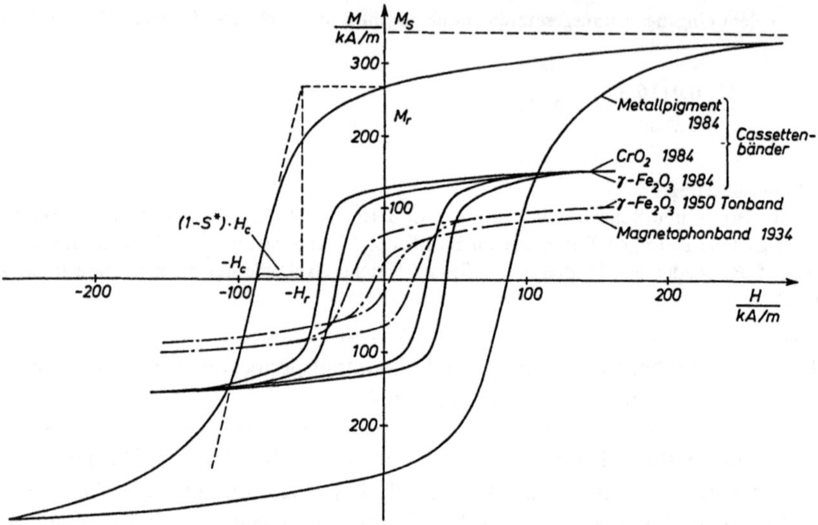

Bild 6.32 Entwicklung magnetischer Speichermedien. M = Magnetisierung = J/μ_0, M_r = remanente Magnetisierung der verschiedenen Materialien, weitere Erläuterungen im Text (nach BASF Unterlagen).

magnetisierung niedrig zu halten. Die Remanenzmagnetisierung M_r sollte zwar für ein hohes Ausgangssignal groß sein, aber damit wächst dann auch wieder die Stärke des entmagnetisierenden Feldes. Hieraus folgt, daß ein kleines Verhältnis M_r/H_c anzustreben ist.

Eine weitere wichtige Größe steht damit im Zusammenhang, das *(remanente) Rechteckigkeitsverhältnis*

$$S = M_r/M_s = \text{Rechteckigkeitsverhältnis (remanent)} \tag{6.30}$$

(Bild 6.32). M_r = remanente Magnetisierung und M_s = Sättigungsmagnetisierung (die mindestens beim 10fachen Wert von H_c bestimmt werden muß).

Bei der Koerzitivfeldstärke H_c, wird entsprechend dazu das *koerzitive Rechteckigkeitsverhältnis* definiert als

$$S^* = H_r/H_c = \text{Koerzitives Rechteckigkeitsverhältnis} \tag{6.31}$$

Mit H_r = „Remanenzfeldstärke", d.h. Feldstärke die bei „linearer Hystereseschleife" (gestrichelt in Bild 6.32) die Remanenzmagnetisierung liefern würde, H_c Koerzitivfeldstärke. Der Unterschied der Feldstärken

$$H_c - H_r = H_c\,(1 - S^*) \tag{6.32}$$

liefert mit dem Klammerausdruck die *Schaltfeldstärkenverteilung* (engl.: switchingfield distribution, abgek.: SFD).

$$\text{Schaltfeldstärkenverteilung} = 1 \text{ minus koerzitives Rechteckigkeitsverhältnis} = 1 - S^*$$

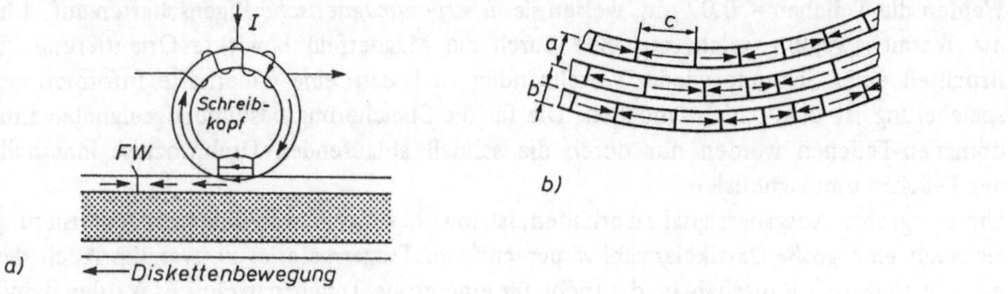

Bild 6.33 Magnetische Informationsspeicherung auf einer Diskette (Prinzip).

a) Schreibvorgang, *I* = Schreibstrom durch den Schreibkopf, *FW* = Flußwechsel

b) Magnetspuren auf einer Diskette, *a* = Spurabstand, *b* = Spurbreite, *c* = Magnetisierungslänge. Als Beispiel die Zahlenwerte einer 5,25″ Diskette mit 96 tpi (Spuren/Zoll) *a* = 265 μm, *b* = 155 μm und *c* = 4 μm.

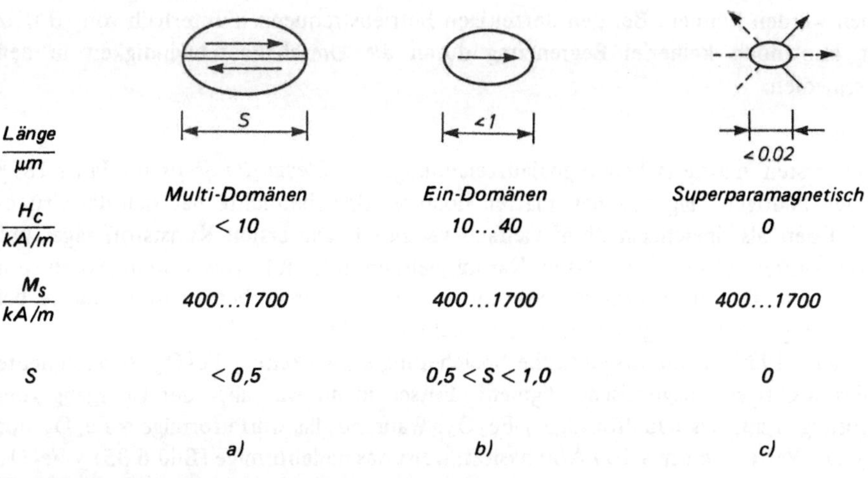

Bild 6.34 Magnetisierung von Partikeln im μm Bereich.

a) Große Partikel werden durch Wandverschiebungen magnetisiert.

b) Bei Eindomänen-Teilchen erfolgt die Magnetisierung vorzugsweise durch Drehungen. Der Zustand ist dann stabil, wenn die Magnetisierung in einer leichten Richtung liegt.

c) Teilchen unterhalb der Eindomänen Größe weisen instabiles magnetisches Verhalten auf und sind daher für Speicherzwecke ungeeignet.

Beide Rechteckigkeitsverhältnisse streben im Idealfall gegen 1. Die Schaltfeldstärkenverteilung SFD hingegen würde sich der Null nähern.

Der Wunsch nach immer höheren Speicherdichten verlangt einerseits schmalere Kopfspalte der Schreib- bzw. Leseköpfe, andererseits aber magnetische Pigmente, welche die dicht beieinander liegenden Flußwechsel (Bild 6.33) hinreichend genau abbilden können. Hierzu werden Teilchengrößen der magnetischen Materialien im Eindomänenbereich, d.h. Abmessungen von 0,04 < 0,1 < 1 μm angestrebt. Einmal ausgerichtet bleiben derartige Teilchen über sehr lange Zeiträume in einer stabilen Lage. In Teilchen > 1 μm liegen mehrere Domänen vor, und die Magnetisierung kann bereits durch schwache magnetische Felder über Wandverschiebungen gestört werden (Bild 6.34).

Werden die Teilchen $< 0{,}02\ \mu m$, weisen sie *superparamagnetische* Eigenschaften auf, d.h. die Wärmebewegung reicht aus eine durch ein Magnetfeld bewirkte Orientierung im Bruchteil einer Sekunde wieder verschwinden zu lassen, eine dauerhafte Informationsspeicherung ist damit nicht möglich. Die für die Speicherung besonders geeigneten Eindomänen-Teilchen werden nur durch die schnell ablaufenden Drehprozesse innerhalb der Teilchen ummagnetisiert.

Um ein großes Ausgangssignal zu erhalten, ist sowohl eine hohe Remanenzmagnetisierung als auch eine große Partikelanzahl n per cm^3 im Trägermaterial notwendig. Auch der mit $\sqrt{n}$ steigende Rauschabstand spricht für eine große Teilchenanzahl. Es werden damit Teilchengrößen erforderlich, die Packungsdichten von 10^{14} bis 10^{15} Teilchen pro cm^3 Trägermaterial ermöglichen.

Eine bislang noch wenig bedeutsame Größe ist die *Umschaltgeschwindigkeit* der magnetischen Materialien. Messungen an verschiedenen Pigmenten haben ergeben, daß Chromdioxid bis ca. 250 MHz, Eisenoxide bis ca. 400 MHz und Eisenpartikel sogar bis 1 GHz betrieben werden können. Bei den derzeitigen Betriebsfrequenzen unterhalb von 10 MHz besteht also noch keinerlei Begrenzung durch die Umschaltgeschwindigkeit in den Speichermedien.

Eisenoxid

Von den ersten magnetischen Signalaufzeichnungen *Valdemar Poulsens* im Jahre 1898 bis zu den heutigen magnetischen Platten höchster Speicherdichte hat sich das Grundmaterial Eisen als Speichermedium vielfach verändert. Die ersten Kunststoffträger mit Magnetpigmenten (1934) benutzten Karbonyleisenpulver mit Kugeldurchmessern von etwa 3...5 μm. Das kugelförmige Karbonyleisen mit seiner groben Struktur führte bei den damit hergestellten Magnetbändern zu erheblichen Rauschpegeln.

Das im Jahre 1934 für die magnetische Speicherung entwickelte $\gamma\text{-}Fe_2O_3$ ist auch heute noch das wichtigste magnetische Pigment. Entscheidend war aber der Übergang vom würfelförmigen auf das nadelförmige $\gamma\text{-}Fe_2O_3$. Während das würfelförmige $\gamma\text{-}Fe_2O_3$ nur niedrige H_C-Werte von etwa 10 kA/m besitzt, weist das nadelförmige (Bild 6.35) $\gamma\text{-}Fe_2O_3$ mit Eindomänen Partikeln Koerzitivfeldstärken bis zu 30 kA/m auf. Darüber hinaus liegt die magnetisch leichte Richtung in der Längsachse der Pigmentnadeln. Bei der Herstellung lassen sich diese Pigmentnadeln durch ein äußeres Magnetfeld in die Laufrichtung des Magnetträgers ausrichten, was sowohl die Koerzitivfeldstärke als auch die Remanenz erhöht. Gleichzeitig sinkt dabei die Schaltfeldstärkenverteilung.

Neben $\gamma\text{-}Fe_2O_3$ kann auch noch Magnetit (Fe_3O_4) als Magnetpigment benutzt werden. Es erreicht zwar eine höhere Magnetisierung, hat aber den Nachteil des Kopierens beim Lagern und außerdem bestehen bei der Herstellung Schwierigkeiten durch die Oxidationsgefahr der Teilchen.

Eine weitere Verbesserung gelang bei $\gamma\text{-}Fe_2O_3$ mit dem Ersatz 3-wertiger Eisenionen durch Kobaltionen, wie auch die Tabelle 6.10 zeigt, steigt mit der Koerzitivfeldstärke auch das Rechteckigkeitsverhältnis von 0,5 auf 0,8 an. Nachteilig ist jedoch eine gewisse Temperaturabhängigkeit von S. Dieser Nachteil wurde dadurch überwunden, daß Co bis zu 3 % an der Oberfläche des $\gamma\text{-}Fe_2O_3$ angelagert und nicht vollständig in das Gitter eingebaut wird. In dieser Form sind die Co-modifizierten Eisenoxide eine wesentliche Weiterentwicklung des normalen $\gamma\text{-}Fe_2O_3$.

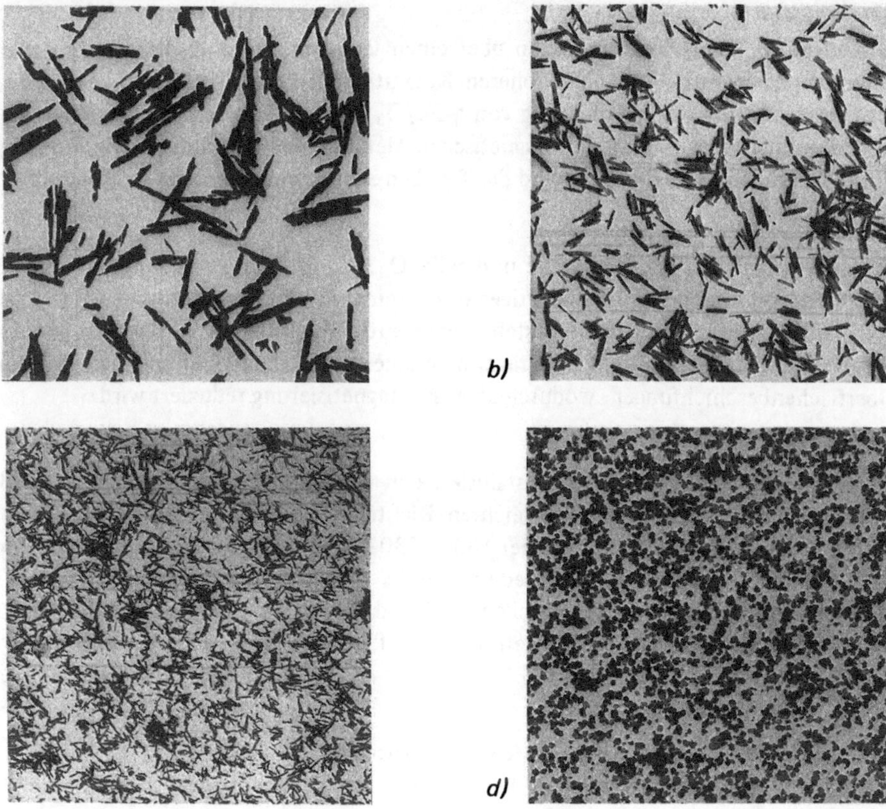

a) b) c) d)

Bild 6.35 Verschiedene Magnetpartikel unter dem Elektronenmikroskop.
a) Typisches Fe_2O_3 Pigment aus den 70er Jahren.
b) Chromdioxid Partikel mit ihrer glatten und porenfreien Oberfläche.
c) Metallpigmente für hohe Aufzeichnungsdichten.
d) Feinteiliges hexagonales Bariumferrit Pigment. (BASF-Werksaufnahmen)

Tabelle 6.10 Eigenschaften einiger magnetischer Speichermaterialien nach Ullmann Encyklopädie der technischen Chemie 1978 u. G. Bate Particulate Recording Materials Proc. IEEE Nov. 1986
($^+$: l = Länge und d = Durchmesser der Partikel, *: oberhalb von 250 °C α-Fe_2O_3)

terial	M_s kA/m	H_c kA/m	S	SFD	Dichte g/cm³	Kristall-struktur	Partikelgröße$^+$ l/µm	d/µm	Curietemp. °C
:	1700	> 80	0,23…0,52	0,50…0,75	5,8	krz	0,3	0,06	770
Fe_2O_3	360	< 32	0,5	0,26…0,61	4,6	kubisch	0,3	0,06	(590)*
Fe_2O_3+Co	310…350	30…80	0,5…0,8	0,3…0,6	4,8	kubisch	0,3	0,06	(590)*
O_2	490	< 60	0,5	0,35…0,6	4,9	tetragonal	0,5	0,05	127
-Ferrit Co, Ti	450	> 80	0,6…0,7	0,16…0,6	5,3	hex	hex. Plättchen Dicke 0,001…0,025	0,09	320

Chromdioxid

Nadelförmige CrO_2 Teilchen waren über einen längeren Zeitraum das einzige praktisch anwendbare Material mit einer höheren Koerzitivfeldstärke als die einfachen γ-Fe_2O_3 Pigmente. Erst die Co-Beschichtung von γ-Fe_2O_3 Nadeln änderte diese Situation wieder. Im Gegensatz zu den meist ferrimagnetischen Metalloxiden ist Chromdioxid ferromagnetisch. Durch den Herstellprozeß sind die Teilchen sehr rein und extrem nadelförmig.

Metallpigmente

Vergleicht man in Tabelle 6.10 Fe und γ-Fe_2O_3, so sind Magnetisierung und Koerzitivfeldstärke von Eisen wesentlich günstiger als die seines Oxids. Der praktischen Verwendung von nadelförmigen Fe Pigmenten steht deren gutes Reaktionsvermögen mit der Atmosphäre und den Bindemitteln der Trägermaterialien entgegen. Abhilfe bringen aufwendige Oberflächenbeschichtungen, wodurch aber die Magnetisierung reduziert wird.

Ba-*Ferrite*

Barium- und Strontium-Ferrite kristallisieren in einer komplexen hexagonalen Struktur (Bild 6.35), mit einer magnetisch leichten Richtung in der hexagonalen (c) Achse. Die mögliche Koerzitivfeldstärke liegt bei 160 ... 230 kA/m, was für eine praktische Verwertbarkeit als magnetisches Speichermedium bereits viel zu hoch ist. Werden bei der Herstellung der hexagonalen Pigmentplättchen CoO und TiO_2 zugesetzt, so kann die Koerzitivfeldstärke ohne Verlust in der Magnetisierung, auf ca. 70 kA/m reduziert werden.

6.5 Wiederholungsfragen

6.5.1 Gibt es Dauermagnete aus reinen Metallen (Elementen)?

6.5.2 Was besagen die Ziffern und die Buchstaben A und B bei der Kennzeichnung von Elektroblechen?

6.5.3 Wodurch erfolgt die Sortenkennzeichnung von Elektroblechen?

6.5.4 Durch welchen magnetischen Kennwert unterscheiden sich Hart- und Weichmagnetika?

6.5.5 Warum baut man aus Dynamo-Blech I oder II (o.ä.) keine Übertrager?

6.5.6 Warum ist bei kornorientierten Blechen eine 45°-Stoßfuge günstiger als eine 90°-Stoßfuge?

6.5.7 Welcher Blechschnitt weist den kleinsten Luftspalt auf?

6.5.8 Welche Werte eines magnetischen Werkstoffes werden besonders durch Nickel beeinflußt?

6.5.9 Was bewirkt die Scherung bei weichmagnetischen Werkstoffen?

6.5.10 Was versteht man unter Energieprodukt eines Dauermagneten?

6.5.11 Was versteht man in der Elektrotechnik unter Ferrit, und wodurch wird dessen Kristallstruktur beschrieben?

6.5.12 Warum kann man Ferrite – sogar als Dauermagnete – noch in sehr hochfrequenten Feldern benutzen?

6.5.13 Warum baut man mit Ferriten keine Leistungstransformatoren für Netzfrequenz?

6.5.14 Warum ist der Ausbauchungsfaktor der idealen Entmagnetisierungskennlinie $\gamma = 0{,}25$, und warum ist er dann besser als $\gamma = 1$?

6.5.15 Was versteht man unter dem Schaltkoeffizienten bei Impulsmagnetisierungen?

6.5.16 Welche speziellen Gründe erfordern bei Impulsübertragern hochpermeable (μ_p) Werkstoffe, und wieso sind diese Gründe eigentlich mit den Forderungen an normale Übertrager identisch?

6.5.17 Welche Rechteckigkeitsverhältnisse gibt es und welche Werte haben Sie im Idealfall?

7 Halbleiter

7.1 Halbleiter-Mechanismus

Wie wir bereits im Kapitel 3 Elektrische Leitfähigkeit erfahren haben, ist die Stromleitung an freie Ladungsträger gebunden. Diese treten als Elektronen und Ionen auf. Für die Leitfähigkeit im Festkörper (Kristall) ist die Anzahl der freien Elektronen entscheidend.
Vom Atombau ist bekannt, daß den Elektronen nur bestimmte *Energieniveaus* (Bahnen) zur Verfügung stehen. Sind die Abstände der Atome genügend groß (z.B. in Gasen), bilden sich diese Energieniveaus eindeutig aus. Wir können sie in einem *Energieschema* darstellen (Bild 7.1a). Die Abszisse hat hierbei keinerlei Benennung und kann als Raumkoordinate angesehen werden. Wegen der Zuordnung zu Bahnen könnte man an die einzelnen Energiestufen auch „Entfernungen" bzw. „Bahnradien" schreiben, was zu einer doppelten Deutung für eine Koordinate führt. Etwas anschaulicher wird die Darstellung mit dem sog. *Potentialtrichter* (Bild 7.1b), der folgendermaßen entsteht: Soll von einem Atomkern ein Elektron entfernt werden, so ist dazu Energie aufzuwenden, was wir durch $-W$ zum Ausdruck bringen. Ist ein Elektron bereits weit vom Kern entfernt, so bedarf eine Vergrößerung des Abstandes r nur wenig Energie. Für $r \to \infty$ wird damit die Energie $W = 0$ (Bild 7.1b ganz rechts). Je dichter das zu entfernende Elektron beim Kern ist, desto größer wird $-W$, d.h. wir bewegen uns in unserer Darstellung von $W = 0$ und $r = \infty$ auf einer Hyperbel gegen $r = 0$ und $-W = \infty$. Da diese Bedingungen aber für alle Richtungen des Abstandes r vom Kern gelten, bilden wir das System rotationssymmetrisch um die Ordinate aus und „schneiden" es zur besseren Anschaulichkeit längs auf. Ein solcher Potentialtrichter ist zwar kontinuierlich darstellbar, aber genau wie im Energieschema sind nur bestimmte Werte möglich. Die in Bild 7.1a – willkürlich – eingezeichneten Werte sind dementsprechend nach Bild 7.1b übernommen.

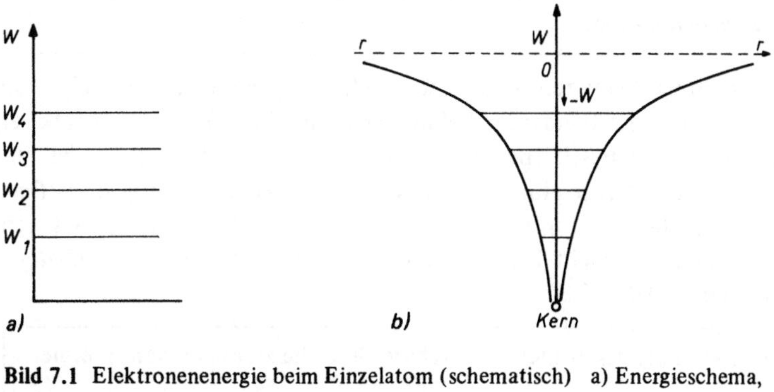

Bild 7.1 Elektronenenergie beim Einzelatom (schematisch) a) Energieschema, b) Potentialrichter
W Energie (z.B. in eV). *r* Abstand vom Atomkern

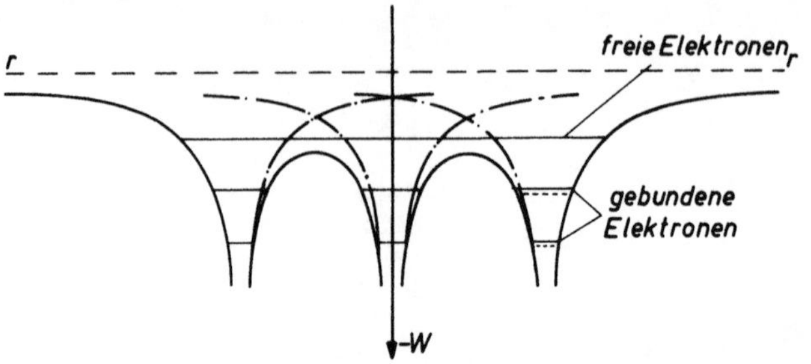

Bild 7.2
Überlagerung von Potentialrichtern bei Annäherung der Atome (Festkörper)
...... durch Wechselwirkung verändertes Energieniveau

Diese Darstellung entspricht dem *Bohrschen Atommodell.* Die von de Broglie eingeführte *Wellenbetrachtung* können wir in unserem Bild 7.1b hilfsweise so unterbringen, daß bei einer – durch die Energie – vorgegebenen Wellenlänge nur in einer bestimmten Höhe des Potentialtrichters der Umfang ein ganzzahliges Vielfaches einer diskreten Wellenlänge ist. Nur dann kann es zu einer stehenden Welle kommen. Oberhalb und unterhalb des genauen Wertes löschen sich die Wellenzüge allmählich aus.

Im Festkörper mit seinem Kristallgitter haben die Atome eine periodische Anordnung mit definierten Abständen. Die Potentialtrichter können nicht mehr beliebig weit reichen, sondern sie überlappen einander. Bild 7.2 stellt einen ebenen Ausschnitt einer solchen Situation dar. Zwischen den Atomen machen sich jetzt *Austauschkräfte* bemerkbar, die die Besetzung der einzelnen Niveaus beeinflussen. Nach Pauli dürfen in einem Atomverband alle Energiezustände nur einmal belegt sein. Da durch die *Wellenstruktur* die Beeinflussung über den ganzen Kristall reicht, gilt das Pauli-Prinzip dementsprechend weiträumig. Mit dem Wellenmodell läßt sich das recht gut erklären, da bekanntlich zwei gekoppelte Resonanz- (Wellen-) Systeme zwei neue Resonanzfrequenzen in der Umgebung der ursprünglichen ausbilden. Auf Bild 7.2 übertragen heißt das, die Linien für die Energieniveaus dürfen nicht alle gleich hoch liegen.

Die punktiert eingetragene Lösung zeigt, daß jetzt nicht mehr nur ein diskreter Wert, sondern ein Wertebereich gilt. Berücksichtigen wir sämtliche möglichen Energiewerte, entsteht ein *Energieband.*

> Im Festkörper spreizen sich die bei Einzelatomen diskreten Energieniveaus der Elektronen zu *Energiebändern* auf.

Zur bequemeren Darstellung benutzen wir jetzt wieder das einfachere Prinzip von Bild 7.1a und erhalten die übliche Bänderdarstellung nach Bild 7.3. Wegen der ungeheuer großen Anzahl von Atomen im Festkörper ist ein Band so dicht belegt, daß jedes nur mögliche Niveau besetzt wird. Man zeichnet ein *Band* dementsprechend häufig schraffiert oder kennzeichnet nur die obere und untere Grenze (s. auch z.B. Bild 7.5). Da zwischen den Bändern Bereiche sind, die nicht besetzt werden können, ergeben sich *verbotene Zonen* oder verbotene Bänder (Bild 7.3).

> *Verbotene Zonen* sind energetisch nicht besetzbare Bereiche zwischen den Energiebändern.

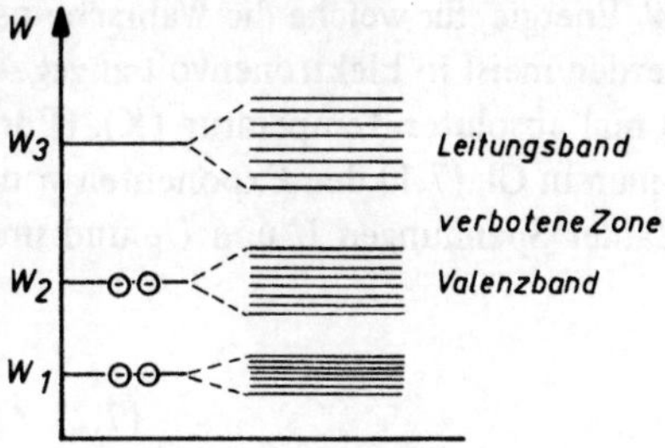

Bild 7.3
Energiebänder durch Aufspaltung der Energieniveaus
⊖ durch Elektronen besetztes Niveau

Die weiter unten im Trichter – dichter am Atomkern liegenden – Elektronen werden durch die Nachbaratome weniger beeinflußt, die Aufspaltung ist dementsprechend geringer und damit sind die Bänder auch schmaler.
Für die Halbleiterbetrachtung interessiert nur das letzte noch mit Elektronen besetzte Band eines Atomes. Da diese Elektronen die chemische Valenz bestimmen, führt es auch den Namen *Valenzband* (Bild 7.3).
Das nächste mögliche Band, das von Elektronen besetzt werden kann, heißt *Leitungsband*, weil hier die Elektronen über die für einen Stromtransport nötige Verschieblichkeit verfügen. Es erhebt sich nunmehr die Frage, wie können Elektronen über die verbotene Zone ins Leitungsband gelangen? Mit einer bestimmten Energie, deren Größe von der Breite des verbotenen Bandes abhängig ist, müßte ein Überspringen dieser Zone möglich sein. Bekanntlich ist die in erster Linie thermisch bedingte Energie der Teilchen nicht gleichmäßig verteilt. Da in einem (kühlen) Gas mit geringer gegenseitiger Wirkung der Teilchen aufeinander die Verteilungsverhältnisse ähnlich sind, spricht man auch von einem *Elektronengas* (s. auch Elektrische Leitfähigkeit 3.1 Stromleitung). Verhalten sich die Elektronen nicht mehr wie ein Gas, so spricht man von *entartetem Elektronengas*. Dies tritt bei hohen Teilchenkonzentrationen und starker Wirkung der Teilchen aufeinander auf.

> Ein Elektronengas entartet, wenn durch die Höhe der Teilchenkonzentration (n_n) eine starke gegenseitige Beeinflussung der Elektronen bewirkt wird. Dies ist bei Raumtemperatur etwa ab $n_n \approx 2{,}5 \cdot 10^{19}\ \text{cm}^{-3}$ der Fall.

Bei den üblichen metallischen Leitern mit ihren hohen Teilchenkonzentrationen ist die Entartung bereits bei Raumtemperatur vollständig. Wir können daher für die Ermittlung der Energieverteilung nicht mehr die nur für ein gewöhnliches (nichtentartetes) Gas gültige Verteilung nach der Boltzmann-Statistik benutzen, sondern müssen anders vorgehen. Die Wahrscheinlichkeit, mit der ein Elektron eine größere oder kleinere Energie als eine vorgegebene Schwelle besitzt, wird unter Berücksichtigung des Pauli-Prinzips allgemein durch die *Fermi-Dirac-Statistik* beschrieben, die folgendem Gesetz gehorcht:

$$F(W) = \frac{1}{1 + e^{\left(\frac{W - W_F}{k\,T}\right)}} \tag{7.1}$$

W_F Fermi-Niveau entspricht dem *Schwellenwert*, W Energie, für welche die Wahrscheinlichkeit $F(W)$ ermittelt werden soll (beide Werte werden meist in Elektronenvolt angegeben), kT Boltzmann-Konstante ($1{,}38 \cdot 10^{-23}$ Ws/K) mal absoluter Temperatur (K). (Für Raumtemperatur ist $kT \approx 4{,}1 \cdot 10^{-21}$ Ws.) Dividiert man in Gl. (7.1) den Exponenten von e durch die Elementarladung e_0, so entstehen im Zähler Spannungen U und U_F und im Nenner

$$\boxed{\frac{kT}{e_0} = U_T} \tag{7.2}$$

die sog. *Temperaturspannung*, die für Raumtemperatur den Wert $U_T \approx 26$ mV annimmt.

> Temperaturspannung ist die auf die Elementarladung e_0 bezogene thermische Energie kT. Für Raumtemperatur ist $U_T \approx 26$ mV.

Zunächst wollen wir uns in einem Rechenbeispiel mit dem Verlauf der Fermifunktion $F(W)$ vertraut machen.

▶ **Beispiel 7.1: Fermifunktion**

Da in die Funktion nur die Differenz $W - W_F$ eingeht, können wir allgemein mit $\pm \Delta W$ rechnen und so eine vom speziellen Fall unabhängige Aussage bekommen. (Im Bedarfsfall legen wir dann W_F in die Nullinie unserer Lösung.)

1. Fall: $T = 0$, d.h. auch $kT = 0$, damit wird für jeden Wert

$+\Delta W$ $\qquad\qquad$ $-\Delta W$

$$F(W)_+ = \frac{1}{1 + e^{+\frac{\Delta W}{0}}} = 0 \qquad\qquad F(W)_- = \frac{1}{1 + e^{-\frac{\Delta W}{0}}} = 1 .$$

Wir tragen das Ergebnis in ein Diagramm ein, das nach oben die Energie mit $\Delta W = 0$ ($\hat{=} W_F$) in der Mitte und nach rechts die Wahrscheinlichkeit $F(W)$ von 0...1 (= 100 %) aufweist (Bild 7.4). Mit den errechneten Werten erhalten wir je einen senkrechten Strich bei der Wahrscheinlichkeit 0 für positive Energiedifferenzen und einen bei der Wahrscheinlichkeit 1 für negative Energiedifferenzen.

2. Fall: $\Delta W = 0$, dann wird unabhängig von kT

$$F(W)_0 = \frac{1}{1 + e^{\frac{0}{kT}}} = 0{,}5$$

Hieraus folgt ein Punkt in der Mitte der Linie für $\Delta W = 0$. Verbinden wir über diesen Punkt unsere vorherigen Eintragungen miteinander, so entsteht ein sehr einfaches Diagramm (Bild 7.4). Für die Temperaturen 100 K und 300 K ($\approx$ Raumtemperatur) machen wir uns eine Tabelle gemäß

$$F(W)_{100} = \frac{1}{1 + e^{\frac{\Delta W \cdot 1{,}6 \cdot 10^{-19}\,\mathrm{As}}{1{,}38 \cdot 10^{-21}\,\mathrm{Ws}}}} \quad \text{bzw.} \quad F(W)_{300} = \frac{1}{1 + e^{\frac{\Delta W \cdot 1{,}6 \cdot 10^{-19}\,\mathrm{As}}{4{,}1 \cdot 10^{-21}\,\mathrm{Ws}}}}$$

Da wir die Energiedifferenz in Elektronenvolt eingeben wollen, müssen wir im Zähler des Exponenten mit der Elementarladung e_0 multiplizieren, um einheitengleich mit dem Nenner zu sein (Division des Nenners durch e_0 führt auf Spannungen, aber zu den gleichen Ergebnissen und Zahlenwerten, da die Energie in eV betragsgleich mit der zugehörigen Spannung in V ist.) Für die Energiedifferenzen wählen wir den Bereich $\Delta W = -0{,}5 \ldots +0{,}5$ eV (Tabelle 7.1). Nach Bild 7.4 übertragen, liefern die Daten zwei sich knapp von der horizontalen Geraden abhebende Kurvenzüge.

Tabelle 7.1 Werte der Fermifunktion für $T = 100\,K$ und $T = 300\,K$ im Bereich $\Delta W = +0{,}5 \ldots -0{,}5$ eV.

	T = 100 K	T = 300 K
ΔW / eV	F(W) / %	F(W) / %
0,5	0	0
0,4	0	0
0,3	0	0
0,2	0	0,04
0,1	0	2,0
0,05	0,3	12,4
0	50	50,0
−0,05	99,7	87,6
−0,1	100	98,0
−0,2	100	99,96
−0,3	100	100
−0,4	100	100
−0,5	100	100

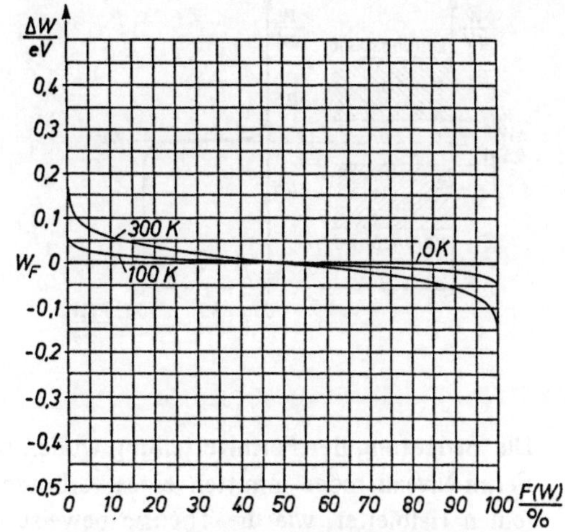

Bild 7.4 Fermifunktion im Bereich $\Delta W = +0{,}5 \ldots -0{,}5$ eV für die Temperaturen 0 K (——), 100 K (– – –) und 300 K (– · – · –)

Aufgabe 7.1: Fermifunktion
Ergänzen Sie die Tabelle 7.1 um die Werte für $T = 600$ K und $T = 900$ K.

Zur Deutung des Kurvenverlaufes betrachten wir einmal die Fermifunktion für $T = 300$ K. Dann besagt die Kurve z.B., daß ein $+\Delta W$ von 0,2 eV von keinem Teilchen (0 %) erreicht wird. Eine Energiedifferenz von $+\Delta W = 0{,}1$ eV wird von 2,0 % der Teilchen erreicht. Die Nominalschwelle des Fermi-Niveaus $W_F \triangleq \Delta W = 0$ wird von 50 % aller Teilchen erreicht usw.
Beziehen wir auch noch die Lösungen von Aufgabe 7.1 mit ein und vergleichen die Kurven miteinander, so können wir umgekehrt sagen:

> Das *Fermi-Niveau* ist die Energie, bei der die Besetzungswahrscheinlichkeit gleich 0,5 ist.

Wenn wir die Verhältnisse beim absoluten Nullpunkt zur Definition benutzen, können wir auch sagen:

> Das *Fermi-Niveau* kennzeichnet die Energie, welche die betreffenden Teilchen beim absoluten Nullpunkt annehmen.

Die Teilchen verfügen also über eine gewisse *Nullpunktsenergie*. Als Gas sind sie damit entartet, denn bei einem idealen Gas würde für $T = 0$ auch die Energie der Teilchen gegen Null gehen. Drehen wir Bild 7.4 um 90°, so entsteht für $T = 0$ K das Bild eines abrupten Überganges von der Besetzungswahrscheinlichkeit $F(W) = 100\,\%$ auf $F(W) = 0\,\%$. Man spricht daher oft auch von *Fermikante* statt von Fermi-Niveau. Mit steigender Temperatur (s. auch Aufgabe 7.1) wird der Übergang dann kontinuierlicher, die Kante wird mehr und mehr „verschmiert".

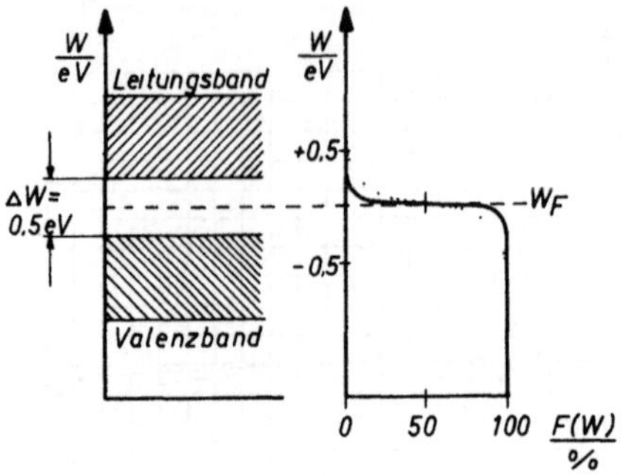

Bild 7.5
Fermiverteilung im Bändermodell
ΔW Bandabstand (0,5 eV als Beispiel),
W_F Ferminiveau, —— $T = 300$ K und
····· $T = 600$ K

Die Bedeutung der Fermiverteilung wollen wir uns einmal mit Bild 7.5 klarmachen. Das Fermi-Niveau möge inmitten eines verbotenen Bandes liegen. Dieser Tatbestand ist im reinen Halbleiter, wie die Theorie beweist, erfüllt. Vergleichen wir bei dem mit $\Delta W =$ 0,5 eV angenommenen Bandabstand die Besetzungswahrscheinlichkeit aus der Fermiverteilung für das Valenzband, die fast 100 % beträgt, mit der des Leitungsbandes, die stark gegen 0 % geht, so wird klar, daß hier nur eine geringe Stromleitung auftreten kann. Im Leitungsband wegen der wenigen Ladungsträger und im Valenzband wegen der beinahe vollen Besetzung. Es ist dabei ähnlich wie in einer überfüllten Straßenbahn, in der wegen des Gedränges auch kaum ein Ein- und Aussteigeverkehr möglich ist.
Zur Beschaffung freier Elektronen für das Leitungsband bieten sich zwei Möglichkeiten an, einmal eine Temperaturerhöhung und zum anderen eine Verminderung des Bandabstandes. Die Temperaturerhöhung ist praktisch nicht empfehlenswert, tritt aber mitunter als unvermeidlicher Nebeneffekt auf. Dann nimmt zwangsweise die Besetzungswahrscheinlichkeit des Leitungsbandes zu, womit mehr Ladungsträger verfügbar werden und die Leitfähigkeit ansteigt. Eine Bandabstandsänderung ist bei vorgegebenem Stoff nicht möglich, allerdings ist eine *Verschiebung des Fermi-Niveaus* realisierbar.
Kühlen wir das System nach Bild 7.5 auf den absoluten Nullpunkt ab, so ist das Leitungsband vollständig leer und das Valenzband vollständig besetzt. Eine Stromleitung ist dann unmöglich, da das eine Band unbesetzt und das Valenzband so voll ist, daß keinerlei Bewegungsfreiheit für Elektronen verbleibt.

> Vollständig besetzte Bänder sind zur Stromleitung nicht geeignet.

7.1.1 Leiterdefinition

Mit dem Wissen um die Bedeutung der Bandabstände können wir nunmehr die verschiedenen elektrischen Leiter genauer definieren.
Isolatoren: Bandabstand groß (Bild 7.6).
Wie die Fermistatistik (s. auch Bild 7.5) zeigt, werden die Übergangswahrscheinlichkeiten für Elektronen in das Leitungsband bei Raumtemperatur für Bandabstände oberhalb 1 eV so gering, daß ein Isolator somit über die Breite seines verbotenen Bandes ΔW_B definiert werden kann (Bild 7.6a). Üblicherweise setzt man $\Delta W_B > 2$ eV als ausreichend an.

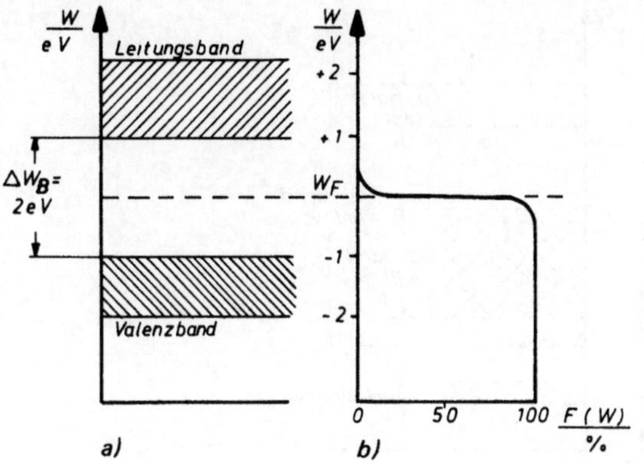

Bild 7.6
Bandschema eines Isolators
ΔW_B Bandabstand,
W_F Ferminiveau (T = 300 K)

> *Isolatoren* weisen einen Bandabstand von > 2 eV auf. Das Fermi-Niveau liegt in der verbotenen Zone.

Aus der Fermistatistik wird aber auch sofort deutlich, daß ein Isolator mit zunehmender Temperatur mehr und mehr von seiner Isolierfähigkeit einbüßt. Diese Zusammenhänge werden mit der Darstellung des Fermi-Niveaus besonders deutlich (Bild 7.6b). W_F liegt wieder in der Mitte des verbotenen Bandes. Ein Vergleich mit Bild 7.4 zeigt sofort, daß erhebliche Temperaturen notwendig werden, um Bandabstände von mehr als 2 eV zu überwinden. Logischerweise muß ein Isolator dann bei hohen Temperaturen – sofern er dabei nicht thermisch Schaden nimmt – die Leitfähigkeitseigenschaften eines Halbleiters erreichen.

Daß den Elektronen nicht nur thermisch, sondern auch elektrisch Energie zugeführt werden kann, zeigt jeder Hochspannungsdurchschlag bei Raumtemperatur.

Leiter: Valenzband teilweise besetzt oder mit dem nächsten (unbesetzten) Band überlappend (Bild 7.7).

Typisch für den Fall unvollständig besetzter Bänder sind die Alkalimetalle, bei denen ein s-Niveau von zwei möglichen jeweils nur ein Elektron enthält. Damit ist das verfügbare Band nur zur *Hälfte ausgefüllt* (Bild 7.7a). Ein elektrisches Feld bringt leicht Elektronen in den energetisch unbesetzten Bereich des Bandes und kann damit einen Stromfluß bewirken. Das Fermi-Niveau liegt jetzt innerhalb eines Leitungsbandes (Bild 7.7b). Wie unmittelbar ersichtlich, ist es dadurch völlig gleichgültig, wie die Verteilungsfunktion verläuft (ausgezogen oder gestrichelt), die Besetzungswahrscheinlichkeit des Bandes ist immer groß genug. Die exakte Lage des Fermi-Niveaus ist dabei im Prinzip unwesentlich, es muß nur oberhalb der Unterkante des „Leitungsbandes" liegen, um auch noch bei T = 0 K eine Leitfähigkeit zu garantieren.

Im Bild 7.7c ist der bei den Metallen durchweg anzutreffende Fall der *überlappten Bänder* am Beispiel des Kupfers skizziert. Das 3-d-Band liegt bereits vollständig im Bereich des 4-s-Bandes. Das vollbesetzte 3-d-Band wird vom halbvollen 4-s-Band so unterschnitten, daß bereits niedrigere Niveaus als im 3-d-Band verfügbar sind. Andererseits liegt die

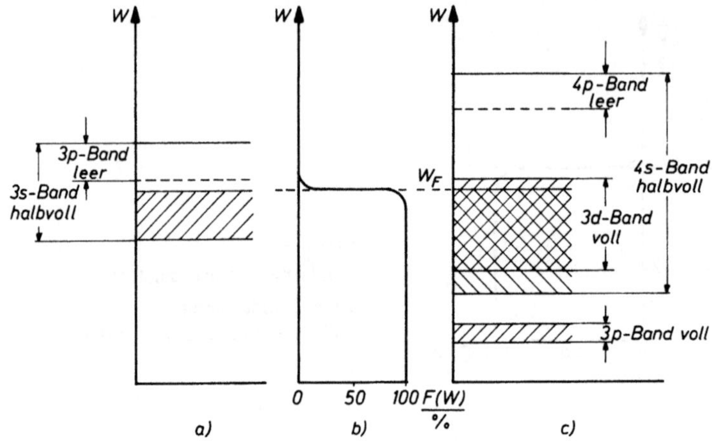

Bild 7.7 Bandschema eines Leiters

a) Unvollständig besetztes Band, als Beispiel Natrium. Das 3 s-Band ist nur zur Hälfte besetzt

b) Lage des Ferminiveaus

c) Überlappende Bänder, als Beispiel Kupfer. Das voll besetzte 3 d-Band liegt innerhalb des nur zur Hälfte besetzten 4 s-Bandes

Oberkante des 3-d-Bandes höher als die Mitte des halbvollen 4-s-Bandes. Das eigentlich vollbesetzte Band „läuft aus", womit Leitung sowohl über das 3-d- als auch über das 4-s-Band möglich wird.

> Elektrische *Leiter* haben überlappende oder unvollständig besetzte Bänder. Das Fermi-Niveau muß mindestens oberhalb der Unterkante eines solchen Bandes liegen.

Halbleiter: Valenzband vollständig besetzt, der Abstand zum Leitungsband ist jedoch gering (Bild 7.5).

Liegen wie in Bild 7.5 die Bandabstände so dicht beieinander ($\Delta W < 1$ eV), so kann durch die Temperaturanregung bereits ein ausreichender Anteil von Elektronen ins Leitungsband gelangen. Andererseits werden im restlichen Kristallgitter „Elektronenplätze", sog. *Defektelektronen* oder *Löcher*, frei. Damit wird ein doppelter Leitungsmechanismus möglich. Einmal durch freie Elektronen im Leitungsband und andererseits durch Elektronenbewegung von „Loch" zu „Loch" im Valenzband, was eine scheinbar entgegengesetzte Wanderung der Löcher zur Folge hat.

> Bei *Halbleitern* ist der Bandabstand gering. Das Fermi-Niveau liegt in der verbotenen Zone; die Fermiverteilung ermöglicht jedoch eine temperaturabhängige veränderte Bandbesetzung.

Wir hatten die Leitfähigkeit als von Anzahl und Trägerbeweglichkeit abhängig kennengelernt (Gl. (3.7)). Diesen Zusammenhang müssen wir im Halbleiter erweitern auf

$$\sigma = e_0 \, (n_n \, \mu_n + n_p \, \mu_p) \tag{7.3}$$

n_n Anzahl negativer Ladungsträger, d.h. Elektronen und μ_n deren Beweglichkeit, n_p Anzahl positiver Ladungsträger, d.h. Löcher und μ_p deren Beweglichkeit. Die Teilchenzahlen sind eigentlich – wie wir auch schon früher festgestellt haben – Teilchendichten, d.h. wir geben sie (meist) in cm^{-3} an.
Für die Fermiverteilung Gl. (7.1) können wir, solange $W - W_F > k\,T$ ist, näherungsweise schreiben

$$F(W) \approx e^{-\frac{W - W_F}{k\,T}} = e^{-\frac{U - U_F}{U_T}} \tag{7.1a}$$

d.h. die *Maxwell-Boltzmann-Verteilung* für nichtentartetes Gas benutzen. Durch Division mit e_0 wurden auch wieder die Spannungen statt der Energien eingesetzt. In Abhängigkeit von der Temperatur und dem Abstand des Leitungsbandes U_L vom Fermi-Niveau U_F müssen demnach von n Teilchen

$$n_n = n \, e^{-\frac{U_L - U_F}{U_T}} \tag{7.4}$$

Teilchen die Möglichkeit haben, in das Leitungsband zu gelangen. Die Löcherdichte muß dementsprechend bei einer Lage U_V der oberen Valenzbandkante sein:

$$n_p = n \, e^{-\frac{U_F - U_V}{U_T}} \tag{7.5}$$

Da in reinen Halbleitern das Fermi-Niveau U_F aber genau in der Mitte des verbotenen Bandes liegt, muß $U_L - U_F = U_F - U_V = \Delta U/2$ sein. Damit wird

$$n_n = n_p = n \, e^{-\frac{\Delta U}{2\,U_T}} \tag{7.6}$$

n ist nicht nur ein einfacher Faktor, der die Teilchendichte angibt, sondern er ist in sich noch temperaturabhängig. Die Gl. (7.6) gibt die Anzahl der erzeugten Elektronen-Löcher-Paare an, man spricht daher auch von *Generationsrate*. Die nur durch die thermische Energie bei geringem Bandabstand nach der Fermiverteilung bereits gebildete Ladungsträgerzahl (-dichte) nennt man auch *Intrinsiczahl* oder richtig *Intrinsicdichte* bzw. *Eigenleitungsdichte* n_i. Dann muß gelten

$$n_n \, n_p = n_i^2 \tag{7.7}$$

Dieses ist ein wichtiges Gesetz, das wir noch verschiedentlich anwenden müssen.

Die Intrinsicdichte gibt die bei einem reinen Halbleiter durch die thermische Energie entstehende Teilchendichte an.

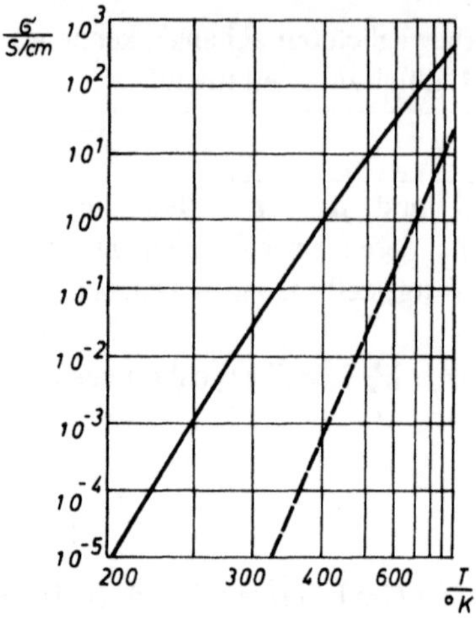

Bild 7.8 Eigenleitfähigkeit von Germanium (——) und Silizium (– – –) in Abhängigkeit von der Temperatur. Bei Raumtemperatur sind
Ge: $\rho_i = 46\ \Omega\cdot\text{cm}$ $\sigma_i = 2{,}2\cdot 10^{-2}$ S/cm
Si: $\rho_i = 2{,}3\cdot 10^{5}\ \Omega\cdot\text{cm}$ $\sigma_i = 4{,}3\cdot 10^{-6}$ S/cm

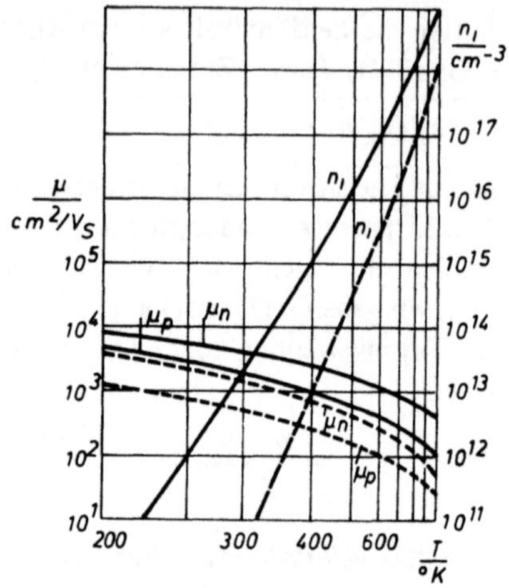

Bild 7.9 Intrinsicdichte n_i und Ladungsträgerbeweglichkeit μ in Abhängigkeit von der Temperatur für Germanium (——) und Silizium (– – –). Bei Raumtemperatur gelten:
Ge: $n_i = 2{,}4\cdot 10^{13}\,\text{cm}^{-3}$
$\mu_n = 3900\ \text{cm}^2/\text{Vs}$
$\mu_p = 1900\ \text{cm}^2/\text{Vs}$
Si: $n_i = 1{,}5\cdot 10^{10}\,\text{cm}^{-3}$
$\mu_n = 1350\ \text{cm}^2/\text{Vs}$
$\mu_p = 480\ \text{cm}^2/\text{Vs}$

Sobald eine gewisse Anzahl von Elektronen-Löcher-Paaren vorhanden ist, tritt eine *Rekombination* ein, d.h. die freien Elektronen und Löcher haben nur eine begrenzte Lebensdauer. Die Zahl der Rekombinationen pro Sekunde ist der Wahrscheinlichkeit einer „Begegnung" von Elektronen und Defektelektronen proportional, also dem Produkt von n_n und n_p. Mit dem *Rekombinationskoeffizienten r* ergibt sich dann als *Rekombinationsrate*

$$n_r = n_n n_p r \tag{7.8}$$

Im Gleichgewichtszustand müssen sich Generation und Rekombination die Waage halten. Da n_n und n_p und damit auch n_i stark temperaturabhängig sind, muß die von der Ladungsträgerkonzentration abhängige Eigenleitfähigkeit auch temperaturabhängig sein (Bild 7.8). Die Leitfähigkeit hängt sowohl von der Teilchenkonzentration als auch deren Beweglichkeit ab. Beide sind aber temperaturabhängig. In Bild 7.9 sind die Intrinsiczahlen n_i und die Beweglichkeiten der positiven (μ_p) und der negativen (μ_n) Ladungsträger für Ge und Si zusammengestellt.

Beispiel 7.2: Eigenleitfähigkeit
Nach Gl. (7.3) war die Leitfähigkeit

$$\sigma = e_0 (n_n \mu_n + n_p \mu_p)$$

mit $n_n = n_p = n_i$ wird daraus die Eigenleitfähigkeit

$$\sigma_i = e_0 n_i (\mu_n + \mu_p)$$

Aus dem Diagramm in Bild 7.9 – oder genauer aus dem Begleittext – ergibt sich die spezifische Eigenleitfähigkeit von Ge bei Raumtemperatur zu

$$\sigma_i = 1{,}6 \cdot 10^{-19} \text{As} \cdot 2{,}4 \cdot 10^{13} \text{cm}^{-3} \cdot (3900 + 1900) \text{Vs/cm}^2 = 2{,}2 \cdot 10^{-2} \text{S/cm}$$

● **Aufgabe 7.2: Eigenleitfähigkeit bei erhöhter Temperatur**
Um wieviel % steigt die Eigenleitfähigkeit von Intrinsic-Germanium, wenn die Temperatur gegenüber der im Beispiel 7.2 benutzten Raumtemperatur (300 K) um 100 K auf 400 K steigt?

Die zur Paarbildung bei Halbleitern notwendige Energiezufuhr kann auch durch andere als thermische Anregung, z.B. durch Licht, erfolgen. Treffen Lichtquanten ausreichender Energie auf ein Halbleitermaterial, so erhöhen sie damit die Ladungsträgerkonzentration und somit die Leitfähigkeit. Man nennt das den inneren *Photoeffekt*. Die Energie der Lichtquanten $h \cdot f$ muß dabei mindestens der Energiedifferenz des verbotenen Bandes entsprechen. Ein geringer Bandabstand läßt auch noch langwellige Strahlung wirksam werden. Der innere Photoeffekt ist auch der Grund, warum Halbleiter, die nicht optisch genutzt werden sollen, ein lichtdichtes Gehäuse haben müssen.

> Auch *Lichtenergie* kann in Halbleitern die Ladungsträgerdichte erhöhen.

7.1.2 Dotierung

Wir haben bislang immer den (hoch-)reinen Kristall, das Intrinsic-Material, betrachtet. Damit war auch die Lage des Fermi-Niveaus nur von diesem Material her bestimmt. Gelangen fremde Atome in das Kristallgitter, so bringen sie ein ihnen spezifisches anderes Fermi-Niveau mit, das die bestehenden Verhältnisse stört und neue Randbedingungen schafft. Die definierte Herstellung derartiger Störungen nennt man *dotieren*.

> Unter *Dotieren* versteht man das Herstellen definierter Störungen durch bestimmte Fremdatome in einem Halbleiterkristall.

Für die Dotierung ist die Lage des Fermi-Niveaus der Fremdatome innerhalb der verbotenen Zone wichtig. Folgende zwei Fälle sind zu unterscheiden:

n-Dotierung: Die Valenzelektronen der Fremdatome haben ein Energieniveau nahe an der unteren Grenze des Leitungsbandes der Wirtsatome (Bild 7.10).
Elektronen der Fremdatome können bereits bei geringer Anregung, also niedrigen Temperaturen, in das Leitungsband der Wirtsatome übergehen. Da hierbei Elektronen von den Fremdatomen abgegeben werden, nennt man sie *Donatoren* oder auch Donoren. Entscheidend für diesen Mechanismus ist nicht die Oberkante des Valenzbandes der Fremdatome, sondern die Lage des Fermi-Niveaus. Es muß zwischen der Mitte des verbotenen Bandes und der Unterkante des Leitungsbandes der Wirtsatome liegen.

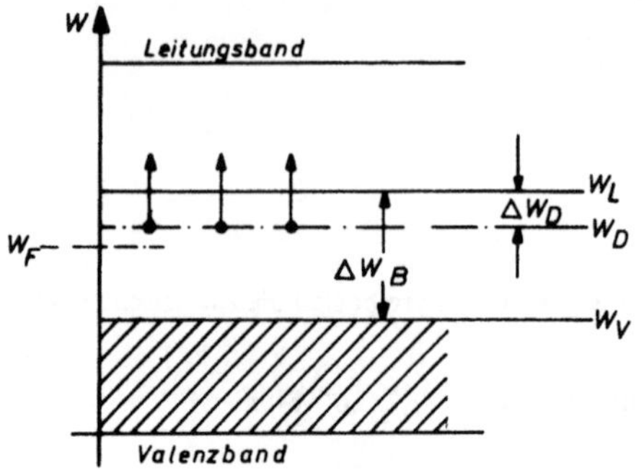

Bild 7.10
Bandschema eines Überschußleiters, n-Leitung (schematisch)
W_L Unterkante Leitungsband, W_V Oberkante Valenzband, W_D Donatorniveau, W_F Ferminiveau, ΔW_B Bandabstand und ΔW_D Donatorabstand. • Elektronen der Fremdatome

Wird der Abstand zu klein ($< 3\,k\,T$) oder verlagert das Fermi-Niveau bis in das Leitungsband, was bei hoher Dotierung möglich ist, so tritt wieder Entartung ein. Es gilt dann nicht mehr die einfachere Maxwell-Boltzmann-Verteilung (Gl. (7.1a)), sondern es muß wieder die genauere Fermi-Verteilung berücksichtigt werden. Bei den in Halbleitern üblichen Fremdatomkonzentrationen ist dieses jedoch nicht notwendig.

Die Lage des Fermi-Niveaus im verbotenen Band hängt im wesentlichen von der Fremdatomkonzentration ab. Je nach der Menge der Donatoren im Kristall verschiebt sich somit das Fermi-Niveau. In Bild 7.11 sind diese Zusammenhänge dargestellt. Im Augenblick interessiert uns lediglich die obere Bildhälfte, da das Fermi-Niveau für Donatoren oberhalb der Mittellinie liegen muß. Im Germaniumkristall mit $\Delta W_B \approx 0{,}7$ eV muß sich dann in der in Bild 7.11 gewählten Darstellung mit $W = 0$ an der Unterkante des Leitungsbandes das Fermi-Niveau stets zwischen $W_F = 0 \ldots -0{,}35$ eV befinden. Für Raumtemperatur (bei 300 K, dünn gestrichelt in Bild 7.11) liegt z.B. das Fermi-Niveau bei $W_F = -0{,}28$ eV, wenn die *Störstellenkonzentration* $n_D = 10^{15}\,\text{cm}^{-3}$, das sind Fremdatome pro cm^3, beträgt. Mit zunehmender Störstellenkonzentration rückt es dann immer näher an $W_F = 0$ heran. Aber selbst bei $n_D = 10^{19}$ (d.h. bei den $4{,}4 \cdot 10^{22}\,\text{cm}^{-3}$ Wirtsatomen des Germaniums bereits fast 1 ‰ Verunreinigung!) liegt W_F immer noch um mehr als $3\,k\,T \mathrel{\hat{=}} 0{,}075$ eV vom Leitungsband entfernt. Bei $n_D = 10^{20}\,\text{cm}^{-3}$ tritt bei Raumtemperatur jedoch Entartung auf.

Donatoren geben Elektronen an das Leitungsband ab, damit sind mehr n_n-Teilchen vorhanden als im Intrinsicfall. Wir haben damit *n-Leitung* oder *Überschußleitung* vorliegen. Das Material ist *n-dotiert* und *n-leitend*.

> *Donatoren* geben Elektronen an das Leitungsband der Wirtsatome ab und bewirken n-Leitung. Das Fermi-Niveau liegt in der oberen Hälfte der verbotenen Zone.

Da der Abstand des Donatorniveaus zum Leitungsband in der Regel sehr gering ist ($\approx 0{,}01 \ldots 0{,}03$ eV, d.h. $\approx U_T$), geht praktisch von jedem Fremdatom ein Elektron ins Leitungsband über, so daß die Anzahl der verfügbaren Elektronen mit der Störstellenzahl identisch wird.

p-Dotierung: Die Valenzelektronen der Fremdatome haben ein Band unterhalb der oberen Grenze des Valenzbandes der Wirtsatome und ein freies Energieniveau wenig oberhalb

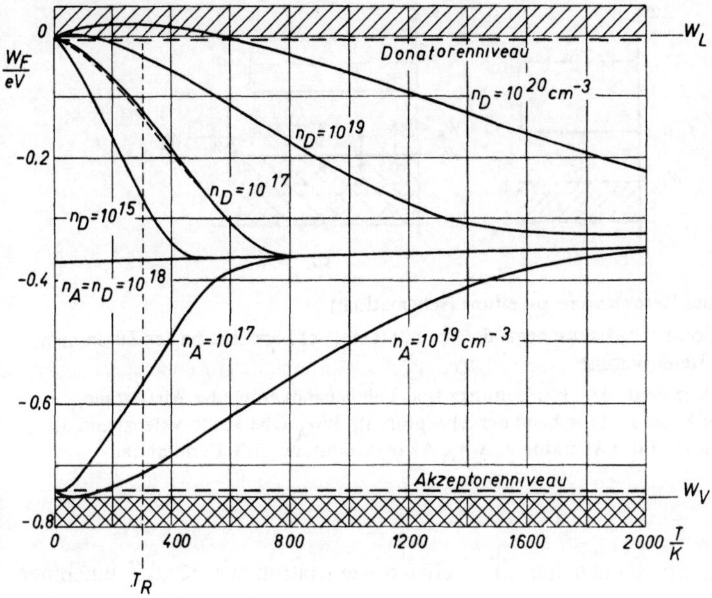

Bild 7.11 Lage des Ferminiveaus

Lage des Ferminiveaus in Abhängigkeit von der Temperatur mit Donator- und Akzeptorkonzentrationen als Parameter für Germanium. Die Energieskala wurde willkürlich am unteren Rand des Leitungsbandes mit Null festgelegt. Weitere Erläuterungen im Text. W_F Ferminiveau, W_L Unterkante Leitungsband, W_V Oberkante Valenzband, T_R Raumtemperatur. (Die Temperaturabhängigkeit des Bandabstandes blieb unberücksichtigt, nach *R. A. Hutner, E. S. Rittner* und *F. K. Du Pré*)

desselben (Bild 7.12). Valenzelektronen der Wirtsatome (W_V) können jetzt leicht auf das nächste unbesetzte Energieniveau (W_A), das zu einem Band der Fremdatome gehört, übergehen und werden damit einem Leitungsmechanismus entzogen. Was verbleibt, sind vermehrte Defektelektronen oder Löcher im Valenzband der Wirtsatome, über die jetzt ein Stromtransport möglich ist. Es liegt *Defektelektronen-*, *Löcher-* oder *p-Leitung* vor. Derartig wirkende Fremdatome heißen *Akzeptoren*.

> *Akzeptoren* nehmen Elektronen aus dem Valenzband der Wirtsatome auf und bewirken p-Leitung. Das Fermi-Niveau liegt in der unteren Hälfte der verbotenen Zone.

Das wirksame Energieniveau (W_A) ist das Akzeptorniveau in geringem Abstand ΔW_A (auch $\approx U_T$) vom Valenzband der Wirtsatome. Damit ist auch hier die Anzahl der über den Akzeptor bewirkten Löcher gleich der Anzahl der Fremdatome oder Störstellen. Die Lage des Fermi-Niveaus, die nicht mit den Donator- oder Akzeptorniveaus zu verwechseln ist, kann wieder aus Bild 7.11, jetzt in der unteren Hälfte, entnommen werden.

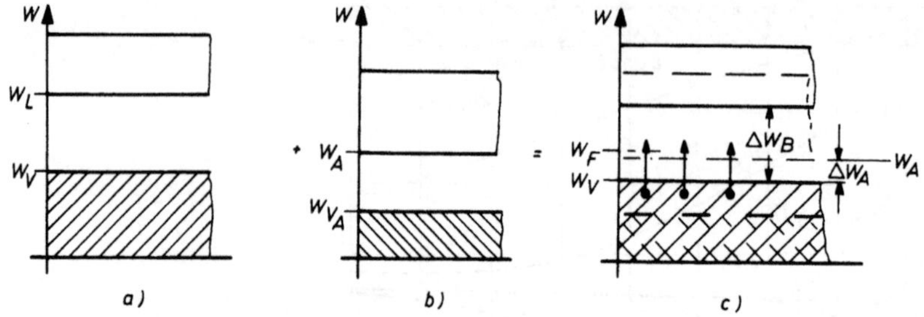

Bild 7.12 Bandschema eines Defektleiters, p-Leitung (schematisch)
a) Bandschema der Wirtsatome, b) Bandschema der Fremdatome, c) Bandschema des Zusammenwirkens von a) und b) für Defektleitung
□ Leitungsband, ▨ Valenzband, W_L, W_V Leitungs- und Valenzbandkanten der Wirtsatome, W_A Akzeptorniveau (Unterkante Leitungsband der Akzeptoren), W_{V_A} Oberkante Valenzband der Akzeptoren, ΔW_B Bandabstand der Wirtsatome, ΔW_A Akzeptorabstand, W_F Ferminiveau

Wir können also, wenn wir die üblichen Störstellenkonzentrationen $n < 10^{19}$ annehmen, folgende Aussage treffen:

> Das Fermi-Niveau liegt zwischen den „Fremdniveaus" und der Mitte des verbotenen Bandes.

Wie aus Bild 7.11 zu erkennen ist, gehört der „umgekehrte Fall", also Fermi-Niveau zwischen den „Fremdniveaus" und den Bandkanten der Wirtsatome, zu den Ausnahmen.
Durch die Akzeptoren treten vermehrt Defektelektronen n_p im Valenzband auf. Ihre Anzahl muß vom Abstand Fermi-Niveau-Valenzbandkante abhängen gemäß (s. auch Bild 7.11)

$$n_p = n\,e^{-\frac{W_F - W_V}{k\,T}} \tag{7.9}$$

Die Dichte n_n der Elektronen, die noch im Leitungsband verbleiben, muß dann sein

$$n_n = n\,e^{-\frac{W_L - W_F}{k\,T}} \tag{7.10}$$

Als Produkt der Gln. (7.9) und (7.10) erhalten wir

$$n_n\,n_p = n^2\,e^{-\frac{W_L - W_V}{k\,T}} = n^2\,e^{-\frac{\Delta U}{U_T}} = n_i^2 \tag{7.11}$$

das Quadrat der Intrinsicdichte wie in den Gln. (7.6) und (7.7). Im Grunde ist das weiter nichts als die konsequente Übertragung des *Massenwirkungsgesetzes*. Was die Akzeptoren an Elektronen übernehmen, wird solange von den (Intrinsic-)Elektronen des Leitungsbandes ergänzt, bis Generation und Rekombination wieder im Gleichgewicht sind.

Das Quadrat der Intrinsicdichte ist gleich dem Produkt aus Elektronen- und Defektelektronendichte.

Aus Gl. (7.11) ergeben sich zwei wichtige Konsequenzen. Die Intrinsiczahl ist „Drehpunkt" für Störstellenleitung, das soll heißen, daß bei Kenntnis einer Störstellendichte (n_n oder n_p) die andere (n_p oder n_n) sofort bestimmbar ist. Weiter tritt hier die *Bipolarität* der Halbleiterstromleitung wieder hervor, und zwar sozusagen gegeneinander verschoben. Für die Leitfähigkeit eines Halbleiters sind sowohl n_n als auch n_p (s. Gl. (7.3)) verantwortlich. Wenn jetzt z.B. mit Donatoren auf $n_D = 10^{15}\ \mathrm{cm}^{-3}$ dotiert wird, dann haben wir laut Definition n-leitendes Material. Bei Ge mit $n_i = 10^{13}\ \mathrm{cm}^{-3}$ heißt dies aber auch, daß nach Gl. (7.11) noch $n_p = 10^{11}\ \mathrm{cm}^{-3}$ Defektelektronen für einen entgegengesetzt wirkenden Leitungsmechanismus vorhanden sind.

Um diesen für das Verständnis vieler Effekte beim Halbleiter wichtigen Mechanismus berücksichtigen zu können, wird dementsprechend von *Majoritätsträgern* (Elektronen bei n-Leitung, Defektelektronen bei p-Leitung) und *Minoritätsträgern* (Defektelektronen bei n-Leitung, Elektronen bei p-Leitung) gesprochen.

7.1.3 Umdotierung

Was geschieht, wenn ein Material, das zunächst, sagen wir einmal, p-dotiert war, zusätzlich n-dotiert wird: Hierbei ist zu vermuten, daß die zusätzlichen Elektronen des Donators erst die durch den Akzeptor in das Material hineingekommenen zusätzlichen Löcher auffüllen müssen, ehe „etwas passiert". Ein Beispiel soll das erläutern.

Beispiel 7.3: Umdotierung

Germanium sei mit $n_A = 9 \cdot 10^{17}$ Störstellen $\cdot\ \mathrm{cm}^{-3}$ p-dotiert. Es werde jetzt mit $n_D = 10^{18} = 10 \cdot 10^{17}$ n-Störstellen $\cdot\ \mathrm{cm}^{-3}$ gegen-(um-)dotiert. Dann bedeutet dies, daß erst $9 \cdot 10^{17}$ Defektelektronen der p-Leitung kompensiert werden müssen, somit verbleiben für eine n-Dotierung

$$n_A - n_D = 10 \cdot 10^{17} - 9 \cdot 10^{17} = 10^{17}$$

Störstellen $\cdot\ \mathrm{cm}^{-3}$ für eine n-Leitung.

Das so mit $n_D = 10^{18}$ Störstellen $\cdot\ \mathrm{cm}^{-3}$ *umdotierte* Germanium müßte also jetzt wie nur mit $n_D = 10^{17}$ Störstellen $\cdot\ \mathrm{cm}^{-3}$ n-dotiertes Material wirken. Daß dies tatsächlich der Fall ist, zeigt Bild 7.11 in der neben $n_D = 10^{17}$ gestrichelt gezeichneten Kurve, die in der in Beispiel 7.3 geschilderten Weise zustandegekommen ist. Die ausgezogene Kurve entspricht der direkten Dotierung.

Der geschilderte Effekt ist für die Halbleitertechnologie außerordentlich bedeutsam, da die für Transistoren wichtigen Übergänge zwischen p- und n-Leitung (p-n-Übergang) „nacheinander" durch teilweises Umdotieren in anders leitendes Material erzielt werden können.

Durch *Gegendotieren* mit höherer als der bestehenden Dotierungskonzentration kehrt sich der Leitungsmechanismus um (umdotieren).

Wir müssen hier noch eine ergänzende Bemerkung zur Generation und Rekombination machen. Wird in einem dotierten Halbleiter das Gleichgewicht zwischen n_n und n_p gestört, z.B. durch einen elektrischen oder optischen Impuls, so vergeht einige Zeit, ehe das

Gleichgewicht wiederhergestellt ist. Die Majoritätsträgerkonzentration kann sehr schnell ($\approx 10^{-12}$ s) durch räumliche Verschiebung wiederhergestellt werden. Die Minoritätsträgerkonzentration nimmt aber, da an Diffusionsvorgänge gebunden, sehr viel langsamer ab. Den Minoritätsträgern kommt dabei sozusagen eine längere *Lebensdauer* τ zugute als den Majoritätsträgern. Die entstandene Störung Δn der Teilchenkonzentration klingt wie bei Vorgängen dieser Art üblich exponentiell mit der Zeit und der Lebensdauer τ ab gemäß

$$\Delta n(t) = k\,e^{-\frac{t}{\tau}} \tag{7.12}$$

k Proportionalitätskonstante. Nach der Zeit $t = 3\,\tau$ ist die ursprüngliche Konzentration praktisch wiederhergestellt. Die Lebensdauer τ liegt in der Größenordnung von etwa 1...1000 μs. Im allgemeinen sollte τ für Transistoranwendungen zwar groß sein, für sehr schnelle Schaltvorgänge jedoch muß es wieder möglichst klein werden. Die Lebensdauer τ wird sehr wesentlich durch die Herstellungstechnologie des Halbleiters beeinflußt. Insbesondere gehen ein einwandfreier Kristallaufbau (wenig Gitterbaufehler), metallische Verunreinigungen und die Stärke der Dotierung ein.
Eine spezielle Problematik ist die sog. *Oberflächenrekombination*, die an der Halbleiteroberfläche im Bereich zum angrenzenden Medium (z.B. Luft) wirksam wird. Durch geeignete Schutzschichten der fertigen Halbleiter kann dieser Einfluß aber klein gehalten werden.

7.2 Einkristalle

7.2.1 Reinheitsanforderungen

Betrachten wir noch einmal Bild 7.9, so weist es z.B. für Ge bei 300 K eine Intrinsiczahl von $2{,}4 \cdot 10^{13}$ auf. Es haben also von $4{,}4 \cdot 10^{22}$ Ge-Atomen pro cm^3 $2{,}4 \cdot 10^{13}$ ein Elektron abgespalten. Oder anders ausgedrückt, nur ca. jedes 10^9te Atom hat ein Elektron abgegeben. Ein Ge-Intrinsic-Kristall muß daher eine Reinheit von mindestens 10^{-9} aufweisen. Eine weitere Steigerung der Reinheit brächte keine Änderung der Eigenleitfähigkeit. Eine Dotierung andererseits muß dementsprechend mindestens ca. 10^{14} Fremdatome in den Ge-Kristall bringen. Für andere Halbleitermaterialien ergeben sich ähnliche Werte (Bild 7.13).

> Jedes Halbleitermaterial muß zunächst hochrein vorliegen, ehe es dotiert werden kann.

Wegen der Abhängigkeit der Leitfähigkeit von der Ladungsträgerdichte und der Temperatur kann – bei konstanter Temperatur – der spezifische Widerstand des Materials direkt Aufschluß über die Störstellendichte geben. Die Messung des spezifischen Widerstandes bietet damit eine – relativ – einfache Methode zur sonst kaum möglichen Bestimmung des Reinheitsgrades von Halbleitermaterialien.
Das Bild 7.13 zeigt den Verlauf des spezifischen Widerstandes für Ge und Si bei p- und n-Dotierung ab 10^9 Störstellen pro cm^3. Der mit sinkender Störstellendichte ansteigende spezifische Widerstand ist im Diagramm sehr gut zu erkennen. Für beide Materialien wächst er bis zur Intrinsiczahl n_i stark an. Die mit $1{,}5 \cdot 10^{10}$ um etwa drei Zehnerpoten-

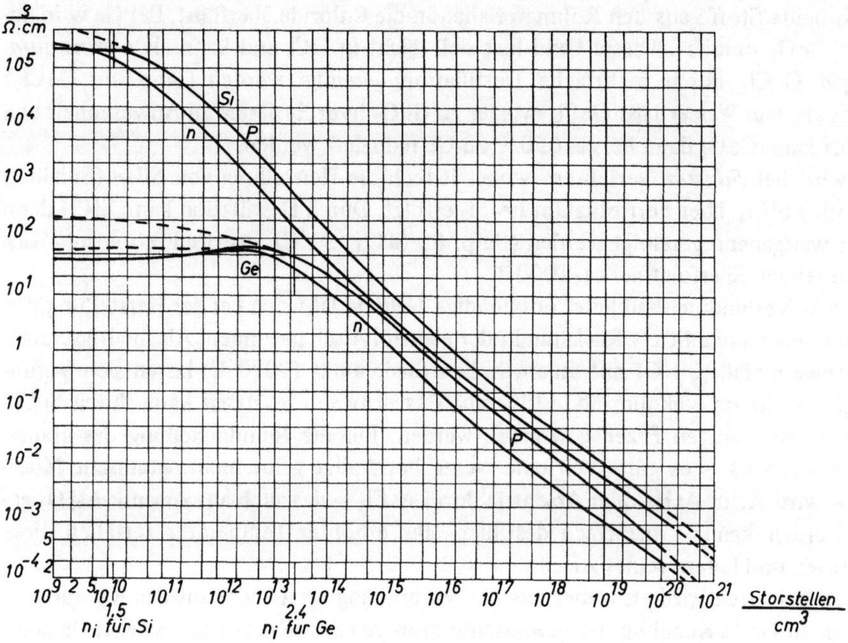

Bild 7.13 Spezifischer Widerstand von Germanium (Ge) und Silizium (Si) in Abhängigkeit von der Störstellendichte. Bei $T = 300\,\text{K}$ gelten folgende Werte:
Ge: $n = 4{,}4 \cdot 10^{22}\,\text{cm}^{-3}$, $\rho_i = 46\,\Omega\cdot\text{cm}$, $\rho_{n_i} = 64\,\Omega\cdot\text{cm}$, $\rho_{p_i} = 132\,\Omega\cdot\text{cm}$
Si: $n = 5 \cdot 10^{22}\,\text{cm}^{-3}$, $\rho_i = 2{,}3 \cdot 10^5\,\Omega\cdot\text{cm}$, $\rho_{n_i} = 3{,}1 \cdot 10^5_s\,\Omega\cdot\text{cm}$, $\rho_{p_i} = 8{,}3 \cdot 10^5\,\Omega\cdot\text{cm}$
(nach *AEG-Telefunken* Unterlagen)

zen niedrigere Intrinsiczahl von Si im Vergleich zum Ge führt zu einem dementsprechend höheren spezifischen Widerstand. Unterhalb der Intrinsicdichte erreicht in beiden Fällen der spezifische Widerstand ρ einen konstanten Wert.
Wegen der für die Halbleitertechnologie wichtigen Anforderungen an das Material müssen wir uns hier ein wenig mit dessen Herstellung befassen.

7.2.2 Reindarstellung von Halbleitermaterialien

Die wichtigsten Halbleitermaterialien Si und Ge sind in der Natur sehr unterschiedlich verteilt. Während Si mit 25,7 % das zweithäufigste Element der Erdrinde ist (häufigstes: O mit 44,6 %, danach – hinter Si – Al mit 7,5 % und Fe mit 4,7 %), liegt Ge mit 0,0007 % an 32. Stelle. Die für Verbindungshalbleiter wichtigen Elemente Ga und As sind mit 0,0015 % für Ga (Platz 28) und 0,0005 % für As (Platz 34) vorhanden. Das für Gleichrichter noch viel benutzte Se befindet sich mit 0,00009 % an 39. Stelle noch nach U mit 0,0004 %.
Si liegt im Quarzsand als SiO_2 in praktisch unbegrenzten Mengen vor, ist in dieser Form für Halbleitermaterialien jedoch nicht brauchbar. Praktisch geht man von Ferrosilizium Fe_2Si_3, einem Nebenprodukt der Eisenverhüttung, aus. *Germanium* ist als GeO_2 mit etwa 8 % im kupferhaltigen Germanit zu finden. Für die Darstellung von sehr reinem Ge bzw.

Si werden beide Stoffe aus den Rohmaterialien in die Chloride überführt. Bei Ge wird zunächst zu GeO_2 oxidiert. Dieses Oxid löst sich leicht in HCl und kann als *Germaniumtetrachlorid* $GeCl_4$ durch mehrfache Destillation gereinigt werden (Smp. für $GeCl_4$: 83 °C). Zusatz von Wasser läßt $GeCl_4$ wieder zu GeO_2 hydrolysieren. In Anwesenheit von Wasserstoff kann GeO_2 dann bei ca. 650 °C zu Ge reduziert werden.
Ähnlich wird bei *Silizium* verfahren, wobei jedoch die Herstellung von *Silan* (Siliziumtetrachlorid) $SiCl_4$ über Ferrosilizium Fe_2Si_3 erfolgt. Durch Destillation kann $SiCl_4$ dann gleichfalls weitgehend gereinigt werden (Smp. für $SiCl_4$: 57 °C). Die Reduktion mit Wasserstoff zu reinem Si erfolgt bei ca. 1000 °C.
Das für GaAs-Verbindungshalbleiter notwendige *Gallium* läßt sich bei der Herstellung von Germanium aus Germanit als Rückstand oder elektrolytisch gewinnen. Als niedrigschmelzendes Schwermetall (30 °C) mit einem hohen Siedepunkt (2070 °C) lassen sich Verunreinigungen leicht im Vakuum abdestillieren. Das notwendige *Arsen* kann durch Sublimation aus arsenhaltigen Erzen gewonnen werden. Für die Reindarstellung des grauen metallischen Arsens – es gibt auch eine wenig beständige gelbe nichtmetallische Modifikation – wird Arsin AsH_3 oder Arsentrichlorid $AsCl_3$ – das auch aus Arsenik As_2O_3 gewonnen werden kann – mehrfach destilliert. Bei erhöhter Temperatur zerfallen diese Verbindungen und liefern reines Arsen.
In weiteren Schritten wird entweder aus der Verbindung GaAs oder aus den Komponenten über einen GaAs-Keimling der gewünschte größere (Ein-)Kristall hergestellt. Da beim Schmelzen As die flüchtigere Komponente darstellt, findet der Vorgang in As-Atmosphäre statt.
Die Endprodukte erreichen dabei Reinheiten von 99,999...99,9999 %, sog. 5...6-Neunerqualität. Die Verunreinigung beträgt dann noch 1...10 ppm.
Die nächsten *Verarbeitungsschritte* sind

1. weitere Reinigung durch Zonenschmelzen,
2. Einkristallherstellung durch Kristallziehen.

7.2.3 Zonenschmelzen

Wir hatten bereits bei den Zustandsdiagrammen (2 Legierungen) den Effekt der Entmischung beim Auskristallisieren und kurz die dadurch mögliche Reinigung eines Kristalls von Fremdstoffen kennengelernt. Wir müssen uns jetzt mit den dabei auftretenden Zusammenhängen etwas genauer befassen.
Entsprechend der in der Halbleiterherstellung üblichen Technik nehmen wir ein langgestrecktes (Quarz- oder Graphit-)Schiffchen an, in dem sich die zu untersuchende Schmelze befinden möge (Bild 7.14a). Die geringe Fremdstoffkonzentration c_0 sei zu Beginn homogen verteilt. Die Erstarrung möge bei $l = 0$ anfangen und nach rechts bis L fortschreiten. Die ersten sich bei $l = 0$ bildenden Kristalle werden dann eine Fremdstoffkonzentration c_{F_1} aufweisen, die um den *Verteilungskoeffizienten* K kleiner ist als die Anfangskonzentration c_0.

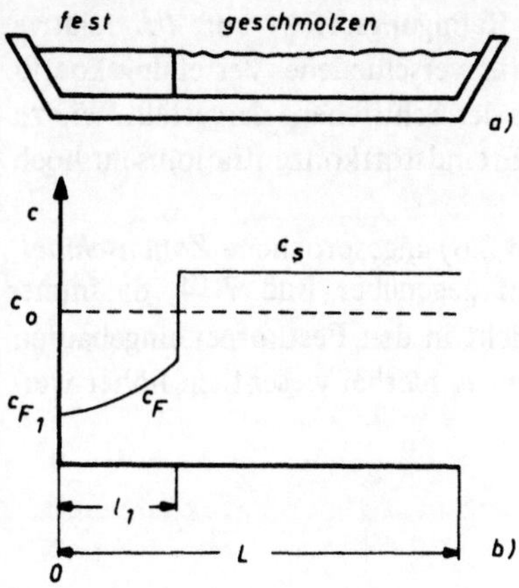

Bild 7.14
Fremdstoffkonzentration bei langsam voranschreitender Erstarrungsfront (einfache Erstarrung)
a) Schiffchen mit teilweise erstarrter Schmelze
b) Konzentrationsverteilung der Fremdstoffe bei Erstarrung bis zur Länge l

c_0 Anfangskonzentration, c_s (Rest-)Konzentration in der Schmelze, c_F Konzentration im Kristall (schematisch)

Der *Verteilungskoeffizient* ist das Verhältnis der Fremdstoffkonzentration nach dem Erstarren zur Fremdstoffkonzentration vor dem Erstarren. K hat Werte zwischen $10^{-1} \ldots 10^{-3}$ $(\ldots 10^{-5})$. (Für B in Si $K \approx 1$ bzw. in Ge $K \approx 15$, d.h. keine Reinigung, s. auch Tabelle 7.2).

Da die Anzahl der Fremdatome jedoch konstant bleibt, muß die Fremdstoffkonzentration c_s in der Schmelze steigen. Damit wird aus einer höher verunreinigten Schmelze auskristallisiert, und die Fremdstoffkonzentration nimmt von links nach rechts in Bild 7.14 zu. In der schematischen Darstellung von Bild 7.14b ist dieser Anstieg von c_F im Bereich von $l = 0$ bis $l = l_1$ eingetragen. Für die Schmelze ist dabei eine homogene Verteilung von c_s angenommen.

Die genauere Untersuchung liefert für c_F entlang dem Schiffchen folgenden Zusammenhang:

$$\frac{c_F}{c_0} = K \left(1 - \frac{l}{L}\right)^{K-1} \tag{7.13}$$

Tabelle 7.2 Verteilungskoeffizient K für einige Elemente in Germanium und Silizium bei deren Schmelzpunkten (nach *Trumbore*).

Element	Vert.-Koeffizient K	
	Germanium	Silizium
Germanium	1	0,35
Silizium	5,5	1
Kupfer	0,000015	0,0004
Gold	0,000013	0,000025
Aluminium	0,073	0,0020
Gallium	0,087	0,0080
Indium	0,001	0,0004
Zinn	0,020	0,016
Arsen	0,02	0,3
Antimon	0,0030	0,023
Phosphor	0,080	0,35

mit K Verteilungskoeffizient, für $K \geqslant 1$ tritt kein Reinigungseffekt auf, l/L relative Längenkoordinate im Schiffchen. In Bild 7.15 sind für verschiedene Verteilungskoeffizienten die relativen Fremdstoffkonzentrationen längs des Schiffchens dargestellt. Wie zu erwarten, ist am Ende des Schiffchens bei $l \approx L$ die Fremdstoffkonzentration sehr hoch und geht sogar noch über c_0 hinaus.

Wenden wir das bereits in 2 Legierungen (s. auch Bild 2.6) angesprochene *Zonenschmelzen* an, so verändert sich der Konzentrationsverlauf gegenüber Bild 7.14, da immer nur ein schmaler Bereich – die *Schmelzzone* – die nicht in den Festkörper eingebauten Fremdatome aufnehmen muß (Bild 7.16a). Damit kann c_s hierbei wesentlich höher wer-

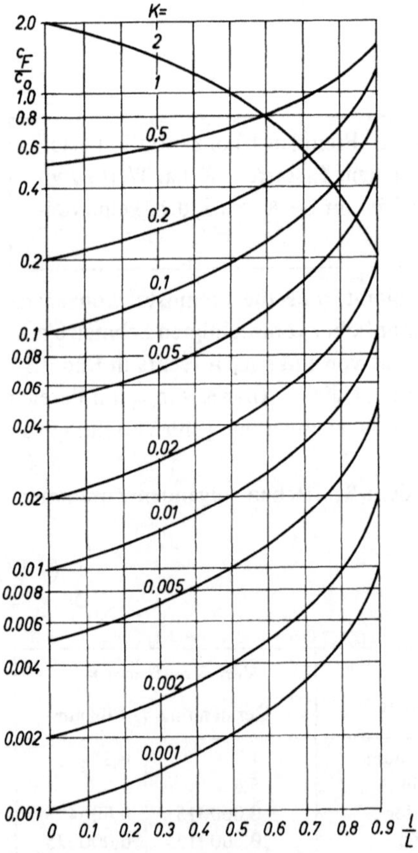

Bild 7.15 Einfache Erstarrung
Verteilung der relativen Fremdstoffkonzentration c_F/c_0 bei langsam fortschreitender Erstarrungsfront nach vollständiger Abkühlung mit dem Verteilungskoeffizienten K als Parameter
l/L relative Länge

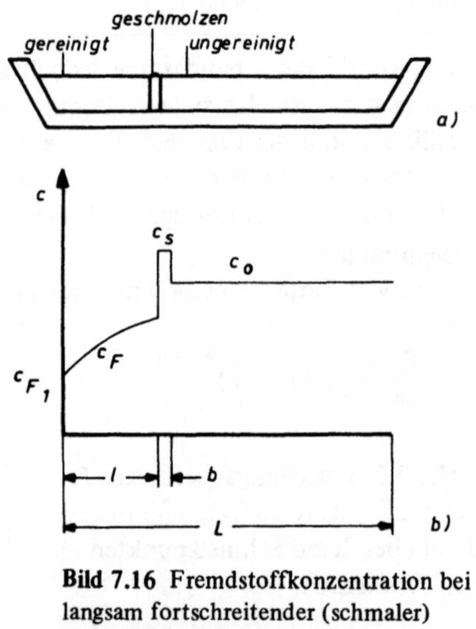

Bild 7.16 Fremdstoffkonzentration bei langsam fortschreitender (schmaler) Schmelzzone (Zonenerstarrung)

a) Schiffchen mit bis zur Länge l fortgeschrittener Schmelzzone der Breite b
b) Konzentrationsverteilung der Fremdstoffe. c_0 Anfangskonzentration (im ungereinigten Teil), c_F Konzentration im gereinigten Teil, c_s Konzentration in der Schmelze (schematisch)

den als bei der obigen einfachen Erstarrung. Die mathematische Untersuchung liefert in diesem Falle eine relative Konzentrationsverteilung

$$\frac{c_F}{c_0} = 1 - (1 - K)\, e^{-\frac{K\, l}{b'\, L}} \tag{7.14}$$

mit K Verteilungskoeffizient, l/L relative Längenkoordinate des Schiffchens und $b' = b/L$ normierte Schmelzzonenbreite, um von der absoluten Breite der Schmelzzone unabhängig zu werden. Aus Gl. (7.14) ist sofort zu erkennen, daß die Exponentialfunktion für sehr kleine Werte von b', d.h. schmaler Schmelzzone rasch großen Werten zustrebt, womit c_F gegen c_0 und am Ende noch darüber hinausgeht.

Beispiel 7.4: Schmelzzonenbreite

Die Wirkung einer schmalen Schmelzzone wollen wir für $K = 0{,}1$ in der Mitte des Schiffchens, d.h. bei $l/L = 0{,}5$ untersuchen. Wir nehmen zunächst $b' = 0{,}1$ an, dann wird nach Gl. (7.14)

$$\left(\frac{c_F}{c_0}\right)_{0{,}1} = 1 - 0{,}9\, e^{-0{,}5} = 0{,}45$$

Für den extremeren Fall $b' = 0{,}01$ wird

$$\left(\frac{c_F}{c_0}\right)_{0{,}01} = 1 - 0{,}9\, e^{-5} = 0{,}99$$

mit anderen Worten, die schmalere Zone bewirkt praktisch bereits in der Mitte des Schiffchens keine Reinigung mehr!

Wie das Beispiel 7.4 zeigt, strebt c_F gegen c_0. Gelangt die Schmelzzone ans Ende der Schmelze, so gelten ab $l = L - b$ die Bedingungen der einfachen Erstarrung, da die Front der Schmelze nicht weiter fortschreiten kann. c_F vermag dann die Werte von c_0 zu überschreiten. Setzen wir $b' = 0{,}1$ in Gl.(7.14) ein, so können wir für $0 \leqslant l \leqslant 0{,}9\, L$ wieder wie in Bild 7.15 die Konzentrationsverteilung längs des Schiffchens ermitteln. Das Ergebnis zeigt Bild 7.17.

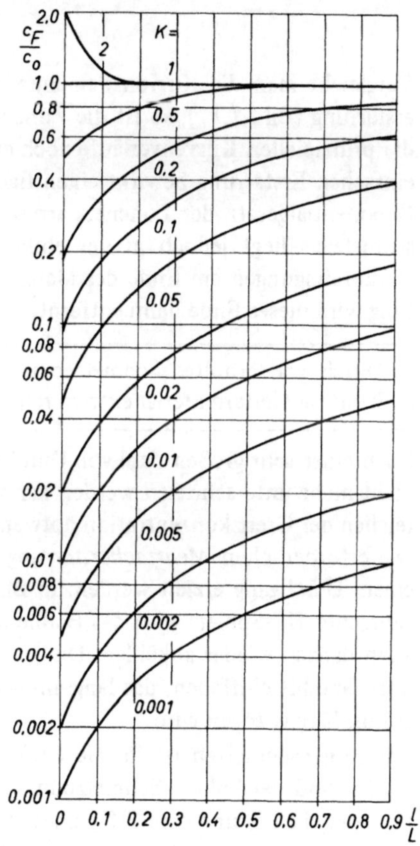

Bild 7.17 Zonenerstarrung

Verteilung der relativen Fremdstoffkonzentration c_F/c_0 bei langsam fortschreitender schmaler Schmelzzone für eine Zonenbreite $b' = 0{,}1$ (d.h. $b = 0{,}1\,L$) mit dem Verteilungskoeffizienten K als Parameter

Aufgabe 7.3: Verminderung der Schmelzzonenbreite

Für $K = 0{,}01$ und $K = 0{,}1$ bei $b' = 0{,}01$ ist der Verlauf der relativen Fremdstoffkonzentration im Bereich $0 \leqslant l \leqslant 0{,}9\, L$ zu ermitteln und in Bild 7.17 einzutragen. Vergleichen Sie mit den vorhandenen Kurven für $K = 0{,}1$ und $K = 0{,}01$ bei $b' = 0{,}1$.

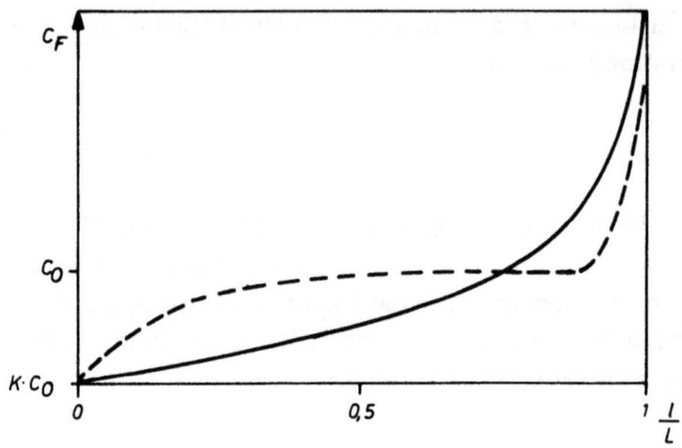

Bild 7.18
Vergleich der Verteilung der relativen Fremdstoffkonzentration bei verschiedenen Erstarrungsarten
——— einfache Erstarrung
- - - - Zonenerstarrung
(Dem Bild liegen die Kurven für $K = 0{,}5$ und $b' = 0{,}1$ zu Grunde)

Vergleicht man die Kurven der einfachen Erstarrung (Bild 7.15) mit denen der Zonenerstarrung (Bild 7.17), so ist die Zonenerstarrung offenbar ungünstiger. In Bild 7.18 sind die prinzipiellen Kurvenverläufe noch einmal gemeinsam dargestellt. Das Potenzgesetz der einfachen Erstarrung bewirkt einen flachen Anfangsverlauf der Kurve im Gegensatz zum Exponentialgesetz der Zonenerstarrung mit dem steilen Anstieg. Der Vorteil des Zonenschmelzens liegt jedoch in der einfacheren mehrfachen Wiederholbarkeit, bei der die Verunreinigungen am Ende des Materials konzentriert werden. Für die weitere Verarbeitung wird dieses Ende dann entfernt.

Durch wiederholtes Schmelzen und Erstarren, vorzugsweise in schmalen Zonen, kann Halbleitermaterial extrem rein hergestellt werden.

Nach einer sehr großen Zahl von Durchgängen stellt sich eine Grenzkonzentration ein, die nicht mehr unterschritten werden kann. Nach *W. G. Pfann* ist die Anzahl z der zum Erreichen der Grenzkonzentration notwendigen Durchgänge $z \approx 1{,}5/b'$.

Die erforderlichen *Mehrfacherstarrungen* können beim Zonenschmelzen vorteilhaft mit einem Durchgang erzielt werden. In Bild 7.19 ist das Prinzip dargestellt. Durch außen angebrachte HF-Spulen wird das Halbleitermaterial in einer schmalen Zone verflüssigt und kann danach wieder abkühlen. Die zu reinigende Substanz befindet sich in einem Quarz- oder Graphitschiffchen, das langsam – einige cm/h – durch ein Quarzrohr mit Schutzgasatmosphäre gezogen wird.

Das Zonenschmelzen ist für Ge einfach, für Si jedoch schwierig zu handhaben. Gründe hierfür sind der höhere Schmelzpunkt von Silizium mit 1420 °C und die chemische Reaktion zwischen Si und dem SiO_2 eines Quarzschiffchens.

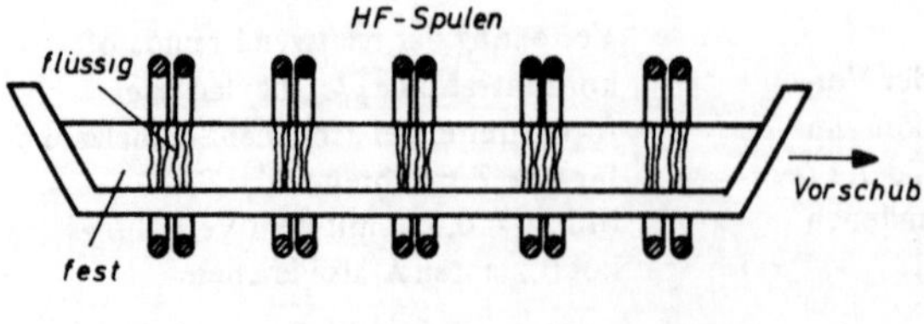

Bild 7.19
Prinzip des Mehrfach-Zonenschmelzens

Diese Schwierigkeiten umgeht das *tiegelfreie Zonenschmelzen*, das universeller anwendbar ist. Die Gefahr der Verunreinigung durch das Schiffchen (allgemein der Tiegel) wird dadurch vermieden, daß ein senkrecht eingespannter polykristalliner Stab des Halbleitermaterials wieder durch ein HF-Feld in einer schmalen Zone zum Schmelzen gebracht wird (Bild 7.20). Die Oberflächenspannung und das HF-Feld halten die Schmelze zusammen. Die Breite der flüssigen Zone hängt vom Stabdurchmesser ab und liegt bei etwa einem cm. Die Schmelzzone wird durch Verschieben des HF-Feldes mit etwa 1 mm/min durch den gesamten Stab geführt. Der Reinigungsprozeß erfolgt wie bereits geschildert und kann mehrfach wiederholt werden.
Aus dem so gewonnenen hochreinen Ausgangsmaterial müssen die für die weitere Verarbeitung notwendigen Einkristalle gezogen werden.

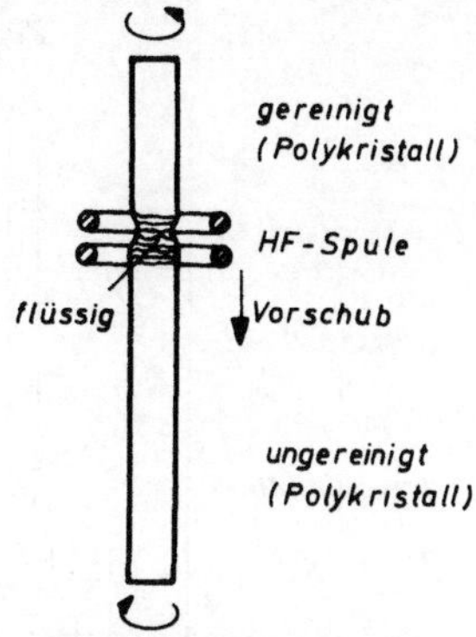

Bild 7.20 Prinzip des tiegelfreien Zonenschmelzens
Die Schmelzzone wird durch die Oberflächenspannung und das Hochfrequenzfeld der HF-Spule zusammengehalten

7.2.4 Kristallziehen

Die Grundidee des Kristallziehens besteht darin, an einem Keim oder Impfling mit bekannter Kristallstruktur weiteres Material in eben dieser Struktur anwachsen zu lassen. Dazu muß das Material in jedem Falle wieder flüssig vorliegen.

Das (Ein-)Kristallziehen erfordert einen Kristallkeim bekannten Wachstums.

Das Tiegel-, *Drehzieh-* oder *Czochralski-Verfahren* (Bild 7.21) ist das traditionelle technische Verfahren zur Herstellung von Einkristallen. Ein entsprechend orientierter Impfling wird hierbei in die in einem Tiegel befindliche Schmelze getaucht und langsam drehend herausgezogen. Die Ziehgeschwindigkeiten betragen einige cm/h bei 0,2...2 Umdrehungen des Kristalls pro Sekunde. Das Drehen während des Ziehprozesses hat unabhängig von der Kristallstruktur stets einen zylindrischen Einkristall zur Folge.
Eine *dotierte Schmelze* liefert einen entsprechend grunddotierten Einkristall, wobei durch die Zunahme der Dotierungskonzentration in der Schmelze wegen der Umkehrung der Reinigungswirkung das Ende des Einkristalles stärker als der Anfang dotiert ist. Das *Schwimmtiegelverfahren*, bei dem ein in der Schmelze schwimmender kleinerer Tiegel eine gleichbleibende Dotierungskonzentration aufweist, liefert bessere Resultate. Wegen der hohen Schmelztemperatur von Silizium und der Reaktion mit dem Quarztiegel kommt dieses Verfahren nur für Germanium zur Anwendung. Für Silizium und andere Materialien hat man aus dem tiegelfreien Zonenschmelzverfahren das *Zonenziehverfahren* entwickelt (Bild 7.22). Der Unterschied zum Zonenschmelzverfahren besteht im wesentlichen darin, daß zunächst ein entsprechend orientierter Impfkristall an das polykristalline Material angeschmolzen und von da ab eine Schmelzzone so durch den Stab geführt wird, daß der Festkörper gemäß der Vorgabe der Impfung einkristallin aus der Schmelze wächst.

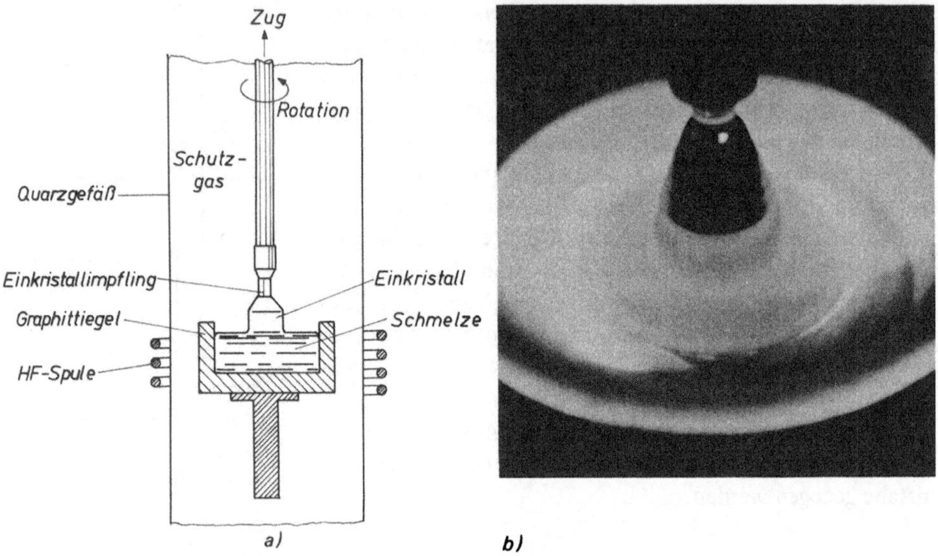

Bild 7.21 Czochralski- oder Drehziehverfahren zur Herstellung von Einkristallen
a) Prinzipdarstellung, b) Blick in einen Schmelztiegel (Werkfoto: *Siemens AG*)

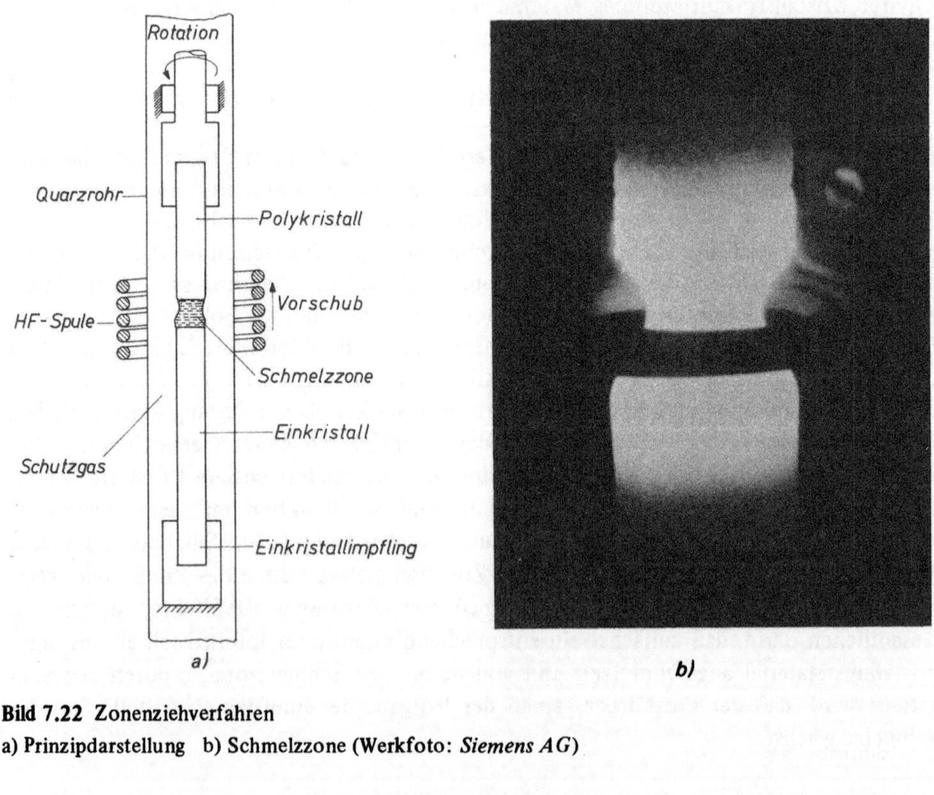

Bild 7.22 Zonenziehverfahren
a) Prinzipdarstellung b) Schmelzzone (Werkfoto: *Siemens AG*)

Auch hier wird durch Rotation ein zylindrischer Einkristall erzeugt. Eine Dotierung ist über das Schutzgas möglich.

> Das tiegelfreie Zonenziehen ist für Einkristallherstellung aus der Schmelze universeller verwendbar.

Die Forderungen an den erhaltenen Einkristall sind geringe Versetzungsdichte und gleichmäßige Dotierung. Die Versetzungsdichte läßt sich durch Ätzung und mikroskopische Auszählung bestimmen. Hierzu werden besondere „Strukturbeizen" angewandt, die stark richtungsselektiv arbeiten (s. auch Bild 2.18). Die heute erzielbaren Versetzungsdichten liegen unter $10\,\text{cm}^{-2}$.
Die Homogenität der Dotierung kann über den spezifischen Widerstand ermittelt werden (s. auch Bild 7.13). Da nicht der gesamte Widerstand eines Einkristalles interessiert, sondern die Verteilung des Widerstandes längs des Einkristalles wichtig ist, muß über kleine Strecken gemessen werden. Da die zwei Elektroden einer einfachen Widerstandsmessung durch den Übergang Metall–Halbleiter unkontrollierbare Fehler ergäben, bedient man sich der sog. *Vierspitzenmethode* nach *Valdes* (Bild 7.23).

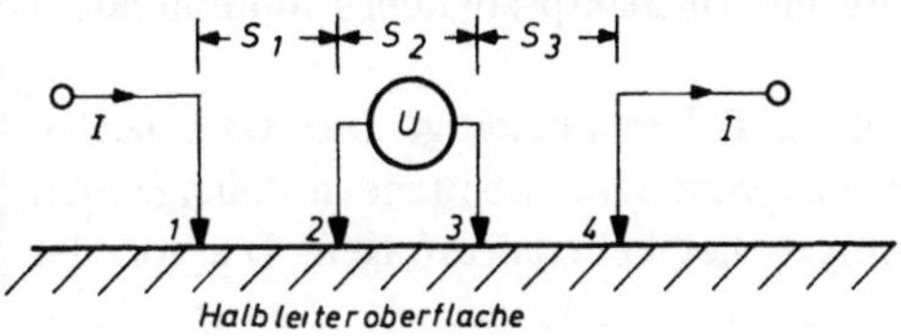

Bild 7.23
Vierspitzenmethode (schematisch)
S_1, S_2, S_3 Abstände der Kontaktspitzen (≈ 1 mm), I eingeprägter Strom (≈ 1 mA), U kompensatorisch gemessener Spannungsabfall

Vier in einer Linie liegende Wolframdrahtspitzen mit einem Durchmesser von etwa $2\,\mu$m und gegenseitigen Abständen S_1, S_2 und S_3 von etwa 1 mm werden auf den Einkristall aufgesetzt. Nach der Formierung der Spitzenkontakte durch eine Kondensatorentladung wird über die äußeren Spitzen 1 und 4 (Bild 7.23) ein Strom I durch den Kristall geschickt (≈ 1 mA). Zwischen den Spitzen 2 und 3 wird dann mit einem Kompensator der Spannungsabfall U gemessen. Für eine großvolumige Probe, deren Dicke d groß gegen die Meßabstände S ist ($d > S$), und wenn $S_1 = S_2 = S_3 = S$ wird der spezifische Widerstand ρ

$$\rho = 2\pi S \frac{U}{I} \tag{7.15}$$

Wird an dünnen, gegenüber der Meßanordnung großflächigen Scheiben oder Schichten der Dicke d gemessen, so gilt für den spezifischen Widerstand ρ:

$$\rho = \frac{\pi}{\ln 2}\,\frac{U}{I}\,d \tag{7.16}$$

Bei nicht dotiertem Material läßt sich damit durch eine Widerstandsmessung die Reinheit des Ausgangsmaterials ermitteln, da bei den geringen Fremdstoffkonzentrationen der hochreinen Halbleiter alle anderen, z.B. chemische Verfahren, für die Reinheitsbestimmung versagen.

Die *Reinheitsbestimmung* von Halbleitereinkristallen erfolgt durch Widerstandsmessungen nach der Vierspitzenmethode.

Die stets vorhandenen Inhomogenitäten der Dotierung müssen durch Wärmebehandlungen ausgeglichen werden. Eine interessante Technik der Homogenisierung ist bei Phosphordotierungen in Si durch radioaktive Behandlung möglich. Hierbei werden die stets homogen verteilten ^{30}Si-Isotope durch Neutronenbestrahlung in ^{31}Si umgewandelt. Durch Abgabe eines β-Teilchens geht dieses in stabilen ^{31}P über. Wegen der kurzen Halbwertszeit von ^{31}Si klingt die Radioaktivität in wenigen Tagen ab.

7.2.5 Verarbeitung der Einkristalle

Die fertigen Einkristalle haben Durchmesser von ca. 20...125 mm (5″) in Längen bis zu einem halben Meter. Die Einkristallstäbe werden mittels Diamant-Innenlochsägen, die Blattdicken von 100 μm aufweisen, in Scheiben von etwa 100...200 μm Dicke zerschnitten.
Das Sägen zerstört oberflächlich die Kristallstruktur. Um an der Oberfläche wieder einen ungestörten Gitteraufbau zu erhalten, wird durch *Läppen* zunächst grob die deformierte Kristallzone abgetragen. Gleichzeitig werden die Halbleiterscheiben dabei – eng toleriert – auf gleiche Dicke gebracht. Geläppt wird mit Diamantpaste oder Aluminiumoxid bei Korngrößen zwischen 25...5 μm.
Die vom Läppen verbleibenden Spuren werden durch Polieren beseitigt. Dies kann mechanisch (Korngrößen bis 0,25 μm) mit rotierend oder vibrierend arbeitenden Poliergeräten oder chemisch durch Polierätzen oder elektrolytisches Polieren erfolgen. Die von der mechanischen Bearbeitung herrührende Störung des Gitteraufbaues, das *Damage*, kann nur durch einen bis in die ungestörte Kristallstruktur heranreichenden Ätzprozeß vollständig beseitigt werden. Das Ergebnis der Behandlung ist eine genau plane Oberfläche mit ungestörtem Kristallaufbau.

Die durch die mechanische Herstellung der Halbleiterscheiben oberflächennah gestörte Gitterstruktur muß bis zum ungestörten Gitteraufbau – zuletzt chemisch – abgetragen werden.

7.3 p-n-Übergang

Für die Halbleitertechnik ist der p-n-Übergang die Grundlage aller Bauelemente. Bringt man innerhalb eines Kristalles einen p- und einen n-dotierten Bereich aneinander, so versuchen Elektronen aus dem n-Material, in das elektronenarme p-Material, und umgekehrt Defektelektronen aus dem p-Material, in das löcherarme n-Material zu gelangen. Dies ist nur begrenzt möglich, da sich beim Abwandern von Elektronen das n-Material positiv auflädt und umgekehrt das p-Material negativ. Es bildet sich zwischen den beiden Materialien eine Potentialdifferenz aus, die *Diffusionsspannung* genannt wird. Diese Spannung sorgt dafür, daß sich die Ladungsträger in den beiden Dotierungsbereichen nicht beliebig durchmischen. Der Konzentrationsausgleich bleibt dadurch auf eine schmale Übergangszone, die *Sperrschicht*, beschränkt. Ihre Dicke beträgt etwa 1 μm.

Die aus der Diffusionsspannung resultierende Feldstärke führt dabei zu Werten von 10^4 V/cm. Ein Ladungsträgerausgleich kann nur stattfinden, wenn diese natürliche Barriere überwunden wird.
Einfache oder alternierend folgende Sperrschichten herzustellen, ist die wesentlichste Aufgabe der Halbleitertechnologie, mit der wir uns hier nur begrenzt befassen wollen.
Durch einfaches Aneinanderreihen unterschiedlicher Materialien – z.B. bei *Spitzentransistoren* – sind Sperrschichten nur unvollkommen zu erreichen. Für einwandfreie Funktion müssen die Sperrschichten flächig im Kristallaufbau entstehen.
Um in einem grunddotierten Kristall eine entgegengesetzte Dotierung zu erreichen, bieten sich verschiedene Möglichkeiten:
1 Legierung, 2 Diffusion, 3 (Hetero-)Epitaxie und 4 Ionenimplantation.
Die Legierungstechnologie wird nur noch bei Ge angewandt, während bei Si und anderen Materialien mit Diffusion usw. gearbeitet wird.

7.3.1 Legierungstechnologie

Die Legierungstechnologie – heutzutage nur noch bei einfachen Ge-Transistoren angewandt – bewirken die Umdotierung durch Einschmelzen entgegengesetzt dotierender Stoffe.
Am Beispiel eines pnp-Ge-Transistors sei dieses Verfahren erläutert (Bild 7.24). An ein n-Ge-Scheibchen (ca. 1 x 1 mm²) werden von beiden Seiten unterschiedlich große Kügelchen In mit Durchmessern von etwa 20...500 μm herangebracht. Wird diese Anordnung auf 500 °C erhitzt, so bildet das bei 156 °C schmelzende In eine Perle, die von der Germanium-Oberfläche ca. 5 Gew.-% Ge zu lösen vermag (Bild 7.25, s. auch 2 Legierungen). Der Lösungsvorgang erzeugt im Ge eine Mulde, deren Tiefe vom Aufnahmevermögen des In für Ge abhängt. Wegen der Temperaturabhängigkeit dieses Lösungsvermögens für Ge ist die Muldentiefe und damit *Basisweite*, das ist der Abstand zwischen den Mulden, von der genauen Einhaltung der Legierungstemperatur abhängig. Da die Löslichkeit von Ge in In bei Raumtemperatur verschwindend klein ist, fällt beim Abkühlen wieder fast reines

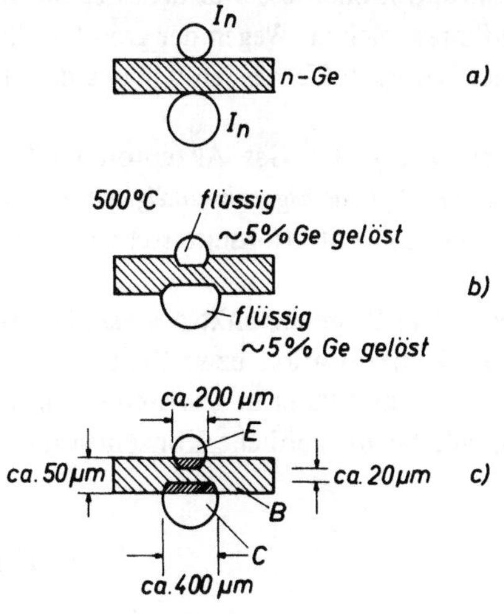

Bild 7.24
Herstellung eines Legierungstransistors (schematisch)
a) n-Germanium mit Indiumkugeln
b) geschmolzenen Indiumkugeln mit gelöstem Germanium
c) erstarrtes Indium mit ausgeschiedenem und dabei umdotiertem (p-leitendem) Germanium
\\\\ n-dotiert, //// p-dotiert

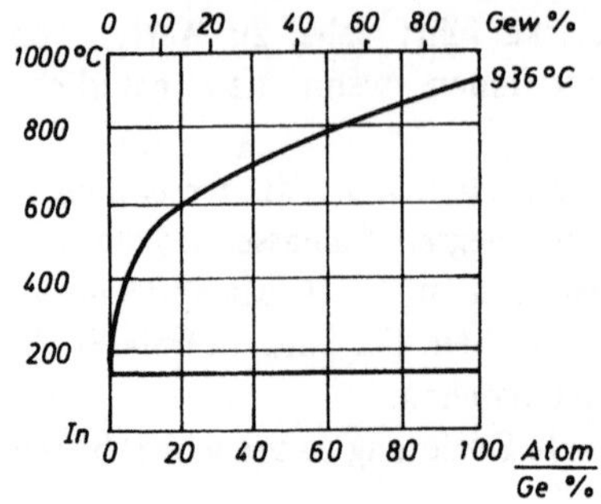

Bild 7.25 Zustandsdiagramm Germanium-Indium

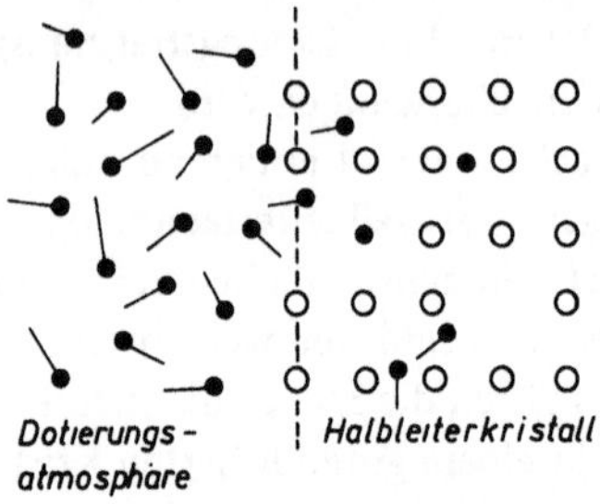

Bild 7.26 Störstellendiffusion in einem Halbleiterkristall (schematisch)
○ Halbleiteratome im Kristallverband
–• Dotierungsatome der Gasphase
Die Striche sollen Geschwindigkeit und Richtung symbolisieren

Ge aus und kristallisiert am festen Ge in der Mulde an. Dabei wird jedoch In im Kristall mit eingebaut, so daß eine *Umdotierung* erfolgt und p-Germanium entsteht. Weil das Einlegieren von beiden Seiten des Plättchens erfolgt, ergibt sich die pnp-Struktur. Bei einem derartigen Aufbau ist die Basisschicht homogen dotiert. Die Leitfähigkeit ist bei spezifischen Widerständen des Basismaterials um etwa 0,5 Ω · cm gering.

- **Aufgabe 7.4: Legierungstechnologie**

a) Welche Störstellenkonzentration gehört zu einem n-Ge mit $\rho = 0{,}5\ \Omega \cdot \text{cm}$?

b) Wie stark muß p-dotiert werden, damit ein p-Ge mit dem gleichen spezifischen Widerstand entsteht (s. auch Erläuterungen zu Bild 7.11)?

7.3.2 Planartechnologie

Die Dotierung eines Kristalles kann auch durch Diffusion erfolgen. Dabei nutzt man die Tatsache aus, daß bei unterschiedlichen Teilchenkonzentrationen die Wärmebewegungen der Atome einen Konzentrationsausgleich herbeizuführen suchen. Wegen der grundsätzlichen Bedeutung der Diffusionsprobleme für Halbleiterwerkstoffe müssen wir uns damit etwas ausführlicher befassen.

Ein Halbleiterkristall kann durch Einbringen in ein geeignetes Gas Akzeptoren oder Donatoren aufnehmen (Bild 7.26). Die Eindring- oder *Diffusionsgeschwindigkeit* steigt stark mit der Temperatur an und hängt außerdem vom Konzentrationsunterschied sowie den Eigenschaften der Stoffe ab.

Wegen des Temperatureinflusses wird möglichst nahe dem Schmelzpunkt des Halbleitermaterials (≈ 100...200 °C unterhalb) gearbeitet. Die Konzentration bzw. Dichte n der einzudiffundierenden Teilchen hängt von Prozeßdaten ab und kann in gewissen Grenzen vorgegeben werden. Nach dem 2. Fickschen Gesetz gilt für die zeitliche Konzentrationsänderung beim Eindringen der Teilchen

$$\frac{\delta n}{\delta t} = D\,\frac{\delta^2 n}{\delta x^2} \tag{7.17}$$

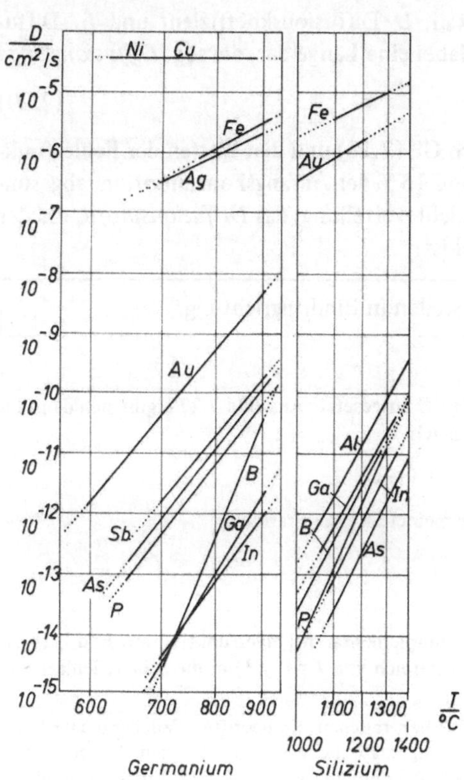

Bild 7.27
Diffusionskoeffizienten einiger Elemente in Germanium und Silizium (nach Ergebnisse der exakten Naturwissenschaften, Band 31)

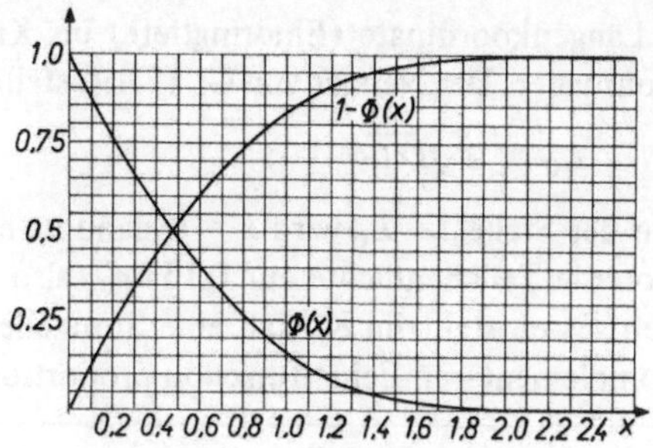

Bild 7.28 Fehlerfunktion $\Phi(x)$ und komplementäre Fehlerfunktion $1-\Phi(x)$

$\delta n/\delta x$ Konzentrationsgefälle und D Diffusionskoeffizient (cm^2/s). D ist nicht konstant und stark temperaturabhängig, wie Bild 7.27 für einige Elemente bei Germanium und Silizium zeigt. Der Diffusionskoeffizient gibt das Verhältnis der Teilchenströmungsdichte (pro Zeiteinheit durch die Fläche tretende Teilchenzahl) zum Konzentrationsgefälle (Unterschied der Teilchendichten vor und hinter der Fläche) an (1. Ficksches Gesetz).

> Diffusionskoeffizient ist das Verhältnis von Teilchenströmungsdichte zu Dichtegefälle (Konzentrationsgefälle).

Die Lösung der DGl. (7.17) ergibt für die Konzentration n in Abhängigkeit von der Eindringtiefe den Zusammenhang

$$n(x) = n_0 [1 - \Phi(x)] \tag{7.18}$$

n_0 (cm^{-3}) Teilchendichte an der Halbleiteroberfläche, $\Phi(x)$ *Fehlerfunktion* und $[1 - \Phi(x)]$ komplementäre Fehlerfunktion. Beide sind in Bild 7.28 dargestellt. Die Größe x ist in unserem Falle definiert zu

$$x = \frac{l}{2\sqrt{D\,t_D}} \tag{7.19}$$

l Längenkoordinate (Eindringtiefe) im Kristall, D Diffusionskoeffizient und t_D Diffusionsdauer. Der Nenner von Gl. (7.19) stellt dabei eine Länge dar, die sog. *Diffusionslänge*

$$L_0 = 2\sqrt{D\,t_D} \tag{7.20}$$

An der Stelle $l = L_0$ wird $x = 1$, dann ist nach Gl. (7.18) und den Werten der Fehlerfunktion die Teilchendichte auf $0{,}157\,n_0$, also rund 16% der Anfangskonzentration, abgesunken. Es entsteht im Kristall eine Störstellendichteverteilung, das *Diffusionsprofil*, die der komplementären Fehlerfunktion proportional ist.

Diffusionsprofil ist die Verteilung der Störstellen in Eindringrichtung.

Beispiel 7.5: Eindiffusion

Silizium werde 100 s einer Bor-Atmosphäre bei 1300 °C ausgesetzt. Aus Bild 7.27 ergibt sich dann für $D = 1{,}6 \cdot 10^{-11}\,\text{cm}^2/\text{s}$. Die Diffusionslänge L_{01} wird gleich

$$L_{01} = 2\sqrt{D\,t_D} = 2\sqrt{1{,}6 \cdot 10^{-11}\,\text{cm}^2/\text{s} \cdot 100\,\text{s}} = 0{,}8\,\mu\text{m}$$

Gl. (7.18) können wir damit umschreiben in die allgemeinere Konzentration c_n

$$c_n = \frac{n(l)}{n_0} = 1 - \Phi\left(\frac{l}{L_0}\right) = 1 - \Phi\left(\frac{l}{0{,}8}\right)$$

wobei die Länge l in μm einzusetzen ist. Mit der komplementären Fehlerfunktion aus Bild 7.28 erhalten wir für die verschiedenen Eindringtiefen l im Bereich von $l = 0 \ldots 3\,\mu$m die Störstellenkonzentrationen. Das Ergebnis ist in Bild 7.29 dargestellt.

Anmerkung: Im Zusammenhang mit Diffusionsproblemen tauchen die Begriffe „Teilchendichte" und „Konzentration" nebeneinander auf. Sie machen sinngemäß die gleichen Aussagen, benutzen nur unterschiedliche Bezugsgrößen. Wenn wir etwa eine Teilchendichte von $10^{15}\,\text{cm}^{-3}$ haben, so muß zur Bestimmung der Teilchenkonzentration die Gesamtzahl n_0 der Teilchen in dem betrachteten Volumen bekannt sein. Ist z.B. diese Gesamtzahl $n_0 = 10^{22}\,\text{cm}^{-3}$, so wird die – dimensionslose – Konzentration $c = n/n_0 = 10^{-7}$ (= 10^{-5} %). Da bei den Diffusionsvorgängen in der Regel die Gesamtzahl der Teilchen im Volumen konstant bleibt, ist es prinzipiell gleich, ob „Dichte" oder „Konzentration", d.h. ob pro Volumen oder pro Anzahl der Teilchen untersucht wird.

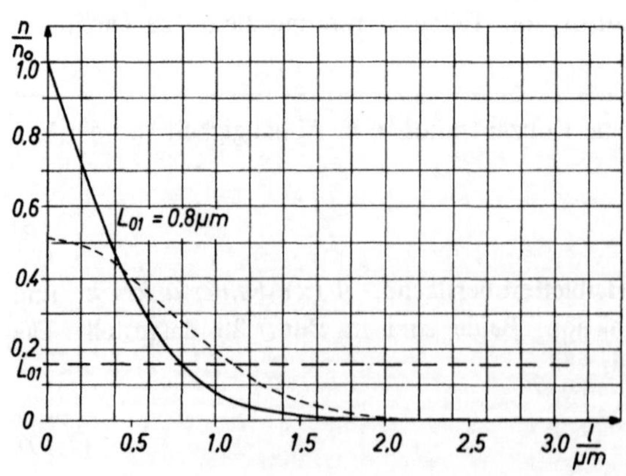

Bild 7.29 Eindiffusion

Konzentrationsverlauf einer Bordiffusion bei 1300 °C nach einer Diffusionszeit von t_D = 100 s Diffusionslänge L_{01} = 0,8 μm (gestrichelt: Nachdiffusion nach Bild 7.30)

Aufgabe 7.5: Eindiffusion bei größerer Diffusionszeit
Wie sieht das Diffusionsprofil für die neunfache Diffusionszeit von Beispiel 7.5 aus? Tragen Sie das Ergebnis in Bild 7.29 ein.

Werden Dotierungsmaterialien mit unterschiedlichen Diffusionskoeffizienten angewandt, so breiten sich die Diffusionsfronten auch verschieden weit aus.

Beispiel 7.6: Mehrfachdiffusion
Würde unter den Bedingungen von Beispiel 7.5 noch zusätzlich Gold mit $D = 2{,}8 \cdot 10^{-6}\,\mathrm{cm^2/s}$ (Bild 7.27) diffundiert, so wäre die Diffusionslänge

$$L_0 = 2\sqrt{D\,t_D} = 2\sqrt{2{,}8 \cdot 10^{-6}\,\mathrm{cm^2/s} \cdot 100\,\mathrm{s}} = 335\,\mu\mathrm{m}$$

Eine Halbleiterscheibe von $100\,\mu$m Dicke wäre von der Golddiffusion nach Beispiel 7.6 bereits vollständig durchsetzt, während Bor unter den gleichen Diffusionsbedingungen erst knapp in die Oberfläche eingedrungen ist. Dieser Effekt der unterschiedlichen Diffusionsgeschwindigkeiten ist für die Technologie der Transistoren wichtig, da beim Umdotieren eine vorher erzeugte Diffusionsfront nicht „überholt" werden darf.
Beim Begriff der Diffusionsfront erscheint die Verteilung nach Bild 7.29 nur einen recht unscharfen Übergang zu liefern. Wird ein weiteres *Nachströmen* von Teilchen aus der angrenzenden Atmosphäre mit der Konzentration n_0 verhindert, so würden sich nach genügend langer Zeit die eingedrungenen Teilchen gleichmäßig im Halbleiter verteilen. Dazwischen besteht ein Zustand, bei dem die Oberflächenkonzentration (entsprechend n_0) rasch abnimmt und verstärkt Teilchen in den noch störstellenfreien Innenbereich liefert. Eine solche Nachdiffusion folgt dem Gesetz

$$\frac{n(l)}{n_0} = \frac{2}{\pi} \cdot \frac{\sqrt{D_1\,t_{D_1}}}{\sqrt{D_2\,t_{D_2}}}\,e^{-x_2^2} = \frac{2}{\pi} \cdot \frac{L_{01}}{L_{02}}\,e^{-\left(\frac{l}{L_{02}}\right)^2} \tag{7.21}$$

L_{01} Diffusionslänge der Eindiffusion, L_{02} Diffusionslänge der Nachdiffusion und $x_2 = l/L_{02}$. Für $x_2 = 1$ ist die Konzentration dann auf das 1/e-fache des Anfangswertes gesunken. Da die Diffusionen bei verschiedenen Temperaturen erfolgen können, müssen die Diffusionskoeffizienten nicht unbedingt gleich sein. Die durch Nachdiffusion entstehende Störstellenverteilung soll in einem Beispiel ermittelt werden.

Beispiel 7.7: Nachdiffusion
Die in Beispiel 7.6 ermittelte Störstellenverteilung für B werde bei gleicher Temperatur (d.h. $D_1 = D_2$) 160 s lang nachdiffundiert. Dann wird

$$L_{02} = 2\sqrt{1{,}6 \cdot 10^{-11}\,\mathrm{cm^2/s} \cdot 160\,\mathrm{s}} = 1\,\mu\mathrm{m}$$

Damit folgt die Verteilung

$$\frac{n(l)}{n_0} = \frac{2}{\pi} \cdot \frac{0{,}8}{1{,}0}\,e^{-\left(\frac{l}{1}\right)^2} = 0{,}509 \cdot e^{-l^2}$$

die Länge l ist dabei wieder in μm einzusetzen. Wir erhalten dann den in Bild 7.30 gezeigten Verlauf.

Zum besseren Vergleich ist dieser Verlauf auch noch gestrichelt nach Bild 7.29 übernommen. Der Steilabfall der Eindiffusion im Bereich der Oberfläche ($l \approx 0$) ist verschwunden und stark verflacht, dafür ist eine besser ausgeprägte Diffusionsfront vorhanden.

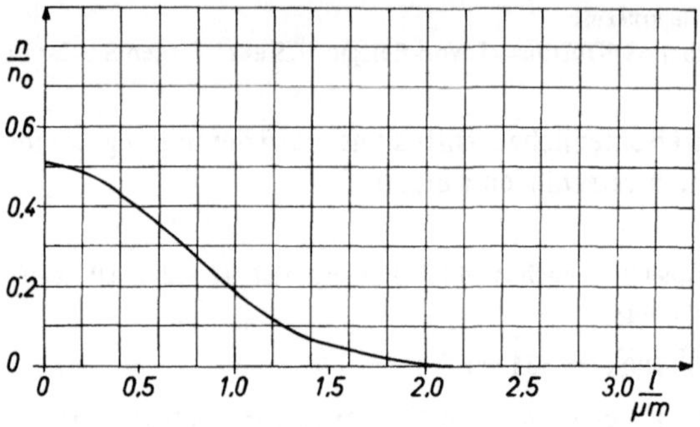

Bild 7.30 Nachdiffusion
Konzentrationsverlauf einer Nachdiffusion bei 1300 °C über 160 s zu der Bor während 100 s mit gleicher Temperatur eindiffundiert war (Bild 7.29), $L_{02} = 1\ \mu m$

● **Aufgabe 7.6: Nachdiffusion mit veränderten Zeiten**
Ermitteln Sie die Konzentrationsverläufe für eine Bor-Nachdiffusion mit $t_2 = 100$ bzw. 350 s, wenn die Eindiffusion wie in Beispiel 7.5 erfolgt ist. Die Ergebnisse sind in Bild 7.30 einzutragen.

Die beiden Schritte, Eindiffundieren zum raschen Einbringen einer bestimmten Störstellenzahl und Nachdiffundieren – ohne weitere Teilchenzufuhr – zur Erzielung eines bestimmten Störstellenprofils, sind die entscheidenden Grundlagen für die sog. *Planartechnologie*.

> Eindiffundieren und Nachdiffundieren führen zu einem verbesserten Störstellenprofil.

Der technologische Trick zur Durchführung dieser beiden Schritte liegt darin, daß nach der Eindiffusion auf der Halbleiteroberfläche eine *diffusionsdichte Schicht* erzeugt wird, wodurch ein glatter Übergang zur Nachdiffusion möglich ist. Dieser Effekt wirkt besonders gut bei Silizium, da in sauerstoffhaltiger Atmosphäre die Si-Oberfläche dünn mit Siliziumdioxid SiO_2 überzogen wird, das für alle Dotierungssubstanzen sehr viel niedrigere Diffusionskoeffizienten als Si hat.
So ist z.B. für Bor in SiO_2 der Diffusionskoeffizient $D = 5 \cdot 10^{-15}\ cm^2/s$ (bei 1300 °C), mehr als vier Zehnerpotenzen kleiner als für B in Si. Man sagt, SiO_2 hat eine gute *Maskierfähigkeit*.

> Substanzen mit niedrigen Diffusionskoeffizienten werden auch *diffusionsdicht* genannt. Sie haben eine gute Maskierfähigkeit.

Die planare Herstellung eines p-n-Überganges ist jetzt folgendermaßen möglich (Bild 7.31): In n-leitendes Si wird B eindiffundiert und dotiert das Material in p-leitend um (Bild 7.31a). Sauerstoffzufuhr bildet oberflächlich SiO_2, wodurch – auch in einer borhaltigen Atmosphäre – die Eindiffusion beendet wird (Bild 7.31b). Eine Nachdiffusion (Bild 7.31c) schafft ein verbessertes Diffusionsprofil mit einer verbreiterten p-Zone. Wichtig ist nun, daß durch die teilweise Beseitigung der diffusionsdichten SiO_2-Schicht (Bild 7.31d) kleinere Bereiche der p-leitenden Zone wieder umdotiert werden können. Damit besteht die Möglichkeit, Folgen von n-p- und p-n-Übergängen für Transistoren und integrierte Struk-

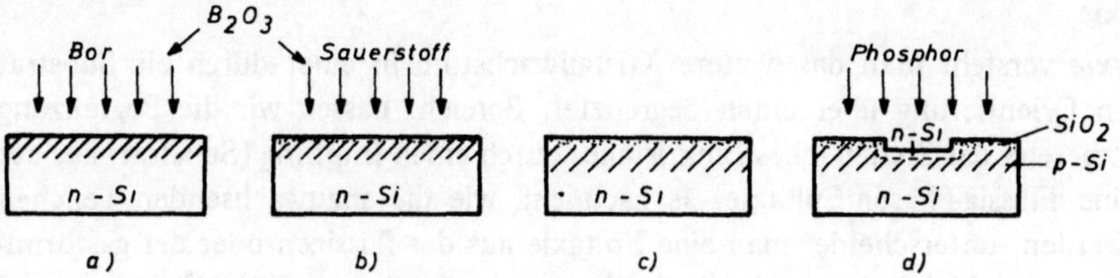

Bild 7.31 Diffusion und Maskierung bei Silizium (schematisch)
a) Bor-Diffusion in n-leitendes Silizium und Umdotierung im Oberflächenbereich
b) Oxydation der Oberfläche zur Maskierung
c) Nachdiffusion und Verbreiterung der p-leitenden Zone
d) Möglichkeit einer weiteren Diffusion zur erneuten Umdotierung, wobei Teilbereiche durch eine diffusionsdichte SiO_2-Schicht abgedeckt sind

turen zu realisieren. Beachtet man die für die Umdotierung notwendigen Störstellenzahlen und die Diffusionsgeschwindigkeiten der verschiedenen Stoffe, so kann mit diesem Verfahren eine größere Anzahl von Übergängen hintereinander aufgebaut werden.

> Die Diffusionstechnologie ermöglicht über Diffusionen mit unterschiedlichen Diffusionsgeschwindigkeiten und Maskierfähigkeit planare Bauelemente.

Bei Ge ist eine solche Technik direkt unmöglich, da GeO_2 nicht diffusionsdicht ist, es hat also keine ausreichende Maskierfähigkeit. Um auch mit Germanium planare Strukturen herstellen zu können, bedient man sich des SiO_2, das aus der Gasphase auf Ge niedergeschlagen wird.
Die bei der (mikroskopischen) Betrachtung von Planarbauelementen beobachtbaren Farben sind Interferenzfarben der unterschiedlich dicken SiO_2-Schichten. Wie die Tabelle 7.3 zeigt, gestattet die Farbe einen direkten Rückschluß auf die Schichtdicke. Nachteilig an dem Verfahren ist allerdings, daß für jeweils 0,18 μm ein Farbzyklus durchlaufen wird.

Tabelle 7.3 Farbtabelle für dünne SiO_2-Schichten. Die Tabelle gibt für die genannten Farben die Schichtdicke in μm an.

Violett	0,10	0,28	0,47	0,63	0,86	1,08
Blau	0,13	0,31	0,49	0,68	0,89	1,07
Grün	0,17	0,35	0,52	0,72	0,94	1,10
Gelb	0,21	0,39	0,56	0,77	0,97	1,11
Orange	0,24	0,41	0,58	0,80	0,99	
Rot	0,26	0,44	0,62	0,84	1,02	

7.3.3 Epitaxie

Unter *Epitaxie* versteht man das weitere Kristallwachstum in einer durch ein Substrat vorgegebenen Orientierung über einen begrenzten Bereich. Lassen wir die Begrenzung fallen, so ist bereits das Ziehen eines Einkristalles durch einen Impfling (Substrat) aus der Schmelze eine Flüssig-Phasen-Epitaxie. Je nachdem, wie die anzuwachsenden Teilchen angeboten werden, unterscheidet man eine Epitaxie aus der flüssigen oder der gasförmigen Phase und und Molekularstrahlepitaxie. Da man außerdem auf ein Grundmaterial verschiedene Materialien aufwachsen lassen kann, unterscheidet man noch *Homöo-Epitaxie*, wenn Substrat und Aufwachsschicht gleich, und *Hetero-Epitaxie*, wenn beide unterschiedlich sind.

> *Epitaxie* ist begrenztes Kristallwachstum nach einer vorgegebenen Orientierung.

Der Vorteil der Epitaxie liegt darin, daß damit fast beliebige Dotierungs- bzw. Leitfähigkeitsprofile hergestellt werden können. So vermag man z.B. auf eine n- oder p-dotierte Schicht wieder Intrinsic-Material aufwachsen zu lassen.

Da Epitaxie nur bei erhöhter Temperatur durchführbar ist, sind evtl. mögliche Diffusionen nicht zu vernachlässigen. So können z.B. Dotierungen oder Verunreinigungen des Substrates in eine aufwachsende Intrinsicschicht wandern und sie dotieren. Bei der dem Kristallziehen ähnlichen Epitaxie aus der *flüssigen Phase* wird ein einkristallines Substrat mit dem geschmolzenen Material kontaktiert und je nach gewünschtem Schichtwachstum wieder davon getrennt. Kritisch ist hierbei der Temperaturverlauf, da einerseits das Epitaxiematerial flüssig vorliegen muß, andererseits das Substrat nicht schmelzen, äußerstenfalls anschmelzen darf. Diese Technologie bietet sich besonders für GaAs an, das als beständige intermetallische Verbindung erst bei 1238 °C schmilzt. Oberhalb 815 °C, dem Schmelzpunkt des Arsens, kann flüssiges Gallium (Schmelzpunkt 30 °C) mit GaAs gesättigt werden. Aus dieser Schmelze kann GaAs dann epitaktisch abgeschieden werden.

Die Epitaxie aus der *gasförmigen Phase* ist universeller möglich, da der Wärmeübergang vom Gas auf das feste Substrat leichter so gesteuert werden kann, daß das Substrat keinen Schaden erleidet. Besondere Bedeutung hat die Epitaxie aus der Gasphase heute bei Silizium. Da sie unterhalb der bei Si üblichen Diffusionstemperaturen durchgeführt werden kann, ist die Gefahr des Überdiffundierens in die epitaktische Schicht gering, und auch bereits vorhandene Diffusionen ändern sich nur wenig. In Bild 7.32 ist das Prinzip der *Gasphasen-Epitaxie* für Si skizziert. In den aufgeheizten Reaktionsraum werden Silan ($SiCl_4$) und Wasserstoff eingeleitet. Dabei wird Si abgeschieden und HCl gebildet. Das atomare Silizium scheidet sich dabei auf dem kühleren Si-Substrat ab. Zur Reinigung des

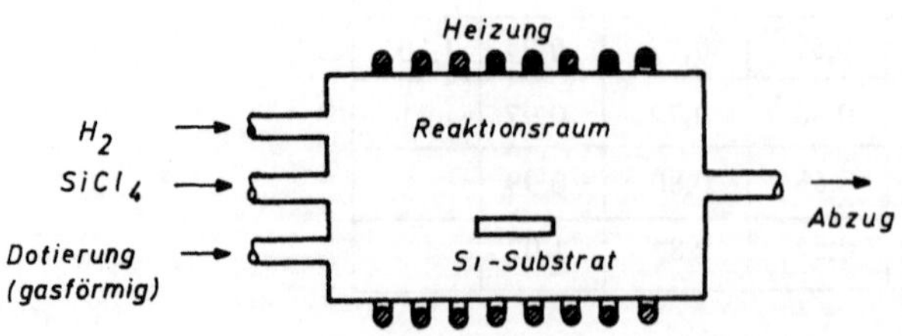

Bild 7.32
Epitaxie aus der Gasphase mit Silizium als Beispiel (schematisch)
Die verschiedenen Gase werden der gewünschten Reaktion entsprechend dosiert zugeführt

Substrates kann der Prozeß zunächst so geführt werden, daß die stets vorhandene SiO_2-Schicht des Substrates abgebaut wird, bevor die Epitaxieschicht aufwächst. Bei reinem Si ist die aufgewachsene (Intrinsic-)Schicht sehr hochohmig. Soll dotiert werden, so können Störstellenelemente gasförmig mit in den Reaktionsraum gebracht werden.
Wichtig ist die Gasphasen-Epitaxie für die III-V-Verbindungshalbleiter (s. auch 7.4.2), da diese häufig direkt durch den Epitaxieprozeß hergestellt werden.
Durch die Epitaxie lassen sich besonders hochohmige Schichten geringer Stärke gut und sehr gleichmäßig herstellen. Die Aufwachsraten liegen im Bereich von 1 μm/min. Zur Realisierung extrem dünner Schichten unter 1 μm ist das Verfahren weniger geeignet. Für diesen Bereich hilft die *Molekularstrahlepitaxie* weiter (Bild 7.33). In einem Hochvakuum-Gefäß befinden sich das Substrat und ein Gefäß mit einer kleinen Öffnung, der sog. *Molekularstrahlofen*, der das aufzuwachsende Material – bevorzugt GaAs – enthält. Bei dem herrschenden niedrigen Druck von 10^{-8} Torr und dem hohen Dampfdruck, den das auf etwa 900 °C aufgeheizte Material im Molekularstrahlofen entwickelt, tritt ein gleichmäßiger Teilchenstrom aus der kleinen Öffnung aus und wächst an das Kristallgitter des wenige cm entfernten kühleren Substrates an.

Die Molekularstrahlepitaxie eignet sich besonders zum Aufbringen extrem dünner Schichten.

Wegen der geringen Aufwachsrate von etwa 10^{-4} μm/s lassen sich dünne Schichten sehr genau herstellen.
Soll dotiert werden, so ist die Dotierungssubstanz über einen weiteren Molekularstrahlofen einzubringen. Mit mehreren, schnell umschaltbaren Öfen kann man nur wenige Atome dicke alternierende Schichten aufbauen.
Für Ge und Si ist diese Technik weniger geeignet, da die Dampfdrücke dieser Stoffe bei 1000 °C nur etwa 10^{-8} Torr erreichen.

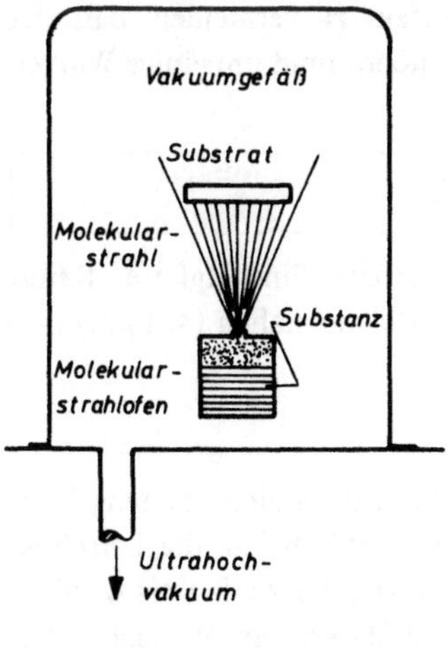

Bild 7.33
Prinzip der Molekularstrahl-Epitaxie

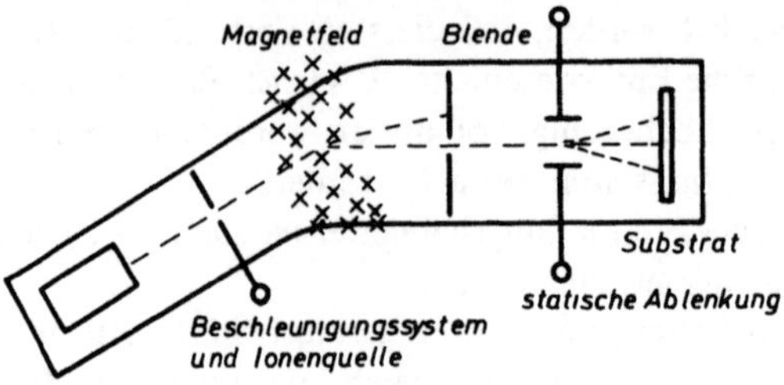

Bild 7.34
Prinzip der Ionenimplantation

7.3.4 Ionenimplantation

Ein erheblich an Bedeutung gewinnendes Verfahren ist die *Ionenimplantation*. Hierbei wird das ionisierte Dotierungsmaterial mit 10...100 kV hochbeschleunigt in den Halbleiter eingeschossen (Bild 7.34). Durch ein Magnetfeld und eine nachfolgende Blende kann nach dem Prinzip des *Massenspektrografen* die gewünschte Ionenart von anderen befreit werden. Ein nachfolgendes elektrostatisches Ablenksystem gestattet es, gezielte Dotierungen im Halbleiter zu erreichen.

Im Gegensatz zu anderen Dotierungsverfahren besteht keinerlei Beschränkung durch zu geringe Löslichkeit oder Diffusionsgeschwindigkeit im behandelten Material. Es kann fast jedes Element mit jedem Halbleitermaterial auch über sonst störende Löslichkeitsgrenzen hinaus kombiniert werden.

> Die *Ionenimplantation* ermöglicht die Dotierung von Halbleitern mit praktisch jedem anderen Element.

Nachteilig ist allerdings das Entstehen von *Strahlendefektzentren* durch die Abbremsung der implantierten Teilchen. Eine Temperaturbehandlung vermag diese Fehler aber wieder auszuheilen. Wird der Ionenstrahl parallel zu den Kristallebenen eingeschossen, so durchdringt er fast wirkungslos den Kristall. Der regelmäßige Aufbau des Gitters hat eine abstoßende Wirkung auf den Ionenstrahl, der dadurch weiter in den Kristall eindringt als bei amorphen Substanzen, sog. *channelling*. Um diesen Effekt zu vermeiden, darf der Kristall nicht exakt zum Ionenstrahl ausgerichtet werden, sondern muß um einige Winkelgrade zur bevorzugten [111]-Richtung verdreht sein.

> Channelling sind „Überreichweiten" der Ionen im Kristall.

Vorteilhaft an der Ionenimplantation ist die geringe steuerbare Eindringtiefe. Damit lassen sich sehr dünne hochdotierte Schichten mit sehr oberflächennahen ($< 1\,\mu m$) p-n-Übergängen herstellen.

7.4 Stoffe mit Halbleitereigenschaften

Wir haben bislang Halbleiter als Materialien mit geringen Bandabständen kennengelernt und erfahren, wie man durch Dotierung, also Einbringen von Störstellen, die Leitfähigkeitseigenschaften steuern kann. Zuletzt waren die Verfahren dazu kurz erläutert worden. Wir wollen uns nun wieder den Werkstoffen zuwenden und Materialien mit Halbleitereigenschaften kennenlernen.

7.4.1 Elementhalbleiter

Halbleiter findet man im Periodensystem vorzugsweise in der 4. Hauptgruppe (IV a), aber auch andere Elemente mit geringem Bandabstand zeigen (rein!) Halbleitereigenschaften. Die Tabelle 7.4 zeigt hierzu einen Ausschnitt des Periodensystems der Elemente. Kohlenstoff und Zinn sind noch besonders interessant. Kohlenstoff mit Diamantgitter ist bei einem Bandabstand von $\Delta W = 6\,\text{eV}$ ein Isolator. Im Graphitgitter dagegen zeigt er jedoch Leitereigenschaften. Bei Zinn weist nur die (kubische) α-Modifikation Halbleitercharakter auf, das „normale" (tetragonale) β-Zinn ist ein gewöhnlicher Leiter.

Tabelle 7.4 Ausschnitt aus dem Periodensystem der Elemente.
▨ Halbleiter, (A) Akzeptoren und (D) Donatoren (gegenüber IV),
a Hauptgruppenelement, b Nebengruppenelement.

Gruppe	3 Valenz-elektronen	4 Valenz-elektronen	5 Valenz-elektronen	6 Valenz-elektronen	7 Valenz-elektronen
	III	IV	V	VI	VII
	a b	a b	a b	a b	a b
Symbol Ordn.-Zahl B-abst. eV	B 5 (A) 1,1	C 6 6	N 7	O 8	F 9
Symbol Ordn.-Zahl B-abst. eV	Al 13 (A)	Si 14 1,09	P 15 (D) 0,33	S 16	Cl 17
Symbol Ordn.-Zahl B-abst. eV	Ga 31 (A)	Ge 32 0,67	As 33 (D) 1,1	Se 34 2,05	Br 35
Symbol Ordn.-Zahl B-abst. eV	In 49 (A)	Sn 50 0,09	Sb 51 (D)	Te 52 0,34	J 53 1,3

Ausgefallen ist auch das Verhalten von Selen, das trotz seines Bandabstandes von 2,05 eV noch als Halbleiter für Gleichrichter Anwendung findet. Im Gegensatz zu den sonstigen Halbleitergleichrichtern auf Si- oder Ge-Basis wird Se polykristallin verarbeitet. Die *Sperrschicht* wird dabei zwischen p-leitendem Selen und n-leitendem Cadmiumselenid aufgebaut. Da hierbei außerdem verschiedene Kristallgitter aneinanderstoßen, Cadmiumselenid hat ein hexagonales und Selen ein trigonales Grundgitter, nennt man eine derartige Sperrschicht auch *p-n-Kontakt*.

Für die Halbleiter der Gruppe IV ist die Möglichkeit wichtig, Donatoren und Akzeptoren aus den benachbarten Hauptgruppen III und V des Periodensystems gewinnen zu können. Dies führt zu der anschaulichen „chemischen Darstellung", in der die energetische Zuordnung der beteiligten Elektronen entfällt. Die Anzahl der Valenzelektronen entspricht der Gruppennummer im Periodensystem. Wird daher ein 3-wertiges Atom in einen Kristall

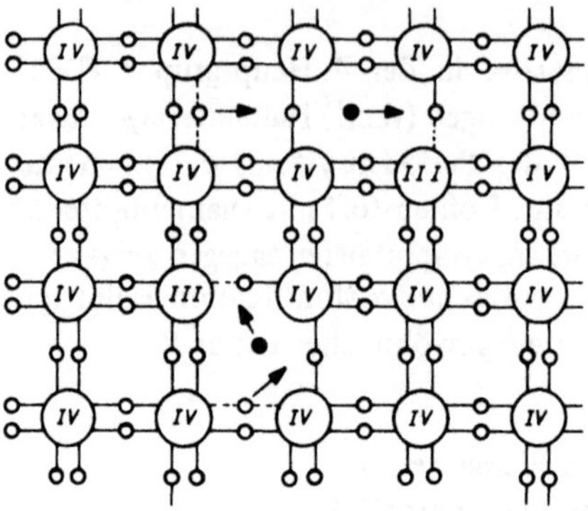

Bild 7.35 p-Leitung für Elemente der IV. Hauptgruppe durch Akzeptoren aus der III. Hauptgruppe (schematische Darstellung) • quasifreies Elektron

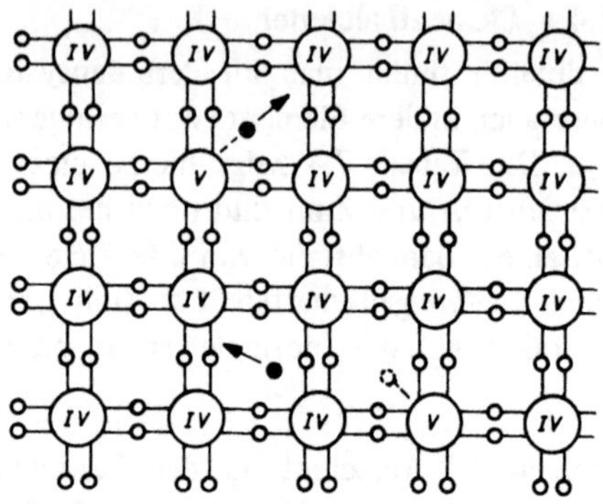

Bild 7.36 n-Leitung für Elemente der IV. Hauptgruppe durch Donatoren aus der V. Hauptgruppe (schematische Darstellung) • quasifreies Elektron

aus 4-wertigen Atomen eingebracht, so kann dieses bei passender Lage des Leitungsbandes ein Elektron aufnehmen (Bild 7.35). Es verbleibt ein Loch, das wiederum durch ein anderes Elektron aufgefüllt werden kann usf. Der so bewirkten p-Leitung entspricht ein gebundenes Elektron und ein bewegliches Loch.

Elemente der III. Hauptgruppe sind *Akzeptoren* für Elemente der IV. Hauptgruppe.

Werden dagegen Elemente der V. Hauptgruppe in ein Kristallgitter 4-wertiger Atome eingebaut, entsteht der gegenteilige Effekt (Bild 7.36). Elektronen sind im Überschuß vorhanden, und es tritt n-Leitung auf mit beweglichem Elektron und gebundenem Loch.

Elemente der V. Hauptgruppe sind *Donatoren* für Elemente der IV. Hauptgruppe.

Allgemein können wir daraus folgern, daß im Periodensystem links von einem Halbleiter stehende Elemente p-dotierend, weiter rechts stehende n-dotierend wirken.

Für die beiden wichtigsten Halbleitermaterialien Germanium und Silizium sind in der Tabelle 7.5 Materialkonstanten zusammengestellt. In der Tabelle 7.6 finden sich die wesentlichen Daten der Akzeptoren und Donatoren aus Tabelle 7.4 ergänzt um Kupfer und Gold. Letzteres kann sowohl Akzeptor als auch Donator sein.

Die Sonderstellung von Ge und Si unter den Elementhalbleitern ergibt sich einmal aus den günstigen Bandabständen und dem über einen großen Bereich beeinflußbaren spezifischen Widerstand (s. Bild 7.13) sowie den relativ einfachen Grundtechnologien Legieren und Diffundieren.

Tabelle 7.5 Einige Materialkonstanten der Elementhalbleiter Germanium und Silizium

	Einheit	Germanium	Silizium	Bemerkung
Atommasse	—	72,6	28,06	
Atome/cm³	cm^{-3}	$4{,}4 \cdot 10^{22}$	$5{,}0 \cdot 10^{22}$	
Dichte	$g \cdot cm^{-3}$	5,323	2,328	20 °C
Schmelzpunkt	°C	936	1420	
Siedepunkt	°C	2700	2600	
Spez. Wärme	cal/g·°C	0,074	0,181	0...100 °C
Wärmeleitfähigkeit	cal/s · cm ·°C	0,14	0,20	20 °C
Diff. Konst. –	cm^2/s	100	35	Elektronen
Diff. Konst. +	cm^2/s	49	12,5	Löcher
Bewegl. μ_n	cm^2/Vs	3900	1350	
Bewegl. μ_p	cm^2/Vs	1900	480	
Intrinsiczahl	cm^{-3}	$2{,}4 \cdot 10^{13}$	$1{,}5 \cdot 10^{10}$	300 °K
Dielektr. Konst.	—	16	12	
Bandabstand	eV	0,67	1,106	300 °K
Spez. Widerstand	$\Omega \cdot cm$	46	230000	300 °K

7.4.2 Verbindungshalbleiter

Bringt man Elemente der III. und V. Hauptgruppe des Periodensystems im stöchiometrischen Verhältnis zusammen, so ist bei derartigen *III-V-Verbindungen* anschaulich wieder eine ähnliche Konfiguration der Valenzelektronen möglich wie bei Elementhalbleitern (Bild 7.37). Durch Abgabe eines Elektrons vom Ver Element, z.B. As an ein IIIer Element, z.B. Ga, entsteht ein Gebilde mit einer Vierer-Elektronenkonfiguration ähnlich den Elementen der IV. Gruppe. Ein Leitungsmechanismus kann bei geeigneten Bandstrukturen genauso wie beim Elementhalbleiter durch Dotieren gesteuert werden.
Geht man noch eine Gruppe nach links und rechts im Periodensystem weiter, so ergeben sich sog. *II-VI-Verbindungen*, die gleichfalls halbleitende Eigenschaften aufweisen können. Aber auch andere Kombinationen sind noch möglich, wie die Tabelle 7.7 an einigen Beispielen mit den wesentlichsten Daten zeigt. Die Ordnung ist dabei nach steigendem Bandabstand getroffen. Zum Vergleich sind noch C, Si und Ge mitaufgeführt.

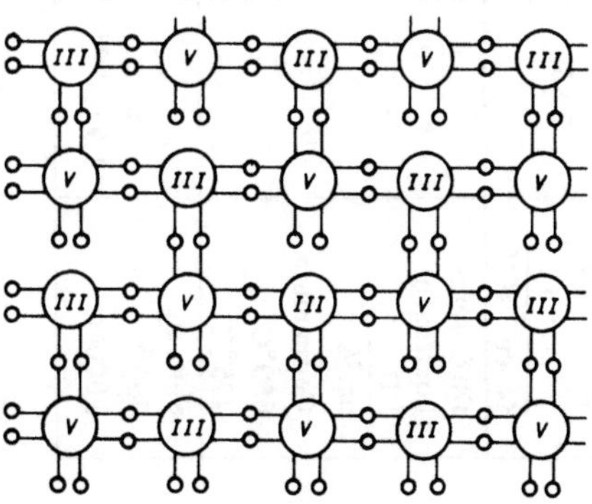

Bild 7.37
III-V-Verbindungshalbleiter (schematische Darstellung)

Tabelle 7.6 Daten einiger Akzeptoren und Donatoren für Germanium und Silizium

	Akzeptoren						Donatoren		
	Aluminium	Bor	Gallium	Gold (auch) Donator)	Indium	Kupfer	Antimon	Arsen	Phosphor
OZ	13	5	31	79	49	29	51	33	15
Gruppe	III	III	III	I	III	I	V	V	V
Struktur	kfz	rhomb.	o-rhomb. flz	kfz	tetrag. flz	kfz	rhomb.	rhomb.	kfz
Gitterkonstante $\frac{a}{nm}$	0,405	1,014	0,453	0,401	0,458	0,362	0,451	0,416	0,331
Atomradius $\frac{r}{nm}$	0,143	0,088	0,122	0,144	0,162	0,123	0,146	0,125	0,117
Smp °C	660	2300	30	1063	156	1420	630	814	590
spezif. Widerstand $\frac{\rho_{20}}{\Omega \cdot cm \cdot 10^{-6}}$	2,83	$\approx 10^{13}$	39,5 (0°)	2,44	8,37 (0°)	1,72	33,3	33,5	2,5
Diffusionskoeffizient $\frac{D}{cm^2/s}$ Germanium									
650°C		$8{,}5 \cdot 10^{-16}$	$1{,}2 \cdot 10^{-15}$	$9 \cdot 10^{-12}$	$3{,}2 \cdot 10^{-15}$	$4 \cdot 10^{-5}$	$2{,}5 \cdot 10^{-13}$	$4{,}8 \cdot 10^{-13}$	$6{,}5 \cdot 10^{-14}$
775°C		$1{,}8 \cdot 10^{-13}$	$4{,}5 \cdot 10^{-14}$	$3{,}2 \cdot 10^{-12}$	$8{,}4 \cdot 10^{-14}$	$4 \cdot 10^{-5}$	10^{-11}	$2{,}2 \cdot 10^{-11}$	$4 \cdot 10^{-12}$
Silizium									
700°C	10^{-16}	$1{,}9 \cdot 10^{-17}$	$3{,}8 \cdot 10^{-17}$	$2 \cdot 10^{-8}$	$3 \cdot 10^{-18}$		$1{,}1 \cdot 10^{-18}$	$4{,}2 \cdot 10^{-18}$	$1{,}9 \cdot 10^{-17}$
1000°C	$1{,}9 \cdot 10^{-13}$	$3 \cdot 10^{-14}$	$5 \cdot 10^{-14}$	$4 \cdot 10^{-7}$	$8 \cdot 10^{-15}$		$3 \cdot 10^{-15}$	$5 \cdot 10^{-15}$	$3 \cdot 10^{-14}$

Tabelle 7.7 Daten einiger Verbindungshalbleiter. Zum Vergleich sind die Daten der Elementhalbleiter (C), Ge und Si mit aufgeführt. Die Spalte Bemerkungen gibt einige Hinweise auf die Anwendung des Materials.
BA Bandabstand, ρ_i Intrinsicwiderstand, Smp Schmelzpunkt, μ_n Elektronenbeweglichkeit und μ_p Löcherbeweglichkeit.

Name	Formel	Elementgruppen	BA / eV	ρ_i / $\Omega \cdot$ cm	Smp / °C	μ_n / cm²/Vs	μ_p / cm²/Vs	Bemerkungen
Tetradymit	Bi_2Te_3	V-VI	0,15	0,03	573	800	400	Elektr. Kühlmat.
In-Antimonid	InSb	III-V	0,17	0,0045	523	75000	780	Hallgeneratoren, R_H = 400 cm³/As
Altait	PbTe	IV-VI	0,28	0,01	910	2100	840	Infrarotdet.
In-Arsenid	InAs	III-V	0,37	0,1	940	22600	200	R_H = 100 cm³/As
Bleiglanz	PbS	IV-VI	0,4	3,1	1117	650	250	lichtempf. Widerstand, Infrarotdet.
Ga-Antimonid	GaSb	III-V	0,69	0,06	702	4000	750	
In-Selenid	InSe	III-VI	0,96	12500	660	–	5	IR- und UV-empfindlich
In-Phosphid	InP	III-V	1,25	10	1060	3500	650	Gunn-Elemente
Ga-Arsenid	GaAs	III-V	1,38	$5 \cdot 10^7$	1260	4000	450	Elektrolumineszens, LED, IR-Dioden, FET
Ga-Phosphid	GaP	III-V	2,29	–	–	1000	–	IR-Dioden, grüne Lichtstrahlung, LED
Si-Karbid	SiC	IV-IV	3,5			60	8	blaue Lichtstrahlung
Diamant	C		6,0	10^{16}	3800	1800	1400	
Silizium	Si		1,106	$2{,}3 \cdot 10^5$	1420	1350	480	
Germanium	Ge		0,67	46	936	3900	1900	

Die besondere Bedeutung der Verbindungshalbleiter liegt in den dabei möglichen und durch Mehrschichten-Epitaxie steuerbaren großen Bandabständen, die Halbleiterelemente mit Wirkungen im Lichtbereich, d.h. bei Strahlungen zwischen 400...700 nm ermöglichen.

Wie bereits im Zusammenhang mit der Elektronen-Löcher-Paarbildung durch Licht (innerer Photo-Effekt) erwähnt, können durch Lichtenergie Ladungsträger vom Valenz- in das Leitungsband gebracht werden, wenn der Betrag der *Lichtenergie* mindestens dem der verbotenen Zone gleich ist. Umgekehrt wird bei Rekombinationsprozessen Energie frei, die als *Strahlung* abgegeben werden kann. Die Frequenz dieser Energie ist über die Planck-Beziehung

$$hf = \Delta W \tag{7.22}$$

h Plancksches Wirkungsquantum ($= 4{,}16 \cdot 10^{-15}$ eVs $= 6{,}6 \cdot 10^{-34}$ Ws^2), f Frequenz, mit der durch einen Rücksprung über eine verbotene Zone freiwerdenden Energie des Bandabstandes ΔW verknüpft. Welche Werte für den Bandabstand ΔW notwendig sind, um sichtbare Strahlung zu erzeugen, soll ein Zahlenbeispiel aufzeigen.

▶ **Beispiel 7.8: Lichtemission**

Um statt der Frequenz f die Wellenlänge λ der Strahlung zu erhalten und die Energie in eV einsetzen zu können, formen wir Gl. (7.22) mit der Lichtgeschwindigkeit $c = f\lambda$ um in

$$\lambda = \frac{hc}{\Delta W} = \frac{4{,}16 \cdot 10^{-15}\,\text{eVs}\; 3 \cdot 10^{14}\,\mu\text{m/s}}{\Delta W} = \frac{1{,}248\,\mu\text{m eV}}{\Delta W}$$

Mit den Grenzwellenlängen 0,7 μm und 0,4 μm für das sichtbare Spektrum ergeben sich dann

$$\Delta W_{0,4} = \frac{1{,}248\,\mu\text{m eV}}{0{,}4\,\mu\text{m}} \approx 3\,\text{eV} \qquad \Delta W_{0,7} = \frac{1{,}248\,\mu\text{m eV}}{0{,}7\,\mu\text{m}} \approx 1{,}8\,\text{eV}$$

Die Bandabstände für Germanium mit $\Delta W = 0{,}67$ eV und Si mit $\Delta W = 1{,}1$ eV liefern andererseits

$$\lambda_{Ge} = \frac{1{,}248\,\mu\text{m eV}}{0{,}67\,\text{eV}} = 1{,}86\,\mu\text{m} \qquad \lambda_{Si} = \frac{1{,}248\,\mu\text{m eV}}{1{,}1\,\text{eV}} = 1{,}13\,\mu\text{m}$$

Wie das Beispiel 7.8 zeigt, sind für Lichtemissionen mindestens Bandabstände von mehr als 1,8 eV notwendig, wobei wir noch berücksichtigen müssen, daß die Energieniveaus der Dotierung mit eingehen, wodurch der wirksame Bandabstand sinkt. Mit geringeren Werten der verbotenen Zone steigt aber wieder die Wellenlänge der auftretenden Strahlung. Für die Praxis heißt das dann Emissionen lediglich im infraroten Bereich.

> Lichtemission erfordert Bandabstände der Halbleiter $\Delta W > 1{,}8$ eV (Rot: $\Delta W \approx$ 2 eV, Grün: $\Delta W \approx 2{,}5$ eV, Blau: $\Delta W \approx 3$ eV).

● **Aufgabe 7.7: Diagramm $\lambda = f(\Delta W)$**

Um die in Beispiel 7.8 Lichtemission gestellte Aufgabe für ähnliche Fälle bequemer lösen zu können, stelle man auf doppeltlogarithmischem Papier die zu $\Delta W = 0{,}5 \ldots 5$ eV gehörigen Wellenlängen dar.

In Bild 7.38 sind die in einem verbotenen Band möglichen Übergänge einmal schematisch zusammengestellt. Um die Rekombinationsprozesse möglichst zahlreich und damit die *Strahlungsintensität* groß zu machen, wird der p-n-Übergang in Flußrichtung betrieben. Die Niveaus von Leitungs- (W_L) und Valenzband (W_V) gehören dementsprechend zu unterschiedlichen Seiten des p-n-Überganges. Sie sind hier lediglich zur übersichtlicheren Darstellung unmittelbar – zur Erinnerung an die Zuordnung ein wenig versetzt – gegenübergestellt. Innerhalb des verbleibenden Bandabstandes können jetzt die Übergänge der Elektronen vonstattengehen, wobei nicht in jedem Falle die volle Breite der verbotenen Zone genutzt werden kann. Die Übergänge erfolgen dann über Zwischenniveaus oder Leuchtzentren (W_{L_1} und W_{L_2} in Bild 7.38). Der eigentliche strahlende Übergang ist dann

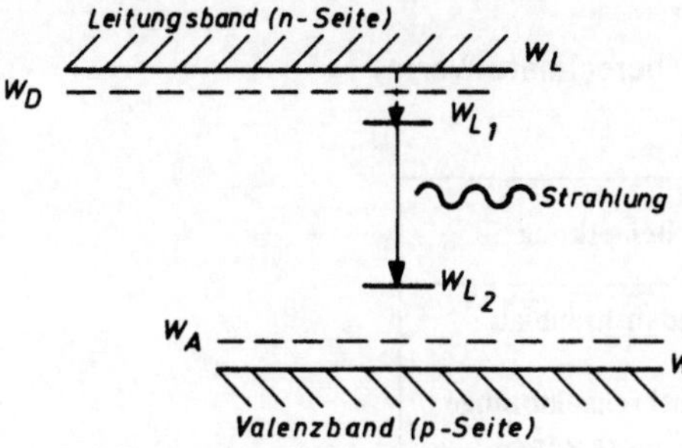

Bild 7.38 Lumineszenz (schematisch)
Energieniveaus von Valenzband der p-Seite und Leitungsband der n-Seite eines in Durchlaßrichtung betriebenen p-n-Überganges mit Leuchtzentren (Zwischenniveaus W_{L1} und W_{L2}), Donator- (W_D) und Akzeptorniveaus (W_A)

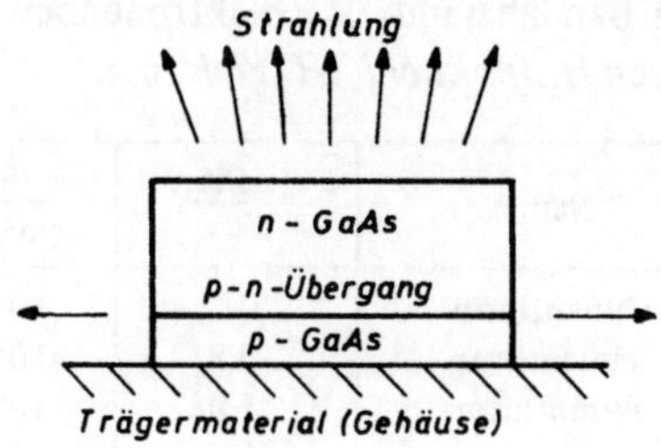

Bild 7.39 Prinzip der Leuchtdiode (LED)

der von W_{L_1} nach W_{L_2}. Ein Übergang vom Leitungsband nach W_{L_1} erfolgt dabei ohne Strahlung. Daraus ist ersichtlich, daß die emittierte Wellenlänge in erster Linie durch das verwendete Halbleitermaterial und seinen Bandabstand bestimmt wird und in zweiter Linie durch die Dotierung.

Der prinzipielle Aufbau eines lichtemittierenden p-n-Überganges, kurz *Leuchtdiode* oder *LED* (light emitting diode) genannt, ist in Bild 7.39 dargestellt. Die in das n-leitende GaAs eindiffundierte p-leitende Schicht ist mit dem Trägermetall kontaktiert, und die Lichtabstrahlung erfolgt überwiegend durch das n-leitende Grundmaterial.

Wegen des Bandabstandes von 1,38 eV bei GaAs können damit nur Infrarot-Dioden realisiert werden ($\lambda \approx 800 \ldots 900$ nm). Für den Bereich der sichtbaren Strahlung muß GaP (Bandabstand = 2,3 eV) eingesetzt werden. Die *Bandstruktur-Epitaxie* erlaubt es, Verbindungshalbleiter auf GaP-GaAs-Basis mit Bandabständen im Bereich zwischen 1,4 eV und 2,4 eV herzustellen. Die für die verschiedenen Farben z.Z. gebräuchlichen Materialien sind in der Tabelle 7.8 zusammengestellt. Den daraus aufgebauten Dioden liegt eine Planartechnologie zugrunde, bei der für Rot auf einem GaAs- und für Grün, Gelb und Orange auf einem GaP-Substrat die in Tabelle 7.8 genannten Materialien epitaktisch aufgebracht

Tabelle 7.8 Materialien für Leuchtdioden (nach *AEG-Telefunken*).

Material	GaAs	GaAs	GaAsP	GaAsP	GaAsP	GaP
Dotierung	Zn	Si		N	N	N
Strahlung	infrarot	infrarot	rot	orange	gelb	grün
Wellenlänge $\frac{\lambda}{\text{nm}}$	900	930	655	625	590	555

Tabelle 7.9 Daten einiger organischer Halbleiter.
BA Bandabstand, μ_n Elektronenbeweglichkeit (berechnete Werte)
(nach *H. Inokuchi, H. Pick* u.a.)

Name	BA / eV	μ_n / cm^2/Vs	Bemerkung
Cynanthron	0,2	10^{-8}	Indanthrenblau
Violanthron	0,8	10^{-6}	
Pyranthron	1,08	10^{-9}	Indanthrengelborange
Anthracen	1,65	10^{-2}	Fluoreszenz
Naphtalin	3,7	10^{11}	Anomalie

werden. Die für Blau leuchtende Dioden notwendigen Bandabstände um 3 eV sind nur mit erheblichem Aufwand über Siliziumkarbid (SiC) zu realisieren.
Als Abschluß sei bei den Halbleiterwerkstoffen in Tabelle 7.9 noch ein Hinweis auf organische Halbleiter gegeben. Da an organischen Stoffen zuerst *Fluoreszenserscheinungen* beobachtet wurden, sind sie eigentlich die ältesten Halbleiter. Eine besondere technische Nutzung ist noch nicht abzusehen.

7.5 Leitungstyp

Wir sind bei der Festlegung des Leitungstyps der Halbleiter bislang davon ausgegangen, daß durch die Dotierung p- oder n-Leitung hinreichend bestimmt sind. Über die Messung des spezifischen Widerstandes konnten wir auch zur Störstellenkonzentration gelangen. Wenn allerdings die Art der Dotierung nicht bekannt ist, so sagt die Leitfähigkeit offensichtlich aber nichts darüber aus, welcher Leitungsmechanismus vorliegt. Welche Möglichkeiten bestehen nun, die Polarität der Ladungsträger zu ermitteln?

7.5.1 Halleffekt bei Dotierung

Wir haben bei den Überlegungen zum Halleffekt (s. auch 3.3 Halleffekt) die konventionellen Stromflußrichtungen angesetzt und auch den Ladungsträgern keine besondere Bedeutung beigemessen. Nachdem wir inzwischen für Halbleiter zwei Stromtransportmechanismen kennengelernt haben, müssen wir beide in ihren Konsequenzen auf den Halleffekt untersuchen. Wir legen dabei Bild 3.16 zugrunde und führen erweiternd positive (Löcher) und negative Ladungsträger (Elektronen) ein (Bild 7.40). In Bild 7.40a liegen wieder die gleichen Verhältnisse wie in Bild 3.12 vor. Das zugehörige Rechtskoordinatensystem ist links in Bild 7.40 klein eingetragen. Die Gleichung für die Lorentzkraft unter Berücksichtigung der Polarität der Ladungsträger lautet dann

$$\vec{F} = \pm\, e_0\,(\vec{v} \times \vec{B}) \tag{7.23}$$

Für positive Ladungsträger ($+ e_0$) ist die Kraft F, wie das kleine Vektordiagramm in Bild 7.40a zeigt, nach hinten ($+ z$-Richtung) gerichtet. Für den dargestellten Leitungsabschnitt bedeutet dies die Ansammlung positiver Ladungsträger an der Hinterkante. Die Hallfeldstärke E_H ist dann, wie in Bild 7.40a eingezeichnet, von der Hinter- zur Vorder-

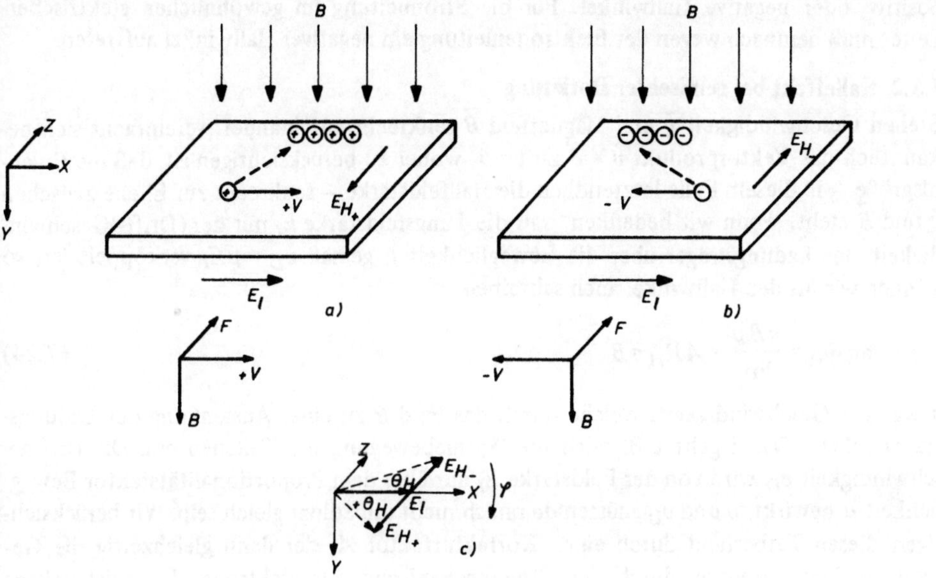

Bild 7.40 Halleffekt bei Ladungsträgern unterschiedlicher Polarität (schematisch)
a) bewegte positive Ladungsträger (Löcherleitung), b) bewegte negative Ladungsträger (Elektronenleitung), c) Hallwinkel θ_H
B magnetisches Feld, v Geschwindigkeit, E_l Längsfeldstärke, E_H Hallfeldstärke, F Kraft

kante ($-z$-Richtung) orientiert. Die Bewegung positiver Ladungsträger entspricht den konventionellen Stromflußbedingungen.
Erfolgt der Stromtransport durch negative Ladungsträger, so gelten die Verhältnisse von Bild 7.40b). Die Ladungen $-e_0$ bewegen sich mit $-v$ nach links, d.h. in die $-x$-Richtung. Die Kraft F nach Gl. (7.23) ist als $(-\vec{v} \times \vec{B})$ zunächst nach vorn, wegen der Multiplikation mit $-e_0$ aber im Endeffekt doch wieder nach hinten gerichtet ($+z$-Richtung). Da die Kraft aber in diesem Falle auf negative Ladungsträger ausgeübt wird, lädt sich die Hinterkante des Leitungsabschnittes von Bild 7.40b negativ auf, wodurch sich die Richtung der Feldstärke E_H umkehrt.

> Der Halleffekt bietet die Möglichkeit, bei einem Leiter die Polarität der Ladungsträger zu unterscheiden.

Diese Wirkung kommt auch an unterschiedlichen Vorzeichen des Hallwinkels Θ_H (s. Bild 7.40c) zum Ausdruck. Für negative Ladungsträger und damit $-E_H$ ist der Hallwinkel dem positiven Drehsinn des Koordinatensystems entgegengerichtet, und wir erhalten mit der bekannten Definition

$$\tan \Theta_H = \frac{\pm E_H}{E_l} \qquad (3.21)$$

positive oder negative Hallwinkel. Für die Stromleitung im gewöhnlichen elektrischen Leiter muß demnach wegen der Elektronenleitung ein negativer Hallwinkel auftreten.

7.5.2 Halleffekt bei gemischter Dotierung

Stehen Geschwindigkeit $\vec{v}$ und Magnetfeld $\vec{B}$ senkrecht aufeinander, vereinfacht sich bekanntlich das Vektorprodukt $\vec{v} \times \vec{B}$ zu $v \cdot B$, wobei zu berücksichtigen ist, daß die Ergebnisgröße – in diesem Falle letztendlich die Hallfeldstärke – senkrecht zur Ebene zwischen $\vec{v}$ und $\vec{B}$ steht. Wenn wir bedenken, daß die Längsfeldstärke E_l mit der (Drift-)Geschwindigkeit der Ladungsträger über die Beweglichkeit μ gemäß $v_D = \mu E_l$ verkoppelt ist, so können wir für den Hallwinkel auch schreiben

$$\tan \Theta_H = \frac{vB\mu}{v_D} = AR_H \sigma B \tag{7.24}$$

v war die Geschwindigkeit, welche durch das Feld B zu einer Auslenkung der Ladungsträger führte. Dabei geht z.B. auch die Wärmebewegung der Teilchen ein. Die Driftgeschwindigkeit v_D wird von der Feldstärke E_l nur über dem Proportionalitätsfaktor Beweglichkeit μ bewirkt. v und v_D müssen demnach nicht unbedingt gleich sein. Wir berücksichtigen diesen Tatbestand durch einen Korrekturfaktor A, der dann gleichzeitig die Geschwindigkeitsverteilung durch den Streumechanismus der Elektronen im Kristallgitter mit einbezieht. Für uns sind dabei zwei Fälle wichtig:

1. Schwache Magnetfelder und nichtentartete Halbleiter
   Kriterium: $B\mu \ll 1$

   $$A = \frac{3\pi}{8}$$

2. Metalle und entartete Halbleiter sowie nichtentartete Halbleiter bei starken Magnetfeldern
   Kriterium: $(B\mu)^2 > 1$

   $$A = 1$$

Damit ergeben sich die in Tabelle 7.10 zusammengestellten Hallkonstanten für Halbleiter mit p- oder n-Leitung. Abschließend ist noch der Hallwinkel für den gemischt dotierten Halbleiter zu untersuchen. Dazu fassen wir die Effekte von Bild 7.40a und b zusammen. In Bild 7.40a wird durch die Lorentzkraft eine *Stromdichte* S_+ nach hinten gerichtet hervorgerufen. Sie wird um S_- aus Bild 7.40b vermindert, weil negative Teilchen sich in gleicher Richtung bewegen. Da keine Teilchen aus dem Leiter austreten können, muß die Hallfeldstärke eine entgegengesetzte Stromdichte S_H zur Kompensation aufbringen, also

$$S_+ - S_- - S_H = 0 \qquad S_H = S_+ - S_- \tag{7.25}$$

Für die Hallfeldstärke ist die Stromdichte $S_H = \sigma E_H$. Die Stromdichten aus den Lorentzkräften ergeben sich über $\sigma(\overline{v} \times \overline{B}) = \sigma ABE_l\mu$ für rechtwinklige Zuordnung von v und

Tabelle 7.10 Hallkonstanten bei dotierten Halbleitern
n_n Elektronendichte, n_p Defektelektronendichte, μ_n Elektronenbeweglichkeit, μ_p Defektelektronenbeweglichkeit, σ spezifische Leitfähigkeit und B magnetische Flußdichte.

A	$R_H = \frac{A}{e_0 n} = A \frac{\mu}{\sigma}$		Bemerkung
	p-Leitung	n-Leitung	
$A = \frac{3\pi}{8}$	$R_H = \frac{3\pi}{8 e_0 n_p} = \frac{3\pi\mu_p}{8\sigma}$	$R_H = \frac{-3\pi}{8 e_0 n_n} = \frac{-3\pi\mu_n}{8\sigma}$	$B\mu \ll 1$
$A = 1$	$R_H = \frac{1}{e_0 n_p} = \frac{\mu_p}{\sigma}$	$R_H = \frac{-1}{e_0 n_n} = \frac{-\mu_n}{\sigma}$	$B\mu \gg 1$

B (mit Verzicht auf die Vektorkennzeichnung). Einsetzen der vollständigen und indizierten Werte in Gl. (7.25) liefert

$$\sigma E_H = e_0 A B E_l (n_p \mu_p^2 - n_n \mu_n^2) \tag{7.26}$$

und damit wird der Tangens des Hallwinkels

$$\tan \Theta_H = \frac{e_0}{\sigma} A B (n_p \mu_p^2 - n_n \mu_n^2) \equiv R_H \sigma B \tag{7.27}$$

Aus dieser Identität folgt für den gemischt dotierten Halbleiter die Hallkonstante zu

$$R_H = \frac{A e_0}{\sigma^2} (n_p \mu_p^2 - n_n \mu_n^2) = \frac{A}{e_0} \frac{n_p \mu_p^2 - n_n \mu_n^2}{(n_p \mu_p + n_n \mu_n)^2} \tag{7.28}$$

Für Einfachdotierung gehen die Gln. (7.27) und (7.28) in die bekannten Formeln aus 3.3 bzw. der Tabelle 7.10 über.
Setzt man das Verhältnis $\mu_n/\mu_p = \beta$, so ergibt sich für gemischt dotierte Halbleiter in schwachen magnetischen Feldern ($B\mu \ll 1$) der häufig benutzte Zusammenhang

$$\boxed{R_H = \frac{3\pi}{8 e_0} \frac{n_p - n_n \beta^2}{(n_p + n_n \beta)^2}} \tag{7.29}$$

Bei Eigenleitung, d.h. $n_p = n_n = n_i$, wird dann

$$R_{H_i} = \frac{3\pi}{8 e_0 n_i} \frac{1-\beta}{1+\beta} \approx \frac{1}{e_0 n_i} \frac{1-\beta}{1+\beta} \tag{7.29a}$$

Für starke magnetische Felder (s. auch Tabelle 7.10) ergibt sich die Hallkonstante beim gemischt dotierten Halbleiter zu

$$R_H = \frac{1}{e_0 (n_p - n_n)} \tag{7.30}$$

Wegen der Toleranzen von n_n und n_p macht man in der Regel keinen wesentlichen Fehler, wenn der nur um knapp 18 % von 1 abweichende Faktor $3\pi/8$ nicht weiter berücksichtigt und $A = 1$ allgemein angewandt wird.

▶ **Beispiel 7.9: Hallkonstanten**
Die Hallkonstanten R_H ergeben sich für Intrinsic-Germanium bzw. -Silizium mit $n_i = 2{,}4 \cdot 10^{13}\,\text{cm}^{-3}$, $\mu_n = 3900\,\text{cm}^2/\text{Vs}$ und $\mu_p = 1900\,\text{cm}^2/\text{Vs}$ ($\beta = 2{,}05$) für Germanium und $n_i = 1{,}5 \cdot 10^{10}\,\text{cm}^{-3}$, $\mu_n = 1350\,\text{cm}^2/\text{Vs}$ und $\mu_p = 440\,\text{cm}^2/\text{Vs}$ ($\beta = 3{,}07$) für Silizium zu

$$R_H = \frac{3\pi}{8\,e_0\,n_i}\,\frac{(1-\beta)}{(1+\beta)} = 7{,}36 \cdot 10^{18}\,\frac{1}{\text{As}}\,\frac{1}{n_i}\,\frac{(1-\beta)}{(1+\beta)}$$

Ge: $$R_H = \frac{7{,}36 \cdot 10^{18}}{\text{As}\,2{,}4 \cdot 10^{13}\,\text{cm}^{-3}}\,\frac{(1-2{,}05)}{(1+2{,}05)} \approx (-)\,1 \cdot 10^5\,\text{cm}^3/\text{As}$$

Si: $$R_H = \frac{7{,}36 \cdot 10^{18}}{\text{As}\,1{,}5 \cdot 10^{10}\,\text{cm}^{-3}}\,\frac{(1-3{,}07)}{(1+3{,}07)} = (-)\,2{,}5 \cdot 10^8\,\text{cm}^3/\text{As}$$

Das sind beachtliche Werte, wenn man sie mit denen von normalen Metallen vergleicht, die bei $R_H \approx 10^{-3}\,\text{cm}^3/\text{As}$ liegen. Warum in der Praxis trotzdem andere Materialien wichtiger sind, ist in der folgenden Aufgabe zu ermitteln, bei der InSb und Ge verglichen werden.

● **Aufgabe 7.8: Vergleich von InSb und Ge**
Für Hallgeneratoren werden Verbindungshalbleiter gegenüber Elementhalbleitern bevorzugt. Da die größten Hallkonstanten mit Intrinsicmaterial erreicht werden (warum?), ist zu untersuchen, welche Hallspannungen U_H ein Hallgenerator bei 1 mA Betriebsstrom und einer Flußdichte von $B = 1\,\text{T}$ liefert, wenn er

a) aus i-Ge und b) aus i-InSb aufgebaut wird. Die Abmessungen sollen $5\,\text{mm}^2 \times 5\,\text{mm}^2$ bei einer Schichtdicke von $1\,\mu\text{m}$ betragen. Die Halbleiterdaten sind in Tabelle 7.11 zusammengestellt.

1. Welche Hallkonstante hat i-InSb?
2. Welche Hallspannungen liefern die beiden Generatoren? (Leerlauf)
3. Welchen inneren Widerstand (R_i) haben die Hallgeneratoren für die Steuerstromanschlüsse?
4. Welche Spannungen sind notwendig, um die Steuerströme zu treiben?

Tabelle 7.11 Halbleiterdaten zu Aufgabe 7.8
n_i Intrinsicdichte, ρ_i Intrinsicwiderstand, μ_n, μ_p Teilchenbeweglichkeiten

Halbleiter	$\frac{n_i}{\text{cm}^{-3}}$	$\frac{\rho_i}{\Omega\,\text{cm}}$	$\frac{\mu_n}{\text{cm}^2/\text{Vs}}$	$\frac{\mu_p}{\text{cm}^2/\text{Vs}}$
Ge	$2{,}4 \cdot 10^{13}$	48	3900	1900
InSb	$2{,}8 \cdot 10^{16}$	$4{,}5 \cdot 10^{-3}$	75000	780

7.5.3 Thermokraft

Wenngleich der Halleffekt als Kriterium für p- bzw. n-Leitung genutzt werden kann, ist seine Bedeutung, wie auch die Rechenbeispiele zeigen, für magnetfeldabhängige Bauelemente größer. Da außerdem durch das Meßobjekt immer ein Ruhestrom geschickt wer-

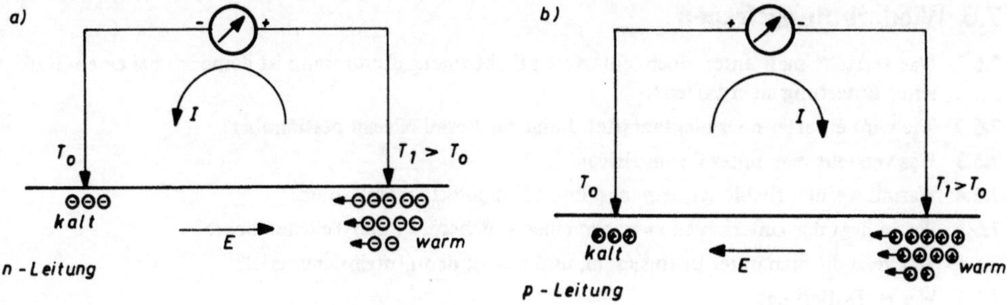

Bild 7.41 Thermo-EMK zur Bestimmung des Leitungstyps
a) n-leitendes Material, b) p-leitendes Material
T_0 Temperatur der Probe und des kalten Kontaktes, T_1 Temperatur des heißen Kontaktes (und lokal auch der Probe), I im Außenkreis fließender Strom, E Feldstärke im Halbleiter

den muß, bleibt eine experimentelle Ermittlung des Leitungsmechanismus damit auf relativ große Proben beschränkt.
Die Polarität einer *Thermokraft* läßt sich dagegen viel einfacher ermitteln. Eine p- bzw. n-leitende Materialprobe werde mit zwei Spitzen unterschiedlicher Temperatur kontaktiert (Bild 7.41a und b). Die Temperatur T_1 sei dabei höher (z.B. 100 °C o.ä.) als T_0 der Temperatur der Probe. Dann treten im Halbleiter folgende Effekte auf: In der Nähe der heißen Kontaktstelle steigt die Anzahl der Ladungsträger durch die erhöhte Temperatur an (s. auch Bild 7.9). Gleichzeitig ändert sich aber auch die Lage des Fermi-Niveaus. Wie Bild 7.11 zeigt, sinkt für n-Leitung bei gleichbleibender Dotierung das Fermi-Niveau mit steigender Temperatur in Richtung zur Mitte der verbotenen Zone ab. Daraus resultiert im n-Halbleiter eine Feldstärke E von „kalt" nach „warm" (Bild 7.41a). Umgekehrt weist ein p-Halbleiter ein mit wachsender Temperatur zur Mitte der verbotenen Zone ansteigendes Fermi-Niveau auf. Die Feldstärke im Halbleiter ist damit von „warm" nach „kalt" gerichtet (Bild 7.41b). Im p-Halbleiter werden dadurch die an der heißen Stelle vermehrt auftretenden Defektelektronen zum kälteren Kontakt bewegt und rufen außen einen elektrischen Strom von „kalt" nach „warm" hervor. Der Konvention entsprechend ist damit bei p-Leitung der heiße Kontakt negativ gegenüber dem kalten. Bei n-Leitung werden durch die Feldstärke die (vermehrten) Elektronen in Richtung zum kalten Kontakt getrieben, was im Außenkreis einem Strom von „warm" nach „kalt" entspricht. Bei n-Leitung ist demnach der heiße Kontakt positiv gegenüber dem kalten.

Ein heißer Kontakt ist bei n-Leitung positiv, bei p-Leitung negativ gegenüber dem kälteren Material.

Da diese Effekte an keine Proben- und Kontaktabmessungen gebunden sind, kann bei entsprechend fein ausgebildeten Kontaktspitzen auch noch an sehr kleinen Materialproben die Polarität der Ladungsträger festgestellt werden.

7.6 Wiederholungsfragen

7.6.1 Was versteht man unter einem entarteten Elektronengas und wann ist demnach bei einem Halbleiter Entartung zu erwarten?

7.6.2 Wie wird entartet oder nichtentartet durch das Fermi-Niveau bestimmbar?

7.6.3 Was versteht man unter Fermi-Niveau?

7.6.4 Warum werden Halbleiter beim absoluten Nullpunkt zu Isolatoren?

7.6.5 Worin liegt der Unterschied zwischen einer Teilchenzahl und Teilchendichte?

7.6.6 Was versteht man unter Intrinsiczahl, und was ist dann Intrinsicmaterial?

7.6.7 Was ist Dotierung?

7.6.8 Worin liegt die Bezeichnung „bipolar“ bei Halbleitern begründet?

7.6.9 Wie kann man umdotieren?

7.6.10 Welchem Reinheitsgrad entspricht „halbleiterrein“, und welche Reinheiten (Größenordnung) brauchen Halbleiter vor der Dotierung?

7.6.11 Wie erreicht man die hohen Reinheiten bei Halbleitern?

7.6.12 Welche Bedeutung hat der Verteilungskoeffizient K?

7.6.13 Wie kann man die Reinheit von Halbleiterwerkstoffen bestimmen?

7.6.14 Warum ist für Transistoren auch die Lagertemperatur wichtig?

7.6.15 Welche Bedeutung hat die Nachdiffusion?

7.6.16 Was ist Epitaxie?

7.6.17 Warum sind Verbindungshalbleiter für optische Anwendungen wichtiger als Elementhalbleiter?

7.6.18 Im Beispiel 7.9 war trotz des starken Magnetfeldes von 1 T die Größe $A = 3\pi/8$ gewählt worden. Begründen Sie die Richtigkeit dieses Ansatzes.

8 Dielektrische Eigenschaften

Wird ein Werkstoff in ein elektrisches Feld gebracht, so wirken Kräfte auf die Ladungsträger ein, die bei ausreichender Beweglichkeit zu einem Leitungsstrom führen. Fehlt diese Beweglichkeit, so bewirken die Feldkräfte lediglich eine Verschiebung der unterschiedlich geladenen Atom- bzw. Molekülbestandteile. Das Material wird polarisiert.

8.1 Modellvorstellung zur dielektrischen Polarisation

In einem elektrischen Feld, wie es sich z.B. durch die Spannung U an den metallischen Belägen eines Plattenkondensators ausbildet (Bild 8.1), sammeln sich auf jeder Platte (freie) Ladungen an (nicht schraffierte Kreise in Bild 8.1). Die Ladung Q_0 ist gegeben durch

$$Q_0 = \epsilon_0 \frac{A}{d} U = \epsilon_0 A E \tag{8.1}$$

ϵ_0 *absolute Permitivität* oder *absolute Dielektrizitätskonstante* = $8{,}85 \cdot 10^{-12}$ F/m, A Plattenfläche, d Plattenabstand und E Feldstärke. Die kleinste dabei bewegte Ladung ist durch die Ladung eines Elektrons mit

$$e_0 = 1{,}6 \cdot 10^{-19} \text{As}$$

gegeben.

Bringt man nun in den Raum zwischen den Platten – verlustfreie – elektrisch nicht leitende Materie, ein sog. *Dielektrikum*, so wirken auch darin die Kräfte des elektrischen Feldes. Diese Kräfte verursachen im atomaren bzw. molekularen Bereich eine derartige Anordnung der Ladungsträger, daß die Schwerpunkte der positiven und negativen Ladungen nicht mehr zusammenfallen. Die Teilchen werden *polarisiert*. Es entstehen *Dipole* (Bild 8.1). Diese Dipole sorgen für zusätzliche Ladungen auf den Kondensatorbelägen.

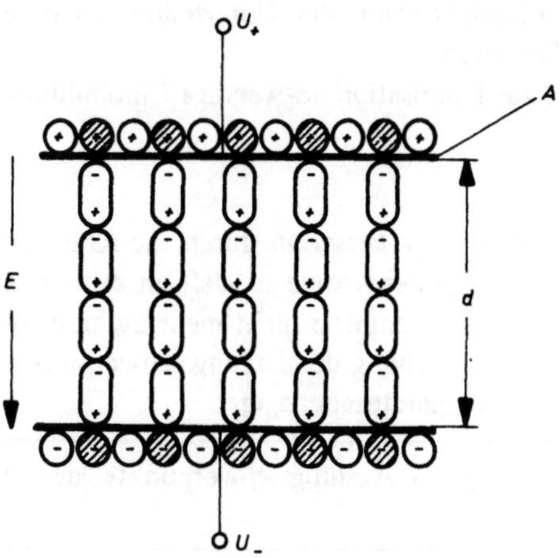

Bild 8.1
Plattenkondensator
Ladungen bei der Spannung U ohne und mit Dielektrikum (schematisch)
○ Ladungen ohne Dielektrikum (freie Ladungen), ● zusätzliche Ladungen durch das Dielektrikum (gebundene Ladungen),
(+/−) Dipole des Dielektrikums

Man nennt sie auch *gebundene Ladungen*. Bei der Außenbeobachtung am Kondensator spricht man auch von influenzierter Ladung.
Die für die erhöhte Ladung notwendigen Ladungsträger auf den Kondensatorplatten müssen von der Spannungsquelle nachgeliefert werden.
Die Erhöhung der Ladung des Kondensators wird durch einen zusätzlichen Faktor in Gl. (8.1) berücksichtigt, die *relative Dielektrizitätszahl* oder *Permitivitätszahl* ϵ_r. Somit gilt für den Fall des Kondensators mit Dielektrikum

$$Q = \epsilon_0 \epsilon_r \frac{A}{d} U = \epsilon_0 \epsilon_r A E \tag{8.1a}$$

Die Größe ϵ_r ist im allgemeinen eine (Stoff-)Konstante, die von der Atomstruktur und der damit in der Materie möglichen Polarisation abhängt. Die *Polarisation P* ist dabei dann die gebundene Ladung $(Q-Q_0)$ pro Flächeneinheit A (senkrecht zur elektrischen Feldstärke E), also

$$P = \frac{Q-Q_0}{A} = (\epsilon_r - 1)\,\epsilon_0 E \tag{8.2}$$

> *Polarisation* ist die (als Wirkung des Dielektrikums) pro Flächeneinheit gebundene Ladung.

Die Polarisation ist der elektrischen Feldstärke proportional, wobei die Größe

$$\epsilon_r - 1 = \chi \tag{8.3}$$

als *elektrische Suszeptibilität*, ähnlich wie beim Magnetfeld, die Anzahl der durch die Materie zusätzlich möglichen Feldlinien d.h. die Feldliniendichte angibt.
Der Zusammenhang mit der elektrischen Flußdichte D, auch *elektrische Verschiebung*(sdichte) genannt, ergibt sich dann analog zum magnetischen Feld zu

$$\epsilon_r \epsilon_0 E = D = \epsilon_0 E + P \tag{8.4}$$

Die linke Seite der Gl. (8.4) ist wieder die multiplikative, die rechte Seite die additive Darstellung. Die Aufteilung in $\epsilon_0 E$ und P entspricht dann der Unterteilung in freie Ladungen und gebundene Ladungen für die Polarisation.
Im atomaren Bereich unterscheiden wir für die zur Polarisation notwendige Dipolbildung verschiedene Mechanismen.

8.1.1 Elektronenpolarisation

Wie Bild 8.2 zeigt, verschieben sich bei der *Elektronenpolarisation* durch die Krafteinwirkung des elektrischen Feldes die Elektronenwolken der Atome so, daß im zeitlichen Mittel die Ladungsschwerpunkte von Atomkern und Atomhülle nicht mehr zusammenfallen. Es bilden sich Dipole entsprechend der Verschiebung der Ladungsschwerpunkte aus. Der Stoff ist *nicht polar*. ϵ_r ist klein und kaum temperaturabhängig.

> Bei der *Elektronenpolarisation* verschieben sich die Ladungsschwerpunkte der Atome (Deformation der Elektronenhülle).

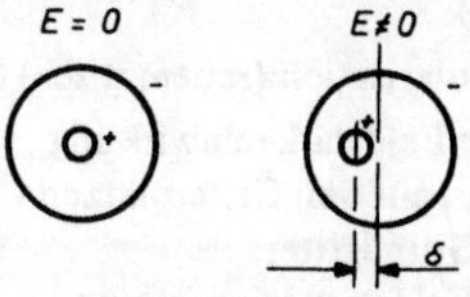

Bild 8.2 Elektronenpolarisation (schematisch)
Unter dem Einfluß eines elektrischen Feldes verschieben sich die Ladungsschwerpunkte von Atomkern und Elektronenhülle
δ Verschiebung der Ladungsschwerpunkte

Die Elektronenpolarisation tritt bei allen Nichtleitern auf. Wegen der geringen Trägheit der Elektronen folgt die Elektronenpolarisation Wechselfeldern bis zu den Frequenzen der ultravioletten Strahlung.

Im Bereich sichtbarer Frequenzen bestimmt ausschließlich die Elektronenpolarisation die Permitivität ϵ_r, da alle anderen Beiträge zur Polarisation bereits bei niedrigeren Frequenzen enden.

In verlustarmen Medien ist die Phasengeschwindigkeit v_p einer elektromagnetischen Welle über den Induktivitätsbelag L' (H/m) und den Kapazitätsbelag C' (F/m) gegeben durch

$$v_p = \frac{1}{\sqrt{L' C'}} \tag{8.5}$$

daraus folgt mit den Materialkonstanten Permeabilität μ_r und Permitivität ϵ_r

$$v_p = \frac{1}{\sqrt{L_0' C_0'}\ \sqrt{\mu_r \epsilon_r}} = \frac{c}{\sqrt{\mu_r \epsilon_r}} \tag{8.6}$$

Da L_0' und C_0' die sinngemäßen Werte für den freien Raum sind, folgt aus $1/\sqrt{L_0' C_0'}$ die Lichtgeschwindigkeit c. Ist die Materie nicht magnetisierbar, also $\mu_r = 1$, liefert die Gl. (8.6)

$$\sqrt{\epsilon_r} = \frac{c}{v_p} = n \tag{8.7}$$

den optischen *Brechungsindex n* des Werkstoffes. Wegen der durchweg kleinen Permitivitätszahlen $\epsilon_r \approx 2 \ldots 4$ bei Lichtfrequenzen ist der optische Brechungsindex der meisten Materialien $n < 2$.

Der Brechungsindex ist gleich der Wurzel der Permitivität.

In Materialien mit instabilem Charakter der Elektronenverteilung (teils homöopolar, teils heteropolar) ist die Elektronenpolarisierbarkeit besonders hoch, was entsprechend hohe Brechungsindizes zur Folge hat (z.B. TiO_2: $\epsilon_r = 7$ und $n = 2{,}6$).

8.1.2 Ionenpolarisation

Ionenkristalle weisen bereits eine unterschiedliche Polarität der kleinsten Bausteine auf. Ein elektrisches Feld verschiebt die positiven und negativen Ionen in entgegengesetzte Richtungen (Bild 8.3). Der Stoff ist *polar*.

Bei der *Ionenpolarisation* verschieben sich die Ionen im Gitter (Deformation des Gitters).

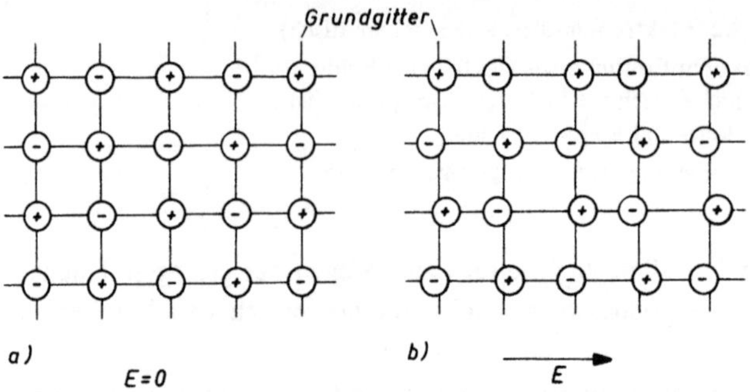

Bild 8.3
Ionenpolarisation (schematisch)
a) ohne Feldstärkeeinwirkung, Ionen auf den Gitterplätzen des Grundgitters
b) mit Feldstärkeeinwirkung, die Ionen bilden ein gegenüber dem Grundgitter deformiertes Gitter
⊕ positive Ionen, ⊖ negative Ionen, E Feldstärke

Die Ionenpolarisation ist von ähnlicher Größe wie die Elektronenpolarisation und gleichfalls kaum temperaturabhängig. Feldänderungen vermögen die Ionen nicht ganz so schnell wie die Elektronen zu folgen. Die Ionenpolarisation reicht daher bis in den Frequenzbereich der Infrarotstrahlung ($\approx 10^{13}$ Hz).
Elektronen- und Ionenpolarisation können auch unter dem Oberbegriff Deformationspolarisation zusammengefaßt werden.

8.1.3 Ordnungspolarisation

Weisen die Moleküle eines Materials bereits durch ihre Struktur ein Dipolmoment auf (permanente Dipole), so wird ein äußeres Feld die zunächst statistisch verteilten Momente ausrichten (Bild 8.4), man nennt dies auch parelektrische Polarisation. Die einzelnen Dipolmomente ordnen sich mehr oder weniger in Feldrichtung, daher *Ordnungspolarisation* oder *Orientierungspolarisation* wegen der Orientierung nach dem anliegenden elek-

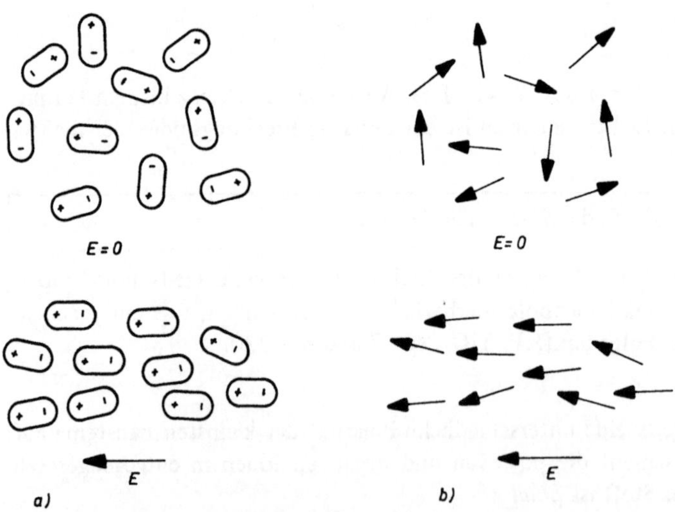

Bild 8.4 Ordnungspolarisation (schematisch)
Die zunächst regellos verteilten Dipole ordnen sich unter dem Einfluß eines elektrischen Feldes E
a) Dipol-Darstellung, b) Schema-Darstellung

trischen Feld. Voraussetzung ist dabei eine gewisse Drehbarkeit der Dipole. Stoffe, deren dielektrische Eigenschaften durch derartige Dipole bestimmt werden, nennt man (di)polar.

> Bei der *Ordnungspolarisation* richten sich bereits vorhandene Dipole aus.

Die durch ein elektrisches Feld bewirkte Ordnung der Dipolmomente kann durch thermische Kräfte wieder aufgehoben werden. Die Ordnungspolarisation ist also stark temperaturabhängig. Sie vermag einem äußeren Wechselfeld nur bis zu relativ niedrigen, stark temperaturabhängigen Grenzfrequenzen zu folgen, die bis etwa 10^6 Hz reichen.

8.1.4 Grenzflächenpolarisation

Sind in einem Dielektrikum Einschlüsse guter Leitfähigkeit vorhanden, so können die darin befindlichen gut beweglichen freien Ladungsträger an die Grenzflächen der Körner bzw. Kristallite wandern und dann als gebundene Ladungsträger gelten. Es entsteht so eine (Korn-)*Grenzflächenpolarisation* (Bild 8.5), die zu einer höheren Polarisation führt, als sie dem homogenen Material entspricht. Die Permitivitätszahl ϵ_r liegt über der des eigentlichen Dielektrikums.

> Bei der *Grenzflächenpolarisation* findet eine teilweise Ladungsbewegung statt.

Der Grenzfall tritt auf, wenn das Dielektrikum „homogen verteilte Leitfähigkeit“ aufweist, d.h. eine gewisse (schlechte) *Leitfähigkeit* zeigt. Eine Unterscheidung zwischen Ladungsbewegung zur Grenzflächenpolarisation und Leitfähigkeit ist dann nicht mehr möglich. Die Grenzflächenpolarisation ist auch bei polaren Kunststoffen bedeutsam.

Aus den verschiedenen Mechanismen der Polarisation ergibt sich ein *Frequenzgang*, wie ihn schematisch das Bild 8.6a zeigt. Bei niedrigen Frequenzen folgen alle Polarisationsmechanismen dem Wechselfeld. Mit steigender Frequenz kann zunächst die Grenzflächen- und besonders die Orientierungspolarisation nicht mehr folgen und scheidet für die Polarisierbarkeit des Materials aus. Es tritt ein ziemlich steiler Abfall für die Permitivität ϵ_r am Ende der Orientierungspolarisation auf. Eine weitere Stufe erscheint, wenn die Ionenbewegung dem Feldwechsel nicht mehr folgen kann, womit die atomare Polarisierbarkeit entfällt. Besonders schnellen Wechselfeldern können nur die Deformationen der Elektronenwolken folgen, die dann noch die letzten Beiträge zur Polarisation und damit zur Per-

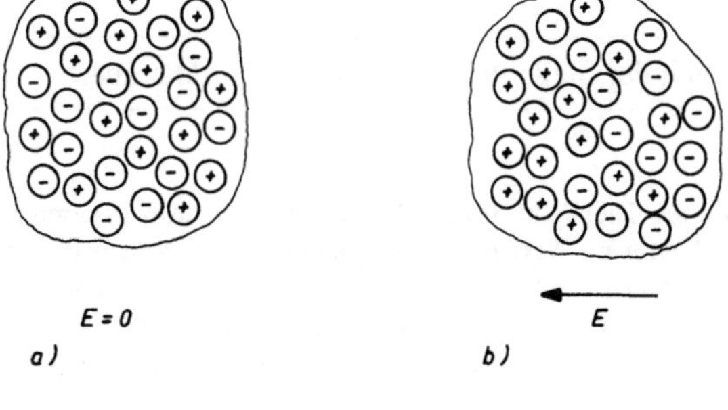

Bild 8.5

Grenzflächenpolarisation (schematisch)
In einem begrenzten Bereich (Kristallit, Korn) findet eine Dipolbildung durch Ladungsansammlung an den Grenzflächen statt

a) ohne Feldstärkeeinfluß
b) mit Feldstärkeeinfluß

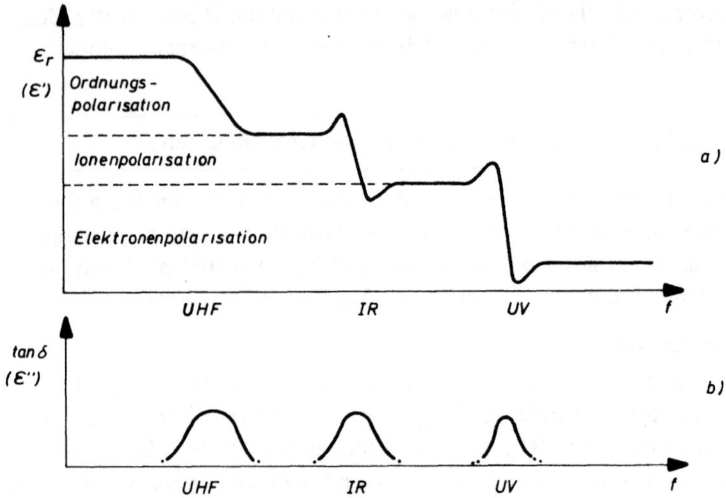

Bild 8.6 Polarisation und Frequenz

a) Beiträge der verschiedenen Polarisationsmechanismen zur Permitivität ϵ_r (eigentlich ϵ')
b) Bereiche ausgeprägter Verluste durch Resonanzerscheinungen
tan δ Verlustfaktor, *f* Frequenz, UHF Ultrahochfrequenz, IR Infrarot, UV Ultraviolett

mitivität liefern. Bei extrem hohen Frequenzen hört dann auch die Elektronenpolarisierbarkeit auf. Die Abnahme der Polarisation und damit auch der Permitivität mit steigender Frequenz wird mit *Dispersion* bezeichnet.

Durch die abnehmende Polarisierbarkeit sinkt die Permitivität mit steigender Frequenz (Dispersion).

Interessant ist noch der in Bild 8.6b dargestellte *Frequenzgang der Verluste*. Hier ergeben sich nämlich immer bei den Steilabfällen der Polarisierbarkeit von Bild 8.6a ausgeprägte Maxima. Die durch die verschiedenen Polarisationsmechanismen gebildeten Dipole zeigen bei der durch ein Wechselfeld bewirkten ständigen Umorientierung ein ausgeprägtes *Resonanzverhalten*. Bei einer solchen Resonanz entziehen sie dem Feld vermehrt Energie, was zu erhöhten Verlusten im Werkstoff führt. Oberhalb der Resonanz vermögen die Dipole dann dem Feld nicht mehr zu folgen und liefern keinen Beitrag zur Polarisation, was zu den Steilabfällen von Bild 8.6a führt.

Der Verlustfaktor durchläuft im Bereich der Steilabfälle der Permitivität Maxima.

▶ **Beispiel 8.1: Dielektrikum Wasser**

Ein typisch dipolares Material ist Wasser. Wie die Chemie nachweist, liegen die Ionen des Wassermoleküls H_2O nicht in einer geraden Linie, denn dann wäre Wasser unpolar, sondern die Wasserstoffkerne liegen in einem Winkel von 104° zum Sauerstoffkern (Bild 8.7). Die Ladungsschwerpunkte fallen damit nicht mehr zusammen, und es entsteht ein Dipol mit einem Dipolmoment von $6 \cdot 10^{-28}$ As · cm. (Das gemessene und rechnerische Dipolmoment aus Ladung mal Abstand weichen allerdings voneinander ab.)

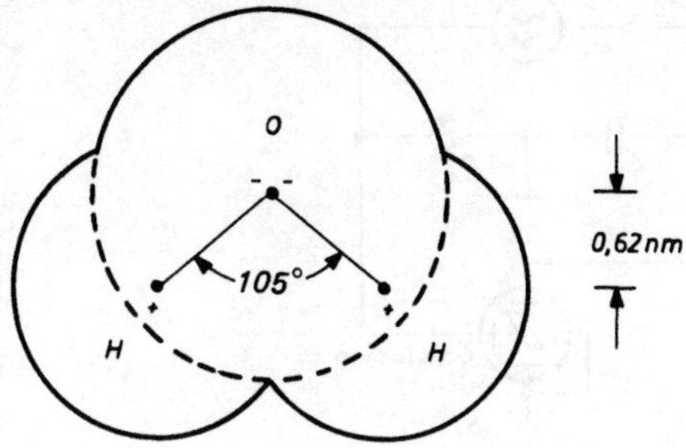

Bild 8.7
Dipol Wassermolekül mit einem Dipolmoment von $6 \cdot 10^{-28}$ As·cm

Die Permitivitätszahl beträgt $\epsilon_r = 81$ für den Bereich niedriger Frequenzen.
Andererseits weist Wasser einen Brechnungsindex von $n = 1{,}77$ auf, woraus $\epsilon_r = n^2 = 3{,}1$ für optische Frequenzen folgt. Dies entspricht den Werten bei Elektronenpolarisation (s. auch Bild 8.6). Aus der Radartechnik ist die Absorptionsfrequenz für Wasser in der Atmosphäre mit 22,5 GHz bekannt, was wiederum dem Übergang von der Ionen- zur Elektronenpolarisation entspricht.

8.2 Dielektrische Materialeinteilung

Das Verhalten der Dipolmomente in dielektrischen Materialien unter den verschiedenen äußeren Einflüssen ist die Grundlage der Materialeinteilung. Wegen der Elektronenpolarisierbarkeit besitzen alle Dielektrika eine Permitivität $\epsilon_r > 1$ bzw. eine positive elektrische Suszeptibilität. (Im Vergleich mit dem Magnetfeld gibt es also nur „para-elektrische", aber keine „dia-elektrischen" Stoffe.)

8.2.1 Ferroelektrika

Stoffe, die eine sehr große Permitivität ($\epsilon_r \approx 10^4$) und eine Hystereseschleife bei der Aussteuerung aufweisen, die der bei magnetischen Materialien entspricht, nennt man in Anlehnung daran *ferroelektrisch*. In Bild 8.8a ist eine solche Kurve im Prinzip dargestellt. Über der elektrischen Feldstärke E ist jetzt entweder die Ladungsdichte D oder die Polarisation P aufgetragen. Auch hier gibt es die remanenten Größen D_r bzw. P_r und die Koerzitivfeldstärke E_c. Die Hystereseschleifen werden dann auch als D-E- bzw. P-E-Diagramme unterschieden. Auch die Bezeichnung Curie-Temperatur wird konsequent angewandt. Oberhalb dieser Temperatur verhalten sich die Ferroelektrika dann wieder wie gewöhnliche Dielektrika. Die Koerzitivfeldstärke E_c hat einen Werkstoff zur Folge, der zwischen zwei Begrenzungsflächen ein dauerhaftes elektrisches Feld aufweist. In Anlehnung an die Magnettechnik spricht man von einem *Elektreten*. In einem – mit Metallelektroden versehenen – Elektreten haben wir also einen Kondensator vor uns, der auch ohne äußere Spannung ein elektrisches Feld führt. (Dieser Effekt ist mit Piezoelektrika noch verstärkt möglich.)

Ferroelektrika weisen eine Hystereseschleife auf und damit auch remanente Polarisation.

Allen Dielektrika gemeinsam ist auch der Effekt der Längenänderung (Verformung) unter dem Einfluß eines elektrischen Feldes, der jetzt *Elektrostriktion* heißt.

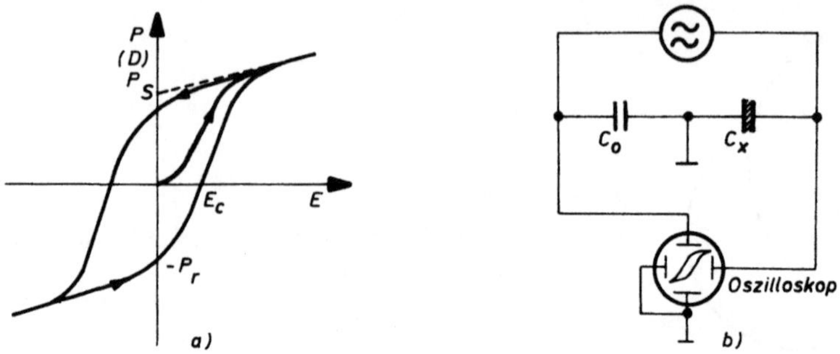

Bild 8.8 Hystereseschleife bei Ferroelektrika

a) Hystereseschleife; E elektrische Feldstärke, P Polarisation, D Verschiebungsdichte, P_s spontane Polarisation, P_r remanente Polarisation, E_c Koerzitivfeldstärke

b) Schaltung zur Aufnahme der Hystereseschleife mit dem Oszilloskop; C_0 normaler Kondensator hoher Güte, C_x ferroelektrischer Kondensator (bei geerdeter Spannungsquelle muß C_0 gegen Masse liegen und $C_0 > C_x$ gemacht werden).

8.2.2 Piezoelektrika

Nicht zu verwechseln mit dem eben genannten ist der *piezoelektrische Effekt*. Hierbei führt eine mechanische (Längen-)Änderung eines Kristalles zu einer Polarisationsänderung. Die Polarisationsänderung kann dabei von nicht polarisiertem oder einem polarisierten Material (mit remanenter Polarisation) ausgehen. Unpolarisiertes Material setzt für den Piezoeffekt das Fehlen eines *Symmetriezentrums* im Kristall voraus. In Bild 8.9 ist dieses schematisch an einem Quarzgitter dargestellt. Während bei einem unbelasteten Gitter die positiven und negativen Ladungsschwerpunkte zusammenfallen (Bild 8.9a), ist dies bei Belastung nicht mehr der Fall. In Bild 8.9b ist für eine Querbeanspruchung (Druck in y-Richtung), bei der das Gitter quasi „gestreckt" wird, durch das gestrichelte Dreieck die Verschiebung des positiven Ladungsschwerpunktes angedeutet. Kraftwirkung und Polarisation stehen senkrecht zueinander. In Bild 8.9c ist die Wirkung einer Druckkraft in x-Richtung dargestellt. Der positive Ladungsschwerpunkt liegt jetzt unterhalb des negativen. Kraftwirkung und Polarisation liegen in der gleichen Richtung. Eine Kraftwirkung senkrecht zur Zeichenebene (z-Richtung) hat keine Polarisation zur Folge. Die Lage dieser drei Achsen beim Quarzkristall ist in Bild 8.9d gezeigt.
Mit den Kraftrichtungen kehren sich auch jeweils die Polaritäten um.

Piezoelektrika wandeln Druckänderungen in Ladungs-(Spannungs-)änderungen um.

Bei einer Reihe von Materialien, die bereits in kleinen Bereichen orientierte Dipole haben – wie bei magnetischen Werkstoffen spricht man auch hier von *Weissschen Bezirken* –, kann man durch geeignete Abkühlung in einem elektrischen Feld die bei hohen Temperaturen ausgerichteten Dipolmomente „*einfrieren*" und eine remanente Polarisation erhalten. Unter Krafteinwirkung zeigen derartige künstlich hergestellte piezoelektrische Werkstoffe sehr viel stärkere Effekte als die natürlichen.

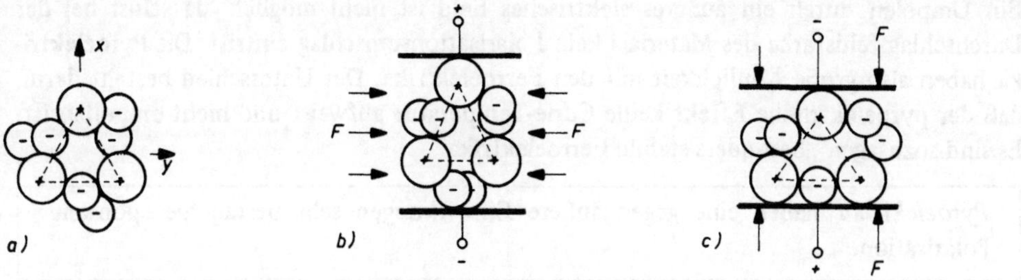

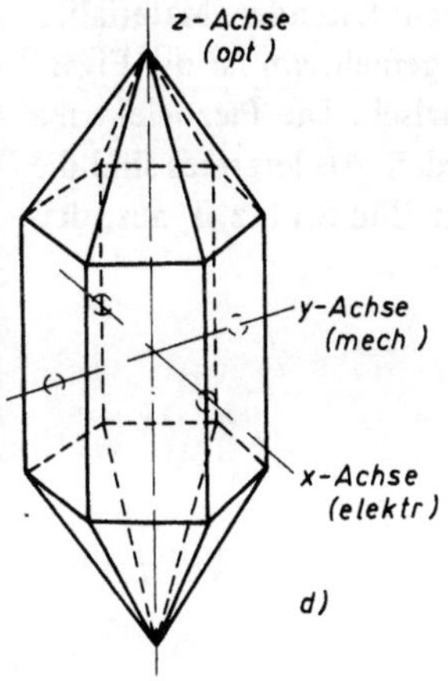

Bild 8.9
Piezoeffekt beim Quarzgitter (SiO_2)
⊕ Si, ⊖ O, *F* Kraft, *x, y, z* Koordinaten
a) Ruhezustand
b) Druck in *y*-Richtung, das Gitter wird „gestreckt". Der positive Ladungsschwerpunkt liegt höher als der negative
c) Druck in *x*-Richtung, das Gitter wird „gequetscht". Der positive Ladungsschwerpunkt liegt tiefer als der negative
d) Lage der Achsen beim Quarzkristall

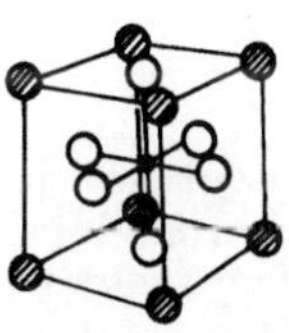

Bild 8.10
Perowskit-Struktur, dargestellt an Bariumtitanat $BaTiO_3$
● Ba, ○ O, • Ti

Nach dem oben erläuterten Modell muß der Piezoeffekt auch umkehrbar sen, d.h. ein elektrisches Feld muß den Kristall deformieren. Im Gegensatz zur Elektrostriktion ist bei diesem reziproken Piezoeffekt die Richtung der Deformation von der Polarität der angelegten Spannung abhängig.
Die bekanntesten natürlichen Piezoelektrika sind der Quarz und der Turmalin. Künstliche Werkstoffe basieren auf Mischoxiden von Ba, Ti, Pb, Nb u.a., die sämtlich in der *Perowskitstruktur* (Bild 8.10) kristallisiert sind.

8.2.3 Pyroelektrika

Fallen bei einer Kristallstruktur bereits im Ruhezustand die Schwerpunkte der positiven und negativen Ladungen nicht zusammen, so liegt eine spontane Polarisation vor. Die Folge ist ein polares piezoelektrisches Material, das man dann *pyroelektrisch* nennt, weil die spontane Polarisation durch Erhitzen oder Abkühlen verändert wird, was äußerlich am Kristall feststellbar ist. Selbst bei Temperaturen bis zum Schmelzpunkt bleibt diese Polarisation erhalten. Ein typisches Beispiel ist dafür der bereits erwähnte Turmalin.

Ein Umpolen durch ein äußeres elektrisches Feld ist nicht möglich, da selbst bei der Durchschlagsfeldstärke des Materials kein Polarisationsumschlag eintritt. Die Pyroelektrika haben also große Ähnlichkeit mit den Ferroelektrika. Der Unterschied besteht darin, daß der pyroelektrische Effekt keine Curie-Temperatur aufweist und nicht umpolbar ist. Es sind sozusagen „besonders stabile Ferroelektrika".

> *Pyroelektrika* haben eine gegen äußere Einwirkungen sehr beständige spontane Polarisation.

Fassen wir die verschiedenen Verhaltensweisen elektrisch nicht-leitender Materialien zusammen, so erhalten wir die Übersicht von Bild 8.11. Allen gemeinsam ist die Eigenschaft, dielektrisch zu sein. Nur ein Teil davon ist piezoelektrisch. Die Piezoelektrika können wieder in pyro- und nicht-pyroelektrisch unterteilt werden. Als letzteres sind die Pyroelektrika teilweise ferroelektrisch. Umgekehrt gelesen, sagt Bild 8.11 z.B. aus, daß alle Ferroelektrika piezoelektrisch sein müssen usw.

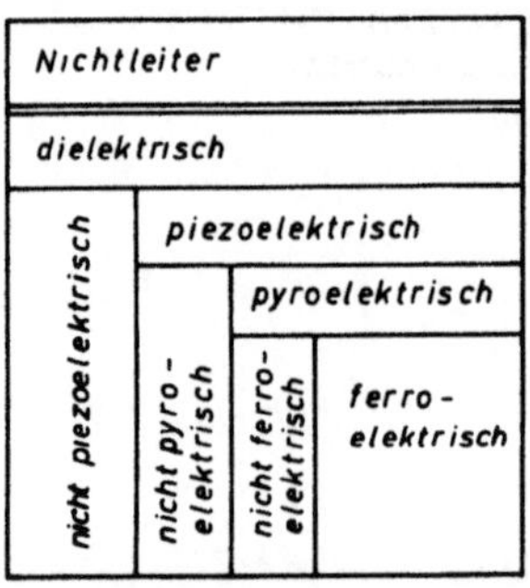

Bild 8.11
Einteilung dielektrischer Materialien

8.3 Elektrische Materialeinteilung

Wir wollen in diesem Abschnitt die Materialkriterien festlegen, die sich aus den verschiedenen elektrotechnischen Anwendungen dielektrischer Werkstoffe ergeben. Die Eigenschaft „nichtbewegliche Ladungsträger" führt zur Anwendung als Isolatoren. Der Effekt „Ladungsbindung" und die daraus folgende Permitivität liefert Kondensatordielektrika.

8.3.1 Isolatoren

Die wesentlichste Größe für einen Isolator stellt zunächst einmal der spezifische Widerstand ρ dar. Er erreicht Werte von $\rho = 10^{10} \ldots 10^{20}\ \Omega\text{m}$. In der technischen Anwendung müssen wir dabei zwischen dem *Durchgangs-* und dem *Oberflächenwiderstand* unterscheiden.

Der **Durchgangswiderstand** in Ω oder auch der spezifische Durchgangswiderstand in Ωm ist eine von den inneren Eigenschaften des Stoffes abhängige und daher für ihn charakteristische Größe. Gemäß Bild 8.12a wird er aus dem Querstrom bestimmt, den eine angelegte Spannung U durch den Werkstoff treibt. Wegen einer stets vorhandenen Anzahl freier Ladungsträger wird dieser *Querstrom* niemals absolut zu Null. Unmittelbar nach dem Anlegen der (Gleich-)Spannung tritt gemäß den früheren Betrachtungen noch ein *Polarisa-*

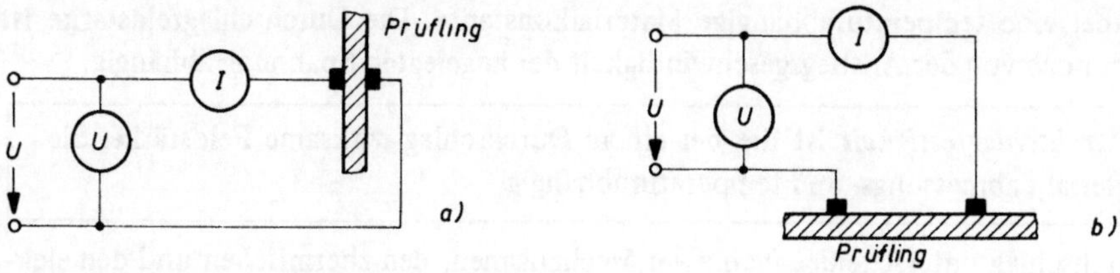

Bild 8.12 Isolationswiderstand
a) Durchgangswiderstand, b) Oberflächenwiderstand
U Spannung (Gleich- oder Wechsel-) und *I* Strom

tionsstrom auf, der u.U. durch die Trägheit der Dipolmomente eine merkliche *Abklingzeit* (Relaxationszeit) aufweist.

Wird der Querstrom durch Ionen verursacht, so ist über längere Zeit mit einer Zerstörung des Isolators zu rechnen.

Der Durchgangswiderstand nimmt mit der Temperatur mehr oder weniger stark ab. Die Folge davon ist ein erhöhter Querstrom, der seinerseits wieder zur Temperaturerhöhung beiträgt. Falls sich kein Temperaturgleichgewicht durch Ausgleich mit der Umgebung einstellt, kommt es dann zum Wärmedurchschlag.

Der **Oberflächenwiderstand** (Bild 8.12b) ist im strengen Sinne eigentlich keine Materialeigenschaft, da *Oberflächenbeschaffenheit* und -verunreinigung die wesentlichen Einflußfaktoren sind. Um die Widerstandswerte längs der Oberfläche eines Isolators groß zu halten, ist es für die Praxis außerordentlich wichtig, eine glatte, jegliche Verunreinigungen, insbesondere Feuchtigkeit abweisende Oberflächenbeschaffenheit zu erreichen.

> Der Durchgangswiderstand ist eine Werkstoffeigenschaft eines Isolators. Der Oberflächenwiderstand ist dagegen stark von Umwelteinflüssen abhängig.

Verunreinigungen auf der Oberfläche eines ansonsten einwandfreien Isolators führen zu *Kriechströmen*. Die dadurch verursachten Kriechspuren können die Oberfläche des Isoliermaterials angreifen und die Leitfähigkeit weiter erhöhen. Für die technische Anwendung eines Isolierstoffes ist der Widerstand gegen die Kriechspurbildung in der Oberfläche, die sog. *Kriechstromfestigkeit*, meist bedeutsamer als der Oberflächenwiderstand.

Die **Durchschlagfestigkeit** ist eine weitere wichtige Größe für Isoliermaterialien. Es ist dies die beim Spannungsdurchschlag eines Isolierstoffes wirksame elektrische Feldstärke E_D, meist in kV/cm angegeben. Die Durchschlagfestigkeit ist nur unter gleichen Bedingungen vergleichbar, da sie sowohl von der Elektrodenform als auch der Materialdicke abhängig ist. Im allgemeinen wird mit Kugelelektroden von 20 mm Durchmesser, einer Materialdicke von $d = 1{,}5$ mm am Boden von kalottenförmigen Vertiefungen in der Oberfläche des Prüflings gearbeitet. Mit zunehmender Materialdicke d sinkt die Durchschlagfeldstärke E_D im allgemeinen, wobei näherungsweise das Gesetz von Fischer-Hinnen gilt, nach dem

$$E_D \approx K \sqrt[3]{d^2} \qquad (8.8)$$

K ist dabei eine temperaturabhängige Materialkonstante. Die Durchschlagfeldstärke ist außerdem noch von der Anstiegsgeschwindigkeit der angelegten Spannung abhängig.

> Die *Durchschlagfestigkeit* ist die bei einem Durchschlag wirksame Feldstärke. Sie ist material-, abmessungs- und temperaturabhängig.

Beim Durchschlag unterscheidet man zwei Mechanismen, den thermischen und den elektrischen Durchschlag. Beim thermischen oder *Wärmedurchschlag* führt, wie bereits erwähnt, die vom Stromdurchgang hervorgerufene Erwärmung nach einiger Zeit zu einer Leitfähigkeit, die den Isolator zerstört. Die Prüfung benötigt zur Feststellung dieses Effektes also Zeit. Andererseits vermögen bei hohen Feldstärken Ladungsträger die bei Isolatoren vorliegenden großen Bandabstände zu überwinden und Leitfähigkeit für einen Durchschlag hervorzurufen. Dieser Mechanismus ist praktisch nicht zeitabhängig.
Prüfungen erfolgen daher aus den genannten Gründen über 1 Minute und mit 50 Hz Wechselspannung. Für die Durchschlagspannung wird dann der Effektivwert der Wechselspannung angegeben.
Da Zeit und Temperatur in die Eigenschaften der Isolierstoffe eingehen, ist für die Zuverlässigkeit von elektrischen Geräten die Isolationseigenschaft der Werkstoffe bei langzeitiger Temperaturbelastung wichtig. Den verschiedenen Anwendungen entsprechend, ergeben sich unterschiedliche Temperaturen, denen Isolierstoffe ausgesetzt sein können. Man unterscheidet daher nach IEC bzw. VDE *Wärmebeständigkeitsklassen*, wie sie in der Tabelle 8.1 aufgeführt sind.

> Erhöhte Temperaturen vermindern die Lebensdauererwartungen elektrischer Anlagen.

Tabelle 8.1 Wärmebeständigkeitsklassen nach IEC bzw. VDE

Klasse	Grenztemp. °C	Isolierstoffcharakteristika
Y	90	Organische Stoffe, ungetränkt
A	105	Organische Stoffe mit organischen Bindemitteln
E	120	Lackdrähte
B	130	Anorganische Stoffe mit organischen Bindemitteln
F	155	Anorganische Stoffe mit besonderen organischen Bindemitteln
H	180	Anorganische Stoffe z.B. mit Silikon
C	> 180	Anorganische Stoffe ohne Bindemittel

Wie die Erfahrung gezeigt hat, genügt für die *Halbierung der Lebensdauererwartung* bei einer Isolation nach

Klasse A eine um 8 °C erhöhte Betriebstemperatur, Klasse B eine um 10 °C erhöhte Betriebstemperatur, Klasse H eine um 12 °C erhöhte Betriebstemperatur.

Ein Absenken der Betriebstemperatur um die angegebenen Werte erhöht die Lebensdauererwartung auf das Doppelte.
Weitere u.U. wichtige Eigenschaften von Isolierstoffen sind Wasseraufnahme (Feuchtigkeitsverhalten), Lösungsvermögen für Gase oder Flüssigkeiten bzw. Löslichkeit in Flüssigkeiten, Verträglichkeit mit anderen Stoffen, Wärmeleitfähigkeit, Temperaturwechselbeständigkeit, Flammpunkt bzw. Entflammbarkeit usw.

8.3.2 Kondensatoren

Bei den Isolatoren waren spezifischer Widerstand und Durchschlagfestigkeit die dominierenden Größen. Die Permitivität ϵ_r sollte dabei möglichst klein sein, um bei Betrieb mit Wechselspannungen Blindströme klein zu halten.
Kondensatoren sollen aber überwiegend kapazitive Blindströme führen, die möglichst keine reellen Anteile aufweisen. Damit muß in erster Linie die Permitivität ϵ_r groß gemacht werden, da für die Kapazität C nach Gl. (8.1a) gilt

$$C = \frac{Q}{U} = \epsilon_0 \, \epsilon_r \frac{A}{d} \tag{8.10}$$

Damit besteht eine direkte Proportionalität zwischen dem ϵ_r des Dielektrikums und der Kapazität C. Allerdings kann auch durch Verringerung der Belagabstände eines Kondensators die Kapazität gesteigert werden, wodurch die Durchschlagfestigkeit wieder Bedeutung erlangt. Bei dünnen Schichten werden dann schon mit geringen Spannungen erhebliche Feldstärken erreicht. Dies ist bei Folienkondensatoren zu beachten (10 V Spannung an einer 10 μm dicken Folie bedeuten E = 10 kV/cm!).
Die bei Kondensatoren wichtigen Verluste werden entweder über den Verlustfaktor $\tan\delta$ definiert oder durch die komplexe Permitivität $\underline{\epsilon}$ beschrieben.

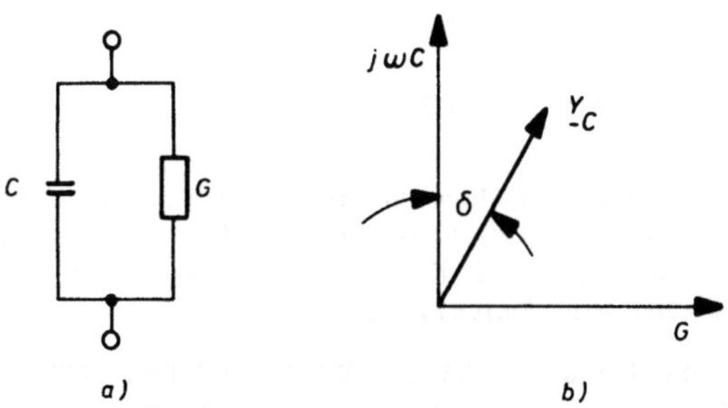

Bild 8.13
Verlustbehafteter Kondensator
a) Ersatzschaltung; C ideale Kapazität, G Verlustleitwert
b) kapazitiver Leitwert Y_C in der komplexen Ebene; δ Verlustwinkel

Dem **Verlustfaktor** liegt die in Bild 8.13 dargestellte Ersatzschaltung zugrunde. Der idealen Kapazität C wird ein Verlustleitwert G parallelgelegt. Der komplexe Leitwert $\underline{Y}_C$ folgt dann daraus (Bild 8.13b) zu

$$\underline{Y}_C = G + \mathrm{j}\,\omega C \qquad (8.11)$$

Der Verlustfaktor $\tan\delta$ ergibt sich aus dem Verhältnis von Wirkleistung zu Blindleistung als

$$\tan\delta = \frac{G}{\omega C} = \frac{1}{\omega RC} \qquad (8.12)$$

R Verlustwiderstand = $1/G$. R ist im allgemeinen frequenzabhängig und geht für Gleichspannung in den Isolationswiderstand über.

> Der *Verlustfaktor* $\tan\delta$ ist das Verhältnis von Verlustleitwert zu Blindleitwert oder der Kehrwert des Produktes aus Verlustwiderstand und Blindleitwert.

Die in der Volumeneinheit des Dielektrikums umgesetzten Leistungen ergeben sich beim Kondensator aus der anliegenden Feldstärke E. Für die Blindleistung pro Volumeneinheit P'_B gilt

$$P'_B = E^2\,\omega\epsilon_0\,\epsilon_r \qquad (8.13)$$

Die Verlustleistung des Dielektrikums ergibt sich dann pro Volumeneinheit (P'_W) mit Gl. (8.12) als

$$P'_W = E^2\,\omega\epsilon_0\,\epsilon_r \tan\delta \qquad (8.14)$$

Eine weitere Verlustdefinition für Gleichstrom bzw. niedrige Frequenzen ist über das Produkt RC als *Isolationszeitkonstante*, auch Isolationsgüte genannt, möglich. Sie wird in $\mathrm{M\Omega \cdot \mu F}$ oder zahlen- (und dimensions-)gleich in s angegeben und liegt über 10^3 s.

> Die *Isolationszeitkonstante* eines Kondensators ist das Produkt aus Kapazität und Verlustwiderstand.

▶ **Beispiel 8.2: Isolationszeitkonstante**

Ein Polystyrolfolienkondensator von 1 nF weise eine Isolationszeitkonstante von $3 \cdot 10^5$ s auf. Dann beträgt sein Isolationswiderstand R

$$R = \frac{3 \cdot 10^5\,\mathrm{M\Omega\,\mu F}}{C} = \frac{3 \cdot 10^5\,\mathrm{M\Omega\,\mu F}}{10^{-3}\,\mathrm{\mu F}} = 3 \cdot 10^{14}\,\Omega = 3 \cdot 10^2\,\mathrm{T\Omega}$$

Da nach dem Ablauf einer Zeitkonstanten eine Kondensatorladung auf das $1/e$-fache, d.h. 37 % abgesunken ist, würde ein 1 nF-Kondensator, der mit 100 V aufgeladen wurde, nach $3 \cdot 10^5\,\mathrm{s} \approx 83$ h $\approx 3{,}5\,d$ noch eine Spannung von 37 V führen. Die nach fünf Zeitkonstanten praktisch vollständige Entladung (Rest < 1 %) würde nach $15 \cdot 10^5\,\mathrm{s} \approx 420$ h $\approx 17\,d$ erreicht sein.

Der Verlustfaktor $\tan\delta$ ist durchweg stark frequenzabhängig. Im allgemeinen liegt er unter 10^{-3}. Für das bereits erwähnte Polystyrol ist in Bild 8.14 einmal der Verlauf von ϵ_r und $\tan\delta$ über der Frequenz gezeigt.

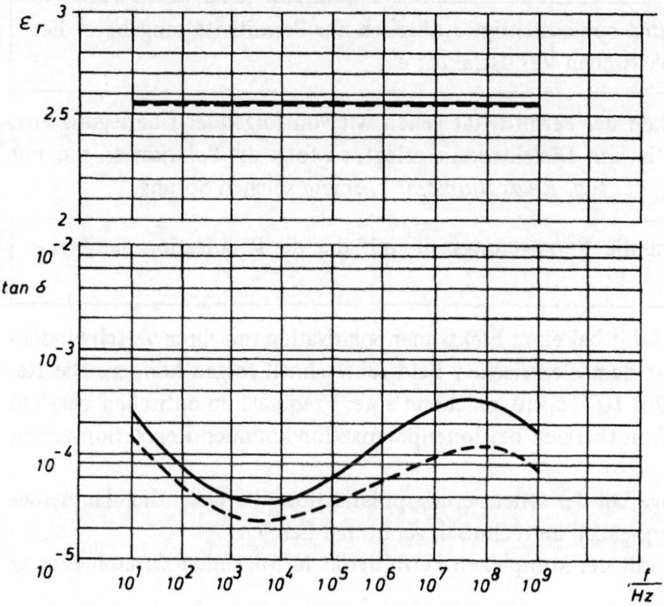

Bild 8.14 Permitivität ϵ_r und Verlustfaktor $\tan\delta$ von Polystyrol in Abhängigkeit von der Frequenz
Spezifischer Widerstand $\rho > 10^{16}\ \Omega\cdot\text{m}$, Durchschlagfestigkeit $E_D > 100$ kV/mm
(nach *BASF* für Polystyrol 168 N)

Zur Beschreibung der *komplexen Permitivität* gehen wir, ähnlich wie bei der komplexen Permeabilität, von einem Kondensator mit der Kapazität C_0 aus, der durch Einbringen des Dielektrikums die Kapazität C erhält.

$$C = \underline{\epsilon}\, C_0 \tag{8.15}$$

$\underline{\epsilon}$ komplexe Permitivität mit den Komponenten

$$\underline{\epsilon} = \epsilon' - \mathrm{j}\,\epsilon'' \tag{8.16}$$

Für den komplexen Leitwert der verlustbehafteten Kapazität können wir jetzt mit den Gln. (8.11), (8.15) und (8.16) folgende Identität aufstellen:

$$G + \mathrm{j}\,\omega C \equiv \underline{Y} \equiv \epsilon''\,\omega C_0 + \mathrm{j}\,\omega\,\epsilon'\,C_0 \tag{8.17}$$

Nach Gl. (8.12) folgt sofort

$$\tan\delta = \frac{\epsilon''}{\epsilon'} \tag{8.18}$$

und wegen $C/C_0 = \epsilon'$ wird der Realteil der komplexen Permitivität praktisch mit dem üblichen ϵ_r identisch. ϵ'' könnten wir auch hier als Verlustpermitivität bezeichnen. Wegen der Bedeutung $\epsilon'' \equiv \epsilon_r \tan\delta$ gilt dafür die Bezeichnung *dielektrischer Verlustfaktor* in Erweiterung der Bezeichnung Verlustfaktor = $\tan\delta$ (s. auch Gl. (8.14)).

> Die *komplexe Permitivität* berücksichtigt zusätzlich zur Permitivitätsangabe ϵ' die Verluste durch den dielektrischen Verlustfaktor ϵ''.

Für die Frequenzabhängigkeit der Permitivität gehen wir von folgender Überlegung aus: Wird ein Feldstärkesprung an ein Dielektrikum gelegt, so folgt die Polarisation nur mit einer gewissen Verzögerung, der sog. *Relaxationszeit* τ, einem solchen Sprung.

> Die *Relaxationszeit* τ ist die Verzögerungszeit, mit der die Polarisation der Erregung folgt.

Wie wir bereits erkannten, wird bei einer Elektronenpolarisation mit ihren verschwindenden Massen die Polarisation dem elektrischen Feld sehr schnell folgen können. Die Relaxationszeit beträgt ungefähr 10^{-14} s, entsprechend einer Frequenz im optischen Bereich. Der Frequenzgrenze im Infrarotbereich bei Ionenpolarisation kommen Relaxationszeiten bei etwa 10^{-12} s zu.
Ganz anders liegen die Dinge bei der Orientierungspolarisation, die wesentlich langsamer verläuft. Hier führt τ zu Frequenzen im technisch genutzten Bereich.
Nach Debeye kann man τ mit der komplexen Permitivität in folgenden Zusammenhang bringen:

$$\underline{\epsilon} = \epsilon_\infty + \frac{\epsilon_s - \epsilon_\infty}{1 + j\omega\tau} \tag{8.19}$$

ϵ_∞ *unrelaxierte Permitivität*, d.h. die dem Sprung unverzögert, also auch noch bis zu sehr hohen Frequenzen folgende Permitivität, ϵ_s *statische Permitivität*, d.h. Permitivität, die sich nach genügend langer Zeit, wenn alle Dipolmomente orientiert sind, einstellt. Danach muß also stets $\epsilon_s > \epsilon_\infty$ sein.

> *Unrelaxierte Permitivität* ist die sich unendlich schnell, *statische Permitivität* die sich (unendlich) langsam einstellende Permitivität.

Für eine Ortskurve von $\underline{\epsilon}$ nach Gl. (8.19) ergibt sich demnach Bild 8.15 (Coole-Coble-Diagramm), ein Halbkreis im 4. Quadranten der komplexen Ebene mit dem Durchmesser $\epsilon_s - \epsilon_\infty$. Für $\omega = 0$ beginnt der Halbkreis bei ϵ_s und endet für $\omega = \infty$ bei ϵ_∞.

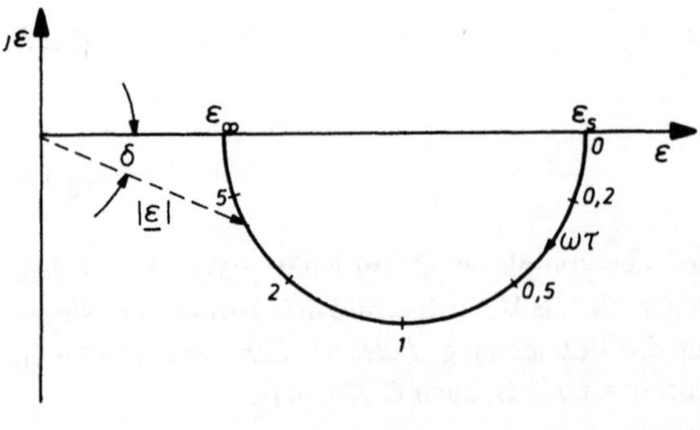

Bild 8.15
Ortskurve der komplexen Permitivität ϵ mit der unrelaxierten Permitivität ϵ_∞ und der statischen Permitivität ϵ_s

Ein Vergleich mit der Gl. (8.16) liefert zwischen den Werten ϵ' und ϵ'' einerseits sowie ϵ_s und ϵ_∞ andererseits folgende Zusammenhänge:

$$\epsilon' = \epsilon_\infty + \frac{\epsilon_s - \epsilon_\infty}{1 + (\omega\tau)^2} \qquad \epsilon'' = \frac{(\epsilon_s - \epsilon_\infty)\omega\tau}{1 + (\omega\tau)^2} \tag{8.20}$$

Der Verlustfaktor $\tan\delta$ ergibt sich daraus zu

$$\tan\delta = \frac{(\epsilon_s - \epsilon_\infty)\,\omega\tau}{\epsilon_s + \epsilon_\infty(\omega\tau)^2} \tag{8.21}$$

Welche Bedeutung diese Zusammenhänge zwischen den „schnellen" bzw. „langsamen" Polarisationen und den Verlusten bzw. Permitivitäten haben, soll ein Beispiel aufzeigen.

Beispiel 8.3: Komplexe Permitivität

Wir geben einmal $\epsilon_s = 10$ und $\epsilon_\infty = 2$ vor, dann nehmen die Gln. (8.20) und (8.21) folgende Gestalt an:

$$\epsilon' = 2 + \frac{8}{1 + (\omega\tau)^2} \qquad \epsilon'' = \frac{8\,\omega\tau}{1 + (\omega\tau)^2}$$

und – wenn wir ϵ_∞ herausdividieren, um bequemere Zahlenverhältnisse bilden zu können –

$$\tan\delta = \frac{4\,\omega\tau}{5 + (\omega\tau)^2}$$

Für $\omega\tau = 1$ ergeben sich dann $\epsilon' = 6$ und $\epsilon'' = 4$. Für den Verlustfaktor erhalten wir $\tan\delta = 0{,}66$. Der weitere Verlauf für $0{,}1 < \omega\tau < 10$ ist in Bild 8.16 dargestellt.
Wäre z.B. $\tau = 10^{-11}$ s, so gehörte zu $\omega\tau = 1$ die Frequenz f

$$f = \frac{1}{2\pi\tau} = 15{,}9\,\text{GHz}$$

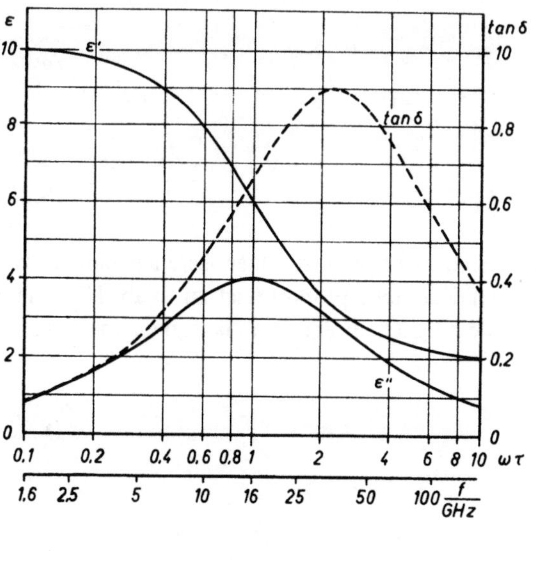

Bild 8.16

ϵ', ϵ'' und $\tan\delta$ für $\epsilon_\infty = 2$ und $\epsilon_s = 10$ in Abhängigkeit von $\omega\tau$

Die Frequenzeichung gilt für $\tau = 10^{-11}$ s (Beispiel 8.3)

• **Aufgabe 8.1: Ortskurve der komplexen Permitivität**
Konstruieren Sie mit den Werten von Beispiel 8.3 die Ortskurve der komplexen Permitivität und vergleichen ausgewählte Werte mit Bild 8.16.
Eichen Sie die Ortskurve in Frequenzen für $\tau = 10^{-11}$ s.

Vergleichen wir den Verlauf der Kurve für ϵ' aus Bild 8.16 mit dem Bild 8.6, so wird jetzt klar, worin die Stufen für ϵ_r ihre Ursache haben. Auch der resonanzartige Anstieg der Verluste, ausgedrückt durch $\tan\delta$ oder ϵ'', wird nunmehr verständlich.
Im allgemeinen treten in einem Material verschiedene Relaxationsprozesse auf, zu denen auch unterschiedliche Relaxationszeiten gehören. Liegen die Zahlenwerte weit genug auseinander, so entstehen die in Bild 8.6 dargestellten Mehrfachstufungen. Für die Ortskurven ergeben sich getrennte Halbkreise, bei denen die statische Permitivität ϵ_s der einen Kurve die nicht relaxierte Permitivität ϵ_∞ der anderen Ortskurve ist.
Sind die Relaxationszeiten nicht scharf definiert, wie es besonders bei organischen Kunststoffen der Fall ist, so erscheint nur ein Teil des Halbkreises der Ortskurve im 4. Quadranten.
Die Verluste in einem Dielektrikum können aber auch durch eine restliche Leitfähigkeit σ des Materials hervorgerufen werden. Die Verschiebung D setzt sich dann aus einer kapazitiven Komponente $D_C = \epsilon E$ und einer ohmschen Komponente $D_R = E\sigma/j\omega$ für sinusförmigen Feldstärkeverlauf zusammen. Damit wird

$$D = E\left(\epsilon + \frac{\sigma}{j\omega}\right) \tag{8.22}$$

Dividieren wir durch die Feldstärke E, erhalten wir die Permitivität, die wieder aus einem reellen mit der Kapazität und einem imaginären mit den Verlusten verkoppelten Anteil besteht.

$$\frac{D}{\epsilon_0 E} = \underline{\epsilon} = \epsilon' - \frac{j\sigma}{\epsilon_0\,\omega} \tag{8.23}$$

Wir erhalten also für den Verlustanteil

$$\epsilon'' = \frac{\sigma}{\epsilon_0\,\omega} \tag{8.24}$$

und für den Verlustfaktor

$$\tan\delta = \frac{\sigma}{\omega\epsilon'\epsilon_0} \tag{8.25}$$

Die Ortskurve für die komplexe Permitivität wird jetzt zu einer Geraden parallel zur imaginären Achse (Bild 8.17). Der Verlustfaktor fällt proportional zu ω ab. Mit einem Abfall von 20 dB/Dekade ist dies die stärkste mögliche Frequenzabhängigkeit von $\tan\delta$.
Für $\tan\delta = 1$ wird mit

$$\frac{\epsilon_0\,\epsilon'}{\sigma} = \frac{1}{\omega} = \tau \tag{8.26}$$

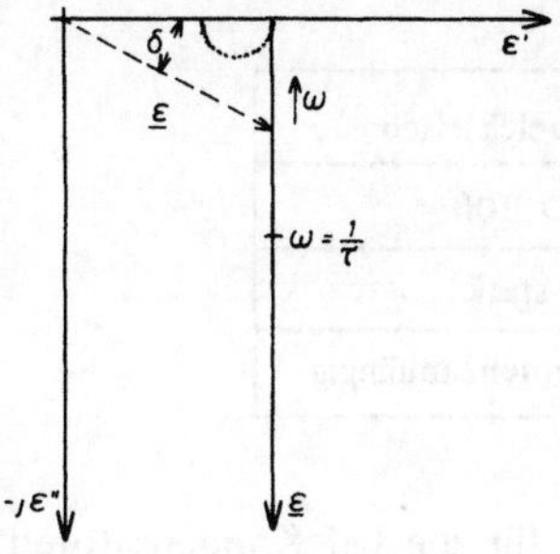

Bild 8.17
Ortskurve der komplexen Permitivität ε für Materialien mit begrenzter Leitfähigkeit

$$\epsilon'' = \frac{\sigma}{\epsilon_0 \omega} \qquad \tau = \frac{\epsilon_0 \epsilon'}{\sigma}$$

eine Zeitkonstante τ definierbar, die wieder als Relaxationszeit gedeutet werden kann. Diese Deutung wird für den Fall von technischen Werkstoffen wichtig, die aus Materialien verschiedener Leitfähigkeit mit inhomogener Verteilung bestehen. Die Ortskurve von Bild 8.17 wird dann z.B. bei zwei Zeitkonstanten durch einen punktiert eingezeichneten Halbkreis ergänzt. Liegt dem allgemeinen Fall entsprechend ein kontinuierliches Relaxationszeitenspektrum vor, so verwischen die definierten Ortskurvenverläufe immer stärker. Die Auswirkungen dieser Effekte schlagen sich dann besonders in den Kurvenverläufen für $\tan\delta$ nieder. Bild 8.18 zeigt hierzu einige Beispiele. Für Bariumferrit ($BaFe_{12}O_{19}$) ist zunächst der Abfall von $\tan\delta$ mit der Frequenz durch Leitfähigkeit zu erkennen, während nach dem Abfall von ϵ' der Verlustfaktor durch eine definierte Relaxationszeit ein Maximum durchläuft. Bariumtitanat ($BaTiO_3$) zeigt im betrachteten Frequenzbereich deutlich die Wirkung verschiedener Mechanismen für den Verlustfaktor.

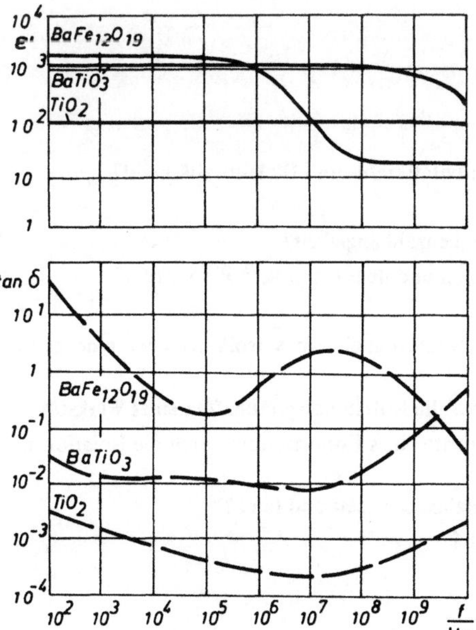

Bild 8.18
Frequenzabhängigkeit der Kapazitätspermitivität ϵ' und des Verlustfaktors $\tan\delta$ für Barium-Ferrit (nach *F. Haberey* und *H. P. J. Wijn*), Bariumtitanat und Rutil (nach *A. R. von Hippel*)

Tabelle 8.2 Eigenschaften dielektrischer Werkstoffe

Stoff	unpolar	polar	ferroelektrisch
ϵ_r	< 10	10...100	> 100
Temperaturgang	gering	gering	stark
Verluste	gering	gering	stark frequenzabhängig

Nach den vorangegangenen Überlegungen können wir jetzt für die bei Kondensatoren wichtige Permitivität ϵ_r (eigentlich ϵ') bei den verschiedenen Stoffarten die in Tabelle 8.2 niedergelegte Übersicht zusammenstellen.

Im praktischen Gebrauch wird bei keramischen Dielektrika noch zwischen *niederdielektrischer Keramik (NDK)* mit $\epsilon_r \leqslant 500$ und *hochdielektrischer Keramik (HDK)* mit $\epsilon_r > 500$ unterschieden.

> *NDK* und *HDK* sind Kurzbezeichnungen für Keramiken mit niedrigem oder hohem ϵ_r.

NDK-Materialien basieren auf Titanaten, die bei Raumtemperatur noch nicht ferroelektrisch sind. Sie zeichnen sich durch einen geringen positiven oder negativen Temperaturgang und Spannungsunabhängigkeit von ϵ_r aus. Die Verlustfaktoren liegen bei etwa $10^{-4} \ldots 10^{-5}$. Wegen begrenzter Leitfähigkeit des Materials steigen sie für tiefe Frequenzen an. Die elektrische Langzeitstabilität ist sehr gut.

HDK-Materialien gestatten große Kapazitäten auf kleinstem Raum, aber nur bei herabgesetzten Anforderungen. Grundmaterial ist das ferroelektrische Bariumtitanat ($BaTiO_3$). Die Permitivität ϵ_r ist stark temperatur- und spannungsabhängig. Die Verlustfaktoren liegen bei etwa $10^{-2} \ldots 10^{-3}$.

8.4 Wiederholungsfragen

8.4.1 Worin besteht der Unterschied zwischen Permitivität(szahl) und Dielektrizitätszahl?

8.4.2 Wann ist ein Stoff als polar zu bezeichnen?

8.4.3 Wodurch hat die Permitivität eine gestufte Frequenzabhängigkeit?

8.4.4 Was ist der Unterschied zwischen Elektrostriktion und dem reziproken Piezoeffekt?

8.4.5 Was ist ein Elektret?

8.4.6 Warum ist bei der Bestimmung der Durchschlagfestigkeit eines Isolators über eine gewisse Zeit zu prüfen?

8.4.7 Welchen Einfluß haben Zeit und Temperatur auf die Isolationseigenschaften eines Werkstoffes?

8.4.8 Unter welchen Bedingungen kann man die Verluste eines Kondensators durch die Isolationszeitkonstante beschreiben?

8.4.9 In welchem logischen Zusammenhang stehen Relaxationszeit und $\tan \delta$?

8.4.10 Was besagen die Bezeichnungen NDK und HDK?

9 Dielektrika

Je nach Anwendungsgebiet werden dielektrische Werkstoffe mehr zur „Isolierung" oder als „Dielektrika" eingesetzt. Eine scharfe Trennung ist dabei nicht möglich, da z.B. von einem Kondensator oft für Wechselspannungen eine „Verbindung" und für Gleichspannung eine „Isolation" gefordert wird.
Die folgende Übersicht über verschiedene dielektrische Werkstoffe beschreibt daher zunächst ihre Grundeigenschaften und weist dann gegebenenfalls auf bevorzugte Anwendungen hin. Zunächst einmal können wir die Dielektrika unterteilen in

natürliche	künstliche
begrenztes Vorkommen, wechselnde Eigenschaften	fast beliebig anpaßbar, formbar

Der chemische Aufbau der dielektrischen Werkstoffe führt zu weiterer Unterteilung in anorganische und organische Dielektrika (Tabelle 9.1).

Tabelle 9.1 Unterteilung der dielektrischen Werkstoffe

Dielektrika	natürliche	künstliche
anorganische	9.1 z.B. Quarz, Glimmer, Glas	9.3 z.B. Keramik, Porzellan
organische	9.2 z.B. Seide, Papier, Baumwolle, Holz	9.4 z.B. PVC, Polystyrol, Silikone

9.1 Natürliche anorganische Dielektrika

9.1.1 Glimmer

Glimmer ist ein Naturprodukt mit hervorragenden elektrischen Eigenschaften. Die Glimmerplatten können durch *Aufspalten* in dünne Plättchen zerlegt werden (z.B. Luftspaltfolien für Magnettonköpfe). Sie sind schneid- und stanzbar und werden so in vielen Fällen direkt benutzt.
Kleine Glimmerschüppchen (Abfälle) werden mit Kunstharzen zu Platten oder Formteilen verpreßt (Mikanite). Feinste Glimmerreste werden in Spezialverfahren zu einem Vlies verarbeitet, das dann ähnlich wie normaler Glimmer genutzt werden kann. Die Durchschlagfestigkeit von Glimmer erreicht Werte bis zu $E_D = 1000\,kV/cm$, $\epsilon_r \approx 6 \ldots 8$, $\tan\delta \approx 2 \cdot 10^{-4}$. Mikanite erreichen $E_D \approx 100 \ldots 200\,kV/cm$.

9.1.2 Quarz

Quarz ist reines SiO_2, hochtemperaturfest (Smp. 1750 °C) und weist eine geringe Wärmedehnung auf. Er findet Anwendung für hochwertige Geräte z.B. in der Halbleitertechnologie und in der *Vakuumtechnik*. Quarz ist bis 185 nm ultraviolettdurchlässig. Als künstliche Produkte leiten sich Quarzglas, Quarzgut und gezogene Quarzkristalle ab. Quarzmehl findet als Füllstoff Verwendung. $E_D \approx 30...40$ kV/mm, $\epsilon_r \approx 3...4$, $\tan\delta = 10^{-2}...10^{-6}$ (je nach Reinheit).

Eine besondere Bedeutung kommt dem Quarz wegen seines piezoelektrischen Effektes in der Nachrichtentechnik zu. Zunächst einmal kann er als sehr robuster temperaturstabiler *elektromechanischer Wandler* zur elektrischen Messung von Drücken unter erschwerten Bedingungen oder Erzeugung von Schwingungen (Ultraschall) über einen großen Frequenzbereich dienen. Geringe innere Reibungsverluste führen andererseits zu ausgesprochen guten *Resonanzeigenschaften* von Quarzen als Schwingern. Mit ihnen lassen sich außerordentlich frequenzstabile Resonanzsysteme zwischen ca. 1 kHz...50 MHz (im Obertonbetrieb bis ca. 250 MHz) herstellen. Am bekanntesten sind in diesem Zusammenhang in letzter Zeit Quarzuhren (Quartz ist die amerikanische Schreibweise und im deutschsprachigen Raum falsch!) mit ihren bis vor wenigen Jahren im täglichen Gebrauch unglaublichen Genauigkeiten geworden.

Quarzresonatoren erreichen durch geringe innere Dämpfungen hohe Güten.

Für die hohen elektrischen Anforderungen muß ein Schwingquarz sehr rein und unter ganz bestimmten kristallografischen Richtungen aus dem Rohkristall geschnitten sein. Dies ist praktisch nur mit künstlich gezüchteten Quarzen möglich. Hierzu wird SiO_2 bei 450 °C und 1000 bar in Natronlauge gelöst, woraus dann die Kristalle gezogen werden. Die Wachstumsgeschwindigkeit liegt bei einigen Millimetern pro Tag.

Die **Schwingquarze** werden unter verschiedenen Richtungen (Bild 9.1) aus dem Rohmaterial geschnitten. Die Schnittrichtung bestimmt maßgeblich das Frequenz- und Temperaturverhalten eines Schwingquarzes (Bild 9.2). Für AT-, CT- und GT-Schnitte ist in Bild 9.2 der Frequenzgang über der Temperatur aufgetragen. Man erkennt deutlich, daß der GT-Schnitt (er weist einen Winkel von 51,5° zur x-z-Ebene auf) einen besonders geringen Temperaturgang hat.

Der Ersatzschaltung entsprechend (Bild 9.3a) weist ein Schwingquarz eine Serien- und eine (höherliegende) Parallelresonanz auf. C_p ist die weit unterhalb der Resonanz (statisch) meßbare Kapazität des Kondensators „Anschlußbeläge mit Quarzdielektrikum". C_s, L_s und R_s sind Ersatzgrößen des mechanischen Resonators. Der Abstand der Serienresonanzkreisfrequenz ω_p ist durch das Verhältnis C_s/C_p bestimmt gemäß

$$\frac{\omega_p - \omega_s}{\omega_s} = \frac{C_s}{2\,C_p} \tag{9.1}$$

C_s/C_p ist zunächst eine durch Schnitt und Schwingungsform bestimmte Größe. C_p kann dabei in gewissen Grenzen durch die äußere Beschaltung variiert werden, wodurch sich der Quarz in seiner Resonanz nach tieferen Frequenzen ziehen läßt. Eine Kapazität in Serie zieht die Quarzresonanz in Richtung höherer Frequenzen. C_p beträgt im allgemeinen

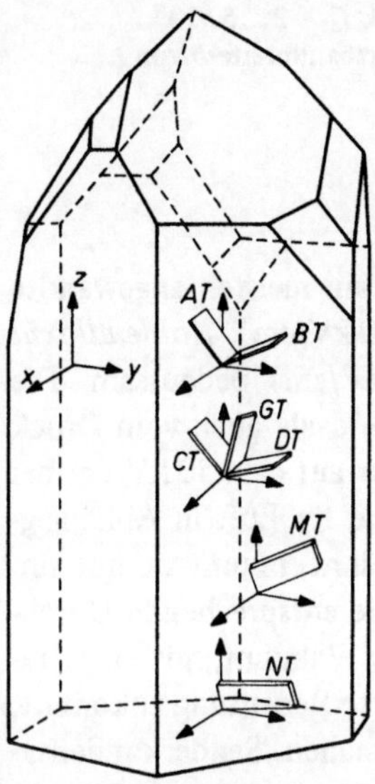

Bild 9.1 Schnittrichtungen beim Quarz (für die Achsen siehe auch Bild 8.9d)

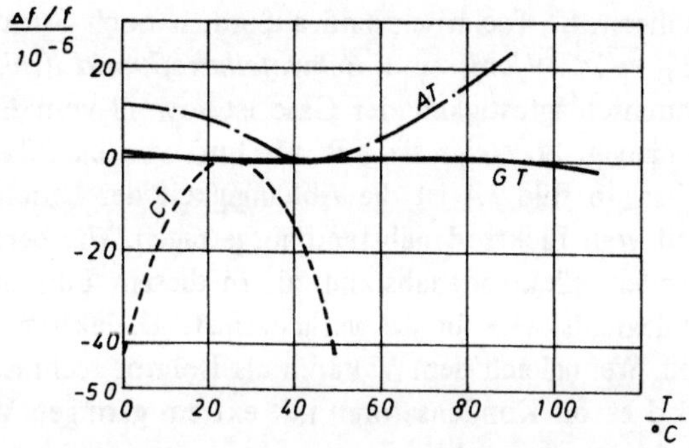

Bild 9.2 Temperaturabhängigkeit der Resonanzfrequenz von Quarzen bei verschiedenen Kristallschnitten

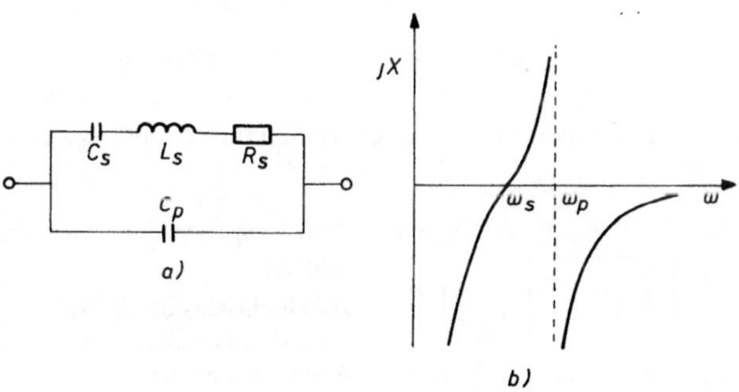

Bild 9.3 Schwingquarz

a) Ersatzschaltung
C_p Parallelkapazität (Kapazität weit unterhalb der Resonanz). C_s Serienkapazität, L_s Serieninduktivität, R_s (Serien-) Verlustwiderstand

b) Reaktanzverlauf
jX Blindwiderstand, ω_s Serienresonanz, ω_p Parallelresonanz, ω Kreisfrequenz

einige pF, und C_s/C_p liegt zwischen 10^{-2} und 10^{-3}. Daraus ergeben sich für C_s-Werte von einigen fF und für die (Ersatz-)Serieninduktivität je nach Resonanzfrequenz Werte bis zu einigen Henry.

Die mit Quarzresonatoren erzielbaren *Resonanzgüten Q* liegen zwischen $Q = 10^4 \dots 10^6$, entsprechend $\tan\delta = 10^{-4} \dots 10^{-6}$. Die theoretische Grenze von $Qf = 16 \cdot 10^{12}$ Hz wird von Vakuumquarzen oberhalb 30 MHz fast erreicht.

Beispiel 9.1: Schwingquarz

Bei 5 MHz ist die theoretische Gütegrenze für einen Schwingquarz

$$Q = \frac{16 \cdot 10^{12}\,\text{Hz}}{f} = \frac{16 \cdot 10^{12}\,\text{Hz}}{5 \cdot 10^{6}\,\text{Hz}} = 3{,}2 \cdot 10^{6}$$

Vakuumquarze erreichen bei 5 MHz ca. $Q = 2 \cdot 10^6$ und unter Normaldruck $Q = 2 \ldots 5 \cdot 10^5$.
Für eine Güte von $2 \cdot 10^5$ folgt für einen Quarz bei $f = 5$ MHz eine Resonanzbandbreite b von

$$b = \frac{f}{Q} = \frac{5 \cdot 10^6\,\text{Hz}}{2 \cdot 10^5} = 25\,\text{Hz}$$

9.1.3 Gase

Luft ist mit einer Durchschlagfestigkeit von 20...30 kV/cm der am meisten angewandte Isolierstoff. Technisch sind außerdem noch *Stickstoff* ($E_D \approx 20$ kV/cm), *Kohlendioxid* ($E_D \approx 24$ kV/cm) und *Schwefelhexafluorid* (SF_6, $E_D \approx 100$ kV/cm) bedeutsam. Die Durchschlagfestigkeit der Gase ist sowohl vom Elektrodenabstand als auch vom Druck abhängig. So steigt sie z.B. für Luft von ca. 30 kV/cm bei 1 bar auf ca. 150 kV/cm bei 8 bar. In Bild 9.4 ist die Abhängigkeit der Durchschlagfeldstärke für Luft in Abhängigkeit vom Elektrodenabstand aufgetragen. Wie bereits früher erwähnt, nimmt sie mit sinkendem Elektrodenabstand zu. In diesem Bild ist auch noch die entsprechende Durchschlagfeldstärke für das verlustärmste Dielektrikum, nämlich das Vakuum, mit eingetragen. Wenngleich dem Vakuum als Isolator technisch nur begrenzte Bedeutung zukommt, wird es für Kondensatoren mit extrem geringen Verlusten (Normalien, Senderkondensatoren) wieder wichtig.

Den Einfluß des Druckes auf die Durchschlagfeldstärke von Gasen zeigt Bild 9.5 für Luft und Schwefelhexafluorid (SF_6). Wegen der durch den erhöhten Druck behinderten Teilchenbewegung ist eine höhere *Ionisierungsfeldstärke* für den Durchbruch erforderlich, damit steigen die Durchschlagfeldstärke und die mögliche Betriebsspannung einer gegebenen Anordnung.

Die Erschwernis der Ionisierung kann man auch auf das Gas ausdehnen. Hier eignen sich besonders die *elektronegativen Gase*, die aufgrund ihres chemischen Aufbaues durch Anlagerung von freien Elektronen diese der Entladungsstrecke entziehen und dabei negative

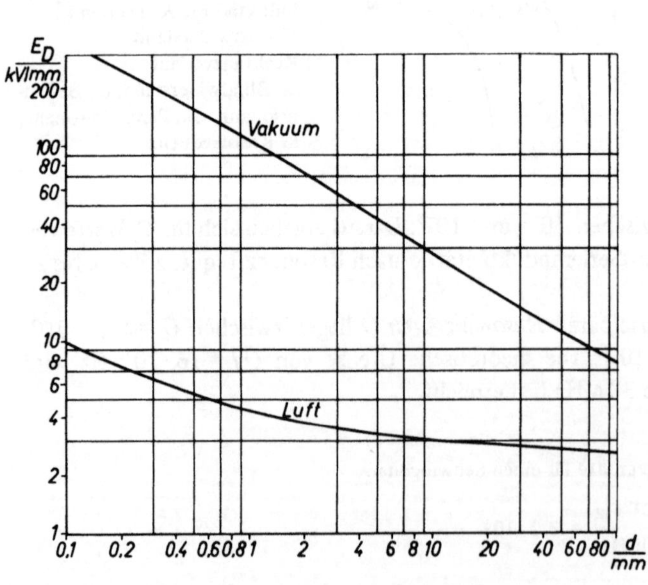

Bild 9.4
Durchschlagfestigkeit E_D für Luft und Vakuum in Abhängigkeit vom Elektrodenabstand d (nach verschiedenen Autoren)

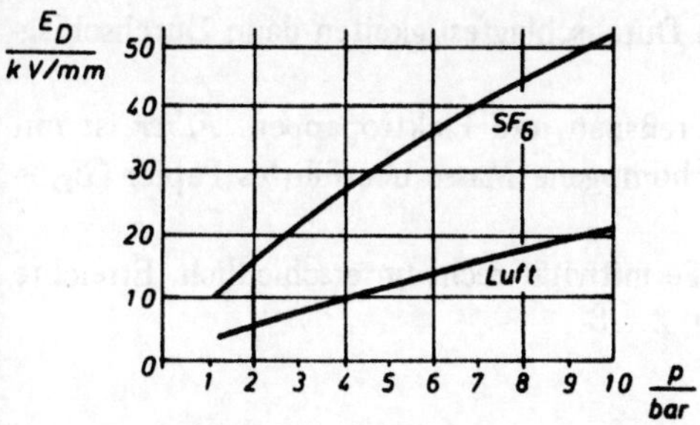

Bild 9.5
Durchschlagfestigkeit E_D von Luft und Schwefelhexafluorid (SF_6) in Abhängigkeit vom Druck p

Ionen mit größerer Masse und verminderter Wanderungsgeschwindigkeit bilden. Im wesentlichen sind dies Halogenverbindungen wie z.B. CCl_4, CCl_2F_2, CF_4 oder das technisch bedeutsame SF_6. Das letztere siedet bei −64 °C, ist damit im technischen Temperaturbereich stets gasförmig und hat eine etwa um den Faktor 2,5 höhere Durchschlagfestigkeit als Luft. Wie Bild 9.5 zeigt, wird dieser Unterschied mit steigendem Druck naturgemäß noch größer.

> Halogenverbindungen haben als *elektronegative Gase* höhere Durchschlagfestigkeiten als Luft.

Beispiel 9.2: Vakuumkondensator

Bei Großsendern werden die Schwingkreiskapazitäten sowohl wegen der Spannungsfestigkeit als auch des geringen Verlustfaktors als Vakuumkondensatoren ausgebildet. Welche Bedeutung dabei ein niedriger Verlustfaktor hat, soll das Rechenbeispiel zeigen. Für Vakuumkondensatoren sind folgende Grenzdaten (bis 30 MHz) typisch: $\hat{U}_{HF} = 24\,kV$, $I_{HF} = 40\,A$. Dazu gehört dann eine den Kondensator im Extremfall durchfließende Blindleistung von

$$P_B = \frac{\hat{U}_{HF}}{\sqrt{2}} I_{HF} = \frac{24 \cdot 10^3\,V\;40\,A}{\sqrt{2}} \approx 680\,kVA$$

Bei einem $\tan\delta = 10^{-3}$ würde die im Kondensator in Wärme umgesetzte Leistung

$$P_W = P_B \cdot \tan\delta = 680\,kVA\;10^{-3} = 680\,W$$

betragen. Erst bei einem $\tan\delta < 10^{-5}$ sinkt die Verlustleistung auf einige Watt ab. Hier hat also der Verlustfaktor, wie bei vielen anderen Hochspannungsanwendungen auch, eine ganz besondere Bedeutung.

9.2 Natürliche organische Dielektrika

9.2.1 Papier

Holz als Grundmaterial der natürlichen Zellulose wird als Isolierstoff direkt nur wenig verwandt. Das daraus als Natron- oder Sulfatzellulose abgeleitete Papier weist von Verarbeitung und Tränkung stark abhängige elektrische Eigenschaften auf. Es gibt unverdichtete (maschinenglatte), verdichtete (kalandrierte) und azetylierte (mit Essigsäure und Katalysatoren behandelte) *Isolierpapiere*.

Wird Papier getränkt, entstehen die Öl-, Öllack-, Schellack- und Kunstharzpapiere. Die Durchschlagfestigkeiten erreichen dann Werte von 25...50 kV/mm gegenüber ca. 10 kV/mm bei einfachen Papieren. Wegen der geringen Dicke von ca. 0,1 mm bei

üblichen Papierisolationen gehören zu diesen Durchschlagfestigkeiten dann Durchschlagspannungen von wenigen kV.
Verpressen von stärkeren Schichten ergibt Preßspan und Elektropappen. *Fiber* ist mit Chlorzink behandeltes und dadurch in eine homogene Masse überführtes Papier ($E_D \approx$ 3 kV/mm).
Je nach Behandlung sind Verlustfaktor und Permitivität recht unterschiedlich. Erreichte Werte liegen bei $\tan\delta = 0{,}5\ldots5\cdot10^{-2}$ und $\epsilon_r = 2\ldots8$.

9.2.2 Textilstoffe

Hierzu gehören Baumwolle, Seide und Leinen. Baumwolle ist stark *hygroskopisch*. Die elektrischen Eigenschaften hängen daher sehr von der Luftfeuchtigkeit ab. Seide verhält sich ähnlich wie Baumwolle, ist aber weniger hygroskopisch. Auch ist die mechanische Festigkeit höher.
Textilstoffe werden meist getränkt verarbeitet, wobei besonders *Lackseide* (Ölseide) wegen der geringen Dicke und der guten mechanischen und elektrischen Eigenschaften wichtig ist (Durchschlagspannung 4 kV bei einer Dicke von 0,1 mm). Baumwolle und Seide finden als Fäden und Bänder getränkt und ungetränkt Anwendung für die Umspinnung von blanken oder lackierten Drähten.

9.2.3 Öle

Die *Isolieröle* werden meist als Destillationsprodukte aus Erdöl gewonnen (Transformatorenöl, Paraffinöl usw.). Die Durchschlagfestigkeit von 5...30 kV/mm ist besonders in dünnen Schichten günstig. Nachteilig sind die starke Wärmedehnung und die Feuchtigkeitsaufnahme aus der Luft.
Luftsauerstoff verursacht außerdem durch Oxidations- und Polymerisationsvorgänge eine Alterung der Öle. Die Alterungsprodukte (Säuren, Metallseifen, Schlamm u.ä.) erhöhen die Verluste und mindern die sonst gute Wärmeleitfähigkeit der Öle. Eine Regenerierung gealterter Öle ist möglich.
Permitivität $\epsilon_r \approx 2\ldots3$, Verlustfaktor $\tan\delta \approx 10^{-3}$.

9.3 Künstliche anorganische Dielektrika

Die festen künstlichen anorganischen Isolierstoffe zeichnen sich durch hohe Temperaturbeständigkeit und große Belastbarkeit aus. *Glas* steht hierbei als Bindeglied zu den natürlichen anorganischen Dielektrika auf Silikatbasis (Quarz). Die hierher gehörenden *keramischen Massen* sind Metalloxide, die, als teigige Massen geformt, durch Trocknen und Brennen ihre endgültigen Eigenschaften erhalten.
Wegen der meist großen Härte der Fertigteile ist eine Nachbehandlung nur durch (Naß-) Schleifen möglich (Feinsttoleranz). Für die praktische Handhabung sind noch verschiedene Oberflächenbehandlungen wichtig.

Metallisieren. Für die Kontaktierung der Dielektrika werden meist Silberschichten eingebrannt (Kondensatoren) oder aufgedampft (Quarze). Diese Schichten sind in der Regel gegen äußere Einflüsse zu schützen.

Glasieren, Lackieren. Zum Schutz der meist rauhen oder porösen Oberfläche gegen Verschmutzung und Feuchtigkeitsaufnahme werden Schutzschichten verschiedener Art aufgetragen, aufgebrannt oder aufgeschmolzen. Einfärbungen dieser Schichten ermöglichen Kennzeichnungen und Unterscheidungen.

Hydrophobieren. Eine besondere Art des Feuchtigkeitsschutzes (hydrophob = wasserfeindlich) durch Aufbringen dünnster (bis monomolekularer) Silikonschichten, die durch ihre niedrige Oberflächenspannung wasserabweisend sind.

9.3.1 Metalloxide (rein)

Hochreine Oxide der Metalle Aluminium (Al_2O_3, Tonerde bzw. als Einkristall Saphir) und Titan (TiO_2, Titandioxid) sind wegen ihrer geringen Verluste, auch bei sehr hohen Frequenzen, bevorzugte Trägermaterialien für Hybrid- bzw. Mikrowellenschaltungen. $E_D \simeq 10\,kV/mm$, Al_2O_3: $\epsilon_r = 9{,}8$ und $\tan\delta = 10^{-4}$ $(\ldots 10^{-3})$, TiO_2: $\epsilon_r = 85$ und $\tan\delta = 4 * 10^{-3}$.

9.3.2 Porzellan

Porzellane basieren auf Tonerde (Al_2O_3), ihre Zusammensetzung ist etwa
40...60 % Kaolin (Aluminiumsilikat $Al_2O_3 \cdot SiO_2 \cdot H_2O$, Porzellanerde),
10...30 % Feldspat ($Al_2O_3 \cdot CaO_2 \cdot SiO_2$),
10...30 % Quarz (SiO_2).
Das Endprodukt ist durch die Zusammensetzung und geringe weitere Zusätze in weiten Grenzen beeinflußbar. Porzellane gehören zu den *dichten keramischen Massen.* Sie sind bei Raumtemperatur beständig gegen Basen und Säuren (Ausnahme: Flußsäure) und erleiden durch elektrische Funken keine Veränderungen der Oberfläche. Die Durchschlagfestigkeit des für Isolatoren wichtigen Hartporzellans beträgt $E_D \approx 30\ldots35\,kV/mm$, $\epsilon_r \approx 4\ldots8$ und $\tan\delta \approx (2\ldots10)\cdot10^{-2}$.

9.3.3 Steatit

Ausgangsmaterial der Steatite ist *Speckstein*, ein Magnesiumsilikat; sie sind in etwa folgendermaßen zusammengesetzt:
70...85 % Speckstein (Magnesiumsilikat $6\,MgO \cdot 8\,SiO_2 \cdot 4\,H_2O$),
10...20 % Kaolin ($Al_2O_3 \cdot SiO_2 \cdot H_2O$),
5...10 % Feldspat ($Al_2O_3 \cdot CaO \cdot SiO_2$).
Steatite können dicht bis *feinporös* (Naturspeckstein) hergestellt werden. Poröse Steatite sind spanabhebend zu bearbeiten. Wichtig ist der geringe Verlustfaktor mit $\tan\delta \approx 3\ldots$ $\ldots20\cdot10^{-4}$ auch noch bei sehr hohen Frequenzen. $E_D \approx 20\ldots40\,kV/mm$, $\epsilon_r \approx 6$.

9.3.4 Titanate

Die *Titanate* sind vollständig auf chemisch erstellte Ausgangsmaterialen aufgebaut. Reinheit und Zusätze bei den Ausgangsprodukten gestatten eine weite Fächerung der Endprodukte. Die wichtigsten Titanate sind Bariumtitanat $BaTiO_3$, Calziumtitanat $CaTiO_3$ und Strontiumtitanat $SrTiO_3$. Kristallform ist die *Perowskitstruktur* (s. Bild 8.10). Neben den vorzüglichen dielektrischen Eigenschaften mit Permitivitäten von $\epsilon_r \approx 10^4$ weisen Bariumtitanate auch piezoelektrische Eigenschaften auf. Für NDK-Materialien wird bei Permitivitäten von $\epsilon_r \approx 100$ bevorzugt Titandioxid TiO_2, Rutil, verarbeitet.
Alle Titanate sind sehr beständig und spannungsfest mit Durchschlagfestigkeiten $E_D = 10\ldots40\,kV/mm$. Die Permitivität ist bei den HDK-Materialien stark spannungs- und temperaturabhängig. Die *Temperaturabhängigkeit* der NDK-Materialien ist in weiten Grenzen festlegbar. Der *Temperaturkoeffizient*

$$TK = \frac{1}{\epsilon_r}\,\frac{d\epsilon_r}{dT} \tag{9.2}$$

kann sowohl positiv bis $TK \approx 10^{-4}\,°C^{-1}$ als auch negativ bis $TK \approx -10^{-3}\,°C^{-1}$ sein. Permitivität $\epsilon_r \approx 10^2 \ldots 10^4$, Verlustfaktor $\tan\delta \approx 10^{-3} \ldots 10^{-5}$.

> Der Temperaturkoeffizient gibt die relative Änderung der Permitivität (Kapazität) an. Er kann positiv oder negativ sein.

9.4 Künstliche organische Dielektrika

Die Kohlenstoff- und Siliziumchemie haben eine ungeheure Vielfalt von Isolierstoffen geschaffen, von denen insbesondere die Silikone (streng keine organischen Stoffe) sich durch hohe Beständigkeit gegen Kälte und Wärme auszeichnen.

9.4.1 Zellulosekunststoffe

Wird *Zellulose* chemisch behandelt, lassen sich künstliche Fasern und Folien daraus herstellen. Für Isolationen sind die blau eingefärbten Triazetat- und Azetobutyratfolien wichtig. Sie vertragen Grenztemperaturen bis 115°C bei Triazetat- und bis 120°C bei Azetobutyratmaterial.
Die Durchschlagfestigkeit liegt bei $E_D \approx 20 \ldots 50$ kv/mm, Permitivität $\epsilon_r = 4$ und Verlustfaktor $\tan\delta \approx 0{,}01 \ldots 0{,}02$.

9.4.2 Polykondensationsprodukte

Sie treten vorwiegend als *Duroplaste* auf, d.h. Kunststoffe, die beim Erhitzen unter vorübergehendem Schmelzen oder Erweichen in einen harten, unlöslichen und unschmelzbaren Endzustand übergehen. Man nennt diesen Vorgang Härtung oder Aushärtung und spricht von thermohärtenden Kunststoffen. Es gibt reine, modifizierte und plastifizierte Typen. Die wichtigsten sind

Phenoplaste: Kunstharze aus Phenolen und/oder Alkylphenolen, Aldehyden und Ketonen. Man unterscheidet zwischen selbsthärtenden und nichtselbsthärtenden Typen. Sie finden Anwendung bei Lacken, Preßmassen und Schichtstoffen (Hartpapiere und Hartgewebe). Durchschlagfestigkeit $E_D \approx 5 \ldots 20$ kV/mm, Permitivität $\epsilon_r \approx 4 \ldots 9$, Verlustfaktor $\tan\delta \approx 0{,}05 \ldots 0{,}3$ und Temperaturgrenze $T_{max} \approx 160°C$.

Aminoplaste: Kunstharze aus Harnstoff, Thioharnstoff, Melamin, Dizyandiamid und meist Formaldehyd.
Aminoplaste ähneln den Phenoplasten, sie sind im Gegensatz zu diesen jedoch farbecht und lichtbeständig. Sie können hell bis transparent geliefert werden. Sie zeigen glatte Oberflächen mit geringer Haftfähigkeit. Sie werden für Lacke, Preßmassen und Schichtstoffe verwandt. Die Durchschlagfestigkeit liegt bei $E_D \approx 10 \ldots 20$ kV/mm, Permitivität $\epsilon_r \approx 5 \ldots 7$, Verlustfaktor $\tan\delta \approx 0{,}1$ und Grenztemperatur $T_{max} \approx 150°C$.

Polyester (PEPT): *Polyesterharze* sind flüssige bis elastische oder auch splitterharte, durch Kondensation aufgebaute Kunstharze. Ihre Basis sind mehrwertige Alkohole (z.B. Glyzerin, Butylenglykol u.a.) und ein- oder mehrwertige Karbonsäuren (z.B. Maleinsäure, Phtalsäure u.a.). Durchschlagfestigkeit $E_D \approx 30$ kV/mm, Permitivität $\epsilon_r \approx 3$, Verlustfaktor $\tan\delta \approx 0{,}03$ und Grenztemperatur $T_{max} = 110°C$.

Gemische aus hochmolekularen Estern (aus Dikarbonsäuren und zweiwertigen Alkoholen) mit monomolekularen Verbindungen (z.B. Styrol) nehmen als *ungesättigte Polyesterharze* (UP) eine gewisse Mittelstellung zwischen Kondensations- und Polymerisationsharzen ein, da die in Anwesenheit von Katalysatoren erfolgende Aushärtung bereits eine Polymerisation darstellt.
Sie finden Anwendung als Gießharze, Bindemittel für Preß- und Schichtstoffe sowie lösungsmittelfreie Lacke. Thermisch nicht härtbare Typen von Polyestern dienen zur Herstellung mechanisch und elektrisch hochwertiger Folien und Fasern.
Durch drucklose Formgebung (Gießen) der mit Katalysatoren versetzten ungesättigten Polyesterharze mit Glasfasern als Füllstoff entstehen die *glasfaserverstärkten Kunstharze* (GFK). Die dazu notwendigen Glasfasern werden als alkaliarme Borsilikatgläser hergestellt. Etwa 100...200 aus der Schmelze gezogene Fäden werden als Spinnfäden zusammengefaßt, von denen dann wieder etwa 50 zu einem Glasseidenstrang (Roving) vereinigt werden.

Epoxidharze (EP): Werden wie die Polyesterharze eingesetzt. Sie sind Vernetzungsprodukte kettenförmiger Verbindungen, die durch die Reaktion von Epichlorhydrin mit aromatischen Dioxyverbindungen entstehen. Gegenüber den Polyesterharzen haben die Epoxidharze höhere mechanische Festigkeit und ein außerordentlich hohes *Haftvermögen* auf beinahe allen Untergründen (Anwendung als Klebstoff). Durchschlagfestigkeit $E_D \approx 40\,\text{kV/mm}$, Permitivität $\epsilon_r \approx 3...5$, Verlustfaktor $\tan\delta \approx 0{,}02$ und Grenztemperatur $T_{max} = 130\,°\text{C}$.

Sonstige Polykondensationsprodukte

Polyamide (PA) und **Polyurethane** (PUR) sind ausgezeichnete Faserbildner bzw. horn- bis kautschukartige Materialien mit guten elektrischen und mechanischen Eigenschaften. Für Drahtlackierungen sind Polyurethanlacke als *Lötlacke* interessant, da Anschlußenden von Lackdrähten ohne Entfernen der Lackschicht verzinnt werden können.
Bei thermisch höher belasteten Drähten wird durchweg Polyesterimidlack eingesetzt. Er verträgt Betriebstemperaturen bis etwa 180 °C, kurzzeitig sogar bis über 200 °C. Die Durchschlagspannung, die für derartig isolierte Drähte bei Raumtemperatur etwa 4...6 kV beträgt, ändert sich dabei kaum. Der Verlustfaktor liegt bei $\tan\delta \approx 0{,}01$, steigt aber bei erhöhter Temperatur stark an.

9.4.3 Polymerisationsprodukte

Diese Stoffe sind vorwiegend Thermoplaste, d.h. in der Kälte zäh-hart bis hart-elastisch und in der Wärme weich (spanlos verformbar bis schweißbar).

Polystyrol (PS): Ist der älteste Polymerisationskunststoff, er ist hart (spröde) und glasklar. Er zeigt eine geringe Feuchtigkeitsaufnahme und niedrige Verlustfaktoren auch noch bei hohen Frequenzen. Nachteilig sind seine geringe Wärmefestigkeit, Erweichen tritt bereits oberhalb 80 °C ein, und die schlechte Licht- und Wetterbeständigkeit. Bei Kontakt mit Lösungs- und Emulgiermitteln besteht die Gefahr der *Spannungskorrosion*. Sonderausführungen sind wärme- und schlagfester (schlagfestes Polystyrol). Anwendung findet Polystyrol für Spritzgußmassen, elektrisch hochwertige Formteile, Folien (HF-Kabelisolationen, Folienkondensatoren) und Fäden. Durchschlagfestigkeit $E_D \approx 100\,kV/mm$, Permitivität $\epsilon_r \approx 3$, Verlustfaktor $\tan\delta \approx 3 \cdot 10^{-4}$ (s. auch Bild 8.14) und Grenztemperatur $T_{max} = 75\,°C$.

Polyäthylen (PE): Ist ein billiger thermoplastischer Kunststoff. Es ist ein Polymerisat des Äthylens mit der einfachsten Molekülstruktur aller Kunststoffe (Paraffinketten). Bei regelmäßiger Anlagerung dieser Molekülketten entstehen kristalline Zonen. Polyäthylen hat Ähnlichkeit mit den Paraffinen, eine wachsartige Oberfläche, sehr geringe Wasseraufnahme, ist trüb und quillt wenig in polaren, aber stark in unpolaren Lösungsmitteln und in der Hitze. Der Isolationswiderstand ist mit $10^{17}\,\Omega\,cm$ sehr hoch. Die Temperaturbeständigkeit ist nur mäßig, bei vernetztem Polyäthylen etwas besser. Es findet Anwendung für Spritzgußmassen, Folien, elastische, sehr korrosionsbeständige Formteile, Hochspannungskabel und HF-Isolatoren. Durchschlagfestigkeit $E_D \approx 100\,kV/mm$, Permitivität $\epsilon_r \approx 2{,}3$, Verlustfaktor $\tan\delta \approx 10^{-4}$ (Bild 9.6) und Grenztemperatur $T_{max} = 70\,°C$ (unvernetzt– bzw. 90 °C (vernetzt).

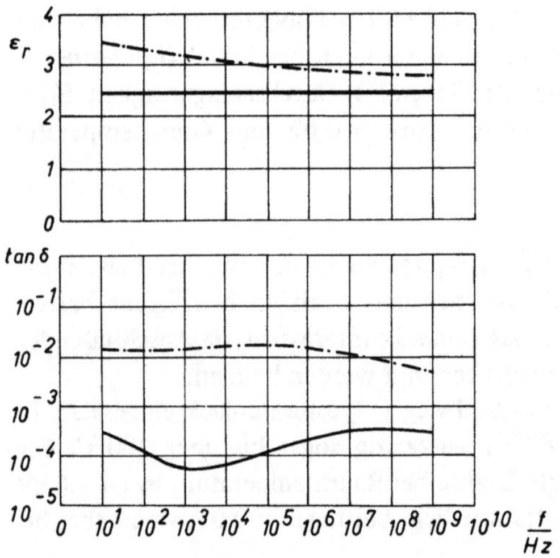

Bild 9.6
Permitivität ϵ_r und Verlustfaktor $\tan\delta$ für Polyvinylchlorid (– · – · –) und Polyäthylen (——) in Abhängigkeit von der Frequenz (nach *BASF* Unterlagen über Vinoflex 534 und Lupolen 1812 DSK)

Polyvinylchlorid (PVC): Ist ein weitverbreiteter, abriebfester und zäher Kunststoff mit guten Isoliereigenschaften. Ohne *Weichmacherzusatz* hart (Hart-PVC), mit Weichmacherzusatz weich (Weich-PVC), wobei herausdiffundierender Weichmacher zur Versprödung führt.

Polyvinylchlorid ist rein oder als Mischpolymerisat vielseitig verwendbar. Meist ist es stark weichgemacht. Es ist gegen die meisten Chemikalien beständig und schwer entflammbar. Beim Verbrennen oder Verschwelen spaltet es HCl ab. Vorsicht mit Isolationen in hitze- oder flammgefährdeten Räumen. Polyvinylchlorid findet Anwendung für Spritzgußteile, Folien (HF-Verschweißung), Isolierschläuche, Nut- und Drahtisolationen usw. Durchschlagfestigkeit $E_D \approx 40\,kV/mm$, Permitivität $\epsilon_r \approx 3$, Verlustfaktor $\tan\delta \approx 0{,}02\ldots0{,}1$ (Bild 9.6), Grenztemperatur $T_{max} = 70\,°C$.

Beispiel 9.3: Hochspannungsisolation

Polyäthylen und Polyvinylchlorid sind wichtige Werkstoffe für die Isolation von Kabeln und Leitungen. Durch Berechnung der Verlustleistung in der Isolation eines Hochspannungskabels wollen wir einmal die Bedeutung eines niedrigen Verlustfaktors auch bei tiefen Frequenzen aufzeigen.
Wir nehmen dazu einen Kabelmantel einer Hochspannungsisolation von 1 cm Dicke an, der eine Spannung von 10 kV isolieren soll. Dann wird die Feldstärke E = 10 kV/cm. Nach Gl. (8.14) war die Volumenverlustleistung

$$P'_W = E^2\, \epsilon_0\, \omega\, \epsilon_r \tan\delta$$

Mit $\epsilon_0 = 8{,}85 \cdot 10^{-14}$ F/cm und $\omega = 314\,s^{-1}$ entsprechend f = 50 Hz sowie (s. auch Bild 9.6) den Werten $\epsilon_r = 2{,}3$ und $\tan\delta = 2 \cdot 10^{-4}$ für Polyäthylen bzw. $\epsilon_r = 3{,}5$ und $\tan\delta = 2 \cdot 10^{-2}$ für Polyvinylchlorid werden

$$P'_{W\,PE} = 10^8\, \frac{V^2}{cm^2}\, 8{,}85 \cdot 10^{-14}\, \frac{F}{cm}\, 314\, \frac{1}{s}\, 2{,}3 \cdot 2 \cdot 10^{-4} = 0{,}0013\, \frac{mW}{cm^3}$$

$$P'_{W\,PVC} = 10^8\, \frac{V^2}{cm^2}\, 8{,}85 \cdot 10^{-14}\, \frac{F}{cm}\, 314\, \frac{1}{s}\, 3{,}5 \cdot 2 \cdot 10^{-2} = 0{,}195\, \frac{mW}{cm^3}$$

Die Isolation des Polyvinylchlorid-isolierten Kabels dürfte dabei schon eine merkliche (Verlust-) Erwärmung erfahren, während sich die Isolation des Polyäthylen-isolierten Kabels nicht erwärmt. Die beiden Leistungen stehen dabei in einem Verhältnis von

$$\frac{P'_{W\,PVC}}{P'_{W\,PE}} = \frac{(\epsilon_r \tan\delta)_{PVC}}{(\epsilon_r \tan\delta)_{PE}} = \frac{\epsilon''_{PVC}}{\epsilon''_{PE}} = \frac{3{,}5 \cdot 2 \cdot 10^{-2}}{2{,}3 \cdot 2 \cdot 10^{-4}} \approx 150$$

zueinander. Bei dieser Rechnung wird auch die Bezeichnung dielektrischer Verlustfaktor für ϵ'' verständlich.

Mit Beispiel 9.3 werden auch die Möglichkeiten der dielektrischen Erwärmung von Kunststoffen verständlich. Ab $\tan\delta = 0{,}01$ wird ein derartiges Verfahren durchaus wirtschaftlich. Die Zunahme des Verlustfaktors mit der Frequenz und die leicht konzentrierbaren hochfrequenten Felder führen dann zur Hochfrequenzschweißung von Kunststoffen. Die dielektrische Erwärmung wird dabei bis zum Fließen des Kunststoffes getrieben. Mit einem möglichen Wert von $\tan\delta = 0{,}1$ für den Verlustfaktor von PVC steigt z.B. die im Beispiel errechnete Verlustleistung auf rund 1 mW/cm³ an.

Ab $\tan\delta = 0{,}01$ sind thermoplastische Kunststoffe für HF-Schweißung geeignet.

Sonstige erwähnenswerte Polymerisationsprodukte:

Polyakryl- und **Polymetakrylsäureester** (PMMA) als hochtransparente Gläser (Plexiglas).

Polytetrafluoräthylen (PTFE) (Teflon) ist das gegen Angriffe von Chemikalien beständigste synthetische Material. Es ist damit außerordentlich korrosions- und feuchtigkeitsbeständig. Temperaturen verträgt es bis 280 °C.

Polytrifluoräthylen (PCTFE) ist ein Thermoplast ähnlich dem Polytetrafluoräthylen.

9.4.4 Silikone

Silikone sind Kunststoffe, bei denen die Kettenbildung über das vierwertige Silizium erfolgt. Daher auch die grundsätzliche Ähnlichkeit mit organischen Verbindungen auf

Kohlenstoffbasis, wegen des beständigeren „gesteinsbildenden" Siliziums jedoch in der Regel höher belastbar. Silikone bauen neben den anorganischen Bestandteilen Si und O die organischen Grundelemente C und H im wesentlichen in Form von Methyl- und Methyl-Phenyl-Gruppen in ihre Makromoleküle ein. Die Silikone stehen dadurch an der Grenze zwischen „organisch" und „anorganisch". Sie sind im Aufbau glasähnlich, können aber durch Variation von Menge und Art der organischen Gruppen als „Kunststoffe nach Maß" mit verschiedenen für die Elektrotechnik günstigen Eigenschaften ausgestattet werden.

Hervorstechend sind die hohe *Temperaturbeständigkeit* und die geringen Temperaturbeiwerte sowohl der mechanischen als auch der elektrischen Daten, meist im Bereich zwischen −50...+180°C, teilweise bis 250°C. Wasser und Feuchtigkeit werden abgewiesen. Diese Eigenschaft wird beim Hydrophobieren auf andere Werkstoffe übertragen. Hierzu wird durch Dämpfe von Methylsilan auf Glas, Keramik o.ä. durch Hydrolyse mit der dünnen Oberflächenfeuchtigkeitshaut ein wasserabweisender Polysiloxanfilm gebildet. Silikone sind beständig oder zumindest verträglich gegenüber organischen Stoffen. Die Beständigkeit gegen Chemikalien und Oxidationen ist meist auch noch bei erhöhten Temperaturen gegeben. Silikone sind absolut *tropenfest* und neigen nicht zu Schimmelansatz. Sie zeigen gutes Kriechstrom- und Lichtbogenverhalten. Durch elektrische Funken entsteht isolierendes Siliziumdioxid (SiO_2) und kein leitender Kohlerückstand.

Silikonöle weisen nur eine geringe Änderung der Viskosität zwischen −60...300°C auf. Sie haben nur einen geringen Dampfdruck und lassen sich ohne Zersetzung bis zum Sieden erhitzen. Ihre Anwendung erfolgt als Imprägniermittel, flüssiges Dielektrikum für Kondensatoren, Transformatorenöle u.ä. Der hohe Preis rechtfertigt einen Einsatz nur in Sonderfällen.

Durchschlagfestigkeit $E_D \approx 10\,\text{kV/mm}$, Permitivität $\epsilon_r \approx 3$, Verlustfaktor $\tan\delta \approx 2 \cdot 10^{-3}$ und Grenztemperatur $T_{max} \approx 300°C$.

Silikonharze eignen sich als Imprägnier- und Bindemittel für Isolierstoffe und als Isolierlacke. In Form von Preßmassen dienen sie zur Herstellung von warm- und lichtbogenfesten, unbrennbaren Preßstücken. Durchschlagfestigkeit $E_D \approx 10...30\,\text{kV/mm}$, Permitivität $\epsilon_r \approx 3$, Verlustfaktor $\tan\delta \approx 2...5 \cdot 10^{-3}$, Grenztemperatur $T_{max} \approx 150...200°C$, u.U. bis 300°C.

Silikonelastomere sind unter dem Namen Silikonkautschuke bekannt. Es sind gummiartige Massen mit Wärmebeständigkeit und Biegsamkeit zwischen etwa −80°C und +250°C. Sie finden Anwendung für elastische und wärmefeste Isolierteile und Durchführungen, ferner als *dauerelastische Verbindungen* von Metallen, Glas, Keramik und allen sonstigen anorganischen Stoffen beliebig untereinander durch Kleben mittels Silikonklebern. Durchschlagfestigkeit $E_D \approx 10...30\,\text{kV/mm}$, Permitivität $\epsilon_r \approx 3...9$, Verlustfaktor $\tan\delta \approx 0{,}01...0{,}1$ und Grenztemperatur $T_{max} \approx 180°C$.

Lösungen zu den Aufgaben

1 Aufbau der festen Körper

1.1 Packungsdichten

Die Packungsdichten ergeben sich zu

$$P_{\text{krz}} = \frac{2\pi d^3\, 3\sqrt{3}}{6 \cdot 8 d^3} = \frac{\pi\sqrt{3}}{8} = 68\,\%$$

$$P_{\text{kfz}} = \frac{4\pi d^3\, 2\sqrt{2}}{6 \cdot 8 d^3} = \frac{\pi\sqrt{2}}{6} = 74\,\%$$

1.2 Hexagonal dichtest gepackte Elementarzelle

Die Tetraeder in der hexagonal dichtest gepackten Elementarzelle haben eine Kantenlänge, die mit der Gitterkonstanten a übereinstimmt. Die Höhe eines Tetraeders ist $h = a\sqrt{2/3}$. Da zwei derartige Tetraeder mit den Spitzen aufeinanderstehend die Gesamthöhe bilden, ist die Gitterkonstante c

$$c = 2h = 2a\sqrt{2/3} = 1{,}63\,a = 1{,}63\,d$$

Das Volumen der hexagonal dichtest gepackten Elementarzelle ist Grundfläche A mal Gitterkonstante c

$$V_{\text{hex}} = Ac = \frac{3\sqrt{3}\,d^2}{2} \cdot \frac{2d\sqrt{2}}{\sqrt{3}} = 3\sqrt{2}\,d^3$$

$$P_{\text{hex}} = \frac{\pi}{3\sqrt{2}} = \frac{\pi\sqrt{2}}{6} = 74\,\%$$

und damit voll identisch mit P_{kfz}.

1.3 Millersche Indizes

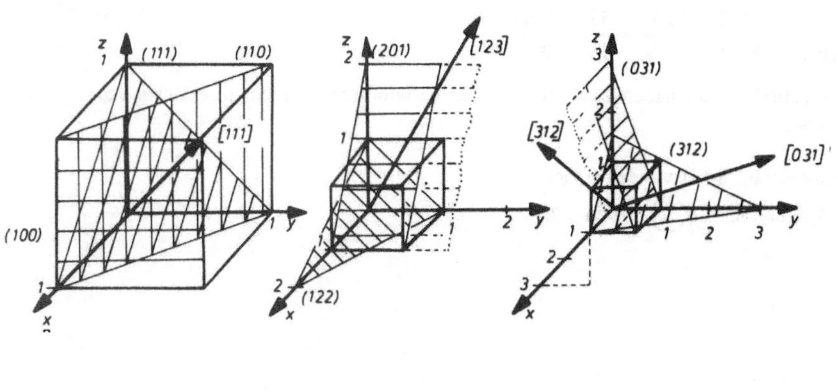

1.4 Leerstellenkonzentration

a)
$$c_{F_{1200}} = \exp -\left(\frac{1 \cdot 1{,}6 \cdot 10^{-19}\,\text{Ws}}{1{,}38 \cdot 10^{-23}\,\text{Ws/K} \cdot 1{,}2 \cdot 10^{3}\,\text{K}}\right) = e^{-9{,}66} = 6{,}37 \cdot 10^{-5}$$

d.h. fast 10^{-2} % statt etwa 10^{-5} % bei Raumtemperatur.

b) c_{F_1} sei die Konzentration bei 300 K, c_{F_2} die um 100 % erhöhte Konzentration, dann gilt:

$$\frac{c_{F_2}}{c_{F_1}} = 2 = \frac{\exp -\frac{W_0}{kT_2}}{\exp -\frac{W_0}{kT_1}} = \exp \frac{W_0}{k}\left(\frac{1}{T_1} - \frac{1}{T_2}\right)$$

$$T_2 = \frac{1}{\frac{1}{T_1} - \frac{k}{W_0}\ln 2} = \frac{1}{\frac{1}{300} - \frac{1{,}38 \cdot 10^{-23}}{1{,}6 \cdot 10^{-19}} \cdot 0{,}69} = 305{,}5\,\text{K}$$

d.h. ein Temperaturanstieg von 5,5 K verdoppelt im vorliegenden Fall bereits die Anzahl der Leerstellen!

2 Legierungen

2.1 Mengenbestimmung im Zustandsdiagramm

a) Pauschal 30 % A und 70 % B, Temperatur T_5

Phase	Zusammensetzung		Menge
Schmelze	81 % A	19 % B	23 %
Mkr.	15 % A	85 % B	77 %

$$\frac{\text{Schmelze}}{\text{Mischkristall}} = \frac{30\,\% - 15\,\%}{81\,\% - 30\,\%} = \frac{15}{51} = \frac{0{,}23}{0{,}77}$$

b) Pauschal 70 % A und 30 % B, Temperatur T_5

Phase	Zusammensetzung		Menge
Schmelze	81 % A	19 % B	83 %
Mkr.	15 % A	85 % B	17 %

$$\frac{\text{Schmelze}}{\text{Mischkristall}} = \frac{70\,\% - 15\,\%}{81\,\% - 70\,\%} = \frac{55}{11} = \frac{0{,}83}{0{,}17}$$

Schmelze und Mischkristall haben zwar die gleichen Zusammensetzungen, ihre Mengen sind jedoch unterschiedliche.

2.2 Erstarrungsverlauf im Zustandsdiagramm

Pauschal 15 % A und 85 % B ② in Bild 2.7.

Temp.	Phase	Zusammensetzung		Menge
Smp.	Schmelze β-Mkr.	15 % A ≈ 1 % A	85 % B ≈ 99 % B	≈ 100 % ≈ 0 %
T_d	Schmelze β-Mkr.	41 % A 4 % A	59 % B 96 % B	30 % 70 %
T_f	Schmelze β-Mkr.	58 % A 15 % A	42 % B 85 % B	0 % 100 %
T_a	β-Mkr. α_{II}-Mkr.	15 % A 90 % A	85 % B 10 % B	100 % 0 %
T_R	β-Mkr. α_{II}-Mkr.	10 % A 95 % A	90 % B 5 % B	94 % 6 %

2.3 Kurvenzüge im Zustandsdiagramm

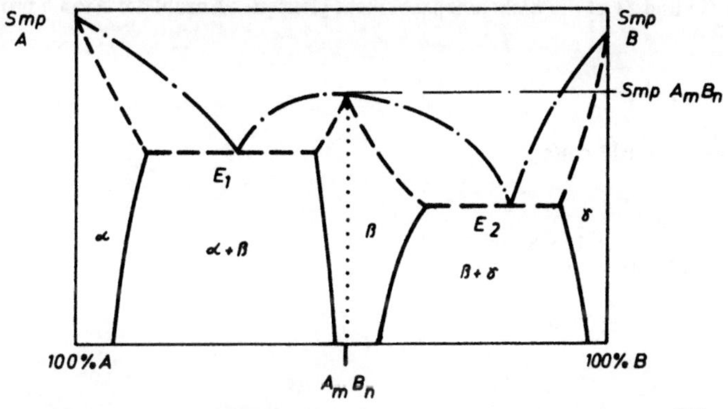

—·—·—·— Liquiduslinie — — — — — — Soliduslinie

2.4 Werkstoffkurzzeichen

Band	1,5	750	DIN 1784	AlMg 1	F 13
Band	1,5 mm dick	750 mm breit	Maßnorm	Aluminium mit 1 % Magnesium	Mindestzugfestigkeit ⩾ 13 kN/cm²

AlMg 4,5 Mn: Aluminiumlegierung mit 4,5 % Magnesium, Spuren von Mangan, Rest Aluminium. (Nach Norm ist zulässig: 4,5 % Magnesium, 0,8 % Mangan und 0,15 % Chrom (!), der Rest ist Aluminium.)
L-PbSn40 (Sb): Weichlot mit 40 % Zinn, Rest Blei und antimonarm. (Die im Blei-Zinn-Diagramm ohne den Zusatz Sb ausgewiesenen Lote gehören zu den – in der Nachrichtentechnik besonders wichtigen – antimonfreien Weichloten.)

2.5 Gitterkonstante

a) $a = \dfrac{\lambda}{2\sin\alpha}\sqrt{x^2 + y^2 + z^2}$

wegen (010)-Ebene $\sqrt{x^2 + y^2 + z^2} = \sqrt{0 + 1 + 0} = 1$

$a = \dfrac{0{,}1658 \cdot 1}{2 \cdot 0{,}2295} = 0{,}361\ \text{nm}$

b) $\dfrac{\lambda_{\text{Licht}}}{a} = \dfrac{500\ \text{nm}}{0{,}36\ \text{nm}} \approx 1500$

3 Elektrische Leitfähigkeit

3.1 Teilchenkonzentration

$$n = \frac{N_L \rho}{A} \qquad V_{At} = \frac{\rho}{A}$$

Element	Atommassenzahl A	Dichte $\frac{\rho}{\text{g/cm}^3}$	Teilchenkonzentration $\frac{n}{\text{cm}^{-3}}$	Molares Volumen $\frac{V_{At}}{\text{cm}^3/\text{mol}}$
Au	197,2	19,32	$5{,}9 \cdot 10^{22}$	10,2
Al	26,97	2,7	$6{,}0 \cdot 10^{22}$	10
Ge	72,6	5,36	$4{,}5 \cdot 10^{22}$	13,5
Si	28,06	2,33	$5{,}0 \cdot 10^{22}$	12,0

Achtung: Bei den Halbleitern Ge und Si ist die Elektronenzahl nicht gleich der Anzahl der Atome pro cm^3!

3.2 Driftgeschwindigkeit in einem Leiter

a) $v_m = \mu_n \frac{U}{l} = \frac{43\ \text{cm}^2/\text{Vs} \cdot 5\ \text{V}}{2 \cdot 10^4\ \text{cm}} = 0{,}011\ \text{cm/s}$

b) $S = \sigma E = 5{,}8 \cdot 10^5\ \text{S/cm}\ \frac{5\ \text{V}}{2 \cdot 10^4\ \text{cm}} = 145\ \text{A/cm}^2$

Für $S = \sigma E$ vgl. Gl. (3.6) $\qquad G = \frac{I}{U} = \sigma \frac{A}{l}$

3.3 Hallkonstanten

$$R_{H_0} = \frac{1}{1{,}6 \cdot 10^{-19} n_n} \frac{\text{cm}^3}{\text{As}} \qquad n'_n = n_n \frac{R_{H_0}}{R_H}$$

Element	$\frac{R_{H_0}}{10^{-5}\ \text{cm}^3/\text{As}}$	$\frac{n'_n}{10^{22}\ \text{cm}^{-3}}$
Cu	− 7,4	11,4
Al	− 10,4	17,3
Ag	− 10,6	6,9

5 Magnetische Leitfähigkeit

5.1 Magnetisierungskurve im Sättigungsbereich

Für ΔJ folgt aus Gl. (5.4)

$$\Delta J = \mu_0\, \Delta M$$

und damit wird

$$\Delta B = \mu_0\, (\Delta H + \Delta M)$$

Mit $\Delta M = 0$ folgt für den Bereich der Sättigung $\Delta B = \mu_0\, \Delta H$. Die Kurve verläuft wie die für B_L in Bild 3.17 mit der Steigung $\Delta B/\Delta H = \mu_0$!
Die Polarisationsänderung ΔJ muß sowohl wegen $\Delta J = \mu_0\, \Delta M$ mit $\Delta M = 0$ zu Null werden als auch aus der Überlegung, daß der Werkstoff den Beitrag Null für den weiteren Anstieg der Flußdichte liefert.
Die Kurve für J hat damit im Bereich der Sättigung einen parallelen Verlauf zur H-Achse und demgemäß die Steigung Null.

5.2 Scherung und Permeabilität

a) Konstruktion der positiven Scherungsgeraden

$$H = \frac{NB}{\mu_0} = \frac{10^{-3} \cdot 1\,\mathrm{T}}{1{,}256 \cdot 10^{-6}\,\mathrm{H/m}} = 8\,\mathrm{A/cm}$$

daraus für das Diagramm Pkt. B mit $H = 2\,\mathrm{A/cm}$ und $B = 0{,}25\,\mathrm{T}$. Die gescherte Hystereseschleife verschwindet im betrachteten Bereich gegenüber der Scherungsgeraden $N = 10^{-3}$.

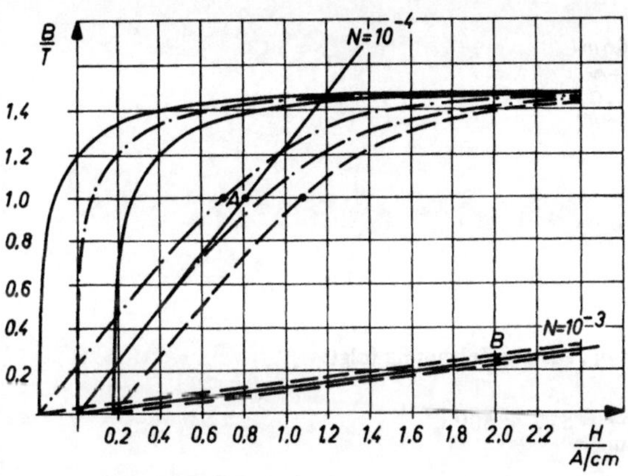

b) Für die Originalkommutierungskurve wird bei $H = 0{,}8\,\mathrm{A/cm}$ $B = 1{,}42\,\mathrm{T}$ und damit

$$\mu_{\sim} = \frac{\Delta B}{\mu_0\, \Delta H} = \frac{1{,}42\,\mathrm{T}}{1{,}256 \cdot 10^{-6}\,\mathrm{H/m} \cdot 80\,\mathrm{A/m}} = 14000$$

Dieser Wert liegt bereits unter $\mu_{max} = 30000$. Wir befinden uns mit $H = 80\,\mathrm{A/m}$ und $B = 1{,}42\,\mathrm{T}$ schon im Knickbereich der Kurve. Für $N = 10^{-4}$ wird

$$\mu_e = \frac{0{,}93\,\mathrm{T}}{1{,}256 \cdot 10^{-6}\,\mathrm{H/m} \cdot 80\,\mathrm{A/m}} = 9300$$

Näherungsweise wird mit Gl. (5.34)

$$\mu_e \approx \frac{1}{N} = 10000$$

was auch für kleinere Aussteuerungen aus der Konstruktion folgt. Wenn wir von $\mu_{max} = 30000$ ausgehen, folgt aus Bild 5.23 $\mu_e \approx 7000$. Für $N = 10^{-3}$ wird

$$\mu_e = \frac{0{,}1\,\mathrm{T}}{1{,}256 \cdot 10^{-6}\,\mathrm{H/m} \cdot 80\,\mathrm{A/m}} = 1000$$

Aus Gl. (5.34) folgt wieder

$$\mu_e \approx \frac{1}{N} = 1000$$

und mit $\mu_{max} = 30000$ folgt aus Bild 5.23 $\mu_e = 1000$.
Wir erkennen also, daß bei genügend starker Scherung die effektive Permeabilität allein durch die Scherungsgerade bestimmt wird. Trotz der ungenauen Kenntnis über das wirksame μ des Ausgangsmaterials wurden die Werte für die effektive Permeabilität μ_e immer genauer!

5.3 Rayleighschleife

a)

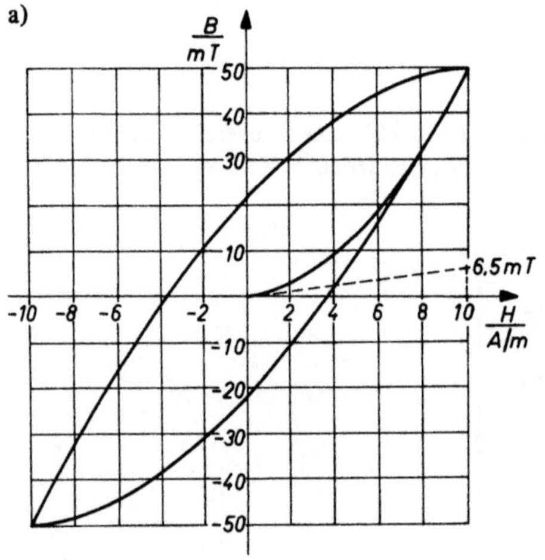

b) Anfangssteigung = Anfangspermeabilität μ_i, aus der Zeichnung folgt:

$$\mu_i = \frac{\Delta B}{\mu_0 \, \Delta H} = \frac{6{,}5 \cdot 10^{-3}\,\text{T}}{1{,}256 \cdot 10^{-6}\,\text{H/m} \cdot 10\,\text{A/m}} = 517 \approx 500$$

Gemäß Aufgabenstellung war μ_i mit 500 vorgegeben.

c) $\mu' = \mu_i + 2\,\nu \hat{H} = 500 + 350 \cdot 10 = 4000$

Statt dieses korrekten Wertes hatte die Näherungsellipse den Wert 4400 geliefert, ein Fehler von + 10 %.

$$\mu'' = \frac{8}{3\pi}\,\nu \hat{H} = \frac{8 \cdot 175 \cdot 10}{3\pi} \approx 1500$$

Näherungsweise hatte sich aus der Öffnung der Ellipse mit 2000 ein um gut 30 % zu großer Wert ergeben.

6 Magnetika

6.1 Impedanzverlauf von Induktivitäten bei gescherter Hystereseschleife

a) Für die gescherte komplexe Permeabilität gilt Gl. (5.42a) mit der reellen Komponente für μ_e' und der imaginären Komponente für μ_e''. Die Windungszahlen ergeben sich mit der Zahlenwertgleichung $n^2 = 1{,}22 \cdot 10^9/\mu_e'$ aus Beispiel 6.3 zu

Dyn.-Bl. IV:	$\mu_e' = 143$	$n = 2920$
Permenorm 5000 H2:	$\mu_e' = 195$	$n = 2500$

b) In Anlehnung an Beispiel 6.3 ergeben sich für ωL und R_{Fe} die folgenden Zahlenwertgleichungen:

$\omega L_D = 0{,}044\, f \mu_e' \,(\Omega)$ $\qquad \omega L_P = 0{,}0322\, f \mu_e' \,(\Omega)$

$R_{Fe\,D} = 0{,}044\, f \mu_e'' \,(\Omega)$ $\qquad R_{Fe\,P} = 0{,}0322\, f \mu_e'' \,(\Omega)$

	Dyn.-Blech IV						Permenorm 5000 H2					
b1) verschwindende Aussteuerung												
f / kHz	μ'	μ''	μ_e'	μ_e''	$j\omega L$ / kΩ	R_{Fe} / kΩ	μ'	μ''	μ_e'	μ_e''	$j\omega L$ / kΩ	R_{Fe} / kΩ
0,05	500	10	143	0,82	0,31	0,0018	8000	600	195	0,36	0,31	0,0006
1	480	50	142	4,3	6,24	0,19	5800	2200	194	2,2	6,25	0,007
2	460	100	141	8,9	12,4	0,79	4900	2300	193	2,9	12,4	0,19
3	430	130	139	12,6	18,3	1,66	3900	2300	192	4,2	18,5	0,4
5							3000	2100	191	5,7	30,7	0,92
6	350	170	134	20,5	35,3	5,41						
7							2400	2000	190	7,4	42,8	1,67
9	300	190	130	26,6	51,4	10,5						
10							2000	1900	190	9,0	61,2	2,89
b2) Aussteuerung mit $\hat{H}$ = 30 mA/cm = 3 A/m												
0,05	1060	260	170	6,3	0,37	0,014	16200	6000	198	0,8	0,32	0,0013
1	850	350	166	11,4	7,3	0,5	8300	5400	197	2,1	6,34	0,067
2	700	390	163	16,2	14,3	1,4	6000	4800	196	3,1	12,6	0,2
3	550	390	158	21,8	20,8	2,9	4800	4500	196	4,0	18,9	0,39
5							3500	4400	195	5,3	31,4	0,85
6	360	330	147	31,2	38,7	8,2						
7							2600	3400	194	7,0	43,7	1,58
9	270	290	138	38,0	54,5	15,0						
10							2000	2800	193	8,83	62,2	2,84

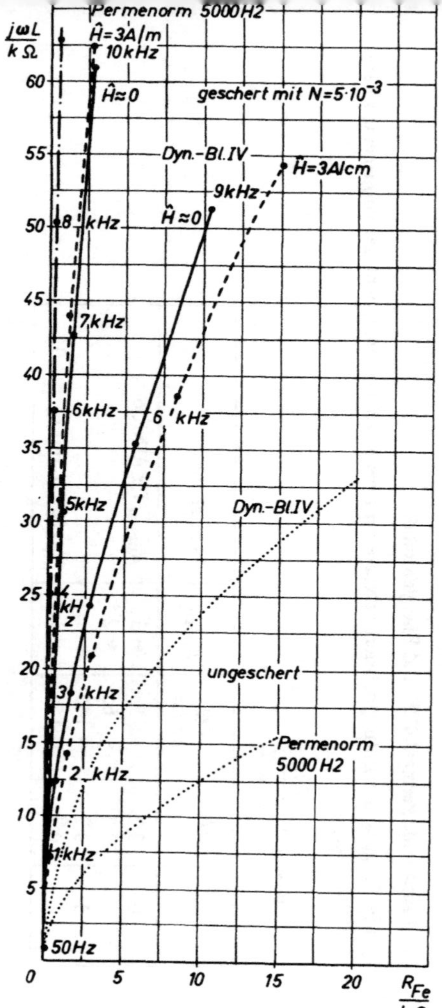

6.2 Spulenberechnung

Aus Bild 5.30 folgt für den Werkstoff M4 und die Frequenz $f = 1\,\text{MHz}$ ein bezogener Verlustfaktor $\tan\delta/\mu_i = 1{,}5\cdot 10^{-5}$.

$$\tan\delta_{ges} = \tan\delta_{Fe} + \tan\delta_{Cu}$$

$$\tan\delta_{Fe} = \frac{\tan\delta}{\mu_i}\,\mu_e \qquad\qquad \tan\delta_{Cu} \approx \frac{R_=}{\omega L}$$

$$R_{Fe} = \omega L \tan\delta_{Fe}\ (\Omega) \qquad\qquad R_= = A_R\, n^2 \qquad\qquad n = \sqrt{L/A_L}$$

$\frac{a}{\text{mm}}$	$\frac{A_L}{\text{nH/Wdg}^2}$	μ_e	n	$\frac{\tan\delta_{Fe}}{10^{-4}}$	$\frac{\tan\delta_{Cu}}{10^{-4}}$	$\frac{R_{Fe}}{\Omega}$	$\frac{R_{Cu}}{\Omega}$	$\frac{\tan\delta_{ges}}{10^{-4}}$
0,95	40	25	100	3,75	4,42	0,94	1,1	8,2
0,62	63	40	80	6,0	2,8	1,5	0,7	8,8
0,34	100	63	63	9,45	1,77	2,4	0,44	11,2
0,16	160	101	50	15,2	1,1	3,8	0,28	16,3

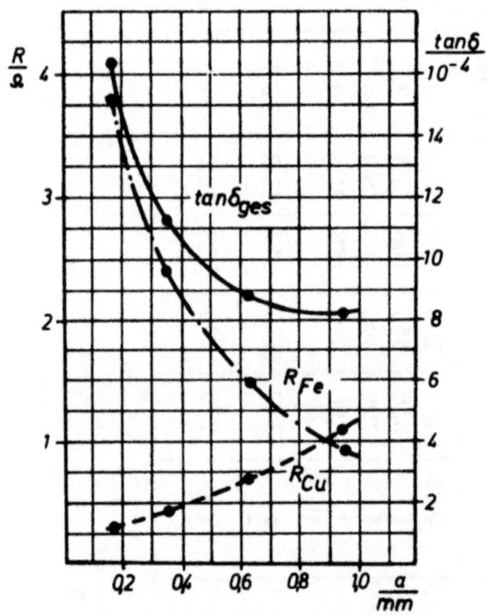

6.3 Permanente Permeabilität und Energieprodukt

a) Die Steigung der Entmagnetisierungskurve im reversiblen Teil entspricht der permanenten Permeabilität μ_{perm}

$$\mu_{perm} = \frac{\Delta B}{\mu_0\,\Delta H}$$

Kurve	$\frac{\Delta B}{\text{T}}$	$\frac{\Delta H}{\text{kA/m}}$	μ_{perm}	Bemerkung
b	0,2	≈ 55	≈ 3	μ_{perm} für AlNiCo ≈ 5
c	0,2	≈ 65	≈ 2,5	
d	0,2	≈ 145	≈ 1,1	
e	0,2	≈ 155	≈ 1,0	μ_{perm} für $SmCo_5$ < 1,05

b) Im Rahmen der Zeichnungsgenauigkeit ergeben sich

$B_a = 1{,}08\,\mathrm{T}$ und $H_a = 55\,\mathrm{kA/m}$

$(BH)_{max} = B_a H_a = 1{,}08\,\mathrm{T} \cdot 55\,\mathrm{kA/m} \approx 60\,\mathrm{kJ/m^3}$

6.4 Dauermagnetberechnung

Material	$\frac{B_m}{\mathrm{T}}$	$\frac{(BH)_{max}}{\mathrm{kJ/m^3}}$	N	$\frac{V_m}{\mathrm{cm^3}}$	$\frac{l_m}{\mathrm{cm}}$	$\frac{A_m}{\mathrm{cm^2}}$	$\frac{a}{\mathrm{cm}}$	$\frac{A_m}{A_L}$	$\frac{B_m}{B_L}$
Ba-Ferrit	0,185	25	1,1	25,5	1,2	21,5	4,6	5,4	5,4
AlNiCo	1,0	54	15	11,8	3,0	4,0	2,0	1,0	1,0
$SmCo_5$	0,46	160	1,2	3,98	0,5	8,1	2,9	2,0	2,0

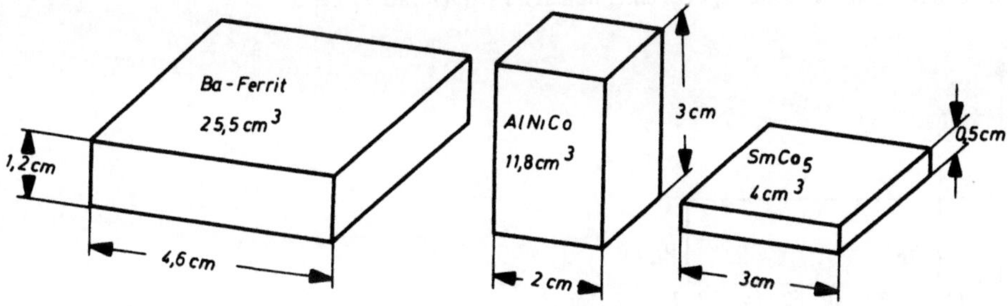

Mit zunehmender Feldstärke im Arbeitspunkt des Magneten wird weniger Magnetlänge erforderlich. Der konstante Fluß benötigt von einem Material mit geringerer Flußdichte eine größere Fläche! Der Flächenunterschied zwischen Magnet und Luftspalt muß dann durch Flußleitstücke ausgeglichen werden.

6.5 Impulsübertrager

a) $\tau = 75\,\mu s$

$L = 0{,}0127\,\mathrm{H}$, $\tau = 0{,}508\,\mathrm{ms}$ und $\hat{I} = 400\,\mathrm{mA}$ bleiben unverändert.

$$\overset{!}{i} = \hat{I}\left(1 - e^{-\frac{75}{508}}\right) = 0{,}4\,\mathrm{A} \cdot 0{,}28 = 55\,\mathrm{mA}$$

$$\hat{U}_2 = \frac{L i ü}{\tau} = \frac{0{,}0127\,\mathrm{H} \cdot 0{,}055\,\mathrm{A} \cdot 2}{75 \cdot 10^{-6}\,\mathrm{s}} = 18{,}6\,\mathrm{V}$$

$$u_\tau \approx \hat{U}_2\left(1 - \frac{\tau}{T}\right) = 18{,}6\,\mathrm{V}\left(1 - \frac{75}{508}\right) = 15{,}6\,\mathrm{V},\ \text{d.h. } 85\,\%\ \text{von } U_2$$

(exakt wird $u_\tau = 16\,\mathrm{V}$, d.h. 86,3 % von $\hat{U}_2$).

b) $\mu_p = 430$

$\tau = 15\,\mu s$ und $\hat{I} = 400\,\mathrm{mA}$ bleiben unverändert.

$$L = \mu_0 \mu_p n^2 \frac{A_e}{l_e} = 1{,}25 \cdot 10^{-8}\,\mathrm{H/cm} \cdot 430 \cdot 50^2 \cdot \frac{0{,}96\,\mathrm{cm^2}}{10{,}2\,\mathrm{cm}} = 1{,}27\,\mathrm{mH}$$

$$T = \frac{L}{R} = \frac{1{,}27 \cdot 10^{-3}\,\text{H}}{25\,\Omega} = 50{,}8\,\mu\text{s}$$

$$i = \hat{I}\left(1 - e^{-\frac{\tau}{T}}\right) = 0{,}4\,\text{A}\left(1 - e^{-\frac{15}{50{,}8}}\right) = 102\,\text{mA}$$

$$\hat{U}_2 = \frac{L\,i\,ü}{\tau} = \frac{0{,}00127\,\text{H} \cdot 0{,}102\,\text{A} \cdot 2}{15 \cdot 10^{-6}\,\text{s}} = 17{,}3\,\text{V}$$

$$u_\tau \approx \hat{U}_2\left(1 - \frac{\tau}{T}\right) = 17{,}3\,\text{V} \cdot 0{,}705 = 12{,}2\,\text{V}, \text{ d.h. } 71\,\% \text{ von } \hat{U}_2$$

(exakt wird $u_\tau = 12{,}9$ V, d.h. 74,4 % von $\hat{U}_2$).

c) Die kleinere Induktivität als Folge der niedrigeren Impulspermeabilität μ_p hat einen größeren Amplitudenabfall der Spannung zur Folge. Die Dachschräge ist von 3 % auf fast 30 % angestiegen. Die untere Grenzfrequenz liegt bei einer höheren Frequenz als vorher.

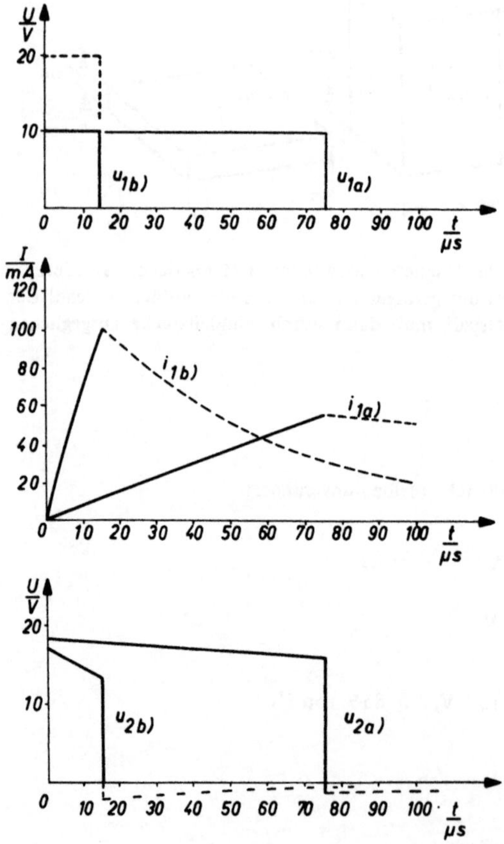

7 Halbleiter

7.1 Fermifunktion

Die Werte 600 K und 900 K, in Gl. (7.1) eingesetzt, liefern analog zu Beispiel 7.1 die nachfolgende Tabelle:

	T = 600 K	T = 900 K
$\frac{\Delta W}{\text{eV}}$	$\frac{F(W)}{\%}$	$\frac{F(W)}{\%}$
0,5	0	0,16
0,4	0,04	0,57
0,3	0,30	2,05
0,2	2,05	7,07
0,1	12,65	21,62
0,05	27,56	34,43
0	50,00	50,00
−0,05	72,44	65,57
−0,1	87,35	78,38
−0,2	97,95	92,93
−0,3	99,70	97,95
−0,4	99,96	99,43
−0,5	100,0	99,84

Nach Bild 7.4 ist dann das folgende Diagramm zu übernehmen:

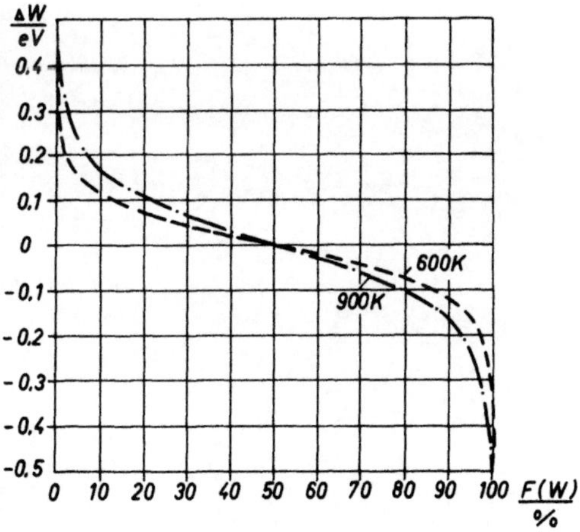

7.2 Eigenleitfähigkeit bei erhöhter Temperatur

T = 400 K, dazu aus Diagramm Bild 7.9 $n_i = 1{,}5 \cdot 10^{15}$, $\mu_n = 2500\,\text{cm}^2/\text{Vs}$ und $\mu_p = 1000\,\text{cm}^2/\text{Vs}$. Damit wird

$$\sigma = e_0 n_i (\mu_n + \mu_p) = 1{,}6 \cdot 10^{-19}\text{As} \cdot 1{,}5 \cdot 10^{15}\,\text{cm}^{-3} \cdot 3500 \frac{\text{cm}^2}{\text{Vs}} = 0{,}84 \frac{\text{S}}{\text{cm}}$$

Nach Beispiel 7.2 war σ_i = 0,022 S/cm, dann wird

$$\frac{\sigma_{400}}{\sigma_i} = \frac{0{,}84}{0{,}022} \approx 38,$$ d.h. der Anstieg beträgt 3700 % (s. auch Bild 7.8).

7.3 Verminderung der Schmelzzonenbreite

Mit den Werten b' = 0,01 und K = 0,1 bzw. K = 0,01 liefert die Gl. (7.14) die folgenden Werte:

$\frac{l}{L}$	K = 0,01 $\frac{c_F}{c_0}$	K = 0,1 $\frac{c_F}{c_0}$
0	0,01	0,1
0,05	0,058	0,45
0,1	0,104	0,67
0,2	0,189	0,88
0,3	0,267	0,96
0,4	0,336	0,98
0,5	0,400	0,99
0,6	0,457	1,0
0,7	0,508	1,0
0,8	0,555	
0,9	0,60	

Für Bild 7.17 ergibt sich dann die dargestellte Ergänzung.

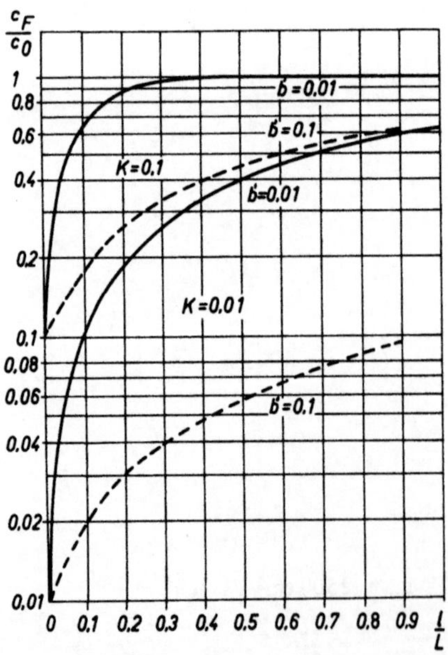

Bei einer relativen Schmelzzonenbreite von b' = 0,01 verlaufen die Kurven steiler als für b' = 0,1, d.h. die Reinigungswirkung läßt bei geringerer (relativer) Schmelzzonenbreite schneller nach als bei größerer.

7.4 Legierungstechnologie

a) Nach Bild 7.13: $n_n \approx 3 \cdot 10^{15}\,\text{cm}^{-3}$.

b) Nach Bild 7.13 muß für p-Ge mit $\rho = 0{,}5\,\Omega \cdot \text{cm}$ die effektive Dotierung $p_{eff} \approx 1{,}3 \cdot 10^{16}\,\text{cm}^{-3}$ sein. Es ist aber

$$p_{eff} = p_{dot} - n_n\,,$$

wobei p_{dot} die zu dotierenden Störstellen sind. Damit wird

$$p_{dot} = p_{eff} + n_n = (1{,}3 \cdot 10^{16} + 0{,}3 \cdot 10^{16})\,\text{cm}^{-3} = 1{,}6 \cdot 10^{16}\,\text{cm}^{-3}$$

7.5 Eindiffusion für größere Diffusionszeit

Die Diffusionslänge wird jetzt

$$L_0 = 2\sqrt{1{,}6 \cdot 10^{-11}\,\text{cm}^2/\text{s} \cdot 900\,\text{s}} = 2{,}4\,\mu\text{m}$$

Für die komplementäre Fehlerfunktion mit l in μm wird jetzt

$$x = \frac{l}{L_0} = \frac{l}{2{,}4}$$

Damit ergibt sich dann folgende Tabelle:

l µm	0	0,6	1,2	1,8	2,4	3,0	3,6
x	0	0,25	0,5	0,75	1,0	1,25	1,5
$\frac{n}{n_0}$	1	0,73	0,48	0,29	0,16	0,08	0,04

Dazu gehört diese nach Bild 7.29 zu übernehmende Kurve.

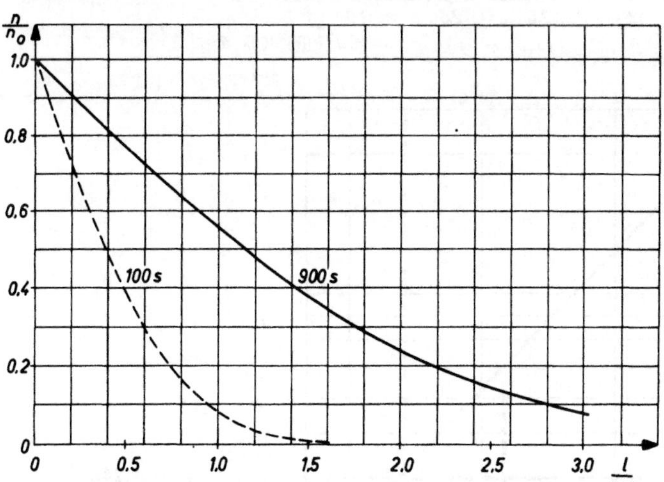

7.6 Nachdiffusion mit veränderten Zeiten

Die Diffusionslängen L_{02} ergeben sich bei

100 s: $L_{02} = L_{01} = 0{,}8\,\mu\text{m}$ und bei

350 s: $L_{02} = 2 \cdot \sqrt{1{,}6 \cdot 10^{-11}\,\text{cm}^2/\text{s} \cdot 350\,\text{s}} = 1{,}5\,\mu\text{m}$

Aus Gl. (7.21) folgt dann für

100 s

$$\frac{n(l)}{n_0} = 0{,}64\,e^{-\left(\frac{l}{0{,}8}\right)^2}$$

350 s

$$\frac{n(l)}{n_0} = 0{,}34\,e^{-\left(\frac{l}{1{,}5}\right)^2}$$

wobei l wieder in μm einzusetzen ist. Die Rechnung liefert die folgende Tabelle, aus der dann die Zeichnung resultiert.

	$\frac{l}{\mu m}$	0	0,2	0,4	0,6	0,8	1,0	1,2	1,4	1,6	1,8	2,0
100 s	$\frac{n(l)}{n_0}$	0,64	0,59	0,50	0,36	0,23	0,13	0,07	0,03	0,01		
350 s	$\frac{n(l)}{n_0}$	0,34	0,33	0,32	0,29	0,26	0,22	0,18	0,14	0,11	0,08	0,06

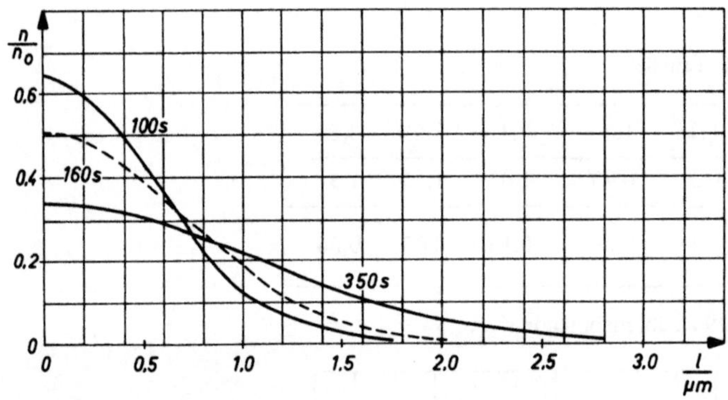

7.7 Diagramm λ = f (ΔW)

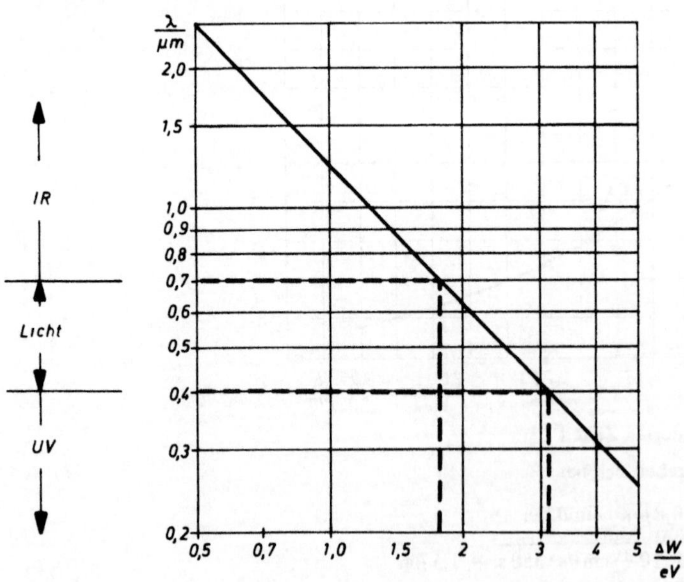

$$\frac{\lambda}{\mu m} = \frac{1{,}248}{\Delta W}$$

mit ΔW in eV.

7.8 Vergleich von InSb und Ge

Hallkonstante von InSb

$$R_H = \frac{1}{e_0 n_i} \frac{1-\beta}{1+\beta} \qquad \beta_{InSb} = \frac{75000}{780} = 96{,}2 \rightarrow \frac{1-\beta}{1+\beta} = -0{,}979 \approx -1$$

$$R_H = \frac{-0{,}979}{1{,}6 \cdot 10^{-19}\,\mathrm{As} \cdot 2{,}8 \cdot 10^{16}\,\mathrm{cm}^{-3}} \approx -220\,\mathrm{cm^3/As}$$

Für Ge war $R_H = -10^5\,\mathrm{cm^3/As}$

Hallspannung

$$U_H = R_H \frac{I}{d} B \quad \text{wegen} \quad \frac{I}{d} B = \frac{10^{-3}\,\mathrm{A}}{10^{-4}\,\mathrm{cm}} 10^{-4} \frac{\mathrm{Vs}}{\mathrm{cm^2}} = 10^{-3} \frac{\mathrm{Ws}}{\mathrm{cm^3}} \quad \text{werden für}$$

Ge: $U_H = -10^5\,\mathrm{cm^3/As} \cdot 10^{-3}\,\mathrm{Ws/cm^3} = -100\,\mathrm{V}$

InSb: $U_H = -220\,\mathrm{cm^3/As} \cdot 10^{-3}\,\mathrm{Ws/cm^3} = -0{,}22\,\mathrm{V}$

Innerer Widerstand

$$R_i = \rho/d$$

Ge: $R_i = \dfrac{48\,\Omega\,\mathrm{cm}}{10^{-4}\,\mathrm{cm}} = 480\,\mathrm{k\Omega}$ InSb: $R_i = \dfrac{4{,}5 \cdot 10^{-3}\,\Omega\,\mathrm{cm}}{10^{-4}\,\mathrm{cm}} = 45\,\Omega$

Betriebsspannung

$$U_= = R_i I$$

Ge: $U_= = 4{,}8 \cdot 10^5\,\Omega \cdot 10^{-3}\,\mathrm{A} = 480\,\mathrm{V}$

InSb: $U_= = 45\,\Omega \cdot 10^{-3}\,\mathrm{A} = 0{,}045\,\mathrm{V}$

Wollte man ähnliche Widerstandsbedingungen mit Germanium erreichen, müßte $n_n \approx 10^{19}$ betragen, womit R_H um 6 Zehnerpotenzen auf ca. 0,1 cm³/As absänke.
(*Anmerkung:* Für gegebene Trägerbeweglichkeit ist $R_H \sim 1/n$. Da n_i aber die kleinste mögliche Ladungsträgerkonzentration darstellt, müssen alle Dotierungen zu kleineren Hallkonstanten führen!)

8 Dielektrische Eigenschaften

8.1 Ortskurve der komplexen Permitivität

Zur Eichung der Ortskurve in $\omega\tau$ verlegen wir mit $\epsilon_\infty = 0$ den Koordinatensprung nach ϵ_∞. Dann wird mit Gl. (8.21) $\tan\delta' = \omega\tau$, womit für vorgegebene $\omega\tau$-Werte der zugehörige Winkel δ' von ϵ_∞ aus auf der Ortskurve die $\omega\tau$-Werte festlegt.

Der Winkel δ des Verlustfaktors wird vom regulären Koordinatenursprung aus ermittelt. Für eine Frequenz von z.B. 10 GHz ergibt sich dann $\delta = 24{,}5°$ und $\tan\delta = 0{,}46$, wie auch aus Bild 8.16 abzulesen ist.

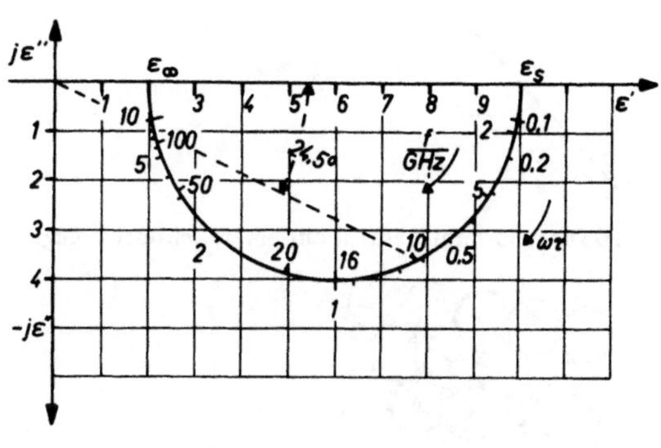

Antworten zu den Wiederholungsfragen

1 Aufbau der festen Körper

1.4.1 krz und kfz sind die Abkürzungen für kubisch-raumzentrierte und kubisch-flächenzentrierte Gitter.

1.4.2 <111> beim krz- und <101> beim kfz-Gitter.

1.4.3 Kubisch-flächenzentrierte und Gitter mit hexagonal dichtester Packung haben die dichtesten Kugelpackungen (74 %).

1.4.4 Eine Elementarzelle ist die kleinste Einheit mit den charakteristischen Eigenschaften des Kristalles, aber erst eine Vielzahl von Elementarzellen bildet ein Raumgitter.

1.4.5 Die Gitterkonstanten a_{kfz} und a_{krz} verhalten sich wie

$$\frac{a_{kfz}}{a_{krz}} = \frac{\sqrt{3}}{\sqrt{2}} = 1{,}22 \qquad a_{krz} = 0{,}36\,\text{nm} \cdot 0{,}816 = 0{,}29\,\text{nm}$$

1.4.6 Bei einer Stufenversetzung endet eine Ebene innerhalb des Kristallgitters und hat keine kontinuierliche Fortsetzung. Bei einer Schraubenversetzung treffen Elementarzellen zusammen, die zu verschiedenen (Ursprungs-)Ebenen gehören.

1.4.7 Ein Gitterfehler, bei dem ein Atom einen Gitterplatz verlassen hat und auf einen Zwischengitterplatz übergegangen ist. Es entstehen zwei Fehlstellen.

1.4.8

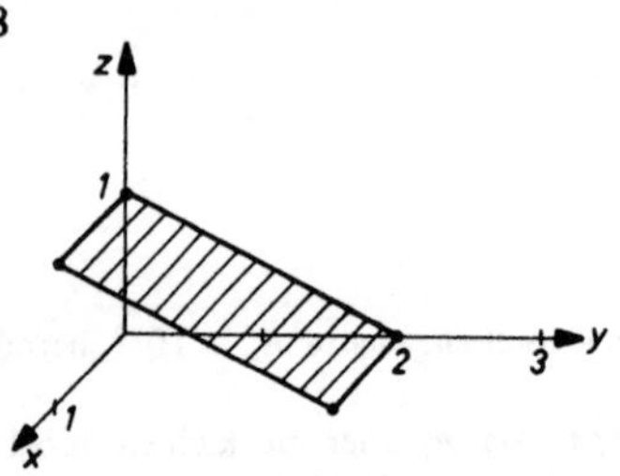

	x	y	z
Achsabschnitte	∞	2	1
Kehrwerte	0	$\frac{1}{2}$	1
ganzzahlig	0	1	2
Millersche Indizes	(0	1	2)

1.4.9

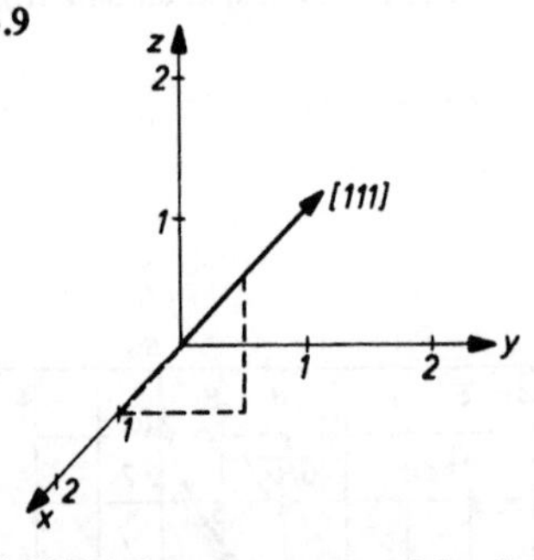

1.4.10 Die Anordnung entspricht einer dichtesten Kugelpackung in der Ebene (Bild 1.5b).

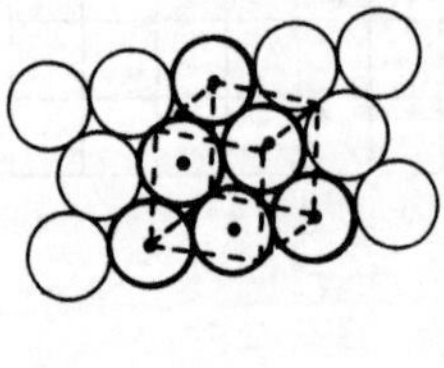

1.4.11

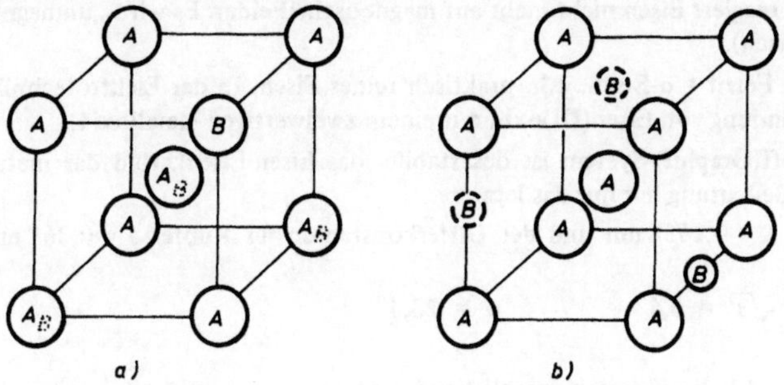

a) substitutionell
A und B ungefähr
gleiche Durchmesser.

b) interstitiell
Der Durchmesser von B ist klein
gegenüber dem von A.

Gestrichelt sind weitere mögliche Plätze für B eingetragen.

2 Legierungen

2.6.1 Bei Raumtemperatur besteht für Germanium praktisch keinerlei Löslichkeit in Indium.

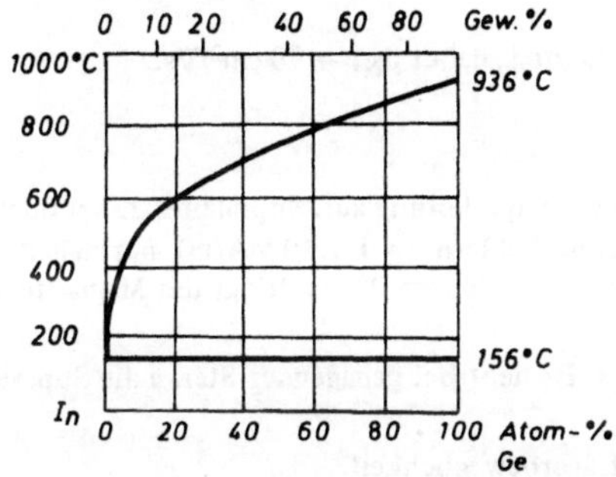

$\frac{T}{°C}$	Phase	Ge	In	Menge
600	Schmelze Ge-Kristall	20 % ≈ 100 %	80 % ≈ 0 %	100 % 0 %
400	Schmelze Ge-Kristall	3 % ≈ 100 %	97 % ≈ 0 %	82 % 18 %
200	Schmelze Ge-Kristall	< 1 % ≈ 100 %	> 99 % ≈ 0 %	≈ 80 % ≈ 20 %
Raum- temp.	In-Kristall Ge-Kristall	≈ 0 % ≈ 100 %	≈ 100 % ≈ 0 %	≈ 80 % ≈ 20 %

2.6.2 Es tritt eine Ausscheidung von Zinn aus dem PbSn-Mischkristall auf (Härtesteigerung).

2.6.3 In diesem Bereich liegt das Eutektikum der Pb-Sn-Lote. Eutektische Legierungen haben kein Erstarrungsintervall bzw. Legierungen in der Umgebung des Eutektikums haben nur ein geringes Erstarrungsintervall.

2.6.4 Oberhalb von 769 °C reagiert Eisen nicht mehr auf magnetische Felder. Es wird „unmagnetisch" (genauer paramagnetisch).

2.6.5 Im Maschinenbau ist Ferrit = α-Eisen, d.h. praktisch reines Eisen. In der Elektrotechnik ist es eine chemische Verbindung von Eisen(III)oxid mit einem zweiwertigen Metalloxid.

2.6.6 Das Eisen-Kohlenstoff(Graphit)-System ist das stabile, das Eisen-Eisenkarbid das metastabile System. Technische Bedeutung hat nur das letztere.

2.6.7 Mit der Wellenlänge $\lambda = 0{,}1658$ nm und der Gitterkonstanten für Kupfer $a = 0{,}361$ nm wird

$$\sin\alpha = \frac{0{,}1658\,\text{nm}}{2\cdot 0{,}361\,\text{nm}}\sqrt{3} = 0{,}4 \qquad \alpha = 23{,}4°$$

2.6.8 Nach dem Schleifen und Polieren durch anschließendes Ätzen.

2.6.9 Durch richtungsselektives Ätzen können bei Halbleitern Gitterbaufehler sichtbar gemacht werden.

2.6.10 Das Sichtbarmachen mikroskopischer magnetischer Strukturen mit sehr feinem Eisenpulver.

3 Elektrische Leitfähigkeit

3.4.1 Die Anzahl der Ladungsträger ist zu gering.

3.4.2
$$\mu_{\text{Ni}} = \frac{\sigma}{n_\text{n}\,e_0} = \frac{1{,}56\cdot 10^5\,\text{S/cm}}{10^{22}\,\text{cm}^{-3}\cdot 1{,}6\cdot 10^{-19}\,\text{As}} = 97{,}5\,\text{cm}^2/\text{Vs}$$

Wegen $n_\text{n} \approx 10^{22}\,\text{cm}^{-3}$ ist das Ergebnis etwas zu groß, daher $\mu_{\text{Ni}} \approx 90\,\text{cm}^2/\text{Vs}$.

3.4.3 Unterhalb ca. 20 K.

3.4.4 Er ist magnetisch nichtleitend, $\mu_\text{r} = 0$!

3.4.5 Sehr starke Magnetfelder (>100 kA/m) heben die Supraleitung auf. Supraleiter 2. Art oder harte Supraleiter werden erst bei sehr viel stärkeren Feldern (≈ 1...10 MA/m) normalleitend als Supraleiter 1. Art oder weiche Supraleiter. Bei Supraleitern 2. Art dringt das Magnetfeld langsam ein, bei denen 1. Art schlagartig.

3.4.6 Durch das Magnetfeld des fließenden Stromes. Es hebt bei genügender Stärke die Supraleitung auf.

3.4.7 Geringe Leitfähigkeit und eine hohe Ladungsträgerbeweglichkeit.

3.4.8 Der Hallgenerator ist ein Vierpol (Sechspol). Die Feldplatte ist als magnetfeldabhängiger Widerstand ein Zweipol (Vierpol).

4 Elektrische Leiter

4.3.1 4 % Widerstandsanstieg pro 10 °C liefern bei einem Temperaturanstieg um 50 °C eine Widerstandsänderung von 5 · 4 % = 20 %. Der Schwingspulenwiderstand steigt damit auf rund 4,8 Ω an.

4.3.2 NbTi ist als Legierungssupraleiter leichter herstellbar als Nb_3Sn, das nach einem Diffusionsverfahren produziert werden muß.

4.3.3 Das Querschnittverhältnis α gibt bei Supraleitern das Verhältnis von Kupfer-(Substra-) zu Supraleiterquerschnitt an.

4.3.4 Es werden (Misch-)Oxide von Metallen an Stelle von Metallen (als intermetallische Verbindungen) benutzt.

5 Magnetische Leitfähigkeit

5.6.1 Kleinste Bereiche gleicher (spontaner) Magnetisierung.

5.6.2 Bei Ferromagnetismus sind die gleichgroßen magnetischen Momente – in begrenzten Bereichen – parallel orientiert. Bei Ferrimagnetismus sind sie antiparallel orientiert und nicht gleich groß.

5.6.3 Richtungen leichter Magnetisierbarkeit. Im kubischen Gitter fallen sie mit den Würfelkanten zusammen.

5.6.4 v_1 und $v_{1,5}$ sind Verlustkennziffern für Elektrobleche. Die Zahlen 1 und 1,5 beziehen sich auf eine Spitzenflußdichte von 1 bzw. 1,5 T bei der Messung. Die Werte berücksichtigen bei einer Frequenz von 50 Hz die Hysterese- und Wirbelstromverluste. Sie gelten jeweils nur für eine bestimmte Blechdicke.

5.6.5 Die Permeabilität für große Aussteuerungen. Sofern nichts anderes angegeben, entspricht sie dem üblichen μ_r.

5.6.6 Sie berücksichtigt zusätzlich die Verluste und die Frequenzabhängigkeit der Permeabilität und der Verluste.

5.6.7 μ_i ist die Anfangspermeabilität (= μ_A) und entspricht der Anfangssteigung der Neukurve. ν ist ein Maß für die Öffnung der Rayleighschleife (Verluste) und weitgehend mit μ'' vergleichbar.

5.6.8

$$\nu = \frac{\mu'' \, 3\pi}{8\hat{H}} = \frac{30\pi}{8 \cdot 2\,\text{A/m}} = 5{,}89\ \text{m/A}$$

$$\mu_i = \mu' - 2\nu\hat{H} = 2400 - 23{,}6 \approx 2400$$

Für die Konstruktion der Rayleighschleife gilt dann

$$B = 1{,}256 \cdot 10^{-6}\,\text{H/m}\,[2400 \cdot H \mp 5{,}89\,(4 - H^2)]$$

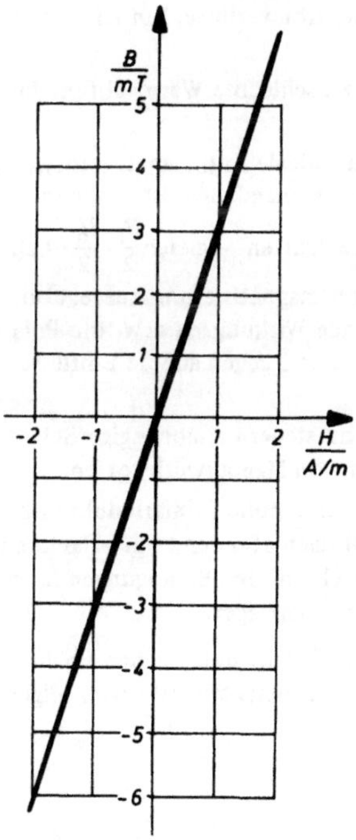

Wegen der geringen Verluste wird aus der Schleife praktisch ein „ausgebauchter Strich". Nichtlinearität und Verluste sind rechnerisch zwar noch nachweisbar, im Diagramm aber nicht mehr zu erkennen. Diese Verhältnisse sind realer als die mit extremen Verlusten verbundene Darstellung aus Aufgabe 5.3.

5.6.9 Die Präzessionsfrequenz von Bahn- bzw. Spinmomenten unter dem Einfluß eines magnetischen (Gleich-)Feldes.

6 Magnetika

6.5.1 Nein.

6.5.2 1. Ziffer 100faches von v_1, 2. 100faches der Blechdicke in mm, A Si-Blech kaltgewalzt und B Si-Blech warmgewalzt.

6.5.3 Durch die Kennbuchstaben A, C, D, E und F.

6.5.4 Koerzitivfeldstärke H_c.

6.5.5 Die Verluste sind zu groß und steigen mit der Frequenz zu stark an.

6.5.6 Die Flußlinien verlaufen bei einer 45°-Stoßfuge ausschließlich in magnetisch leichten Richtungen.

6.5.7 Der M-Schnitt.

6.5.8 Permeabilität(szahl) und Curie-Temperatur. Bei Hartmagnetika auch H_c in Richtung zu größeren Werten.

6.5.9 Der magnetische Kreis wird von den Eigenschaften des magnetischen Werkstoffes unabhängiger (kleinere Verluste, bessere Linearität usw.).

6.5.10 Das höchste Produkt aus zusammengehörigen B- und H-Werten der Magnetisierungskennlinie. Einheiten: mWs/cm³, kWs/m³ oder kJ/m³, ältere Einheiten MG · Oe, wobei 1 MG · Oe = 8 kWs/m³.

6.5.11 Eisen(III)oxid mit zweiwertigem Metalloxid in Spinellstruktur, $M''O \cdot Fe_2O_3$. Aber nur die inversen Spinelltypen sind magnetisierbar.

6.5.12 Wegen ihrer geringen Leitfähigkeit verursachen sie keine Wirbelstromverluste. Ein HF-Feld kann fast ungeschwächt eindringen.

6.5.13 Ferrite haben eine zu geringe Sättigungsinduktion und eine zu schlechte Wärmeabfuhr für die im Kern entstehende Verlustwärme.

6.5.14 $B_r \cdot {}_BH_c$ entspricht einem Rechteck – mit $\gamma = 1$ –, in dem die ideale Entmagnetisierungskennlinie eine Diagonale bildet. Die größtmögliche Fläche unter dieser Diagonalen ist – wie in einem rechtwinkligen Dreieck mit dem Produkt der beiden Kathetenhälften – gleich $\frac{B_r}{2} \cdot \frac{H_c}{2} = B_a \cdot H_a = 0{,}25 \cdot B_r \cdot H_c$, d.h. $\gamma = 0{,}25$. Dem steil abfallenden Teil der Entmagnetisierungskurve, also dem irreversiblen Bereich, entspricht immer eine entmagnetisierende Wirkung. M.a.W. die Polarisation geht irreversibel zurück. Damit ist ein Magnetsystem mit $\gamma \approx 1$ gegen äußere Einflüsse sehr empfindlich.

6.5.15 Der Schaltkoeffizient S_w ist Proportionalitätsfaktor für die aussteuerungsabhängige Schaltzeit (Ummagnetisierungsgeschwindigkeit) bei Impulsansteuerungen von Magnetwerkstoffen.

6.5.16 Impulsübertrager sollen eine große Zeitkonstante und damit eine hohe Primärinduktivität bei geringstmöglicher Windungszahl aufweisen, um sowohl Impulsdach als auch Impulsflanken einwandfrei wiederzugeben. Diese Forderungen sind aber identisch mit den Bedingungen für niedrige untere und hohe obere Grenzfrequenz bei einem normalen Übertrager.

6.5.17 Man unterscheidet die remanente und die koerzitive Rechteckigkeit. Beide gehen im Idealfall gegen 1. (Die remanente Rechteckigkeit entspricht der bei Magnetisierungskurven allgemein definierten Rechteckigkeit.)

7 Halbleiter

7.6.1 Wenn die Teilchenkonzentration so groß wird, daß eine gegenseitige Beeinflussung stattfindet, beginnt die Entartung. Damit muß bei sehr starker Dotierung Entartung eintreten.

7.6.2 Für „nichtentartet" muß das Fermi-Niveau mindestens 3 kT unterhalb des Leitungsbandes liegen. Ist es näher daran oder ist es gar bis ins Leitungsband vorgedrungen, liegt Entartung vor.

7.6.3 Die Energie, die von 50 % eines Teilchenkollektives (wahrscheinlich) erreicht wird.

7.6.4 Das Leitungsband ist frei von Teilchen. Das Valenzband ist vollbesetzt. Das Fermi-Niveau liegt in der Mitte der verbotenen Zonen, und wegen $T = 0$ sind (wahrscheinlich) keine Teilchen mit höherer Energie verfügbar.

7.6.5 Im allgemeinen nur in der Ausdrucksweise. Beide Bezeichnungen werden für die gleiche Aussage benutzt. Teilchendichte ist korrekt und kann zu keinerlei Fehldeutungen führen. Unter Teilchenzahl wird durchweg die Zahl der Teilchen pro cm^3 verstanden, womit dann wieder Identität mit der Teilchendichte besteht.

7.6.6 Intrinsiczahl (eigentlich Intrinsicdichte, s.a. Frage 7.6.5): Anzahl der bei Raumtemperatur im vollständig reinen Halbleitermaterial (pro cm^3) verfügbaren Ladungsträger, die die Eigenleitfähigkeit des Materials bewirken. Intrinsicmaterial ist dann hochreines Halbleitermaterial, das nur über Eigenleitfähigkeit verfügt.

7.6.7 Eindringen von Fremdatomen mit Energieniveaus, die zu Fermi-Niveaus in der verbotenen Zone oberhalb (n-Dotierung) oder unterhalb (p-Dotierung) der Bandmitte führen.

7.6.8 In der Existenz von Elektronen und Defektelektronen (Löchern), die formal zu zwei Teilchenströmen bei der Stromleitung führen.

7.6.9 Durch Einbringen von mehr Teilchen, als der vorhergehenden Dotierungskonzentration entsprach.

7.6.10 Halbleiterrein bedeutet 6-Neuner-Qualität oder auch 1 ppm. Vor einer Dotierung muß die Reinheit – materialabhängig – besser als 9...10 Neunerqualität ($\hat{=} < 1$ ppb) sein.

7.6.11 Durch wiederholtes Zonenschmelzen (und Erstarren).

7.6.12 Der Verteilungskoeffizient K gibt die Verminderung der Fremdstoffkonzentration beim einmaligen Erstarren einer Schmelze an (Entmischung).

7.6.13 Durch Messen des spezifischen Widerstandes mit der Vierspitzenmethode.

7.6.14 Bei zu stark erhöhter Lagertemperatur könnte sich die Diffusionsstruktur verändern.

7.6.15 Durch die Nachdiffusion wird eine steilere Diffusionsfront, d.h. ein besserer Übergang von der einen zur anderen Dotierung erreicht.

7.6.16 Kristallwachstum mit vorgegebener Orientierung über einen kleinen Bereich.

7.6.17 Verbindungshalbleiter ermöglichen größere Bandabstände als Elementhalbleiter. Für Effekte im optischen, also Lichtbereich sind aber Bandabstände von $\Delta W > 1{,}8$ eV notwendig, die von Elementhalbleitern nicht erreicht werden.

7.6.18 Bedingung für $A = \frac{3\pi}{8}$ war $B \cdot \mu < 1$. Mit $B = 1\,\text{Vs/m}^2 = 10^{-4}\,\text{Vs/cm}^2$ und $\mu_{max} = 3{,}9 \cdot 10^3\,\text{cm}^2/\text{Vs}$ wird $B \cdot \mu = 0{,}39 < 1$.

8 Dielektrische Eigenschaften

8.4.1 Es gibt keinen Unterschied! Dielektrizitätszahl ist die ältere, Permitivität(szahl) die neuere Bezeichnung.

8.4.2 Ein Stoff ist polar, wenn die Moleküle bereits Dipole darstellen, d.h. die Schwerpunkte der positiven und negativen Ladungen nicht mehr zusammenfallen.

8.4.3 Die Ursache für die gestufte Frequenzabhängigkeit der Permitivität liegt in den drei verschiedenen Polarisationsmechanismen Elektronen-, Ionen- und Orientierungspolarisation, die den Feldwechseln nur unterschiedlich und begrenzt zu folgen vermögen.

8.4.4 Die Elektrostriktion beruht auf der Formänderung des Materials durch die Kraftwirkung des elektrischen Feldes auf die Materie. Beim reziproken Piezoeffekt tritt zwar auch eine Formänderung des Materials ein, Voraussetzung ist aber die Existenz von Dipolen im atomaren Bereich.

8.4.5 Ein Werkstoff, in dem elektrische Feldenergie gespeichert ist.

8.4.6 Ein Wärmedurchschlag im Isolator braucht eine gewisse „Vorbereitungszeit", ehe ein anfangs minimaler Querstrom sich bis zum Durchschlag verstärkt.

8.4.7 Sowohl die Temperatur als auch die (lange) Zeit vermindern die Isolierfähigkeit eines Werkstoffes.

8.4.8 Die Isolationszeitkonstante reicht beim Betrieb eines Kondensators mit Gleichspannung oder Wechselspannung niedriger Frequenz zur Beschreibung der Verluste aus.

8.4.9 Im verlustbehafteten Kondensator ist die ideale Phasenverschiebung von 90° um den Verlustwinkel δ vermindert. Diese Verzögerung kann man als Relaxationszeit deuten.

8.4.10 Es sind Kurzbezeichnungen für Kondensatormaterialien mit niedriger (NDK) und hoher (HDK) Permitivität.

Literaturhinweise

ABC der Lack- und Kunstharzisolierung für die Elektrotechnik, Beck Elektro-Isoliersysteme, Hamburg 1974

BASF Kunststoffe, BASF Ludwigshafen

K. Biederbick: Kunststoffe – kurz und bündig, Vogel-Verlag, Würzburg 1970

A. F. Bogenschütz: Ätzpraxis für Halbleiter, Hanser-Verlag, München 1970

H. Böhm: Einführung in die Metallkunde, BI-Hochschultaschenbücherverlag, Mannheim 1968

R. Boll: Weichmagnetische Werkstoffe, Vacuumschmelze, Hanau 1977

H. Christen: Werkstoffbegriffe, Verlag von Huber und Co. AG, Frauenfeld 1964

W. Domke: Werkstoffkunde und Werkstoffprüfung, Verlag W. Girardet, Essen 1966

T. Erdey-Grúz: Grundlagen der Struktur der Materie, Verlag Vieweg, Braunschweig 1967

E. Feldtkeller: Dielektrische und magnetische Materialeigenschaften I und II, BI-Wissenschaftsverlag, Mannheim 1973

H. Fischer: Werkstoffe der Elektrotechnik, Hanser-Verlag, München 1978

D. Geist: Halbleiterphysik I, Eigenschaften homogener Halbleiter, Verlag Vieweg, Braunschweig 1969

W. Guggenbühl, M. J. O. Strutt, W. Wunderlin: Halbleiterbauelemente I, Halbleiter und Dioden, Birkhäuser-Verlag, Basel 1962

P. Guillery, R. Hezel, B. Reppich: Werkstoffkunde für Elektroingenieure, Verlag Vieweg, Braunschweig 1978

Handbuch der BASF Kunststoffe, BASF Ludwigshafen

W. Harth: Halbleitertechnologie, BG Teubner Studienskripten, Stuttgart 1972

C. Heck: Magnetische Werkstoffe und ihre technische Anwendung, Hüthig-Verlag, Heidelberg 1975

W. Helbig, A. Burkart: Tabellen für Labor und Betrieb, Westermann-Verlag, Braunschweig 1969

H. Hilpert: Halbleiterbauelemente, BG Teubner Studienskripten, Stuttgart 1972

E. Justi: Leitungsmechanismen und Energieumwandlung in Festkörpern, Vandenhoeck und Ruprecht, Göttingen 1965

C. Kittel: Einführung in die Festkörperphysik, R. Oldenbourg-Verlag, München 1967

Kupfer, Deutsches Kupferinstitut e. V., Berlin 1961

Löten von Kupfer und Kupferlegierungen, Deutsches Kupferinstitut, Berlin 1969

E. A. Lynton: Supraleitung, BI-Hochschultaschenbücher-Verlag 1966

E. Macherauch: Praktikum in Werkstoffkunde, Verlag Vieweg, Braunschweig 1970

H. J. Martin: Die Ferroelektrika, Akademische Verlagsgesellschaft Geest und Portig KG, Leipzig 1964

P. Masing: Lehrbuch der Metallkunde, Springer Verlag, Berlin, Heidelberg 1950

H. Meinke, F. W. Gundlach: Taschenbuch der Hochfrequenztechnik, Springer Verlag, Berlin, Heidelberg, New York 1968

W. v. Münch: Werkstoffe der Elektrotechnik, BG Teubner Studienskripten, Stuttgart 1972

Organische Halbleiter, Akademie-Verlag, Berlin 1966

W. v. Münch: Elektrische und magnetische Eigenschaften der Materie, B.G. Teubner, Stuttgart 1987

Organische Halbleiter, Akademie-Verlag, Berlin 1966

F. Pawlek: Die physikalischen Eigenschaften von reinem Kupfer, Metall 13 (1959), S. 630/37

E. Philippow: Taschenbuch Elektrotechnik Bd. I, Grundlagen, VEB-Verlag Technik, Berlin 1968

W. G. Pfann: Zone Melting, New York 1959

H. Reinboth: Technologie und Anwendung magnetischer Werkstoffe, VEB-Verlag, Berlin 1977

C. Rint: Handbuch für Hochfrequenz- und Elektrotechniker Bd. I, Hüthig- und Pflaum-Verlag, München, Heidelberg 1978

J. Ruge: Technologie der Werkstoffe, Verlag Vieweg, Braunschweig 1978

A. Schrader: Ätzheft, Gebr. Borntraeger, Berlin 1957

W. Schultz: Dielektrische und magnetische Eigenschaften der Werkstoffe, Verlag Vieweg 1970

J. Smit, H. P. J. Wijn: Ferrite, Philips Technische Bibliothek, Eindhoven 1962

dielektrischer Verlustfaktor 239
Dielektrika 245
Dielektrikum 225
– zahl 141, 226
Diffusion 33, 201 ff.
diffusionsdicht 206
Diffusions/geschwindigkeit 33, 202
– koeffizient 203
– länge 204
– profil 204
– spannung 200
dipolar 229
Dipol, elektrischer 225
–, magnetischer 84
Dispersion 230
Dodekaederplätze 123
Domänen 87, 91, 171
Donatoren 185, 212, 214
Donoren 185
Doppelsteuerung 172
Dotierung 185 ff.
–, n- 185 ff.
–, p- 186 ff.
Drehimpuls 120
–, Bahn- 120
–, Spin- 120
Drehmoment 120
Drehprozesse 93
Drehungen, irreversible 94 ff.
–, reversible 94 ff.
Drehziehverfahren 197
Driftgeschwindigkeit 56
Durchgangswiderstand 234
Durchschlagfestigkeit 235
Duroplaste 252
dynamische Stabilisierung 67
Dynamoblech 125

EE-Kerne 138
effektive Permeabilität 107 ff.
Eigenleitungsdichte 183
EI-Kerne 137
Eindiffusion 204
eindimensionale Fehler 17, 19 ff.
Eindomänenspeicher 171
Einkristall 4, 190, 197
Einlagerungs-Mischkristall 26
EI-Schnitt 137
Eisen 123, 125
– -Eisenkarbid-Diagramm 42
– füllfaktor 139
– karbid 42
– -Kohlenstoff-Diagramm 42
– pulver, Karbonyl- 123
E-Kerne 142
EK-Kern 139
– blechpakete 139
E-Kupfer 76
Elektret 231
elektrische Leitfähigkeit 55
Elektrobleche 125
elektrolytisches Ätzen 52
elektronegative Gase 248
Elektronen/beweglichkeit 59
–, freie 55
– gas 55, 177
– –, entartetes 177
– konzentration 59
– laufzeit 58
– polarisation 226
– verteilung 88
Elektrostriktion 231
Elementar/bereiche 91
– ladung 56, 84, 225
– magnet 84
– zelle 5, 8
– –, hexagonale 7, 9
– –, kubisch flächenzentrierte 7
– –, – primitive 6
– –, – raumzentrierte 7
Elementhalbleiter 211
–, Bandstruktur- 217
Energie/bänder 176 ff.
– dichte 98, 149, 158
– – -Hyperbeln 158
– niveau 175
– produkt 149, 159
– schema 175
entartetes Elektronengas 177
Entmagnetisierung 96 ff.
– s/faktor 107
– -Kennlinie 148 ff.
– -Kurve 148ff., 158
Epitaxie 208 ff.
–, Gasphasen- 208
–, Hetero- 201, 208
–, Homöo- 208
–, Molekularstrahl- 209
Epoxidharze 253
Erstarrungstemperatur 28
Eutektikale 30
Eutektikum 30
eutektische Temperatur 30
eutektoider Punkt 43

Fehler, eindimensionale 17, 19 ff.
– funktion 203
–, nulldimensionale 17 ff.
–, zweidimensionale 17, 22 ff.
Fehlordnungen 17 ff.
Feldplatte 72
Feldstärke/hub 111, 161
–, kritische magnetische 61
Fermi-Dirac-Statistik 177
Fermifunktion 178
Fermikante 179
Fermi-Niveau 178
ferrimagnetisch 89
Ferrimagnetismus 89
Ferrit (α-Eisen) 43
Ferrite 122 ff.
–, hartmagnetische 155 ff.
–, weichmagnetische 140 ff.
Ferro/elektrika 231 ff.
– elektrisch 231
– magnetisch 87
– magnetismus 87
– silizium 191
Filament-Supraleiter 66
Fluß/dichte 81
– schläuche 64
freie Elektronen 55
Fremd/atome 25, 185
– stoffkonzentration 193 ff.
Frenkel-Fehlordnung 17

Gallium 191, 214
Gallium-Arsenid 208, 213, 215
Gallium-Phosphid 215
Gase, elektronegative 248
Gasphasen-Epitaxie 208
gegendotieren 189
Generationsrate 183
Germanit 191
Germanium 184, 191, 213, 214 ff.
– tetrachlorid 192
gescherte komplexe Permeabilität 112
Gitter 2, 48
– fehler 17 ff., 51
– konstante 7 ff., 27, 49, 50
–, kubisch raumzentriertes 7
–, – flächenzentriertes 7
– schwingungen 63
Glimmer 245
Gosstextur 104, 138
Granate 123
Grenz/flächenpolarisation 229
– frequenz, gyromagnetische 101
– –, Wolmannsche 100
– konzentration 196
– polarisation 92
Großwinkelkorngrenzen 23
Grundgitter nach Bravais 11
Gummimagnete 155
Gußeisen 43
Güte (Elektrobleche) 125
gyromagnetische Grenzfrequenz 101
– Halbwertsfrequenz 101
– Resonanzfrequenz 121
– s Verhältnis 120
Halbleiter 175, 182 ff.
– qualität 25
Halb/metalle 3
– wertsfrequenz, gyromagnetische 101
Hall/effekt 67 ff., 218
– generator 70
– konstante 69, 221
– spannung 68 ff.
– winkel 70, 219
Haltepunkt 28
harte Supraleiter 61
Hartmagnetika 122, 148 ff.
HDK 244
Hebelgesetz 34
Heizleiter 79
Hetero-Epitaxie 201
– polare Bindung 2
Heusler-Legierung 88, 153
hexagonale Elementarzelle 7, 9
hkl 13
Hoch/feldsupraleiter 65
– frequenzschweißung 255
Homogenisierungsglühen 33
homöopolare Bindung 2
hydrophobieren 251, 256
Hysterese 96
– beiwert 116
– –, bezogener 117
– –, effektiver 117
– kurve 95, 98
– materialkonstante 117
– schleife 95, 103 ff., 231
– verluste 98

IACS 76
ideale Magnetisierungskennlinie 97
Idealkristall 4
Impuls/ansteuerung 161
– permeabilität 110 ff., 162, 164
– speicherung 105, 169
– übertrager 161, 163 ff.

Indium 201
– -Antimonid 59, 215
Induktionshub 111, 161
Inhibitdraht 173
Innenleitwertkennlinie 151
Inter/ferenzbedingung 48
– metallische Verbindung 40
– stitieller Mischkristall 25
Intrinsic/dichte 183
– -Material 185
– zahl 183
Ionen/bindung 2
– gitter 2
– implantation 201, 210
– polarisation 227
Ionisierungsfeldstärke 248
irreversible Drehungen 94 ff.
Isolations/güte 238
– zeitkonstante 238
Isolator 180, 234
Isolier/öl 250
– papier 249
– schichtdicke 139
Isopermschleife 104 ff.
isotrop 5

J-Kurve 83, 150

Kaltleiter 77
Karbonyl-Eisen 54
– -pulver 123
Keramik 245, 250
Kern/bleche 136 ff.
– formen 142
– verluste 145
Kleinwinkelkorngrenze 22
Kobalt 124, 131
Koerzitiv/feldstärke 95, 124, 126, 150
– kraft 95
kohärente Rotation 171
Kommutierungskurve 97, 117
komplexe Permeabilität 98, 111 ff.
– –, gescherte 112
– Permitivität 237
Kondensator 237
Konode 31
Konstantan 78
Konzentrationsverlauf 193 ff.
Korn 4
– grenze 22
– grenzfläche 22
kovalente Bindung 2
Kreisstrom 86

Kriech/ströme 235
– stromfestigkeit 235
Kristall 4
– anisotropie 91
– gitter 5
– it 4
– struktur 3
– ziehen 192, 197 ff.
kritische magnetische Feldstärke 61
– Stromdichte 61
kryostatische Stabilisierung 67
kubisch flächenzentrierte Elementarzelle 7
– primitive Elementarzelle 7
– raumzentrierte Elementarzelle 7
Kugel/modell 6
– packung 6
– –, dichteste 6
Kupfer 76 ff.
– verluste 145

Lackseide 253
Ladung, freie 225
–, gebundene 226
–, influenzierte 226
– sträger/beweglichkeit 57
– dichte 56, 185
– zahl 55
Landé-Faktor 121
Larmorfrequenz 105, 119
Laue-Diagramm 49
– -Verfahren 49
Lebensdauer 190
– erwartung 237
LED 217
Ledeburit 44
Leerlaufempfindlichkeit 71
Legierung 28 ff., 201
– en, hartmagnetische 152 ff.
– en, weichmagnetische 124 ff.
– stechnologie 201
leichte Richtung 91, 138
Leiter 76, 181
– werkstoffe 76
Leitfähigkeit, elektrische 55 ff., 76, 183, 229
–, magnetische 82
–, spezifische 57, 76
Leitungs/band 177
– elektronen 3, 55
Leuchtdiode 217
Lichtenergie 185, 215
Liquiduslinie 29
l-Linie 29
Loschmidtzahl 55

Löcher 182 ff., 187
– leitung 187
Löslichkeit 28 ff.
– slinien 37
Lösung 28 ff.
Lötlacke 253
Luft 248
– spaltgerade 157
Lumineszenz 217

Magnesia usta 51
Magnet 84, 122
– feldabhängiger Widerstand 74
Magnetika 122
–, Hart- 122, 148 ff.
–, Weich- 122 ff.
magnetische Abschirmung 133
– Anisotropiekräfte 91
– Leitfähigkeit 82
– Polarisation 82
– r Dipol 84 ff.
– s Moment 84 ff.
– –, induziertes 86
Magnetisierung 82, 91 ff.
– skennlinie 83
– –, ideale 97
– skurve 83, 95 ff.
–, unipolare 163
Magnetismus, remanenter 95
Magneton, Bohrsches- 84, 120
Magnetostriktion 124
Majoritätsträger 189
Manganin 78
Maskierfähigkeit 206
materialselektiv 51
Mehrfach/abschirmung 135
– erstarrung 196
– -Zonenschmelzen 196
Metall/e, amorphe 80, 131 ff.
– filmwiderstände 78
– gläser 80, 131 ff.
– ide 40
– ische Bindung 3
metastabiles System 42
Millersche Indizes 11 ff.
Minoritätsträger 189
Mischkristalle 24, 25 ff.
–, sekundäre 38, 39
Mischzustand 64
M-Kern 137
Molekularstrahlepitaxie 209
Molekülgitter 2
Moment, magnetisches 84 ff.
Molybdän 131
M-Schnitt 137

natürliche gyromagnetische Resonanz 101
NDK 244
n-Dotierung 185 ff.
Néeltemperatur 93
Neukurve 97, 117
Netzebene 48
Nickel 79, 124, 130
Nichtmetalle 3
n-Leitung 186
Normalleiter 76 ff.
nulldimensionale Fehler 17 ff.
Nullpunktsenergie 179

Oberflächen/rekombination 190
– ströme 62
– widerstand 234
ohmsche Nullspannung 71
Oktaederplatz 123
Ordnungspolarisation 228
Orientierungspolarisation 228

Packungsdichte 6, 8 ff.
paramagnetisch 43, 87 ff.
Paramagnetismus 87
parelektrische Polarisation 228
p-Dotierung 186
Perchlorsäure 52
Perlit 44
permanente Permeabilität 110 ff., 151
Permeabilität 82, 106 ff.
–, absolute 106
–, effektive 107 ff.
–, Impuls- 110 ff.
–, komplexe 98, 111 ff.
–, permanente 110 ff., 151
–, reversible 109 ff.
–, Überlagerungs 107 ff.
–, Wechselfeld 106 ff.
Perminvar/ferrite 142
– schleifen 104
Permitivität, absolute 225
–, komplexe 237
–, statische 240
–, unrelaxierte 240
– szahl 141, 226
Perowskitstruktur 233, 251
Phase 28
– ngeschwindigkeit 227
Phenoplaste 252
Philbertschnitt 138

Phononen 63
Photoeffekt 185
Piezoelektrika 232
piezoelektrisch 232
Pinning-Zentren 65
Planartechnologie 202
Plattenkondensator 225
p-Leitung 187
p-n-Kontakt 211
p-n-Übergang 200
polar 227
Polarisation, Deformations- 228
–, dielektrische 225 ff.
–, Elektronen- 226
–, Grenzflächen- 229
–, Ionen- 227
–, magnetische 82 ff., 150
–, Ordnungs- 228
–, Orientierungs 228
–, parelektrische 228
– sstrom 235
Polier/en 50
– mittel 51
– tonerde 51
Politurbeizen 52
Poly/amide 253
– äthylen 254
– esterharze 252
– kristall 4
– styrol 239, 253
– tetrafluoräthylen 255
– urethane 253
– vinylchlorid 254
Porzellan 251
Potentialtrichter 175
ppb 25
ppm 24
Präzessionsfrequenz 119
Preßmagnete 153
PTC 77
Punktdefekte 17
Pyroelektrika 233
pyroelektrisch 233

Quarz 232, 246
Querschnittsverhältnis 80

Raumgitter 5 ff.
Rayleigh/bereich 105
– -konstante 113
– schleife 105, 114 ff.
Realkristall 4, 17
Rechteck/igkeitsverhältnis 172
– schleife 103 ff.
Reinheit 24, 190
Rekristallisation 52
Rekombination 184
– srate 184
Relais 105
Relaxations/verluste 98
– zeit 235, 240
remanenter Magnetismus 95
Remanenz/flußdichte 95
– induktion 95, 103
Resonanz/frequenz, gyromagnetische 121
– natürliche gyromagnetische 101
Restluftspalt 144
reversible Drehungen 94 ff.
– Permeabilität 109 ff.
Richtungen, leichte 91
–, schwere 91
richtungsselektiv 51
Ringkernspeicher 169
RM-Kerne 142
Röntgenstrahlen 48
Rotation, kohärente 171

Sättigungs/bereich 83
– flußdichte 95
– induktion 101, 103
– polarisation 91
Schalenkerne 142
Schalt/koeffizient 162
– zeit 162
Scherung 107 ff.
– sgerade 107
Schleifen 50 ff.
Schliffbild 50 ff.
Schmelzzone 194
– nbreite 195
Schnittbandkerne 138
Schottky-Fehlordnung 17
Schraubenversetzung 20
Schwefelhexafluorid 248
Schwell/feldstärke 162
– wert 111
schwere Richtung 91
Schwimmtiegelverfahren 197
Schwingquarze 246
6-Neuner-Qualität 25
SE Co-Magnete 154
Segregatlinien 37
sekundärer Mischkristall 38, 39
Sekundärzementit 43
SE-Kupfer 76
Selen 191, 211
seltene Erden 122
semiconductor-quality 25

Silan 192, 208
Silikone 255
Silizium 125, 184, 192, 213
Sintermagnete 153
Skineffekt 59, 100
s-Linie 29
Soliduslinie 29
Sortenkennzeichnung 130
Spannungszeitfläche 161
Speckstein 251
Speicher/kerne 105
– matrix 172
Sperrschicht 200, 211
Spin 86
Spinell 122
– typ 123
– –, inverser 123
Spin/drehimpuls 120
– moment 86 ff., 119
– präzessionsfrequenz 105, 121
Spitzentransistor 201
Sprungtemperatur 60 ff.
Spulenberechnung 146
Stabilisierung, adiabatische 67
–, dynamische 67
–, kryostatische 67
Stahl 43
–, unmagnetischer 130
Steatit 251
Steckkerne 138
Stör/feld 135
– stellenkonzentration 186
Strahlendefektzentren 210
Streuinduktivität 166
Strom/dichte, kritische 61
– koinzidenz 173
– leitung 55, 175
– verdrängung 59, 100
– verzerrungen 105, 117
Strukturbeizen 52, 199
Stufenversetzung 20
Substitutions-Mischkristall 25
Superaustauschkopplung 89
Supraleiter 80
– 1. Art 61
– 2. Art 61
– 3. Art 65
–, harte 61
–, vollstabile 67
–, weiche 61
Supraleitung 60 ff.
Suszeptibilität 82
–, elektrische 226, 231
– szahl 82

Teflon 255
Teilchenkonzentration 56, 177
Temperatur/koeffizient 78, 251
– spannung 178
Tetraederplatz 123
Textur 24, 52, 104, 173
Thermo/kraft 223
– plaste 253
Tiegelziehverfahren 197
Titanate 251
Transformator 105, 138
– blech 125, 137

Übergangselemente 3
Überlagerungspermeabilität 107
Überschußleitung 186
Übertrager 105, 126, 161
UI-Kern 137
– -Schnitt 137
Umdotierung 189
Ummagnetisierungsgeschwindigkeit 161 ff.
unipolare Aussteuerung 110
– Magnetisierung 163 ff.
unmagnetischer Stahl 130

Vakuumkondensator 249
Valenzband 177, 186
Van der Waals Bindung 3
Verbindungs/halbleiter 213
– supraleiter 80
verbotenes Band 176
verbotene Zone 176
Verhältnis, gyromagnetisches 120
Verlust/e 98, 230
– faktor 144, 237
– –, bezogener 112
– –, dielektrischer 239
– Kennziffer 107
– permitivität 239
– widerstand 111
Verschiebungsdichte, elektrische 226
Versetzung/en 19, 51
– sdichte 17, 21, 199
– slinie 19
Verteilungskoeffizient 36, 192 ff.
Vierspitzenmethode 199
vollstabiler Supraleiter 67
Vormagnetisierung 97
Vorzugsrichtung 24, 91

Wandverschiebungen 93 ff., 171
Wärme/beständigkeitsklassen 236
– durchschlag 236
Wasserstoffkühlung 81

Wechselfeldpermeabilität 106
Weicheisen 123 ff.
weiche Supraleiter 61
Weich/magnetika 122 ff.
– magnetische Ferrite 140 ff.
– – Legierungen 124 ff.
Weisssche Bezirke 87, 91 ff., 171, 232
Wellenmodell 176
Werkstoff 1
– kurzzeichen 45 ff.
– nummer 45 ff.
Widerstand, magnetfeldabhängiger 74
–, spezifischer 76
Wirbelstromgrenzfrequenz 100
– diagramm 102
Wirbelstrom/theorie 98
– verluste 98
Wirkpermeabilität 112
Wolmannsche Grenzfrequenz 100
Würfeltextur 104

X-Kern 143

Y-Granate 142

Zeitkonstante 165
Zellulose 252
Zementit 42
Zonenerstarrung 195
Zonenschmelzen 192 ff.
–, Mehrfach- 196
–, tiegelfreies 197
– verfahren 36
Zonenziehverfahren 197
Zone, verbotene 176
Zustandsdiagramm 28 ff.
zweidimensionale Fehler 17, 22 ff.
Zwischen/gitteratom 17
– gitterplatz 25
– molekulare Bindung 3
– zustand 64

GPSR Compliance

The European Union's (EU) General Product Safety Regulation (GPSR) is a set of rules that requires consumer products to be safe and our obligations to ensure this.

If you have any concerns about our products, you can contact us on ProductSafety@springernature.com

In case Publisher is established outside the EU, the EU authorized representative is:

Springer Nature Customer Service Center GmbH
Europaplatz 3
69115 Heidelberg, Germany

Batch number: 10577878

Printed by Printforce, the Netherlands